国家科学技术学术著作出版基金资助出版

空间技术与应用学术著作丛书

# 微小卫星总体设计与工程实践

朱振才　张科科　陈宏宇
胡海鹰　李宗耀　编著

科学出版社

北　京

# 内 容 简 介

本书是作者多年微小卫星工程实践工作总结,系统涵盖了微小卫星总体方案设计思想和有关的方法,结合微小卫星型号研制案例,介绍了微小卫星总体设计工作内容和最新应用技术进展。

全书共9个章节,第1章为绪论,介绍了微小卫星发展历史以及国内外的发展现状;第2~4章介绍了微小卫星的总体设计方法、约束条件、任务分析与轨道设计,详细阐述了微小卫星总体设计思路,在开展微小卫星总体设计时需要面临的空间环境、运载火箭、卫星测控、运控以及成本的约束条件,并基于需求与约束条件开展任务分析与轨道设计;第5章介绍了微小卫星总体方案设计及设计内容;第6~8章介绍了当前微小卫星研制的前沿与发展趋势,详述了高功能密度综合电子学技术、自主高效的导航控制技术与灵活通用的结构热控技术;第9章介绍了微小卫星数字化仿真和微小卫星快速集成、测试和各类试验。

本书适用于从事卫星技术研究、开发研制、试验和应用的科研人员、工程技术人员阅读,也可作为高等院校师生以及航天爱好者的专业参考书。

**图书在版编目(CIP)数据**

---

微小卫星总体设计与工程实践/ 朱振才等编著. —
北京:科学出版社,2016.10
　(空间技术与应用学术著作丛书)
　ISBN 978-7-03-049986-8

　Ⅰ.①微… Ⅱ.①朱… Ⅲ.①人造卫星-设计 Ⅳ.
①V423.4

中国版本图书馆 CIP 数据核字(2016)第 229624 号

---

责任编辑:徐杨峰
责任印制:谭宏宇 / 封面设计:殷 靓

**科学出版社** 出版
北京东黄城根北街 16 号
邮政编码:100717
http://www.sciencep.com

**南京展望文化发展有限公司**排版
**广东虎彩云印刷有限公司**印刷
科学出版社发行　各地新华书店经销

\*

2016年10月第 一 版　开本:787×1092 1/16
2025年 4月第十九次印刷　印张:21 插页:2
字数:433 000

定价:**150.00元**
(如有印装质量问题,我社负责调换)

　　微小卫星技术是当前航天技术领域中最具活力的研究热点和前沿技术。微小卫星充分利用现代微电子、微机械和先进材料等基础技术的最新成果，积极转变传统卫星的研制模式与管理方式，突出高功能密度比、低成本短周期、网络自主协同等特点，力求以最佳性价比取得卓越的应用效果，真正成为功能实用、性能良好、成本低廉、研制快速的现代小卫星，在国民经济、国防建设、科学研究和文化教育等方面发挥巨大的社会和经济效益。

　　伴随着微小卫星的飞速发展，现有卫星领域相关技术理论和工程实践著作缺乏有效针对性，因此需要从事微小卫星研究和开发的一线科研技术人员，结合工程设计案例，将实际工作中的创新理念和实践经验系统化和理论化，适当吸收和借鉴国内外的先进卫星技术成果，使其形成一部微小卫星总体设计专著，用作今后的微小卫星研制工作参考。

　　本书涵盖了微小卫星总体设计工作内容和最新应用技术进展，论述了微小卫星总体方案设计有关的方法及技术流程。主要包括微小卫星的概念与范畴，历史及发展趋势；微小卫星总体设计的一般方法，包括总体设计的基本原则、基本方法概述、任务分析、指标分解以及总体方案综合确定方法与流程等；结合实际重点阐述了微小卫星设计的每个阶段，包括卫星设计约束分析、任务与轨道设计、卫星总体方案设计等；最后针对当前微小卫星技术发展中涉及的高密度综合电子、自主高效导航与控制、灵活结构热控、数字化仿真等技术分别进行介绍和分析。全书共 9 个章节，其中第 1 章为绪论，介绍微小卫星发展历史以及国内外的发展现状；第 2～4 章介绍微小卫星的总体设计方法、约束条件、任务分析与轨道设计，详细阐述微小卫星总体设计思路，在开展微小卫星总体设计时需要面临的空间环境、运载火箭、卫星测控、运控以及成本的约束条件，并基于需求与约束条件开展任务分析与轨道设计；第 5 章介绍微小卫星总体的方案设计方法；第 6～8 章介绍当前微小卫星研制的前沿与发展趋势，详述高功能密度综合电子学技术、自主高效的导航控制技术与灵活通用的结构热控技术；第 9 章介绍微小卫星数字化仿真与测试。

　　本书的特点是以开展微小卫星总体设计为主线，系统地、细致地归纳以往研制过程中建立和应用的设计理论和方法，并辅以工程设计案例，总结其工程经验，论述微

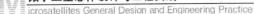
小卫星新技术的发展动向和解决途径,使航天领域的新生力量能在过往的基础之上,进一步解放思想、创新变革,实现微小卫星发展的新突破。

本书在编写过程中得到了中国科学院上海微小卫星创新研究院各总体部、研究所和微纳卫星团队的大力支持,特别感谢余金培、周依林、张锐、张静、诸成、常亮、孙宁、郑珍珍、曹金、付碧红、徐文明、陈有梅、刘武、周美江、刘善伍、夏磊、高爽、李平付、蔡志鸣、高括、刘沛龙、曹彩霞、安洋等同事提供了大量的工程经验和编写支持。

衷心感谢龚惠兴院士、顾逸东院士和李济生院士对本书给予的指导和提出的宝贵意见,在此一并致谢。

本书涉及的研究工作得到了国家 863 计划、基础科研、民用航天以及载人航天的大力支持,本书的出版得到了"国家科学技术学术著作出版基金"的资助,作者在此表示衷心感谢。

本书适用于从事卫星技术研究、开发研制、试验和应用的科研人员、工程技术人员阅读,也可作为高等院校师生以及航天爱好者的专业参考书。微小卫星技术发展迅速,加上作者水平有限,难以全面、完整地就微小卫星总体设计与工程实践的技术一一深入探讨。书中难免存在不当之处,恳请读者批评指正。

朱振才

2016 年 5 月 20 日

# 目　录

前言

第1章　绪论 ················································································· 1
　1.1　微小卫星发展历史概述 ························································· 1
　　1.1.1　冷战初期 ······································································ 1
　　1.1.2　20世纪90年代至今 ······················································ 3
　1.2　微小卫星特点 ··································································· 4
　　1.2.1　微小卫星的定义 ····························································· 4
　　1.2.2　现代微小卫星技术特点 ···················································· 5
　1.3　国外微小卫星发展现状 ························································· 13
　　1.3.1　皮纳卫星 ······································································ 13
　　1.3.2　立方星 ········································································· 14
　　1.3.3　实用型微纳卫星平台 ······················································ 16
　　1.3.4　中小型卫星 ··································································· 20

第2章　微小卫星总体设计方法 ························································· 24
　2.1　总体技术概述 ··································································· 24
　　2.1.1　总体设计概念 ································································ 24
　　2.1.2　总体设计基本原则 ·························································· 28
　　2.1.3　总体设计实施的基本方法 ·················································· 31
　　2.1.4　总体方案各阶段设计内容 ·················································· 34
　　2.1.5　总体设计的迭代与评价 ···················································· 36
　2.2　面向需求的任务分析 ··························································· 38
　　2.2.1　卫星任务要求分解与分析 ·················································· 38
　　2.2.2　面向任务的卫星轨道选取 ·················································· 40
　　2.2.3　卫星约束条件分析 ·························································· 42
　　2.2.4　关键技术分析 ································································ 43
　　2.2.5　可行性分析 ··································································· 44
　2.3　任务指标分解和确定总体要求 ················································ 45

2.3.1 卫星总体方案定性比较 ･････････････････････ 45

2.3.2 总体设计技术要求 ･･･････････････････････ 47

2.3.3 总体方案评价 ････････････････････････ 49

2.4 分系统要求和方案优选 ･･･････････････････････ 50

2.4.1 卫星分系统组成 ･･････････････････････ 50

2.4.2 分系统设计 ･･･････････････････････ 53

2.4.3 小卫星分系统设计方案优选 ･････････････････ 64

2.5 卫星总体方案综合和确定 ･･･････････････････････ 65

2.5.1 总体方案分析与综合 ･･･････････････････ 65

2.5.2 总体方案确定 ････････････････････････ 66

2.6 研制技术流程制定 ･･･････････････････････････ 67

第3章 卫星设计约束条件 ･･･････････････････････ 71

3.1 空间环境分析与效应 ･････････････････････････ 71

3.1.1 空间环境分析 ････････････････････････ 71

3.1.2 空间环境效应 ････････････････････････ 81

3.2 运载火箭约束 ･････････････････････････････ 86

3.2.1 国外的运载火箭概况 ･･･････････････････ 86

3.2.2 中国的运载火箭概况 ･･･････････････････ 87

3.2.3 质量特性约束 ････････････････････････ 89

3.2.4 环境条件约束 ････････････････････････ 90

3.2.5 包络及机械接口约束 ･･･････････････････ 90

3.2.6 功率约束 ･･･････････････････････････ 90

3.3 测控约束 ･････････････････････････････････ 91

3.3.1 国内测控站概况 ･･････････････････････ 91

3.3.2 卫星测控的流程 ･･････････････････････ 92

3.3.3 影响卫星测控的因素 ･･･････････････････ 95

3.4 运控约束 ･････････････････････････････････ 98

3.4.1 国内运控系统概况 ････････････････････ 98

3.4.2 早期国内运控模式简介 ････････････････ 98

3.4.3 某科学试验卫星运控过程 ･･････････････ 100

3.4.4 卫星运控的发展趋势 ･･････････････････ 101

3.5 成本与进度约束 ･･･････････････････････････ 103

第4章 任务分析与轨道设计 ･･････････････････････ 104

4.1 任务规划分析与论证 ･････････････････････････ 104

4.1.1 国外研究现状 ･･･････････････････････ 105

4.1.2　成像原理 ································································ 107

4.1.3　观测范围与实际覆盖 ··············································· 108

4.1.4　卫星成像任务完整流程 ············································ 109

4.1.5　规划要素分析 ························································ 110

4.1.6　敏捷卫星规划特点 ·················································· 111

4.1.7　规划算法 ······························································ 112

4.2　微小卫星轨道设计 ························································ 114

4.2.1　地球同步轨道 ························································ 114

4.2.2　太阳同步轨道 ························································ 116

4.2.3　回归轨道 ······························································ 118

4.2.4　冻结轨道 ······························································ 120

4.3　卫星星座设计 ······························································ 121

4.3.1　星座设计的基本准则 ················································ 121

4.3.2　Walker 星座 ·························································· 122

4.3.3　编队星座 ······························································ 123

第5章　微小卫星总体方案设计 ··············································· 128

5.1　总体参数预算 ······························································ 128

5.1.1　卫星质量预算 ························································ 128

5.1.2　卫星功耗预算 ························································ 130

5.1.3　卫星轨道控制预算 ··················································· 132

5.1.4　通信链路预算 ························································ 139

5.1.5　设计寿命指标分配 ··················································· 147

5.1.6　可靠性设计指标分配 ················································ 148

5.1.7　精度指标分配 ························································ 154

5.1.8　其他设计参数分配 ··················································· 157

5.2　卫星总体构型设计与论证 ················································· 159

5.2.1　构型设计的任务和要求 ·············································· 159

5.2.2　外形设计 ······························································ 162

5.2.3　卫星的布局设计 ······················································ 165

5.2.4　卫星主承力构件方案设计 ··········································· 166

5.2.5　分析论证 ······························································ 169

5.3　数据存储和传输能力设计 ················································· 171

5.3.1　数据存储容量和数传速率需求 ······································ 171

5.3.2　遥测数据存储和传输预算 ··········································· 171

5.3.3　载荷数据存储和传输预算 ··········································· 172

5.3.4　数据存储和传输预算流程 ··········································· 173

5.4 控制系统预算 ·············································· 174

　5.4.1 控制方式选择 ········································ 175

　5.4.2 干扰力矩估算 ········································ 176

　5.4.3 敏感器精度选择依据 ·································· 177

　5.4.4 执行机构参数估算 ···································· 178

　5.4.5 控制律参数估算 ······································ 180

5.5 整星信息流设计 ··········································· 181

　5.5.1 微小卫星信息流 ······································ 181

　5.5.2 信息流设计 ·········································· 182

　5.5.3 数据结构设计 ········································ 184

5.6 信息软件系统 ············································· 187

　5.6.1 信息软件功能 ········································ 187

　5.6.2 信息软件系统组成和接口 ······························ 189

　5.6.3 信息系统设计 ········································ 190

第6章 高功能密度综合电子学技术 ······························ 196

6.1 即插即用的扩展电子学系统架构设计 ·························· 196

　6.1.1 即插即用技术概述 ···································· 196

　6.1.2 即插即用技术需求 ···································· 196

　6.1.3 即插即用的可扩展系统架构 ···························· 197

6.2 高密度综合电子学技术 ····································· 199

　6.2.1 综合电子系统设计 ···································· 199

　6.2.2 综合电子模块设计 ···································· 200

6.3 高密度电子学星务管理模块 ································· 205

　6.3.1 CPU 模块 ··········································· 206

　6.3.2 IO 模块 ············································ 206

　6.3.3 AD/DA 模块 ········································· 208

6.4 空间大容量数据管理系统设计 ······························ 210

　6.4.1 空间数据系统概述 ···································· 210

　6.4.2 CCSDS 概述 ········································· 210

　6.4.3 星载大容量数据管理系统总体设计 ······················ 211

　6.4.4 星载大容量数据管理系统设计 ·························· 212

6.5 多模式测控模块设计 ······································· 215

　6.5.1 背景介绍 ············································ 215

　6.5.2 主要技术指标 ········································ 216

　6.5.3 技术方案 ············································ 217

6.6 低电压母线高效电源模块 ··································· 220

6.6.1　分流调节单元 ······················································· 221

6.6.2　充放电管理单元 ····················································· 221

**第7章　自主高效的导航控制技术**······································· 223

7.1　微小卫星导航与控制技术发展趋势 ··································· 223

7.1.1　自主导航与控制技术 ············································· 223

7.1.2　天文导航与控制技术 ············································· 223

7.1.3　星座自主导航技术 ··············································· 225

7.1.4　深空探测自主导航与控制技术 ··································· 226

7.2　姿态敏感器与执行机构 ·············································· 230

7.2.1　姿态敏感器 ······················································ 230

7.2.2　姿态控制执行机构 ··············································· 234

7.2.3　微小卫星 ACS 系统配置实例 ···································· 236

7.3　灵活指向姿态控制技术 ·············································· 239

7.3.1　控制力矩陀螺 ···················································· 240

7.3.2　反作用球 ························································· 243

7.3.3　基于导引的姿态控制技术 ········································ 246

7.4　高效微推进技术 ····················································· 253

7.4.1　微小卫星对高效无毒的需求 ······································ 253

7.4.2　无毒化学推进技术 ··············································· 255

7.4.3　激光微推进技术 ·················································· 258

7.4.4　液化气推进技术 ·················································· 260

7.4.5　高效电推进技术 ·················································· 261

**第8章　灵活通用的结构热控技术**······································· 264

8.1　微小卫星结构热控技术发展趋势 ····································· 264

8.2　通用模块化结构技术 ················································ 264

8.2.1　模块化概念和特点 ··············································· 264

8.2.2　模块化设计方法 ·················································· 265

8.2.3　模块化设计内容 ·················································· 265

8.2.4　研究方向 ························································· 269

8.3　多功能结构设计 ····················································· 270

8.3.1　多功能结构的概念和特点 ········································ 270

8.3.2　功能合并 ························································· 271

8.3.3　功能融合 ························································· 273

8.3.4　需要发展的新技术 ··············································· 274

8.4　展开式柔性帆板技术 ················································ 276

8.4.1 太阳电池阵的总体构型 ......................................... 276

8.4.2 空间太阳电池阵基板 ........................................... 277

8.4.3 几种典型的柔性太阳电池 ..................................... 278

8.4.4 几种典型的柔性太阳电池阵展开机构 ....................... 280

8.5 自主热控技术 ....................................................... 285

8.5.1 智能热控涂层 ................................................... 286

8.5.2 高导热材料 ..................................................... 287

8.5.3 新型热管 ........................................................ 288

8.5.4 主动控温手段 ................................................... 288

8.5.5 研究方向 ........................................................ 289

第9章 微小卫星数字化仿真与测试、试验技术 .................. 292

9.1 数字化设计仿真技术 .............................................. 292

9.1.1 数字化设计仿真的概念与特点 ............................... 292

9.1.2 数字化设计仿真系统设计 .................................... 293

9.1.3 数字化设计仿真的未来发展趋势 ............................ 296

9.2 自动化综合测试 ................................................... 296

9.2.1 自动化综合测试概述 ......................................... 296

9.2.2 自动化综合测试系统设计 .................................... 297

9.2.3 自动化综合测试系统模块设计 ............................... 299

9.2.4 自动化综合测试系统应用效果 ............................... 303

9.3 微小卫星集成 ...................................................... 303

9.3.1 集成要求 ........................................................ 303

9.3.2 微小卫星集成设计 ............................................ 304

9.3.3 微小卫星集成实施 ............................................ 309

9.4 小卫星环模试验 ................................................... 311

9.4.1 概述 ............................................................. 311

9.4.2 小卫星产品的特点 ............................................ 314

9.4.3 小卫星环境试验项目 ......................................... 315

9.4.4 环境试验流程的制定 ......................................... 321

参考文献 ................................................................. 322

# 第 1 章

绪　论

## 1.1　微小卫星发展历史概述

人造地球卫星在不产生歧义的情况下亦称卫星,顾名思义就是由人工模拟卫星制造的航天装置。人造卫星以太空飞行载具如运载火箭、航天飞机等发射到太空中,像天然卫星一样环绕地球或其他行星运行。

50多年间卫星的发展经历了从小卫星到大卫星后又回到微小卫星的道路。由于运载能力与材料、电子等领域的技术水平以及卫星功能的约束,人类早期的卫星多属于微小卫星,其功能、结构也相对简单。人类发射的第一颗卫星——苏联"斯普特尼克1号"属于小卫星,其质量只有约 84 kg,功能也极其简单。而美国第一颗卫星——"探险者1号"质量也仅有约 8 kg。冷战前期美苏发射的卫星如美国 Transit 系列卫星、苏联 Elektron 系列卫星,质量均在 1 kg 以下。

### 1.1.1　冷战初期

1957年7月,是国际地球物理年的起始点,世界各地的科学家计划联合观测诸多空间科学现象。正是在这个科技领域大合作的时期,1957年10月,苏联惊人地发射了人类第一颗人造地球卫星"斯普特尼克1号"(Sputnik-1)。

"斯普特尼克1号"(Sputnik-1)是人类第一颗进入地球轨道的人造卫星(图1.1),

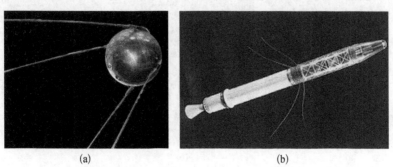

(a)　　　　　　　　　(b)

图 1.1　"斯普特尼克1号"与"探险者1号"

于 1957 年 10 月在拜科努尔航天中心发射升空。由于正值冷战初期,卫星的发射震惊了整个西方政界和科学界。

"斯普特尼克 1 号"升空的科学意义,在于通过量度其轨道变化,研究高空地球大气层的密度,并为大气电离层的研究提供原始资料。另外,在陨石探测方面,由于"斯普特尼克 1 号"卫星内填充了压缩氮气,高温的陨石穿透了卫星表面,导致其内压泄漏,为陨石的极端高温物理特征提供证据。

令美国军方感到惊讶的是,苏联具有可用的运载火箭和成熟的电子技术来发射与控制卫星。美国的第一次发射尝试是美国海军研究实验室的先锋项目。1957 年 12 月 6 日,运载美国第一个试验性人造卫星的"先锋号"火箭,在发射后上升到离开地面才几英尺(1 英尺=0.304 8 米)高就落回地面爆炸烧毁。

受美国军方的授意,美国喷气推进实验室(Jet Propulsion Laboratory,JPL)对卫星技术进行了三个月的攻关。JPL 和亚拉巴马州亨茨维尔美国陆军弹道导弹局(Ballistic Missile Agency)用了 80 天左右组装了一枚四级火箭,搭载 JPL 研发的卫星"探险者 1 号",于 1958 年 1 月 31 日在佛罗里达州卡拉维纳尔角发射。"探险者 1 号"是美国第一个成功发射的卫星,是人类历史上发射成功的第三颗卫星,晚于苏联发射的世界第一颗地球人造卫星"斯普特尼克 1 号"和同年 11 月 3 日发射的携带小狗莱卡的第二颗卫星。"探险者 1 号"利用其仪器发回关于低轨辐射环境的数据。该航天器检测到范艾伦辐射带,其中詹姆斯·范艾伦是 JPL"探险者 1 号"上得以发现辐射带的设备的主要设计者。

"斯普特尼克 1 号"与"探险者 1 号"成为美苏两国之后持续 20 多年的太空竞赛的开端,太空成为两强的主要竞争点。而此时期美苏两国发射的卫星(包括绕飞其他行星的卫星)以小型卫星为主,如美国探险者后续计划、先驱者计划(Pioneer)、徘徊者计划(Ranger)、探险者科学卫星系列(Explorer)、Syncom 通信卫星、国防通信卫星计划系列卫星(IDCSP)等。苏联方面有代表性的为 COSMOS 系列卫星、探月卫星早期型号(luna Ye)等。

除美苏之外,法国、日本、中国与英国均在 1965~1971 年间发射了各自的第一颗卫星,其质量均属于小型卫星范畴。我国发射的"东方红一号"质量为 173 kg,是以上各国的第一颗卫星中质量最大的,如图 1.2 所示。

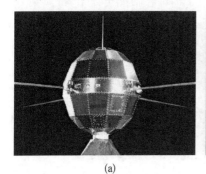

|       |       |       |
| :---: | :---: | :---: |
| (a)   | (b)   | (c)   |

图 1.2 (由左至右)"东方红一号"、法国试验卫星 A-1 和日本"大隅号"

虽然在冷战初期的卫星发射任务政治与军事目的十分醒目,但是毫无疑问的是,卫星技术极大地拓宽了人类的视野,刺激了先进技术的发展。

## 1.1.2　20 世纪 90 年代至今

以 1970 年为分水岭,至 20 世纪 80 年代末,得益于运载等技术的进步与冷战形势的推动,人造卫星变得越来越复杂,同时质量逐步增加。例如,美军在 1970 年发射的 KH-4B 侦察卫星发射质量达到了约 3 000 kg,苏联发射的第一颗气象卫星 Meteor-1 质量为 2 200 kg,如图 1.3 所示。此期间小型卫星(特别是 50 kg 以下的卫星)的发射数量相较于 60 年代大大下降,这段时期在国际上称为"微小卫星低潮期",如图 1.4 所示。

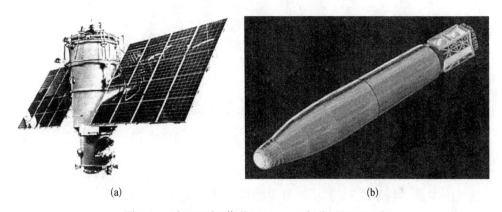

图 1.3　(由左至右)苏联 Meteor-1 与美国 KH-4B

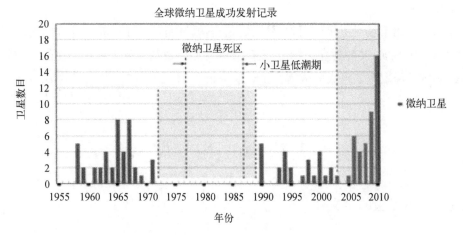

图 1.4　10 kg 以下微纳卫星年发射数量

随着微电子技术、通信技术、材料技术的快速发展,自 20 世纪 90 年代开始,微小卫星凭借其高功能密度、低成本、研发周期短等大卫星不可比拟的优势又重新得到了各国的重视。

微小卫星总体设计与工程实践
Microsatellites General Design and Engineering Practice

自 2000 年至 2012 年,全球共成功发射卫星约 1 206 颗,1 000 kg 以下卫星 497 颗,占发射总数的 41.21%,其中具有实际应用价值(即质量范围在 1 kg 以上)的小卫星占小卫星总数的 94.57%;500 kg 以下小卫星 389 颗,占全部发射总数的 32.26%,如图 1.5 所示。

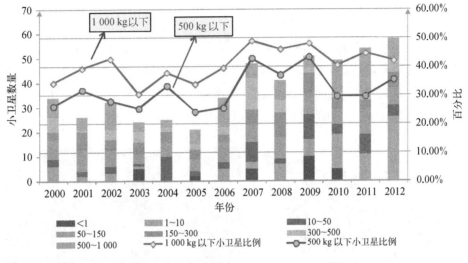

图 1.5　近十余年全球成功发射的小卫星质量分布

2014 年,全球共发射卫星 208 颗,大大超过 2013 年的 107 颗,其中绝大部分是 1 000 kg 以下的微小卫星。特别是以立方星为主的微纳卫星数量为 130 颗,占总发射数量的 63%。近几年,1 000 kg 以下卫星所占比例已稳定保持在 50% 以上,小卫星已成为航天活动的主要领域。

而随着民用市场对卫星应用如遥感、通信、科学试验与人才培养等各方面需求逐步旺盛,以 2002 年 SpaceX 的建立为标志,民间资本开始大量涌入航天市场。在航天领域特别是运载领域已经取得了巨大的成就。

# 1.2　微小卫星特点

## 1.2.1　微小卫星的定义

目前在世界范围内,对于微小卫星的定义各家众说纷纭,至今并未形成统一的概念。然而仅通过质量来定义小卫星,还远远不足以体现微小卫星作为一种新型卫星设计理念的优势,因为"功能密度"(卫星每千克质量所提供的分系统功能与性能)这一新概念也是区分传统小卫星与现代小卫星的重要指标。

但是目前世界上对于小卫星的定义还是主要集中在其质量上,比较普遍的说法是质量小于 600 kg 的航天器,如英国萨瑞卫星技术中心的定义;有些扩大到总质量小于 1 000 kg,如美国航空宇宙公司(AeroAstro)等的定义。参考国际上通用的划分规则,结合微小型化技术发展的实际情况,可以把小卫星划分成四种类型,如表1.1所示。

表 1.1 小卫星类别划分

| 序 号 | 类 型 名 称 | 定 义 | 主 要 用 途 | 技 术 特 点 |
|---|---|---|---|---|
| 第一类 | 中小卫星(Small-Sat) | 500～1 000 kg | 对地高分侦测、低轨通信科学与技术试验等,对大卫星形成补充 | 能够执行多任务,适应性强,以改进型产品 |
| 第二类 | 小卫星(Mini-Sat) | 100～500 kg | 多种任务目标的星座组网、编队飞行等 | 专用或特定能力,优化的性能,满足定制需求 |
| 第三类 | 微纳卫星(Micro-Sat) | 10～100 kg | 寄生、"F6"型系统 | 多样的基础设备(COTS),良好的能力,柔性化的性能 |
| 第四类 | 皮纳卫星(Pico/Nano-Sat) | 10 kg 以下 | 特定关键技术、新概念技术验证等 | 有限的能力,验证型任务 |

## 1.2.2 现代微小卫星技术特点

面对 21 世纪航天器的发展目标,美国国家航空航天局(National Aeronautics and Space Administration, NASA)在 20 世纪 90 年代曾经制定了提高民用航天器性能、降低研制费用、缩短研制周期的具体指标,这就是著名的新盛世计划。计划要求在 2000 年前后,美国国家航空航天局要实现以下 8 条目标。

(1) 航天器总质量减小到目前的 1/10。

(2) 航天器有效载荷占总质量之比达到 70%。

(3) 航天器所需功耗降到目前的 1/2。

(4) 可重复使用的软件通用模块达到 80%～90%。

(5) 航天器的研制费降低 50%。

(6) 航天器的运行管理费降低 30%。

(7) 研制周期从 4～8 年缩短到 1.5～2 年。

(8) 大幅度增加航天器的年发射数量。

以新盛世计划为纲领,近 20 年来,NASA 不断推动技术革新与管理方式变革,引领了全球卫星技术特别是微小卫星技术的快速发展。先进的微小卫星具有以下非常明晰的技术特点。

1. 先进的微电子技术

1947 年 12 月,美国贝尔实验室研制出晶体管,1958 年,几乎与人类第一颗卫星同步出现,美国仙童公司 Robert Noyce 与德仪公司基尔比间隔数月分别发明了集成电路,开创了微电子学的历史,微电子技术的爆炸式发展不断地推进着卫星技术的进步,主要体现在先进的微处理器(包括 CPU、SOC、FPGA 等)、微机电技术、综合电子系统三方面。

1) 先进的微处理器

1971 年,英特尔发布了其第一个微处理器 4004,至今各类以超大规模集成电路工艺为基础发展而来的处理器、可编程逻辑器件、片上系统、接口芯片等军工级、工业级微电子器件在卫星上的应用,使卫星的数据能力得到大大加强。

2013 年,BAE 系统公司研发的星载单卡计算机 RAD750(图 1.6),是商用器件 PowerPC750 的抗辐照版本,由 BAE 系统公司制造,RAD750 CPU 本身能够承受 200 000~1 000 000 KradSi 的辐射剂量。

RAD750 的特点是性能强悍,主 CPU 芯片容量达到 1 000 万门,采用 0.25 工艺,系统主频达到 166 MHz,内存容量大,标准化接口丰富,提供 3 U 和 6 U 尺寸的 Compact PCI 系统总线接口。

3U Compact PCI RAD750 的主要技术指标见表 1.2。

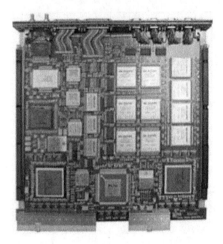

图 1.6 星载单卡计算机 RAD750

表 1.2 3 U Compact PCI RAD750 技术指标

| 项 目 | 性 能 |
| --- | --- |
| CPU | 主频 133~166 MHz,性能 240~300 MIPS |
| 内存 | 128MB SDRAM,256K SUROM |
| 系统总线 | Compact PCI,3 U 尺寸 |
| 功耗 | <10.8 W |
| 工作温度 | −55~70℃ |
| 质量 | 0.549 kg |
| 总剂量 | >100 KradSi |
| SEU | <1.9E − 4errors/card-day |

此计算机作为综合电子系统的核心,负责星务、姿轨控、遥控遥测、姿态敏感器等任务的数据流管理。卫星的定姿、变轨、热控、遥控遥测等功能均由此计算机承担。

2) 微机电技术

微机电系统(Micro-Electro-Mechanical System,MEMS)是指可批量制作的,集微型机构、微型传感器、微型执行器以及信号处理和控制电路直至接口、通信和电源等于一体的微型器件或系统。MEMS 技术是以半导体制造技术为基础发展起来的。由于采用了半导体技术中的光刻、腐蚀、薄膜等一系列的现有技术和材料,因此从制造技术本身来讲,MEMS 中基本的制造技术是成熟的。但 MEMS 更侧重于超精密机械加工,并要涉及微电子、材料、力学、化学、机械学等诸多学科领域。

现代微小卫星特别是微纳卫星的各式传感器开始选用 MEMS 器件,以萨里卫星技术有限公司(SSTL)的 NigeriaSat‐2 卫星为例(图 1.7)。此卫星是 300 kg 级对地观测卫星,使用型号为 MIRaS‐01 MEMS 加速度传感器,此类传感器传感精度较低。

图 1.7　NigeriaSat‐2 卫星

NigeriaSat‐2 使用一对冷备份的 MIRaS‐01(MEMS Inertial Rate Sensor‐01)模块(图 1.8),在载荷工作时且高速率旋转的条件下,作为星敏感器的辅助。

图 1.8　冷备份的 MIRaS‐01 模块

同时,伽利略首颗导航试验卫星 GLOVE‐A 的姿轨控系统使用两套共 6 只 Systron Donner Inertial 公司生产的 QRS11 MEMS 陀螺仪。此外,第二代铱星、第二代 globalstar 以及相当数量的微纳卫星,特别是立方星都广泛采用 MEMS 器件,以提高卫星功能密度,降低整星功耗。

3) 综合电子系统

介于体积与功耗的限制以及不断提高的载荷需求,微小卫星的电子学系统与传统大卫星有了泾渭分明的发展趋势,即以星载计算机为管理核心,取消卫星平台子系统下位机,将星务、姿轨控、遥控遥测、数传、供配电、姿态敏感器管理等功能尽可能集成,形成高功能密度综合电子系统,为微小卫星上平台子系统和有效载荷提供信息管理服务。

同时,卫星平台通用化、系列化、标准化也是整个卫星技术领域的一个发展趋势,是卫星商业化、产业化的必然需求。微小卫星的应用范围极广,所以在综合电子系统架构设计要利于标准化设计、模块化生产、流水线操作,尽量提高功能密度,最终促进形成平台系列化,这也是未来的发展趋势,这样也更能支持卫星星座系统的发展。

2. COTS 器件与技术的大量应用

为了提高微小卫星各子系统集成度与性能,促成卫星平台型流水线生产,并尽量降低成本,可适当引入 COTS 器件并将架构设计进行调整。COTS 意为商业现货(Commercial Off-The-Shelf)。根据美国"联邦采办条例"等文献规定,COTS 产品是指公众可以在市场上租购到的或类似情况的商品。对于电子元器件而言,COTS 产品一般包括质量等级为工业级的或商业级的民用产品。美国国家航空航天局、英国的 SSTL、欧洲 EADS Astrium、法国 Thales Alenia Space 等大型宇航公司均在其开发的航天器中选择性地使用 COTS 器件。

1) 对 COTS 器件应用的研究

NASA 在 20 世纪末就已经发现,抗辐照器件的性能越来越不能满足需要,难以在太空中完成日益复杂的科学任务。NASA 开始着手研究和验证在空间探测中使用 COTS 器件来制造空间计算机的可行性。深度探测试验(Remote Exploration and Experimentation, REE)由 NASA 下属的喷气推进实验室设立,主要研究如何通过 COTS 器件搭建可以在太空中使用的高性能计算机。REE 计划的目标是将商用超级计算技术带入太空,并将研究如何快速地利用商用高性能计算技术在空间探测中的应用场景。1991 年 11 月,REE 实现了一个由 COTS 微处理器和 COTS 通信网络硬件组成的原型系统,并进行了多种验证工作。

先进研究和全球观测卫星(Advanced Research and Global Observation Satellite, ARGOS)计划是斯坦福大学的可靠计算实验室(Center of Reliable Computing, CRC)和 NASA 的喷气推进实验室合作的项目,目的就是在真实的空间环境中,对比抗辐照和 COTS 器件之间在可靠性上的差别。该卫星于 1999 年发射,运行在距地面 834 km 的太阳同步轨道上,预计运行 3 年。在卫星上面放置了两块用于比较测试的试验板。其中一块称作 Hard Board 的验证板上,使用两个 Harris 公司设计的 RH3000 抗辐照微处理器和 2 MB 带有 EDAC 的存储器。这两块 RH3000 微处理器的信号被实时比较,一旦发现信号不一致,或者在带有 EDAC 的内存中间发现奇偶校验错,都会产生中断信号导致系统重启。而在另一块称作 COTS Board 的验证板上,使用的是 IDT 公司生产的 COTS 微处理器 IDT3081 和 2 MB 不含 EDAC 的内存。在 COTS Board 上运行多种软件实现的容错技术,包括 EDDI、ED4I 和 CFCSS 等,专门用于检测和恢复发生在硬件中的瞬时错误。试验数据表明,软件可以发现并恢复绝大多数的硬件瞬时错误,并能够达到很高的性能。经过多年的运行和试验,ARGOS 计划得出结论:在 COTS 器件上面通过容错技术的加固所实现的性能,可以比基于抗辐照器件的空间计算机高一个数量级,同时成本比使用抗辐照器件的空间计算机要减小一个数量级。

2) COTS 器件的应用案例

国内方面,1999 年"实践 5 号"的姿轨控模块、2002 年"海洋 1 号"和 2007 年的"神舟七号伴星"均使用了非宇航级的商用 386exCPU 芯片。

　　国外方面,以 SSTL 在研 STRaND - 2(Surrey Training Research and Nanosatellite Demonstrator - 2)计划为例(图 1.9),萨里卫星技术有限公司(Surrey Satellite Technology Limited)和萨里大学的工程师正在致力于开发基于微软 Kinect 体感游戏机技术的在轨卫星对接系统。

图 1.9　STRaND - 2 卫星星座

　　STRaND - 2 双星在发射之后将各自分开,在完成系统检查后,这两个卫星就会执行对接命令。当它们相互靠近时,基于 Kinect 技术的对接系统将提供三维感知让卫星进行调整和停靠。基于此技术,未来低成本微卫星可以利用这个系统停靠到如太空望远镜这些体积庞大和先进的模块结构上。

　　3. 开放的软件系统

　　传统卫星操作系统以 μCOS、Vxworks 等实时操作系统为主。由于微小卫星大量使用 COTS 高性能处理器与高度集成的子系统,且民用市场主流的开源操作系统也越来越成熟可靠,开源操作系统也开始被引入航天项目进行试验性开发。

　　1) Linux 操作系统

　　美国军方设计的“战术星-1”项目是一个 Linux 应用典型案例。由于 Linux 的开源性质与其成熟、稳定的特点,战术星项目的开发周期与研发经费都得到了相应的节约。

　　“战术星-1”是美国国防部的一颗试验卫星,由美国国防部转型办公室投资、美国海军研究实验室制造,星上的主要载荷包括红外传感器、低分辨率可见光照相机。这颗卫星所采用的大部分专用软件都来自开源项目,这符合美军在软件行业大变革条件下的最新策略需要。通过这次开发尝试,美军找到了在军队与航天等特殊行业采用开源软件的有效实施方案与宝贵经验。

　　2) 安卓操作系统

　　另一个典型案例是萨里大学研发的运行安卓操作系统的手机卫星 STRaND - 1

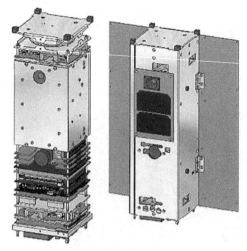

图 1.10　STRaND-1

(Surrey Training Research and Nanosatellite Demonstrator-1),如图 1.10 所示。

STRaND-1 是由萨里大学空间中心(SSC)与萨里卫星技术有限公司(SSTL)的研究者开发的纳卫星,这也是全球第一颗手机卫星。卫星以智能手机 Google Nexus One 作为载荷,运行安卓操作系统,该装置是世界上首个走出地球大气层的智能手机。卫星于 2013 年入轨,入轨后卫星失联。

整个项目的目的是验证新技术,包括智能手机的应用,以及安卓操作系统的空间应用。STRaND-1 是工程师在业余时间开发的,使用先进的 COTS 部件,开发时间极短。卫星内手机运行安卓开源操作系统。一部萨里空间中心制作的基于 Linux 单板计算机被用来负责测试手机在空间中的重要统计特征。计算机监测手机的哪一部分是正常工作的,并分时传送给地面站图像与信息。一旦所有对手机的测试完成,卫星将按计划关闭单板计算机,由安卓系统接管卫星,如图 1.11 所示。

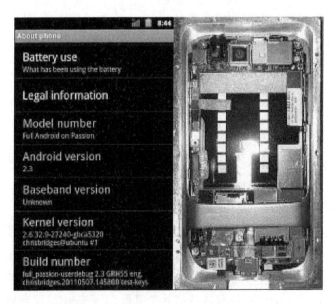

图 1.11　作为手机载荷的 NexuS One

STRaND-1 的主要任务是测试针对低成本空间计划的创新应用。如果前期试验进行得顺利,后期将用手机在太空中运行各种 APP 来进行试验。早在 2011 年,萨里卫星技术有限公司组织了应用开发比赛,为 STRaND-1 征集创新性应用,获奖者将被邀请到卫星控制中心观察其设计的 APP 在 STRaND-1 卫星上运行的情况。

### 4. 崭新的设计思路

由于更小的体积与较严格的功耗限制，微小卫星设计将更加注重平台的整体化与通用化。为载荷提供简单的而明确的机械、热控、电气与信息接口。表 1.3 为全球主要航天企业的微小卫星平台。

表 1.3　全球主要航天企业的微小卫星平台

| 国　别 | 公司\组织 | 平台名称 |
| --- | --- | --- |
| 中国 | 上海微小卫星工程中心 | CX-1 |
| 中国 | 上海微小卫星工程中心 | WN5000 |
| 中国 | 五院东方红海特 | cast10 |
| 中国 | 五院东方红海特 | cast20 |
| 中国 | 八院 | sast1000 |
| 中国 | 八院 | sast100 |
| 美国 | 鲍尔航空航天公司 | BCP-100 |
| 美国 | 鲍尔航空航天公司 | BCP-300 |
| 美国 | 轨道科学公司 | Leostar-2 |
| 美国 | 轨道科学公司 | Leostar-3 |
| 美国 | 轨道科学公司 | GD-300s |
| 美国 | 轨道科学公司 | MINISTAR |
| 美国 | 洛克希德马丁公司 | lm-400/300 |
| 美国 | 美国航空航天局 | The Modular Common Spacecraft Bus (MCSB) |
| 美国 | Northrop Grumman Space Technology | Eagle-s |
| 美国 | Northrop Grumman Space Technology | Eagle-1 |
| 美国 | ATK | A200 |
| 美国 | ATK | A500 |
| 英国 | 萨里卫星技术有限公司 | SSTL-50x |
| 英国 | 萨里卫星技术有限公司 | SSTL-100 |
| 英国 | 萨里卫星技术有限公司 | SSTL-150 |
| 英国 | 萨里卫星技术有限公司 | SSTL-300 |
| 英国 | 萨里卫星技术有限公司 | SSTL-300s1 |
| 英国 | 萨里卫星技术有限公司 | navasar-s |
| 英国 | QinetiQ | Proba |
| 法国 | Thales Alenia Space | ELiTeBus |
| 法国 | Thales Alenia Space | proteus |
| 德国 | OHB | LEOBUS-1000 |
| 欧洲 | EADS Astrium | Astrosat-100 |
| 欧洲 | EADS Astrium | Astrosat-250 |

续表

| 国　别 | 公司\组织 | 平台名称 |
| --- | --- | --- |
| 欧洲 | EADS Astrium | Astrosat－500 |
| 欧洲 | EADS Astrium | Flexbus |
| 加拿大 | 麦哲伦航空航天公司 | Mac－100 |
| 加拿大 | 麦哲伦航空航天公司 | Mac－200 |
| 日本 | NEC | NEXTAR NX－300L |
| 韩国 | Satrec Initative（SATRECI） | Sl－100 |
| 韩国 | Satrec Initative（SATRECI） | Sl－200 |
| 韩国 | Satrec Initative（SATRECI） | Sl－300 |
| 以色列 | Israel Aerospace Industries（IAI） | Optsat2000 |
| 以色列 | Israel Aerospace Industries（IAI） | Optsat3000 |
| 以色列 | Israel Aerospace Industries（IAI） | TECSAR |

在微小卫星发展的初期,大部分微小卫星项目由于商业价值不大,都是"一次性"的无后续型号任务。进入 21 世纪后,随着卫星性能的提高,在通信、对地观测、空间科学、技术论证领域,微小卫星已经得到了广泛的应用,吸引了越来越多的用户。微小卫星的研制已经从单颗研制过渡到小批量生产,在这种情况下,微小卫星公共平台的研制已成为必然的发展趋势。以中国科学院微小卫星创新研究院微纳所研制的 WN5000 微小卫星为例,其设计思想可以概括为"高成低就,三化合一",即在通用化、智能化、自主化的基础上,实现高低型谱齐备的微小卫星成熟产品线。

(1)高成低就。微小卫星用户包括学校、企业、科研机构、政府部门以及军队等不同的组织,各类用户利用微小卫星的相应特征以满足各自的应用需求,包括教学、新技术验证、空间探索与科学研究、通信与遥感等各类应用。为了迎合差异化需求,并尽量提高产业效率,需要综合权衡能源、成本、寿命等制约,利用批量化生产的研制流程来研发、制造各性能档次微小卫星,以最小化的成本、匹配任务需求的星体设计来实现微纳卫星技术和具体商业应用的紧密配合。

(2)通用化。卫星技术同其他领域的科学技术一样,其发展规律总是争取最终达到简化性和完善性,以求以最低成本取得最佳应用效果。卫星平台通用化、系列化、标准化是整个卫星技术领域的一个发展趋势,是卫星商业化、产业化的必然需求,微小卫星也是一样,注重功能集成和应用集成,强调卫星系统的一体化设计;微小卫星平台的生产趋向标准化设计、模块化生产、流水线操作,功能密度不断提高,形成系列化平台;由于卫星平台系列化是批生产的基础,而只有形成批生产能力才能支持卫星星座系统的发展。

(3)智能化。未来微小卫星形式和功能将更加多样,应当将最新的技术应用到微小卫星工程中,如自主任务规划、自主健康管理、无线通信、ZIGBEE 无线测试、自主星座管理等功能。对于微小卫星易于多星组网的特有优势来说,微小卫星组网编队形式将大大提高空间任务的广度与深度,而未来空间任务的智能化发展趋势必然与卫星网络化建设紧密相关。

(4) 自主化。航天技术水平能够在一定程度上反映一个国家的综合国力以及科技创新能力。我国是一个幅员辽阔、经济快速发展的大国,为了提高国家核心竞争力以及执行空间任务的能力,应当发展具有我国自主知识产权的微小卫星与卫星平台技术,力求关键单机实现 100% 国产化,完全掌握微小卫星关键技术,为我国航天产业和国民经济发展提供切实支撑。

总结可得,未来微小卫星发展的主要趋势如下。

(1) 探索阶段基本结束。从 1980 年开始,经过 20 年左右的时间,以美国 Utah、英国 Surrey 等为先锋,在微小卫星领域基本完成了探索阶段。在欧洲及美国的微小卫星中,形成了"大学+研究机构+工业部门支持"的研发格局。在 NASA、ESA(European Space Agency,欧洲空间局)或者其他研究机构的支持下,大学和工业部门实现了良好的分工与协调,形成了一定程度的战略合作伙伴关系。

(2) 逐渐形成切实的应用。从 1990 年开始,在微小卫星产业化及商业化的浪潮中,逐渐形成了一系列切实的应用,例如,低轨通信或移动通信、地球物理与地球环境探测、对地光学成像、掩星大气探测卫星星座、空间对抗、卫星星座、伴随飞行与编队飞行等,而单颗微小卫星的总质量前期集中在 20~30 kg、50~70 kg 量级,现在则更多在 100~120 kg,直至 180 kg(<200 kg),随着微小卫星的应用推广而不断丰富和发展。

(3) 商业化日趋明显。在产业化和商业化的过程中,微小卫星的商业化日趋明显。轨道科学公司、Astrium 公司、Alcatel 公司、中国科学院都成功地推出并使用了微小卫星平台系列,光谱宇航公司因其价值而被通用动力公司收购,即使具有教学目的的 CubeSat 卫星平台,也在商业合作中寻找到日本、中国台湾等国家和地区的大量合作伙伴。在经历了漫长的探索之后,英国萨里大学组建了卫星技术公司 SSTL,为阿尔及利亚、土耳其、马来西亚、韩国等亚非国家提供廉价进入空间的机会,也成为欧美中俄航天机构与企业的合作伙伴。

# 1.3　国外微小卫星发展现状

由于微小卫星不同质量级别间卫星的应用与特征存在巨大差异,本节将按照质量分类,介绍国外微小卫星发展现状。

## 1.3.1　皮纳卫星

皮纳卫星是指质量为公斤级的微小卫星,其中皮卫星质量为 1 kg 以下,而纳卫星质量为 1～10 kg。相较于大卫星,皮纳卫星具有成本低廉、制造和发射周期短、应急反应快的优势。一般来说,制造一颗大卫星的成本在 10 亿～20 亿元人民币,需要花费至少 2 年时间,制造一颗微小卫星也需要几亿元,但制造一颗微纳卫星,成本仅为几百万元人民币甚至更低,时间仅需要几个月。

纳卫星的概念最早是由美国航空航天公司 Aerospace 于 1993 年在一份研究报告中首次提出的,它带来了小卫星设计思想上的根本变革。纳卫星和皮卫星是以微机电系统技术和由数个 MEMS 组成的专用集成微型仪器为基础的一种全新概念的卫星。

纳卫星和皮卫星主要通过分散的星座式结构实现卫星组网工作。纳卫星和皮卫星的特点是单颗卫星体积小、功能单一,但多颗卫星组成星座后可以实现并超越 1 颗大型卫星的功能。

## 1.3.2 立方星

立方星(CubeSat)技术是目前皮卫星设计主流的技术之一,由于其设计标准体积为 1 dm³,质量为 1.3 kg,故称为"立方星"。CubeSat 技术起源于美国国防部先进研究项目局(Defense Advanced Research Projects Agency,DARPA)出资、由多所大学负责开发的"CubeSat"皮卫星项目,其目标制定皮卫星设计标准。美国加州州立理工大学在该计划中负责开发"多皮卫星轨道部署器"(Poly Pico-satellite Orbital Deployer,P-POD),同时还定义了卫星与 P-POD 的相关接口,以及 P-POD 与火箭运载器的接口。

立方星是一个结构形状呈方形的微小卫星。立方星以"U"进行划分,所谓 1U 即指一个单元(体积 10 cm×10 cm×10 cm,质量 1.3 kg),卫星可以"U"为单位进行扩展,形成 2U、3U 甚至更大的立方星。这种卫星虽然质量小、体积小,但是其能够搭载一定的空间试验载荷,并且价格低廉。

立方星设计标准的目的在于向不同学校和不同机构的开发者提供最基本的、必要的设计大纲和指导,保证每一颗"CubeSat"系列中皮卫星,都能与释放装置 P-POD 正确接口。标准中明确定义了皮卫星的外部尺寸、推荐使用的制造材料、关键约束条件,还明确列出了设计者必须遵守与组装、集成、发射等事宜密切相关的时间进度节点。该标准的确立奠定了整个皮卫星或更小卫星的设计基础,成为设计通用的标准。

2003 年 6 月 30 日,第一套 CubeSat 六颗星由俄罗斯运载火箭送入轨道,随后全球几十所大学和研究机构参与了 CubeSat 卫星技术的研究,2010 年 11 月,由比利时冯卡门流体动力学研究所联合欧空局、荷兰代尔夫特理工大学等世界多个研究机构共同提出了 QB50 工程:采用 50 颗立方星组网,实现对目前人类尚未深入涉足的低层大气进行多点在轨测量,同时在星座中开展卫星再入大气层过程的一些相关研究。截至 2011 年 9 月 1 日,全世界有 77 所大学与研究机构参与了相关项目。2015 年 9 月 20 日"长征六号"运载火箭在太原卫星发射中心升空,成功将 20 颗微小卫星送入预定轨道,20 颗卫星有 12 颗分别来自哈尔滨工业大学(哈工大)、国防科技大学(国防科大)、清华大学、浙江大学等国内高等院校。

哈工大"紫丁香二号"纳卫星(图 1.14(a)),作为哈工大的第五颗卫星,以及我国首颗由高校学子自主设计、研制、管控的纳卫星,累计吸纳了 40 多名本科、硕士和博士研究生参与设计与研制,平均年龄不到 24 周岁。

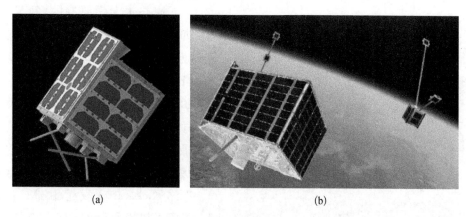

(a)　　　　　　　　　　　　　　(b)

图 1.14　哈工大"紫丁香二号"卫星和国防科大"天拓三号"

国防科技大学自主设计与研制的"天拓三号"微纳卫星(图 1.14(b)),包括 1 颗 20 公斤级的主星、1 颗 1 公斤级的手机卫星和 4 个 0.1 公斤级的飞卫星。卫星入轨后,手机卫星和飞卫星与主星分离,以"母鸡带小鸡"的方式通过太空组网,实现 6 颗卫星集群飞行。承担"天拓三号"研制任务的是该校航天科学与工程学院一支平均年龄不到 30 周岁的微纳卫星研究团队,在读研究生和本科生占 70%。

芯片卫星概念于 20 世纪 90 年代首次提出。英国萨瑞空间研究中心给出的定义为:将航天器全部功能集成在单个集成电路上的一类卫星,能够在轨执行特定任务,与地面进行通信。

芯片卫星质量一般在 0.01 kg 以下,属于飞卫星(质量在 0.1 kg 以下的卫星)范畴。美国即将执行的芯片卫星在轨飞行任务,将推动实现卫星从微小型化设计到超小型化设计的过渡,如图 1.15 所示。

(a)　　　　　　　　　　(b)　　　　　　　　　　(c)

图 1.15　完成首次空间暴露试验的芯片卫星原型样机

芯片卫星使微系统技术在航天中的应用从部件级跃升到整星级,通过集成"微机电系统"、"微光机电系统"和"互补金属氧化物半导体"等单元而实现,因此芯片卫星体积极小、质量极轻、功能密度高。由于芯片卫星功能高度集成,可以利用商用工艺流水线批量化生产,易于大规模制造且成本低廉。但受质量、体积和功率的制约,芯片卫星单星功能有限,通常以星群和编队组网方式执行任务,一般需要母卫星作为载体进行轨道布撒。

图 1.16 凯克卫星-1

康奈尔大学研制的"精灵"卫星即属于此类卫星。2011 年 10 月初,康奈尔大学启动了凯克卫星-1(KickSat-1)卫星项目,如图 1.16 所示,用于在轨释放芯片卫星,测试芯片卫星在轨通信能力、在轨时间以及星上电子器件在太空环境下的工作状态。凯克卫星-1 是通过公众募资网站 Kickstarter 发起、由 315 位独立投资人集资研制的 3U 立方体卫星。该卫星采用美国航空航天局手机卫星 2.0(PhoneSat2.0)立方体卫星平台,其中 1U 作为功能舱,采用 COTS 部件提供卫星电源、通信、指令和数据处理、姿控等功能,并以 Nexus S 智能手机作为卫星飞行控制计算机,2U 作为母舱用于储运、释放芯片卫星。卫星设计轨道为 325 km×315 km,质量为 5.5 kg。

### 1.3.3 实用型微纳卫星平台

微纳卫星是指质量为 10～100 kg 的卫星。微型卫星凭借更大的载荷空间与更大的能源供应,相对于立方星等皮纳卫星具有巨大的应用优势。许多微型卫星在平台技术和载荷功能已经达到甚至超过了早期的中大型卫星指标。

诸多航天公司已经将微型卫星通用平台列为重要发展项目,如美国波音公司在研的幻影凤凰-nano 卫星平台、英国萨瑞空间研究中心公司的 SSTL-50X 通用卫星平台、美国爱莲特技术系统公司(ATK)的 A100 卫星平台以及中国科学院微小卫星创新研究院的 WN5000 通用卫星平台等。下面以 SSTL-50X 通用卫星平台以及 WN5000 通用平台为例说明。

1. SSTL-50X

SSTL-50X 是 SSTL 公司最新开发的下一代微小卫星平台,如图 1.17 所示,利用下一代 X-Series 技术,其平台参数如表 1.4 所示。SSTL-50X 以经过飞行验证的型号继承为基准(Baselines Flight-Proven Heritage),利用最新一代航电设备,做到了更小、更轻、更灵活,提高了卫星的能力,在机械与电子方面能够以柔性的姿态兼容任何任务,兼容大范围的轨道高度与倾角,载荷在质量、功率、体积方面相对于平台有很高的比例。总质量为 50 kg(卫星的标称发射质量),紧凑并高度集成的设计结合充分的子系统双机冗余与根据任何任务要求裁剪的平台核心服务,如电源、结构、数据处理、通信与高精度姿态控制。

(a) 宽幅度　　　　　(b) 全色彩　　　　　(c) 高精度　　　　　(d) SSTL‐50
　成像卫星　　　　　　成像卫星　　　　　　成像卫星　　　　　　通用平台

图 1.17　SSTL‐50X 通用卫星平台

表 1.4　SSTL‐50X 平台适用参数

| 名　称 | 内　容 |
|---|---|
| 适用任务 | 平台适用于多领域任务:<br>高、中分辨率成像<br>热成像<br>多光谱、高光谱成像<br>大气与地球科学<br>空间科学<br>天文学<br>技术论证<br>通信<br>AIS,ADS‐B,& asset tracking |
| 质量 | 整星质量最大 75 kg(加装可展开的太阳能面板后,质量上限会有所增加)<br>载荷质量最大 45 kg |
| 轨道与倾角 | LEO 太阳同步轨道或者任意倾角太阳同步轨道 |
| 功耗 | 载荷轨道平均功率 35 W<br>载荷峰值功率 85 W |
| 结构 | 载荷舱体积宽 530 mm,深 430 mm,高 400 mm<br>为快速组装、集成与测试而开发的低成本结构 |
| 载荷 | 载荷质量最大 45 kg<br>载荷轨道平均功率 35 W<br>载荷峰值功率 85 W<br>提供无遮蔽的载荷视场 |
| 星载数据处理 | 星载实时 g 条指令/s 处理能力<br>拥有 Gb/s 的数据总线 |

| 名　　称 | 内　　　容 |
|---|---|
| 大容量 | Tb 量级 |
| 数传 | X 波段 |
| 遥控遥测 | 遥控遥测数据接口：CAN 总线 |
| 姿轨控<br>精度 | 三轴稳定<br>姿态测量精度：$10''$<br>姿态控制精度：$0.07°$<br>姿态稳定度：$18''/s$ |
| 姿态与轨道控制 | GPS 定轨<br>首要：参考地球<br>次要：参考惯性仪器 |
| 推进 | 拥有推进系统 |
| 平台冗余配置 | 双机冗余模式 |
| 任务设计寿命 | 平台寿命 5~7 年 |

新平台设计使 SSTL 受益于其航电的自动化批量化制造与测试能力，能够进行卫星的快速组装与集成，为用户节约开发时间，节约本来是"固定"的成本。SSTL 利用最新的小型化技术进一步压缩卫星子系统、部件的体积。

2. WN5000

微纳 5000 平台（WN5000）是中国科学院微小卫星创新研究院自研的新一代微纳卫星平台，包括简配平台、标配平台、高配平台三个系列产品，如图 1.18 所示。

(a) 发射收拢状态　　　　　　　　　　　　(b) 发射后帆板展开状态

图 1.18　WN5000 卫星平台构型（后附彩图）

其中，基于标准 WN5000 平台研制的光谱微纳 01 星和光谱微纳 02 星两颗微纳小卫星已经进入正样研制阶段，计划于 2016 年 12 月发射。

WN5000 平台技术充分采用了模块化的设计思路，具有智能化、通用化、低成本的特点。WN5000 模块化分舱配置如图 1.19 所示，整星以综合电子舱为基础，可选配安装高精度姿控舱、轨控舱和星外单机。其中,综合电子舱内采用母板插槽扩展、通用总线、结构一体的形式,集成有电源控制板 PCM、GNSS 接收机、智能通信模块 LTE、测控应答机 TCM、星务计算机 SECM、星务计算机 CIMA、配电板 PDM、载荷控制器 PLC、数传调制模块 XMM 和大容量存储模块 SMM,并采用了标准 18650 工业锂电池作为蓄电池与结构板一体封装固定。姿控舱内则配置了三轴光纤陀螺、磁强计、磁力矩器、反作用飞轮等姿控组部件。除此以外,星外六个表面均有通用安装接口,可扩展安装载荷、小型释放机构、二次展开太阳帆板、对地数传天线、星敏、太敏等单机模块。详细技术指标如表 1.5所示。

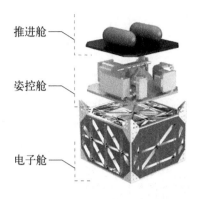

推进舱
姿控舱
电子舱

图 1.19　WN5000 模块化分舱快速配置设计(后附彩图)

表 1.5　WN5000 平台技术指标

| 主要技术指标 | 精简版 | 标准版 | 高配版 |
|---|---|---|---|
| 主要用途 | 科学验证、低功耗分时通信、中低分辨率遥感等 | 高光谱遥感、高分多光谱遥感、科学验证、低功耗实时通信等 | 高功耗实时通信、红外遥感等 |
| 平台质量/kg | <15 | 25 | 60 |
| 负载质量/kg | 10~25 | 15~35 | 20~40 |
| 平台功耗/W | 15 | 25 | 50 |
| 负载常值功耗/W | 15 | 20 | 200 |
| 负载峰值功耗/W | 15~50 | 20~100 | 200~400 |
| 母线电压 | 5 V/12 V/28 V | 12 V/28 V | 12 V/28 V |
| 平台尺寸/mm | 300×300×200 | 300×300×300 | 300×300×600 |
| 处理器 | 8 MHz | 20 MHz | 40 MHz |
| 热控方式 | 被动热控 | 自主热控 | 自主热控 |
| 姿控 | 偏置稳定 | 高精度三轴稳定 | 高精度三轴稳定 |
| 轨控 | 选配单组元轨控模块 | 选配双组元轨控舱 | 标配双组元轨控舱 |
| 测控 | 8 192 bit/s | 8 192 bit/s | 8 192 bit/s |
| 数传 | 4 Mbit/s | >100 Mbit/s | <256 Mbit/s |
| 存储 | 64 Gbit | >256 Gbit | <1 Tbit |
| 数据接口 | LVDS/CAN | LVDS/CAN | LVDS/CAN/tlk27l1 |
| 星间通信 | / | / | >1 Mbit/s |
| 寿命 | >1 年 | >1 年 | >5 年 |
| 成本/万元 | 800 | 1 000 | 1 500 |

### 1.3.4 中小型卫星

中小型卫星指质量级在 1 000～500 kg 的卫星,微小型卫星指质量级在 100～500 kg 的卫星。这两类卫星相对于微纳卫星来说,体积与功耗限制较少,带载荷能力强。它们是随着大型卫星功能部件的小型化以及新技术应用(如电推、MEMS 技术等)发展而来,具有更大的应用价值与商业开发价值。典型小型与微小型卫星平台为 EADS Astrium 公司的 Astrosat-250 以及日本电气股份有限公司(NEC)的 NEXTAR NX-300L。Skybox Imaging、NEC、Astrium、三菱、洛克希德马丁等主流卫星研发单位在此质量范围内均有成熟的卫星平台产品,并多次经历任务验证。

1. NEXTAR NX-300L 卫星平台

NEC 致力于开发下一代高性能模块化小卫星平台 NEXTAR NX-300L(图 1.20)的原因有两个:其一,降低小企业进入航天领域的门槛;其二,减少未来航天任务的成本与开发周期,根本目的是激活整个航天工业的发展。此平台使用开放的结构技术与制造方法,使用最新的电子学技术,极大地降低成本与开发周期。得益于标准的载荷接口(机械、热控、电子、射频),此平台适配多种任务。

图 1.20 NEC 卫星平台 NEXTAR NX-300L

NEC 打算将 NEXTAR NX-300L 卫星平台用于商业或者对地观测任务,此平台目标为以下几点。

(1) 提供低成本、快速开发的性能先进的小卫星(100～500 kg)系统。

(2) 为用户提供端到端打包的解决方案,包括卫星本体、地面站系统、数据网络、卫星应用、技术转移。

（3）使用 SpaceWire 高速总线。

日本试图向蒙古销售 ASNARO 卫星，以探查稀土资源。作为 NEXTAR NX - 300L 平台的首颗卫星，在全世界相同大小的卫星中，ASNARO 的分辨能力最强，能辨认尺寸为 0.5 m 的地面物体。发射费加上整套数据接收处理系统总共约需 100 亿日元。NX - 300L 卫星平台还用于越南订购的两颗侦察卫星与日本军方订购的超敏捷 SAR 卫星任务。

2. Astrosat - 250 卫星平台

Astrosat - 250 卫星平台，又称 Astrobus - L，是 Astrium 的 Astrosat 卫星平台家族中最新一代的高机动性小卫星系列，由 Astrium 于 2008 年开始着手研发，首次任务应用于西班牙 SEOSat/Ingenio 卫星（已于 2008 年签订合同）。Astrosat - 250 是一个标准化、模块化、符合 ECSS 的设计寿命 10 年的卫星平台，继承自 EADS 强大丰富的地球观测任务经验，使用基于 LEON3 星务计算机、EADS SODERN 公司的新一代星敏、无陀螺仪的 16 Hz 姿控模块（基于星敏与 CMG），详见图 1.21，具体应用设置如表 1.6 所示。

图 1.21　Astrosat - 250 卫星平台

表 1.6　Astrosat - 250 卫星平台

| 名　称 | 内　容 |
|---|---|
| 适用任务 | 地球观测（光学、雷达）、科学探测、通信 |
| 质量 | 平台设计质量（带载荷后）300～600 kg<br>Sentinel - 5p 卫星整星 900 kg，带载荷 220 kg<br>SPOT - 6 卫星整星 852 kg，带载荷 60 kg，推进剂 80 kg<br>SEOSat 卫星干质量 750 kg，推进剂 80 kg |
| 功耗 | SEOSat 卫星整星轨道平均功耗 = 580 W<br>SEOSat 卫星最大功耗 = 850 W |

| 名　称 | 内　　容 |
|---|---|
| 结构 | 平台的机械结构包括支撑整套电子学系统的六边形结构、与标准运载火箭的接口环(Interface Ring)<br>卫星组件分布在开放的侧面板上,保证了集成期间的可操作性(During Integration)与地面维护操作的方便<br>底板中间放推进器,顶板(Top Floor)安装一些设备及其散热器,如 X - band、S - band 通信天线。设备安装在一个倾斜的角度上,保证了设备散热器无障碍的视野 |
| 热控 | 热控系统配置有加热器,由星载计算机负责控制<br>被动热控配置有 1.5 m² 被动散热器 |
| 能源 | 电源分系统 EPS 围绕 28V 未稳压母线来配置。如果需要更高的电力需求,要使用基于最大功率点跟踪 MPPT 的电源控制单元 PCDU (Power Conditioning and Distribution Unit)<br>电源控制功能由 PCDU 完成,为了系统的鲁棒性,PCDU 不使用软件就可以完成电源控制功能 |
| 太阳能帆板 | 标配三结砷化镓太阳能面板,轨道平均供能 1 500 W(太阳能面板的具体配置根据任务决定) |
| 蓄电池 | 两块锂电池,共 156A·h |
| 星务 | 两个物理上分离安装的双冗余 LEON 3 星载计算机与标准接口单元<br>星载计算机提供遥测与控制命令处理、星上时间管理、系统重置、S 波段应答机管理等功能。其他平台子系统与载荷通过公共的数据总线与星载计算机连接。LEON3 - FT (Fault Tolerant)微处理器名称为 SCOC3 (Spacecraft Controller On-a- Chip)。SCOC3 为 EADS Astrium SAS 开发,由 Atmel 公司制造<br>与此同时,完整的 I/O 系统由 RIU 管理。RIU 可为任务定制,管理与非标准单机的接口<br>总线制式为双冗余、独立的 MIL - STD - 1553B 总线。一路为平台服务,一路为载荷服务。星载计算机可选择利用 SpaceWire 接口与特殊载荷进行高速数传 |
| 软件 | 模块化结构的 Astrosat - 250 软件的核心为一个与任务、硬件无关的内核,此内核由 RTEMS 操作系统、Astrium CDHS (Core Data Handling System)组成。一组可重用的与硬件和任务无关的软件元素作为为任务量身定制的星务软件的基础。针对任务的特殊软件定制与开发流程服从 ECSS E - 40 与 Q - 80 标准 |
| 载荷数据处理与存储 | 载荷数据管理与传送子系统 PDHT (Payload Data Handling and Transmission)包括载荷数据管理系统 PDHU (Payload Data Handling Unit)与一部 X 波段发射机。PDHU 通过与载荷高速数传完成数据存储与处理工作<br>现阶段平台的存储器为 Astrium 自主开发的 CoReCi (Compression Recording and Ciphering) 单元,容量大小 1～10 Tbit,其中的数据压缩与加密服务供用户选择,其不同的算法种类也在选择范围内。CoReCi 有模块化的结构,支持多种速率与容量,写入速度最大 1.4 Gbit/s,闪存容量最大 850 Gbit (EOL),MRCPB 算法的嵌入式图像小波压缩,加密解密算法为 AES 标准使用 127×128 bit 密匙,数据格式编排符合 CCSDS ESA Packet Telemetry Standard 标准,子系统总质量 14 kg,功耗 75 W(同时进行数据写入、数据压缩、数据重放时的功率)<br>在 SPOT - 6 卫星上,CoReCi 的载荷数据管理系统 PDHU 第一次成功使用了商业闪存技术 |
| 通信 | 平台标配双通道冷备份 X 波段 300 Mbit/s,QPSK 载荷数据下行,单个等通量天线保证了对地面站的覆盖。如果需要更高的下行速率,其他子系统也可以进行协助。一些通信方面的机械设计方案供用户选择。TT&C 依然是传统的 S - band 方案 |
| 姿轨控精度 | 指向精度 500 $\mu$rad (3$\sigma$)<br>实际指向误差(Pointing Knowledge )最大 30 $\mu$rad (3$\sigma$)<br>定轨精度 < 10 m (1$\sigma$) |
| 机动性能 | 绕任意轴,12 s 内旋转 30° |

续表

| 名　称 | 内　　　容 |
|---|---|
| 姿态控制方案 | 3 轴稳定,允许偏航轴方面的机动。平台的姿控系统 ADCS 标配四个反作用轮、三个磁力矩器。在需要极强的机动性时,使用控制力矩陀螺代替动量轮提供极强的机动性能<br>　　姿轨敏感器为 GPS 接收机与一个星敏,姿态控制精度主要由星敏安装位置和对准精度决定,标准精度的姿态控制不需要陀螺仪的支持。可选择某些惯性测量装置以适应任务需要。如 sentinel-2 卫星的星敏安装位置为三部器件以准四面体方位排布,为定姿精度进行了优化<br>　　安全模式下,姿态敏感器为磁强计(MAG)与太敏(BASS),用户也可选择磁强计与低精度日地感应器 |
| 推进 | COTS 器件的单一组分肼喷气模块用作轨道维护(或者在地球指向的安全模式初始化阶段为卫星快速减速-地球指向的安全模式),安装在最底层板的中心<br>　　喷口配置有 4×1 N 推进器,两个一组,冗余设计。推进剂储箱与喷口的设置可以完全根据用户需求定制 |
| 任务设计寿命 | SPOT-6/-7 卫星设计寿命 10 年 |
| 已使用卫星 | Sentinel-5p(AstroBus-L 250 M)大气监测卫星<br>Sentinel-2<br>SPOT-6/-7(SPOT-6/-7 卫星)<br>SEOSat(Ingenio)-平台建立的标准<br>ERS SSHRES |

　　此平台已经成功应用于 AstroTerra（SPOT-6/-7）、西班牙 SEOSat/Ingenio、欧空局（欧洲太空局）GMES/Sentinel-2、欧空局 EarthCARE、哈萨克斯坦 ERSSS（Earth Remote Sensing Space System）等卫星型号。

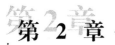

# 第 2 章 微小卫星总体设计方法

## 2.1 总体技术概述

### 2.1.1 总体设计概念

1. 卫星总体设计基本概念

卫星总体设计是卫星系统研制的顶层设计,是以卫星系统为对象的各类设计活动和技术协调;狭义地讲,总体设计是指在概念研究、可行性论证以及方案设计阶段与卫星系统有关的设计活动,主要包括卫星系统概念研究、卫星方案可行性论证及总体方案设计三大阶段,一般的总体设计流程如图 2.1 所示。

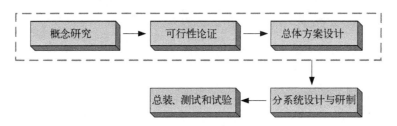

图 2.1　卫星总体设计流程

卫星系统概念研究目的是发现和确定新的航天任务需求,提出卫星系统及卫星应用的新概念,分析可能的技术解决途径,其研究内容主要包括:卫星系统及应用新概念研究,进行概念设计、任务分析、工程系统组成、任务运行模式研究、系统关键技术、费用效益与风险分析等。

卫星方案可行性论证目的是确定新型卫星系统的研制必要性和可行性,为卫星转入工程研制提供决策依据。论证首先需要明确研制任务,给出系统的需求和初步的技术指标,并根据需求和初步技术指标对卫星总体方案进行评价,对相关关键技术攻关研究并进行研发条件保障分析,明确关键技术的验证方案以及提出实施要求和工作计划安排。

卫星总体方案设计目的是选定并完成总体方案设计工作,确定总体技术指标,确定各种接口关系。设计内容包括：确定系统需求,确定总体技术指标,优化和确定总体方案,确定卫星飞行程序,确定与运载、发射场、测控站、地面接收站的接口,确定卫星研制的工作分解结构与项目实施计划,确定分系统技术指标要求,下达分系统研制任务书等。

卫星总体方案设计要求归根到底取决于卫星的任务需求。卫星在轨道上不断地相对地球运动,这是卫星技术应用时最基本的特征。根据这个特征,在决定任务、提出使用要求时,一般需考虑卫星工作的以下三个要素。

1）卫星对地联系方式

卫星高度少则有几百千米,一般多是采用电磁波通信才能和地球发生联系。各种卫星的区别就在于通信频段的选取和电磁波性质的不同；星上信息变换、处理和向地面发射信号要求的不同。这将造成星上接收和变换信息的有效载荷和所使用无线电频段的不同。

2）卫星对地联系区域的位置和范围

轨道上卫星在任一时刻只能与一部分地球表面设备进行通信。轨道高度决定了卫星对地联系范围的上限。不同卫星将由任务决定其联系区域的地理位置和范围,从而选定卫星的运行轨道。若要扩大瞬时作用区就要增高轨道；要使卫星到达高纬度地区,必须增大轨道倾角。

3）卫星对地联系时间

卫星和地面某一区域之间的可联系时间是有限的,例如,近地卫星一次飞越过顶的时间只有几分钟。通过选择不同轨道类型可以增加卫星对地联系时间。一是地球同步轨道,它使卫星能对某区域保持连续的联系；二是回归轨道,它能使卫星按一定时间间隔重复地通过某一区域,如 12 小时轨道、准太阳同步轨道等。

因此对于有效载荷功能指标、运行轨道和寿命、可靠性等三项设计要求(图 2.2)需要综合上述三要素进行分析。

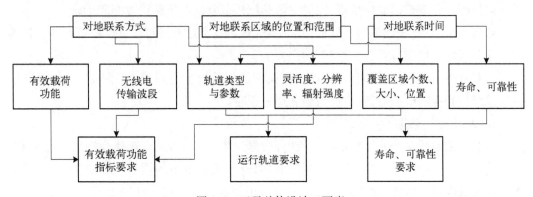

图 2.2　卫星总体设计三要素

2. 卫星总体设计基本任务和原则

卫星总体设计师需要在规定的研制周期和成本约束下设计一个能满足特定任务要求

的、优化的卫星系统,其基本任务可归纳为以下方面。

（1）将用户需求转化成由若干分系统组成的系统及各个分系统的功能及性能要求,并满足大系统的约束要求。

（2）分析和协调不同分系统间接口关系,完成总体方案设计。

（3）完成卫星总体详细设计(含总装设计、总体电路设计、电性能测试和环境模拟试验要求)。

（4）提出产品保证要求,完成可靠性、可用性、可维修性、安全性、电磁兼容性及软件等保证大纲及规范。

由卫星总体设计的任务可知,总体设计是定方向、定大局、定功能和性能指标的设计,在卫星整个研制过程中它起着主导性和决策性作用。对于卫星总体设计,需要满足一定的设计原则。

（1）满足用户需求的原则。

（2）系统整体性原则。

（3）系统层次性原则。

（4）卫星研制阶段性原则。

（5）创新性和继承性原则。

（6）效益性原则。

**3. 小卫星总体设计特点**

卫星总体设计除一般系统工程设计特点外,还有一些特殊技术点上的特点,在传统卫星总体设计中要把这些特点作为要求贯彻进去。

**1）空间环境适应性**

需要适应热真空和辐射环境。卫星在轨运行时朝阳面热流很大,而背阳面几乎没有热流,其热环境十分恶劣;同时还受到各种空间辐射的影响,在总体设计中,要对各分系统的耐热抗辐射性能提出设计要求,同时在散热抗辐射方面给出解决方案和措施。

针对太阳、月亮和地球的非球形摄动问题,对卫星姿态调整与轨道控制系统的设计需要考虑到摄动补偿,总体设计方案中给出要求。

针对其他空间环境,例如,在轨运行时受到的流星或者空间碎片的威胁,总体方案中也应该给出相应的解决措施、防护措施和规避策略。

**2）大系统中各组成系统的约束**

运载火箭的约束:在总体方案设计中,根据卫星总质量大小,选择合适的运载火箭,一旦选定了火箭,就要反过来约束卫星的总体设计,要求卫星的质量在一定的区间,并考虑到入轨精度对卫星轨道的影响,提出轨道修正要求。卫星在火箭的整流罩中的衔接与协调也应该在总体方案设计中给出,考虑到总体结构与受力条件和要求。

地面测控站的约束、地面应用系统的约束、地面应用系统的频段、信息传输和性能指标的要求对卫星总体性能参数的影响也需要在总体设计中考虑。

3）卫星高可靠和高安全性

要满足工作寿命下的高可靠要求。由于研制和发射卫星成本很高，工作环境恶劣，一旦发射不可维修，卫星总体设计要求在适应上述环境下，具有一定寿命的高可靠性能，如采用备份措施、选用成熟技术、分析可靠性并对分系统提出适当的可靠性要求等方案。

同时需要分析风险考虑安全性和风险性，由于卫星具有系统复杂、成本高、常带有易燃易爆的推进剂等特点，卫星研制和发射具有很大风险。因此，在总体设计中，要充分考虑到安全性和风险控制，如对推进剂储箱设计提出一定的安全系数要求，对卫星进行动力学响应分析和试验，避免共振等。

4）高度自主控制功能

卫星在轨运行期间对其姿态测量和控制、备份件切换、蓄电池充放电、加热器通断电等控制都需要卫星自主完成。这样可减小地面测控站的负担，同时减少通信量和能源损耗。

卫星在轨运行期间对其轨道测量和控制可采用自主导航和控制技术，实现卫星在轨自主轨道保持和修正，减少地面站测控的负担。

5）满足公用平台的设计要求

研制一颗新型卫星的周期一般较长，而卫星研制发射成功后，其结构、电源、姿态和轨道控制、推进、测控和热控等分系统所形成的平台还可继续用于其他新研制的相同类型和规模的卫星，进而缩短研制周期、降低成本，在总体设计时应该将卫星平台有目标地设计成能够适用于多种有效载荷的通用平台。

现代小卫星是应用新技术和新的设计思想研制出来的一种人造卫星，具有质量轻、体积小、成本低、研制周期短和性能好等特点。现代小卫星不是传统大卫星的缩小版，其总体设计相较于传统卫星总体设计又有着一些本质上的变化和增加，具体体现在以下方面。

（1）设计思路的创新。现代小卫星代表一种新的发展趋势和新的设计思想，突破了传统的"一星多用、综合利用"的设计思想，主张简化设计，采用成熟技术和模块化、标准化的硬件，尽量减少冗余或无冗余。

（2）设计技术的进步。以大规模集成电路为中心的微电子、微型机械、轻型机械、轻型复合材料和超精密机械加工等新技术、新材料、新工艺取得的成果，为卫星的小型化、轻量化、集成化等奠定了技术基础。现代小卫星可能采用的新技术包括：多功能结构、微电子机械系统、高密度电子集成技术、先进微型推进技术、纳米技术及先进软科学技术等。

（3）设计手段的进步。突破传统的分系统独立设计、实物试验为主、串行工作模式及过于保守的设计模式。采用先进的数字化设计与仿真技术实现微小型卫星设计的并行化、数字化和集成化。

（4）空间应用的创新。现代小卫星具有体积小、质量轻、成本低等优势，也具有功能单一等缺点，单颗微纳卫星无法满足越来越高要求的航天任务，因此提出了卫星星座、卫星飞行编队等分布式卫星系统概念,扩展了微小卫星空间应用的领域。

## 2.1.2　总体设计基本原则

1. 满足用户需求的原则

卫星总体设计必须以用户或国家的需求为依据,以研制出的卫星满足用户方提出的各项性能指标要求为目标,通过不断迭代,完成卫星总体方案设计和卫星总体综合设计。当然,最终研制出的卫星除满足功能、性能指标要求外,同时还要满足用户提出的研制周期和研制成本等其他要求。

由于用户对现有卫星技术水平的不了解,可能提出过分苛刻的要求,当用户提出功能、性能指标和研制周期及研制成本要求后,卫星总体单位首先要分析用户要求的合理性和可实现性;然后卫星总体单位根据现有技术基础,尽可能满足用户需求。如果供求双方存在分歧,要及时和用户沟通协商。通常,用户提出的各项指标要求既是卫星总体设计的输入条件,又是卫星各个阶段总体设计的约束条件。

2. 遵循系统整体性原则

卫星是由多个学科或多个分系统构成的有机整体,其总体设计属于典型复杂系统工程,学科基础广泛,包括航天动力学、结构力学、工程热物理、工程控制论、电子技术、计算机技术、推进技术等专业学科。卫星作为一个有机的统一整体,在卫星总体设计过程中,必须遵循系统的整体性原则进行设计,也就是说必须从卫星的整体功能和性能出发,进行系统分析与综合,保证卫星整体最优而不是局部最优。总体设计过程中应该始终坚持系统整体功能和整体优化原则,避免突出局部或以局部优化代替整体优化的倾向。卫星总体设计要以最小的代价研制出满足用户所提出的各项要求的卫星。

进行卫星总体优化设计,必须从系统角度综合考虑各个学科的影响,才能获得最佳设计。单纯追求某一分系统的优化,不一定能给总体优化设计带来贡献。在卫星的整个设计过程中,都要遵循系统整体性这一原则,解决设计中的问题。

下面以一个示例做进一步说明。如果对一颗简单的双自旋通信卫星的定向天线方案设计,可有两种方案,即收发分开的双抛物面方案和收发共用的单抛物面方案。从分系统设计考虑,采用收发分开的双抛物面天线方案较好。和单抛物面天线相比较,双抛物面天线不仅技术上容易实现,而且天线收发性能指标较好,可使上下行不同频段的波束覆盖相同。但是从总体考虑不一定可行,因为双抛物面方案质量较重,会使整星的转动惯量比小于1,更大的问题是控制系统的消旋轴承承受不了。此时,就应该遵循系统整体性原则,权衡利弊,要求局部服从整体,应该决定天线采用收发共用的单抛物面方案。

3. 遵循系统层次性原则

卫星系统的另一个性质就是它具有层次性。在总体设计过程中,总体设计工程师需要了解卫星系统的复杂性,由于卫星系统各功能部分的组成不同,其专业技术存在较大差别,需要按照系统的层次性,把复杂的卫星系统划分成若干分系统。卫星系统上一层次还有工程大系统,其包括卫星系统、地面系统、测控系统、发射运载系统等。各个大系统之间的功能和专业技术差别更大,需要各个单位与部门协作完成。工程大系统上还有有关部门或国家的规划、政策、规定,另外,还有国际有关规定等。由于卫星总体设计过程的阶段性与层次性,卫星总体优化设计实质上可归结为多个层次上的多学科设计与优化问题。

总体设计是卫星研制过程中的顶层设计,以用户需求作为主要设计依据,把各大系统的各种接口作为约束条件,经系统方案论证确定系统构成、分系统方案选择、性能分析、指标分配、制定接口要求,最后向各个分系统研制单位下达任务书。

通常卫星总体设计过程是按由高到低的层次逐渐展开的,设计过程中经过反复迭代设计,不断协调和修改,也可交叉进行。

在实际设计中,有时候会出现上下两个层次的设计师相互等待的现象。例如,分系统设计师认为总体要求没有提出,所以总体需要的仪器的质量功耗、尺寸等无法确定;而系统总体设计师又认为分系统的质量、功耗和尺寸没有提出,所以总体构型和布局无法进行。产生这种现象的原因,主要责任在于卫星系统总体设计师。原因之一是系统总体设计师缺乏广泛的调研资料和缺少经验,原因之二是系统总体设计师不了解总体设计工作需要反复反馈协调和修改,与分系统工作有时候需要交叉进行。克服这种现象的办法是要求系统总体设计师做到以下两点。

(1)卫星系统总体设计师要广泛调研资料,掌握同类卫星的设计经验,以供参考,要深入实际,了解各个层次的组成,各个组成部分的功能、性能指标及之间的相互关联,不了解就无法完成卫星系统的总体设计任务。

(2)卫星系统总体设计师要充分认识系统工程的行动程序观念、创造性思维观念、反馈协调观念和整体最优观念。即在卫星设计时,系统总体设计师要发挥创造性,先做出顶层设计的初步输出结果,把初步输出结果交给下一层次,然后经过多次反馈协调,达到整体最优,最终完成系统总体设计。

系统总体设计师在设计中要处理好本层次与上下层次的关系。切忌忽视本层次工作,而把精力放在非本层次工作上。要避免出现两种错误:一是站在分系统考虑问题,使总体性能得不到协调和优化;另一种是干涉上下层次的工作,放弃和削弱本层次工作,影响了上下层次之间的关系,降低了卫星总体设计质量和影响卫星的整体优化。

在卫星研制过程中,有时候会出现颠倒程序的现象。出现颠倒程序的现象而产生损失,有上个层次的原因,也有下个层次的原因。上个层次造成颠倒程序的原因是顶层设计的系统设计师不深入分系统,不深入了解各个分系统的技术要求,结果出现顶层设计不周全,使设计结果不能满足用户需求或在发射入轨后出现故障。顶层设计不周全而造成的损失,看来没有颠倒程序,但实际效果仍然属于颠倒程序的做法,即上一个层次的工作未做完,就转入下一个层次,而造成不应有的损失。

下个层次造成颠倒程序的原因是低层次的系统设计师不了解顶层设计的重要性,在没有顶层设计输入条件的情况,自作主张,盲目设计,其设计结果不能满足用户或总体的要求而造成不必要的损失。

4. 遵循卫星研制阶段性原则

卫星总体可大致分为四个阶段,即从用户提出初步任务要求开始到完成总体设计方案;从用户提出正式的设计任务书到完成总体可行性方案论证的总体可行性论证阶段;从总体方案可行性论证结束到完成总体方案设计,并下达对下一级的设计任务书的总体方案设计阶段;从总体方案完成开始到总体综合设计结束的总体综合设计阶段。为适应环境的要求,总体综合设计又分为初样和正样阶段。总体综合设计和分系统详细设计并行进行。

卫星研制的阶段性是由系统的整体性和层次性而产生的一项固有的特性,也是系统工程的一个重要概念。卫星设计阶段不仅反映卫星设计的阶段性,也反映了设计程序。这是系统工程客观上存在的先后顺序。前一阶段工作是为后一阶段工作提出必要的输入条件(包括要求和约束)。所以,前一阶段工作未完成(即后一阶段工作缺少必要的输入条件),则后一阶段工作无法进行。如果一定要办,不但办不好,而且会出现差错和返工。

5. 遵循系统创造性和继承性原则

创造性思维观念是系统工程的一个很重要的观念。卫星系统是个复杂的系统,而且是20世纪50年代末发展起来的新技术,其技术和性能还在不断地创新和提高。有许多新概念、新理论、新材料不断涌现。这就要求卫星系统设计遵循创造性思维的观念,不断地提高卫星性能,不断地开发卫星新的应用领域。

创造性主要体现在系统工程的分析和综合观念上。通过综合,利用成熟的技术,建立新概念,确立新方案;通过综合,建立各组成部分之间的纵横交错的联系和解决系统工程环境之间的技术问题。最后创造出优化的新系统。

卫星系统的总体设计师要处理好创新和继承的关系。由系统工程的分析和综合观念可知,综合主要是体现在利用现有成熟的技术,然后,在此基础上创造出优化的新系统。尤其现在卫星发展很快,在研制成功一个卫星后,它的各个服务系统的产品和技术可以被继承,应用于新研制的卫星上。所以,创新一定要在继承的基础上,绝对不能为创新而创新。现在,对新研制的卫星,其继承成熟技术和产品一般达到70%。

创造性还体现在系统工程的整体最优的观念上。卫星系统的总体设计师要力求避免违反整体优化的原则,把精力集中在或过多地用在某些局部的创新上。而应该在实际的约束条件下,高效率设计和研制出高品质和高效费比的新卫星,才是总体设计师创造性发挥的主要任务。但是,也要避免强调继承,而妨碍创新,即妨碍总体性能指标的实现,使用户要求不能达到。

6. 遵循效益性原则

系统工程的整体最优的观念既体现了系统性的整体最优观念,也体现了系统的效益性原则。高度概括地说,整体最优的观念就是使工程项目中各个局部以最小的代价达到系统的整体最优,保证系统最佳功能的发挥。

为了获得最高的效益,卫星总体设计师要通过优化设计,并最有效地利用现有的成熟技术和产品,进行最佳的组合,提高可靠性,合理简化技术流程,缩短研制周期,降低研制成本,使卫星的研制以最小的代价,达到用户对卫星整体功能和性能的要求。

研制卫星真正实现整体最优,也不是很容易的事情。要真正做到上述的整体最优,必须要有下列几个条件。第一,要有扎实的理论基础和丰富的实践经验的人才;第二,要有研制卫星的先进基础设施;第三,要有先进的多学科优化设计与仿真技术的软硬件平台;第四,要有先进的、科学的、合理的系统工程管理体系;第五,要有配套的高性能的元器件、原材料、先进的新工艺和新技术;第六,要有足够的任务和经费。没有上述六个条件,要真正实现整体最优,是不可能的。但是有了上述六个条件,不遵循系统工程的整体最优原则,就得不到最高的效益。由上述六个条件可以知道,整体最优的观念不仅体现了系统的效益性和系统的整体最优的本质,而且体现了研制单位的竞争力。研制单位要获得很强的竞争力,除了具备上述六个条件外,还要熟练掌握系统性、系统工程观念和系统工程方法。上述六个条件可以说是客观条件,而掌握系统性、系统工程观念和系统工程方法可以说是主观条件。

卫星研制单位随着任务不断增加,卫星研制水平不断得到提高,上述六个客观条件也不断得到完善,系统性、系统工程观念和系统工程方法也不断得到掌握,当然,竞争力就会不断得到增强。

## 2.1.3 总体设计实施的基本方法

本节所述总体设计实施的基本方法是依据系统工程理论,结合卫星总体设计基本概念以及工程实践总结得到的。

### 1. 系统继承与改造

一般来说,研制一颗全新型卫星周期达到了 3～5 年,卫星经过严密论证、发射及在轨验证,其上的软硬件功能、整星对空间环境的适应性均得到证明。因此该卫星使用的元器件、结构设计方法、姿轨控方案以及能源、热控、综合电子等分系统形成的技术就可以应用于同类型及规模、近似轨道空间环境的卫星研制当中。这种系统继承方法可以极大地提高卫星研制进度,增加可靠性,是评价卫星方案可行性的重要方法。

通常来说,系统的完全继承并不能满足新卫星的研制要求,也不利于卫星总体技术的发展进步,尤其面对日益丰富的载荷类型与飞行任务,需要将继承的系统进行适应性改造,使卫星满足载荷应用需求,并淘汰落后的技术与产品。随着新概念、新技术、新材料的不断涌现,这种改造越加重要,也是推动卫星技术创新与发展的重要手段。

例如,中国科学院微小卫星创新研究院研制的"神舟七号伴星"就继承了该单位之前研制的"创新一号"小卫星的关键技术,缩短了研制周期,增加了可靠性。同时,为完成伴随飞行、在轨释放、成像观测等新任务,又采用了多种创新设计,如结构一体化设计、轻型结构材料应用、自主导航、多模式指向等新技术实现了卫星质量的降低,提高了卫星功能密度。这些新技术的在轨成功应用又为后续微小卫星的设计研制提供了成熟技术基础。卫星的研制技术也就是在这种系统继承与改造循环迭代过程中不断进步的。

2. 系统结构、功能、效益分析

一个卫星系统包含了多个分系统,通常可以划分为载荷分系统、能源分系统、姿轨控分系统、测控分系统、星务分系统、结构分系统和热控分系统。卫星系统与运载系统、发射场系统、测控系统又组成了更高层次的大系统。

卫星的系统分析主要是指卫星系统的结构、功能和效益分析。为了实现一颗卫星的总体设计,需要将所包含的各个分系统互联互通,在一定的制约因素下实现卫星整体功能需求,就要使用系统分析的方法。

系统的结构分析首先要将与卫星相关的各类系统层次、构成、关联、制约划分清楚,如根据卫星的应用需求初步确定载荷类型和配套的分系统类型;根据发射包络约束确定卫星包络尺寸;进一步详细分解,完成构型设计、单机布局,确定整星的光、热接口,为相关的总装、测试等提出合理要求。另外,系统结构分析也包含了时间上的系统节点划分与总结,例如,现在一般将卫星的研制阶段分为方案阶段、初样阶段和正样阶段,确定时间节点划分,在转阶段时全面地总结前一阶段研制工作,明确下一阶段技术状态,也是基于时间结构的系统分析方法。

卫星系统功能分析中要进行构成子系统的功能分析,子系统功能分析主要从类型、数量、质量等方面展开。卫星的应用需求决定了子系统的种类,例如,导航、通信、对地观测类卫星的载荷类型各不相同;卫星工作的有效时长及各分系统的功耗决定了能源分系统中的电池类型、帆板大小;卫星的指向精度需求、机动能力需求决定了姿控分系统方案;卫星需要下传的数据量决定了数传分系统的天线大小、数传速率等。各分系统中的单机类型相同数量不同时能够获取的卫星能力大小也不相同。例如,通信卫星转发器的数量决定了卫星能同时兼顾的用户数量;电源分系统中的电池数量多,则卫星有效工作时间长,可支撑功耗大等;子系统的质量则决定了卫星的工作能力,例如,采用商用器件的立方星寿命要比采用宇航级器件的卫星寿命短很多;采用飞轮的力矩大小将影响卫星姿态控制速度;采用星敏感器要比采用太阳敏感器和地球敏感器的测量精度更高,进而影响卫星的控制精度等。

卫星系统的效益分析是从投入和产出两个方面对卫星系统满足目标的能力和方案进行费效比评价,主要进行任务分析、方案分析、成本分析、评价指标分析等。任务分析主要是分析用户需求,包括功能要求、技术指标、研制周期及成本等。根据用户需求制订的方案可以有多个,需要通过方案分析实现最优选择。同时还要兼顾研制卫星的经济可行性及利润,以维持一个企业的发展和竞争能力。最后,通过评价指标的分析,得到卫星系统效益,进而最终确定卫星方案。

3. 系统分解集成

在卫星研制开始阶段,卫星总体设计者会根据系统任务分析,展开总体方案设计,通过系统分解的方法确定各个分系统组成,进而确定分系统研制单位。分系统再向下分解到设备单机,分解后的各个单机、分系统自身具有相对独立性与完整性,与相应的专业学科相对应。系统分解能够有效地将复杂的卫星系统化整为零,便于总体设计者寻找专业的单机研制方开展卫星系统研制,对于分系统、单机任务书的下达、总体工作协调均十分有利。

系统集成是将分系统、单机综合到一起,形成具备预期功能、性能的卫星整体。卫星系统集成的工作主要由总体设计者完成,主要是进行卫星总装、总体电路设计、卫星综合测试以及环境试验。卫星总装需要完成卫星总体布局和分系统单机在卫星结构上的安装,并保证分系统的连接可靠,卫星整体满足质量特性、适应力学环境要求、精度要求等;总体电路设计需要完成分系统单机的电连通,能够实现信息正确交互与供电,同时保证卫星整体的电磁兼容要求;综合测试是对集成好的卫星系统进行功能及电性能指标测试,检测卫星的功能及电性能指标是否满足预定要求;环境试验是为了检验卫星整体是否能够满足从发射到入轨工作中的各种环境要求,主要包括力学试验、真空试验、热试验、磁试验等。

4. 迭代法与系统优化

卫星系统优化主要由卫星总体设计者完成,总体设计者需要根据系统目的要求,以总体最优为原则,实现各分系统的协调工作,保证卫星系统与卫星大系统、卫星运行的空间环境最优适配;为实现系统最优,还需要考虑卫星备份问题,从系统的角度进行科学合理的分析,避免冗余不足或备份过多;根据应用目标,合理处理低概率事件;尽量实现系统的多级反馈与闭环控制,实现系统内部有效监控。

卫星系统是复杂庞大的工程系统,约束多、不确定性多、建模困难,在总体设计过程中使用各种分析方法确定了最优化设计后,任务下达到分系统研制方,在分系统到的研制阶段可能会发现一些不合理的参数及要求,因此需要分系统研制方向总体方即时反馈,卫星总体设计者与各个分系统互相协调,不断修正最初设计,使卫星系统的研制工作迭代前进,最终实现卫星整体设计的科学合理及系统优化。

5. 模型验证

利用模型代替卫星原型进行验证和研究,可使研究人员以较低的代价获取卫星原型的重要信息,进而更好地了解和控制卫星系统。卫星系统的模型包括理论模型和实物模型。数学模型、数字地球、总体方案等属于理论模型;力学结构、电性模型、热控模型等用物质材料制作成的模型为实物模型。

通过分析、计算、仿真、评审等方法可以对卫星总体设计方案的合理性、正确性进行验证;通过物理测试、环境试验等可以验证卫星功能和性能指标满足性,以及对外部环境的适应性。

为了达到验证的目的,需要利用各种模型。例如,利用各种仿真软件建立数学模型对卫星的在轨运行特性、电路特性、结构特性、热控特性等进行验证;开发能代表卫星原型产品的实物模型进行各项验证试验,开发进行验证所需的地面试验支撑设备等。验证模型的数量可以根据卫星系统复杂程度进行选择,对于新型的复杂大卫星,缺少继承性,因此需要选择较多模型进行验证。对于寿命要求短、功能结构简单的微小卫星,则可以简化验证模型,以实现微小卫星的成本控制、快速设计、快速测试与交付应用。对于继承性强的大型卫星,例如,已经过在轨试验卫星验证、功能要求基本不变的后续卫星也可以选择较少的验证模型。

### 2.1.4 总体方案各阶段设计内容

总体方案设计是指从获取用户基本需求开始,到完成卫星研制的各个阶段中贯穿开展的总体性的方案设计技术工作。根据总体设计实施的基本方法,将总体方案设计分成几个阶段:预先研究阶段、方案可行性论证阶段、总体方案详细设计阶段。

各个阶段设计内容包括:卫星任务要求分析与分解;有效载荷选择;面向任务的卫星轨道选取;工程大系统选择;分系统要求与方案优选论证;卫星总体构型设计与论证;卫星总体性能指标分析;典型参数预算;分系统性能指标分配;通信、测控数传的通信链路分析;分系统接口及总体与大系统间接口设计和协调;关键技术分析;总体方案继承性分析;可靠性、安全性分析;研制技术流程制定;研制经费及周期约束等。

三个阶段的完成标志分别是提出方案设想报告、提出方案可行性论证报告及初步设计任务书、提出总体方案设计报告和正式设计任务书。

总体方案设计各阶段重点设计内容可参考表 2.1。

表 2.1 总体方案设计各阶段重点设计内容

| 设计内容 \ 阶段 | 预先研究阶段（立项前） | 方案可行性论证阶段 | 总体方案详细设计阶段 |
|---|---|---|---|
| 任务分析 | 完成分析 | / | / |
| 轨道设计 | 选择轨道 | 初步完成 | 全面完成 |
| 分系统方案设计论证 | 初步论证 | 完成 | / |
| 总体方案论证 | 初步论证 | 完成 | / |
| 总体性能指标确定 | 初步分析 | 初步完成 | 全面完成 |
| 典型参数预算 | 初步预算 | 初步完成 | 全面完成 |
| 构型设计 | 构型设想 | 初步完成 | 全面完成 |
| 分/大系统接口设计 | 选择各大系统 | 初步完成 | 全面完成 |

续表

| 设计内容 \ 阶段 | 预先研究阶段（立项前） | 方案可行性论证阶段 | 总体方案详细设计阶段 |
|---|---|---|---|
| 关键技术分析 | 完成分析 | / | / |
| 可靠性设计 | 初步分析 | 初步完成 | 全面完成 |
| 技术流程制定 | 初步制定 | 初步完成 | 全面完成 |
| 经费与周期 | 配合完成 | / | / |
| 完成标志 | 提出方案设想报告 | 提出可行性论证报告和初步设计任务书 | 提出总体方案设计报告与正式设计任务书 |

**1. 预先研究阶段的内容**

预先研究阶段的主要工作是完成用户任务分析,提出总体方案设想。

任务分析是卫星总体设计的顶层设计,总体设计者需要根据用户任务要求进行相关分析,初步确定卫星的轨道、方案、约束条件、关键技术、研制技术流程。由于预先研究阶段总体设计刚刚起步,各种数据信息处于收集、汇总及初步分析的阶段,因此提出的技术途径只是一个初步设想,主要用于启发及推动下一步工作。

开展总体方案预先研究可以从以下几个方面入手。

（1）对国外资料调查和研究,借鉴国外发达国家研制的卫星资料,学习先进的经验和技术,开阔思路。

（2）参考国内同类型卫星,并应用其中的一些成熟技术与产品。

（3）广泛征求同行专家意见,对总体方案初步设想进行更好的改进设计,使之更加具备可实现性。

预先研究阶段的基本工作如下。

（1）选择并分析满足用户要求的轨道及星座。

（2）初步提出有效载荷方案,并分析可实现的技术途径。

（3）初步提出卫星分系统设想,并分析分系统关系及可行性方案。

（4）初步分析卫星总体性能技术指标,对质量、功耗、推进剂等方案进行初步计算。

（5）初步提出卫星构型设计,对结构主承力结构提出设想。

（6）初步提出卫星工程大系统（运载、发射场、测控中心等）中各系统选择意见。

（7）提出卫星系统及分系统可能需要突破的关键技术及关键技术突破情况。

（8）进行卫星研制经费、研制周期预估。

（9）对总体方案设想的风险进行初步分析。

在上述过程进行中,需要总体方案设计者与各分系统设计者一起讨论,对形成的总体方案设想进行分析评价,必要时请同行专家进行评审。

**2. 方案可行性论证内容**

卫星总体方案可行性论证是对总体方案设想提出的多个方案进行论证、分析、比较,进而确定一个可行的最优总体方案,为总体方案详细设计提供依据。方案可行性论证内容主要包括:任务分析、总体方案论证、有效载荷参数分析、轨道设计、卫星平台确定、分系统方案选择、卫星构型设计、卫星与工程大系统接口设计、关键技术分析、研制技术流程制定、可靠性与安全性分析等。

在进行可行性论证过程中,需要综合协调各个分系统、工程大系统,开展广泛调查、分析、计算,并随着对设计工作认识的不断深入,进行反复多次的技术协调。该阶段需要完成可行性方案论证报告。目的是对总体方案设想结果进行再次分析、协调与综合,完成工作的复查与复核,及时纠正和补充存在的问题与不足之处。可行性论证报告需要由同行专家进行评审并通过后,该阶段才算正式完成,才能够继续开展详细的设计工作。另外,可行性论证报告也是后续对分系统任务书编写的依据。

完成可行性方案论证后,即可根据结果向各分系统下达初步研制任务书及合同,标明技术要求、经济指标及研制周期。初步任务书下达后,分系统设计师可能在设计过程中发现不能满足要求或无法协调的接口,需要向总体反馈存在的问题,再进行协商调整。随着工作的开展与任务的明晰,设计要求会进一步明确,在总体方案详细设计阶段就可以提出正式的技术要求,包括合同及任务书。

3. 总体方案详细设计内容

总体方案详细设计是在方案可行性论证通过之后展开的。预先研究以及可行性方案论证得到的是较为初步的设计结果,初步明确了任务要求、轨道、环境约束、接口协调以及分系统方案。最终实现满足用户需求的卫星系统,还需要完成总体方案详细设计。

总体方案详细设计阶段需完成卫星系统研制和总装所需全部系统详细的技术文件、技术图纸、应用软件,形成总体方案详细设计报告。在研制过程中若发现不合理的设计及问题,仍需不断修正调整。

总体方案详细设计最终形成总体方案详细设计报告,其内容与方案论证阶段内容基本相同,是整个阶段的详细设计结果。评审通过后,总体及分系统研制单位转入初样或者正样详细设计和研制。在研制各个阶段中,需要编写总体设计总结报告,报告中需要标明所有研制项以及进行的验证试验,标明出现的质量问题、问题归零情况、技术状态修改情况以及验证情况。

## 2.1.5　总体设计的迭代与评价

1. 总体设计反馈控制

卫星总体设计是一个迭代进行的过程,在总体设计过程中必须要有反馈控制观念,采用反馈协调方法,才能做好总体设计工作。

在总体设计开始阶段,总体设计者首先向分系统以文件形式提出设计依据和要求,分系统在进行研制过程中可能发现总体设计中存在的错误及不合理之处,以及难以实现的技术问题等。因此,分系统设计者需要及时向总体设计者提出反馈修改意见,总体设计者根据各分系统的反馈意见对设计方案进行修改、协调与增减,并将修改后的设计要求下发给分系统设计方。这个过程在卫星研制的过程中会多次循环,实现卫星总体设计的迭代前进。

这种反馈协调的技术事项在总体设计的方案论证阶段较多,随着研制的深入开展将逐步减少。到了卫星研制的后期阶段,虽然反馈事项越来越少,但是总体设计者需要更加谨慎地进行反馈协调。因为此时的大部分技术状态是确定的,由于各分系统间的相互关联特性,一个单机的一点修改可能引起许多其他单机的技术更改,正是所谓的"牵一发而动全身"。因此总体设计者需要进行全面细致的分析和试验验证,经总设计师批准后才可实施技术状态更改。

除了在本型号卫星研制过程中需要注意反馈协调外,在本型号卫星研制过程以及发射阶段、在轨运行阶段出现问题时,也需要认真分析,或者进行模拟试验,找到出现问题的准确原因,将这些经验教训反馈到其他型号设计当中,达到"举一反三"的效果。

2. 总体方案评价

满足用户要求的设计方案可以有多个,需要对它们进行综合比较、分析与评价,得到最优方案。主要的评价方法有:性能评价(功能、质量、体积、功耗等),方案合理性与可行性评价,风险评估(技术成熟度、新技术含量、有无备份、质量保障措施等),技术复杂性评估,继承性与扩展性评估,经济性评价(材料选择、元器件选择、设计、试验等),研制周期长短等。

专家组评价是一种较常用的卫星设计方案评价方式。由评价组织者聘请对卫星研制经验丰富的多名专家共同评价,同时,涉及的多个学科专业技术人员也需要参加总体设计方案评审,由专家组进行质疑,工程组答疑,最后形成专家组评审意见和建议。

表 2.2 列出了卫星总体方案评价的第一层因素和第二层因素,在实际评价时要根据具体情况来选用和填补。

表 2.2　卫星总体方案评价因素

| 第一层因素 | 第二层因素 |
| --- | --- |
| 必要性 | 政治影响因素 |
| | 经济发展需求 |
| | 国防建设需求 |
| | 技术进步需求 |
| 可行性 | 技术基础 |
| | 设计、生产经验 |
| | 工艺水平 |
| | 国际合作(技术引进)前景 |

续表

| 第一层因素 | 第二层因素 |
|---|---|
| 经济性 | 全寿命成本 |
| | 社会效益 |
| | 经济效益 |
| 竞争性 | 功能 |
| | 性能 |
| | 研制周期 |
| | 可靠性 |
| | 质量保证 |
| 风险性 | 技术风险 |
| | 投资风险 |
| 带动性 | 带动其他高技术 |
| | 向其他部门的技术转移 |
| 振动性 | 缩短与国际水平差距 |
| | 发射时机 |
| 衔接性 | 对已有技术的继承性 |
| | 为下一步发展的扩展性 |

## 2.2 面向需求的任务分析

任务分析是卫星总体设计的顶层设计,卫星总体设计部门在接到用户的初步任务要求后,对用户任务要求进行分析,选择实现该任务的轨道或者星座、提出卫星方案设想、协调卫星总体设计的约束条件、进行关键技术分析,并初步制定卫星研制的技术流程。

由于用户对任务要求的业务熟悉程度及要求各有不同,粗细差别很大,因此,总体设计人员应具备协助用户提出要求的技术及经济知识,包括投入与产出的分析等。

### 2.2.1 卫星任务要求分解与分析

用户任务要求的提出可以有两种形式:一种是基于社会某方面的需求提出研制某种卫星,由研制部门提出方案,经过与用户协商后申报立项,批准后开始研制;另一种是由用户提出招标书,研制部门经分析提出方案去投标,中标后开始研制。无论哪种方式都要有用户任务要求,任务需求主要包括:任务定义、卫星使用技术指标、研制经费、研制周期和初步分析。

**1. 任务定义**

任务定义一般称作任务对象,它是对任务最基本的内容和要求的高度概括,任务定义有时不明确运载工具和发射场要求;有的定义还包括地面应用和业务管理系统的配套研制要求;有的规定卫星某些系统或设备采用哪个公司的产品或与哪个公司合作;有的定义还规定了在轨交付。由此可见,同样一种卫星,其任务定义不同,所产生的任务对象或多或少也不同。

**2. 卫星使用技术指标**

在卫星任务定义中只明确了任务对象或任务内容,但具体使用技术指标并未明确,需由用户与地面应用系统进行综合分析,经星地链路计算后分配给出。当卫星任务定义明确后,用户部门负责人若批准同意,即可组织用户部门技术人员进行使用技术指标的分析和制定,同时向卫星研制部门提出研制意向。此时卫星研制部门即可组织技术队伍开展任务分析,并与用户技术人员进行技术协调。

以通信卫星为例,使用技术指标主要包含的内容为:通信覆盖区、转发器数量、频率计划、饱和功率通量密度、接收品质因数、等效全向辐射功率、定点位置、卫星寿命、卫星寿命末期可靠性等。

**3. 研制经费**

完成卫星研制任务所需经费与卫星任务定义密切相关,例如,任务定义中的卫星数量,是否包含地面应用系统,是否在轨交付,是否采用现有的公用平台,是否与其他公司合作等。经费多少和卫星使用技术指标高低也直接相关,例如,通信卫星的转发器数量、覆盖区域、接收品质因数、等效全向辐射功率等直接决定卫星有效载荷研制的规模,进而影响卫星平台的规模;卫星的寿命和可靠性指标影响卫星推进系统、电源分析提供的设计,影响机电部件的可备份方案、电子元器件的选购、可靠性试验的制定以及整星质量大小等。

卫星研制方要根据卫星定义和使用技术指标,参照过去研制卫星的经验和市场价格进行卫星研制费用和产品成本及利润估算。

**4. 研制周期**

卫星研制周期是与之前卫星定义、使用技术指标、研制经费、承担卫星研制单位所具备的条件(包括技术人员水平、经验和单位的研制手段)以及研制策略(包括总体方案和研制管理)相关。

在总体设计中应遵守前述的整体性、层次性、阶段性和创新性等基本原则,尽量采用现有的公用平台、利用成熟技术、简化技术流程、减少关键技术攻关项目、优化总体设计等,来缩短研制周期和花费。

**5. 初步分析**

在接到用户任务要求后,在总体设计中可开展任务初步分析。初步分析是明确用户任务的基本要求、找出完成用户任务的最佳技术途径、与用户协调或修改用户要求。明确用户任务的基本要求：首先要掌握用户提出的基本任务要求；然后分析用户要求的合理性。通过任务分析选择出完成用户任务的基本技术途径，即选择卫星的轨道或星座、确定约束条件、提出若干种可行的卫星总体方案设想。

### 2.2.2 面向任务的卫星轨道选取

针对不同的任务需求，所要求的卫星轨道也是不尽相同的，目前卫星工程使用的轨道有太阳同步轨道、回归轨道、冻结轨道、地球同步轨道、甚低地球轨道及星座等。

1. 轨道介绍

（1）太阳同步轨道：由于地球是一个非标准的球形、质量分布不均匀，对卫星要产生非球形摄动力。摄动力的结果之一将使卫星轨道面产生进动。如果轨道面进动角速度与太阳在黄道上运动的平均角速度相同，则这条轨道称为太阳同步轨道。太阳同步轨道有一个显著特点，即卫星在太阳同步轨道每圈升段或者降段经过同一纬度上空的当地时间相同。

（2）回归轨道：回归轨道是指星下点轨迹出现周期性重叠的轨道，卫星在回归轨道上运行，每经过一个回归周期，卫星又出现在以前经过的同一个地区。如果一条卫星轨道既是回归轨道又是太阳同步轨道，那么就称其为太阳同步回归轨道。

（3）冻结轨道：当轨道满足 $\omega = \dfrac{\pi}{2}$，$e = J_3 R_e \sin i / (2 J_2 a)$ 时的轨道称为冻结轨道（式中，$\omega$ 为近地点辐角，$e$ 为轨道偏心率，$J_3$ 为地球引力场三阶带谐调和项，$J_2$ 为二阶带谐调和项，$R_e$ 为地球赤道半径，$i$ 为轨道倾角）。这种轨道在不考虑短周期摄动的条件下，其近地点辐角和偏心率都"冻结"了，不但轨道形状不变，拱线也不再旋转。

（4）地球同步轨道：卫星运行方向和周期与地球自转相同，这种轨道称为地球静止轨道，若地球同步轨道的倾角和偏心率都等于零，则这种轨道称为地球静止轨道。这种卫星在轨道上运行相对地球静止不动。一颗地球同步轨道卫星可覆盖地球超过 1/3 的表面，若在轨道上均匀部署 3 颗卫星，则可覆盖南北极附近除外的全球区域。

（5）甚低地球轨道：甚低轨道是指近地点 200 km 左右，远地点 400 km 左右的低轨地球轨道。其特点是轨道离地面高度接近最低的程度，若轨道高度再低，大气阻力就太大，卫星的轨道寿命太短，从而不能形成正常运行的轨道。

（6）星座：由多颗卫星通过不同的轨道组成全球覆盖或一定区域覆盖的卫星网络称为星座。星座大致可有三种类型：一类是由几个升交点赤经均匀分布、倾角和高度都相同的圆轨道，实现全球实时连续覆盖。这种星座使用的轨道高度可分为高（约 20 000 km）、中（约 10 000 km）、低（约 1 000 km）三种，此类星座称为均匀堆成星座。第二类是偏心率、轨道倾角和周期都相同，而升交点赤经、近地点辐角和初始时刻的平近点角按照一定规律分布的多颗卫星所形成的星座,称为椭圆轨道星座。第三类是一种编队飞行的卫星群,即由两颗或两颗以上卫星保持近距离编队飞行,该卫星群可称为编队星座。

2. 轨道选择

随着几十年应用卫星的研制发展,完成各种应用卫星的任务而选择什么样的轨道已基本成熟,甚至在用户要求中就能确定,表 2.3 列出了常用的几种轨道的应用范围。在总体方案论证中一方面进行具体轨道参数选择和轨道相关设计;另一方面要求用较多的精力针对所选择轨道去分析并提出用何种卫星方案去实现卫星任务要求。

表 2.3 不同轨道的应用

| 轨道类型 | 应用范围 |
|---|---|
| 地球同步轨道及其星座 | 国际通信、区域和国内通信广播、海洋通信、移动通信、区域导航、区域气象观测等卫星 |
| 太阳同步(回归)轨道及其星座 | 地球资源观测、全球气象观测、空间环境监测和科学技术试验、海洋监测等卫星 |
| 高、中、低轨道实时全球覆盖星座 | 全球移动通信(含少量固定通信)、全球导航、全球环境监测等卫星网、低轨科研小卫星 |
| 甚低轨道 | 返回式遥感卫星、载人航天飞船、航天飞机、空间实验室、小卫星等 |

卫星轨道或星座选择直接影响卫星的总体方案和构型设计(如太阳同步轨道卫星要求有效载荷对地定向,太阳电池翼对日定向),反过来,卫星的方案和构型又会对轨道提出一定的要求(为了提高地面分辨率而要求轨道高度尽量降低等)。两者之间虽然需要进行协调,但卫星轨道选择是卫星顶层设计,是卫星整体方案设计的前提之一。

3. 参数选择

在对卫星轨道选择确定之后,就需要对轨道参数进行一定的优选。

(1) 返回式卫星轨道。返回式卫星为了使遥感图像具有较高的分辨率,希望轨道高度尽量低(地面分辨率 $r_g$ 与卫星轨道高度 $h$、相机的焦距 $f$ 和相机的摄影分辨率 $r_f$ 的关系为 $r_g = h/(f r_f)$)选择甚低轨道。中国发射成功的十几颗返回式卫星的轨道近地点高度范围在 $172 \sim 214$ km,远地点高度为 $315 \sim 495$ km,轨道倾角为 $57° \sim 63°$。这种轨道能够保证任务要求的地面覆盖范围。

(2) 圆形太阳同步回归轨道。圆形太阳同步轨道半径 $r$ 和倾角 $i$ 的关系为

$$\cos(i) = -0.098\,86 \left(\frac{r}{R_e}\right)^{\frac{7}{2}} \tag{2-1}$$

式中,$R_e$ 为地球赤道半径。

一般太阳同步轨道采用准回归轨道,当考虑地球形状摄动时,升交点除有因地球自转角速度 $\omega_e$ 引起西移角速度外,还有轨道面进动产生的角速度 $\Omega$,即升交点每圈向西移动 $(\omega_e - \Omega)T$,其中 $T$ 为升交点周期,在这种情况下,准回归轨道的条件为

$$360°D = (\omega_e - \Omega)TN \tag{2-2}$$

式中，$N$ 表示回归周期 $D$ 天内轨道运行的圈数。

回归周期的天数要根据卫星的具体任务而定。圆形太阳同步轨道参数要根据任务要求中的回归周期 $D$、地面分辨率 $r_g$ 和有效载荷的视场角 $\beta$、分辨率 $r_f$ 来优化确定。

（3）地球同步轨道。地球同步轨道参数选择主要是确定定点位置及其精度。卫星由运载火箭送入带有倾角的过渡轨道，然后由星上的远地点发动机将卫星从过渡轨道转入初始地球同步轨道或者由运载上面级将卫星直接送入地球同步轨道，再通过星上姿态和轨道控制分系统，将卫星修正到地球同步轨道。

### 2.2.3 卫星约束条件分析

卫星总体设计的约束条件包括空间环境约束、用户任务要求约束、现有技术基础的限制以及其他约束等。

**1. 空间环境约束**

卫星在轨运行时期朝阳面热流很大，背阳面几乎没有热流，其热环境十分恶劣。同时还受到各种空间电子的辐射影响，因此，在总体设计中，除了要对各分系统提出耐受空间环境要求外，还要涉及合理的外形和布局，以保证卫星具有良好的散热面和防护空间辐照措施。

由于太阳、月亮和地球等非球形又会对卫星产生摄动，环绕地球运行的卫星受到的引力在不断的变化中，对于小卫星来说，引力的影响不可忽略，因此在总体设计初期需要对轨道修正能力给予保证。其他的空间环境约束，包括在轨运行时会受到流星和空间碎片等威胁，卫星要设法减缓和防护，同时对于地磁场环境也要加以考虑。

**2. 用户任务要求约束**

用户任务要求中的使用技术要求是最主要的约束条件，卫星总体技术把这一约束条件既作为设计的原始依据，又作为最终目标。

用户要求中的研制经费是总体设计要考虑的一个约束条件，研制经费多少，直接影响卫星的总体方案、卫星性能和研制周期。

用户任务要求中的研制周期也是总体设计的一个约束条件，若总体设计过于复杂，研制周期过长，不能按期完成任务，不仅影响用户或者国家的卫星应用任务，影响卫星任务的社会效益和经济效益，同时也影响卫星研制部门的成本和效益。

**3. 现有技术基础的限制**

现有技术基础包括工业基础、技术水平和管理能力等，这些又可分为研制手段（包括软硬件）和人员素质两方面。卫星需要高性能的原材料、元器件、加工设备、试验设备和测试设备等，这些性能的高低都取决于当今的工业水平基础。技术水平包括设计水平和工艺水平,例如,随着大型复杂卫星和微小卫星的技术发展,卫星总体设计在卫星动力学与软件开发、总体仿真、多学科一体化及优化设计、可靠性设计与试验等技术有了很大的发展和应用。如果这些技术跟不上,就必然要限制大型复杂卫星和微小卫星的发展。工业基础差、技术水平低和管理能力弱必然制约了总体设计水平的提高。

4. 其他约束

其他约束条件,例如,国际电联对各种卫星所使用的频段做出了严格的规定,必须遵守,否则各卫星之间互相干扰,以致不能正常工作。又如,国际上还对卫星提出在工作寿命终止时要留有一定的推进剂,将卫星推进轨道或再进入大气层等要求,避免与其他卫星碰撞以及其他减缓空间碎片的措施。

## 2.2.4 关键技术分析

在开展卫星总体设计任务之前,还需要对卫星总体和分系统进行关键技术分析。卫星设计可能采用的技术,从成熟程度看,可以分为成熟技术、成熟技术基础上的衍生技术、不成熟技术和新技术四大类。

成熟技术是指已经经过卫星在轨考验的、原有的分系统方案、部件、电子线路、结构等;衍生技术是指在成熟技术基础上要进行少量修改设计的分系统方案、部件、电子线路、结构等;不成熟技术是指那些必须经过研究、生产和试验来确定是否适合在卫星上采用的技术;新技术是指过去还没有在卫星中采用过的新技术,并且必须经过研究、生产和试验,才能确定是否采用。可能采用的不成熟技术和新技术都属于关键技术。

关键技术分析是一项很重要的工作,它是评价总体设计方案可行性的一个重要因素。如果在设想的卫星总体方案中,关键技术太多,或者难于攻关突破,那就说明这个方案的可行性有问题或风险太大。如果所选的卫星总体方案设想中存在有关键技术需在卫星设计方案阶段攻关突破,而在任务分析阶段没有分析提取出来,则必定会延误卫星的研制周期。因为其他成熟技术的研制进展较快,而需要攻关突破的关键技术进展较慢,需要较长的时间进行攻破,卫星研制的总进度自然会被拉长。

一项技术是否成为关键技术,因研制部门的不同而异。一种卫星型号有多少项关键技术也要视研制部门的实际情况而定。一个拥有软硬件开发能力的先进研制手段、有研制经验的研制部门及其技师队伍掌握的高、新、难技术较多,研制水平也较高,他们在承担卫星型号开发过程中提出的关键技术就会较少。反之,一个缺乏先进研制设备、缺乏卫星研制经验的部门和设计队伍掌握的高、新、难技术少,就可能在研发过程中提出相对较多的关键技术,而关键技术数量增加,无疑是对整个卫星总体设计方案的挑战。

常用的两条可以有效减少卫星设计中的关键技术项目和攻关的工作量的策略为:一方面是将本单位的关键技术委托经验丰富、技术水平高的研制部门去承担研制和外购;另一方面是有计划和有目标地将一些预计可能会在卫星上采用的高、新、难技术项目预先安排攻关。

### 2.2.5 可行性分析

可行性总体方案论证工作是总体设计中定方案、定大局的关键性技术工作,特别是在对于总体方案有了初步方向,任务分析进展到一定阶段时,必须对已产生的总体方案进行可行性分析和论证,可行性总体方案论证主要有:论证卫星的分系统组成及其方案选择;分析实现卫星使用技术要求的途径;确定卫星的基本构型。

1. 论证卫星的分系统组成及其方案选择

卫星一般包括有效载荷和卫星平台两部分。卫星平台包括结构、电源、热控、测控(含遥测、遥控、跟踪和数据管理)、姿态和轨道控制、推进等分系统(返回式卫星还有返回和回收分系统)。但是在方案论证中总体设计所选择的分系统的方案各不相同。分系统方案不同将对卫星总体方案形成产生影响,也对有效载荷、控制、推进和电源分系统总体方案的影响非常大。

在总体方案论证中,总体所选择的有效载荷分系统方案不同对卫星总体方案的影响也很明显,例如,研制具有一定地面分辨率的对地观测卫星,按照有效载荷的不同,对卫星总体方案的影响如表 2.4 所示。

表 2.4　有效载荷对卫星总体方案的影响

| 有效载荷类型 | | 胶片相机 | CCD 相机 | 合成孔径雷达 |
|---|---|---|---|---|
| 电源 | | 短期一次性电池 | 长期太阳翼+可充放电蓄电池 | 长期太阳翼+可充放电蓄电池 |
| 轨道 | | 低轨道 | 太阳同步回归轨道 | 太阳同步回归轨道 |
| 推进 | | 需返回制动 | 需要姿态和小轨道机动 | 需要姿态和小轨道机动 |
| 结构 | 返回舱 | 需要 | 不需要 | 不需要 |
| | 伸展结构 | 不需要 | 需要伸展太阳翼 | 需要伸展太阳翼和雷达天线 |
| 变轨和测控 | | 返回舱变轨和控制 | 可选择 | 可选择 |
| 姿态控制 | | 对地三轴稳定 | 对地三轴稳定,太阳翼对日定向 | 对地三轴稳定,太阳翼对日定向 |

2. 分析实现卫星使用技术要求的途径

卫星使用技术要求对卫星总体方案的影响也是明显的,例如,通信卫星只要求 24 个小功率的转发器,通过采用"东方红三号"卫星平台方案即可,但若有效载荷需求比"东方红三号"卫星平台有效载荷转发器数量多或者功率大,则需要进行新平台的研制和开发,其总体方案也会截然不同。

3. 确定卫星的基本构型

卫星构型初步设计包括外形设计(含外伸部件天线、太阳电池翼等)、主承力构建类型设计和总体布局等。在总体方案论证中,不同卫星构型设计对卫星总体方案影响也很大,例如,同样容量、同样三轴稳定的通信卫星,由于卫星构型不同,则卫星的总体方案也不同。

因此,在满足用户同样的使用技术要求的前提下,根据上述论证和分析方法,卫星方案可以形成多种多样的排列和组合,进而可以提出多个可行的总体方案,供以后进行综合评估使用。

## 2.3 任务指标分解和确定总体要求

### 2.3.1 卫星总体方案定性比较

以通信卫星为例,表 2.5 中列出总体性能参数主要内容,不难看出它们与上一层次卫星工程各系统之间以及和下一层次卫星各分系统之间的关联,其中行 1 和行 5 与运载火箭运载能力密切相关;行 4 与运载火箭整流罩空间大小密切相关;行 7 到行 16 以及行 2 和行 3 与地面应用系统直接相关,也是用户的使用性能指标;从行 1 到行 3 和行 17 到行 24 是与地面测控中心直接相关;行 1 到行 3 与姿态空轨道控制系统相关;行 7、行 8 和行 11 到行 15 与行 4 到行 6 的参数直接相关,同时各个不同参数与这个卫星系统还存在着很多的间接相关。

表 2.5 通信卫星总体性能参数表

| 序号 | 项目 | 性能参数 |
|------|------|----------|
| 1 | 卫星轨道 | 地球同步轨道、定点位置、南北位置保持精度、东西位置保持精度 |
| 2 | 姿态稳定 | 姿态稳定方式、长期偏置能力、短期偏置能力、姿态控制精度 |
| 3 | 天线指向精度 | 俯仰、滚动、偏航 |
| 4 | 卫星尺寸 | 卫星箱体、单边太阳翼长度、卫星收拢状态总高度、卫星天线展开状态总高度 |
| 5 | 卫星质量 | 星箭分离时质量、卫星干质量 |
| 6 | 电源 | 太阳电池翼参数、太阳电池翼输出功率、蓄电池参数、供电母线电压 |
| 7 | 卫星寿命 | 设计寿命、工作寿命、离轨要求 |
| 8 | 可靠度 | 转移轨道、寿命末期 |
| 9 | 通信频段 | 上行频段、下行频段(单、多频段) |
| 10 | 通信覆盖区 | 主服务区、次服务区(点波束) |
| 11 | 通信转发器数量 | 不同频段数量 |
| 12 | 接收机备份方式 | |
| 13 | 功率放大器备份方式 | |

| 序号 | 项目 | 性能参数 |
|---|---|---|
| 14 | 等效全向辐射功率 | 各种频段、各种功率的等效全向辐射功率 |
| 15 | 接收系统品质因数 | 各种频段的接收品质因数 |
| 16 | 饱和功率通量密度 | 饱和功率通量密度 |
| 17 | 测控频率 | 上行接收频率,下行发射频率 |
| 18 | 接收机灵敏度 | 灵敏度及动态范围 |
| 19 | 上行载波调制 | 调制方式、调制信号、副载波点频数 |
| 20 | 下行载波调制 | 调制方式、调制信号、副载波点频数 |
| 21 | 测控接收系统品质因数 | 接收品质因数(定点前和定点后) |
| 22 | 测控等效全向辐射功率 | 等效全向辐射功率(定点前和定点后) |
| 23 | 遥测容量 | 模拟量(快变参数和慢变参数)、数字量 |
| 24 | 遥控容量 | 离散型指令、比例式指令 |

卫星总体性能指标的分析和综合方法主要有经验法、分析法和协调法三种方法。

经验法是根据相似论原理而确定的一种传统的方法。经验法是根据过去总体设计的经验和调研国内外同类型卫星的有关性能指标,结合实际进行预先分解和综合,是系统工程中常使用的一种方法。

分析法是研究每一个性能指标与各有关分系统之间关联,找出影响因素,建立相关数学模型,计算有关数据,进行合理分配和综合的基本的科学方法。例如,地球同步轨道通信卫星通信天线对地指向精度指标通过卫星工程大系统分析给出滚动、俯仰和偏航精度指标要求。通过卫星系统分析找出具体影响精度的因素,并在分析的基础上建立误差综合计算,最后对有关卫星分系统进行合理分配。

协调法是对各种有关性能指标和相关接口,通过与卫星工程大系统及卫星各分系统之间进行技术协商和调整来确定。由于卫星总体设计从任务分析开始一直到在轨运行的整个研究、设计、生产、测试和试验过程中对卫星的技术性能指标是由不太了解到了解、由经验和分析给出的实践验证、由只考虑单一因素到进行多种相关联的因素分析和综合的,因此卫星总体设计在卫星研制过程中总是与有关部门不断进行技术协调,使卫星的技术性能指标逐渐形成和优化。

经验法一般用于任务分析阶段和总体方案论证阶段,如各分系统的仪器设备的质量、功耗和尺寸等。分析法是在总体方案设计阶段必须要认真去做的一种科学方法。合理而精确的性能指标是通过分析计算得出的。在任务分析和方案论证阶段有些性能指标也要用分析法给出,如电源功率分析计算和推进剂预算等。协调法在卫星总体设计全过程中自始至终都要用到,只不过是前期协调工作量大,而随着卫星研制的进展,协调量会越来越少。

## 2.3.2 总体设计技术要求

在任务分析和可行性总体方案论证阶段,提出可行性总体方案及分系统初步技术要求,该要求只是初步的、概要的,要使各分系统及其仪器设备完成设计和研制出总体要求,并最终能研制出实现用户任务要求的在轨应用卫星,完成卫星总体方案设计和优化。

在总体方案设计中,要通过轨道设计、构型设计和总体性能指标预算,并与卫星工程系统中各个分系统进行多次反复协调,才能最后完成卫星总体方案设计任务,其中包含几个典型的总体性能指标预算概念:卫星质量预算、卫星功率预算和卫星寿命预算等。

1. 卫星质量预算

卫星总质量 $M$ 包含各分系统的各个仪器设备、总装直属件的质量 $M_i$、推进分系统的工质的质量 $M_T$、平衡质量 $M_P$ 及余量 $M_y$ 等。这些质量又分为非消耗性质量 $M_G$ 和消耗性质量 $M_X$。卫星干质量 $M_G$ 和分配到各分系统及总装直属件的质量 $M_i$,干质量与分质量关系可表示为

$$M_G = \sum_{i=1}^{n} M_i + M_P + M_y \qquad (2-3)$$

由于平衡质量和余量又与分系统仪器设备及总装直属件质量之和有关,所以公式 (2-3) 又可表示为

$$M_G = (1 + k_P + k_y) \sum_{i=1}^{n} M_i \qquad (2-4)$$

式中,$i$ 为卫星分系统仪器设备和总装直属件号数;$n$ 为卫星分系统仪器设备和总装直属件总数;$k_P$ 为平衡质量分配系数(经验取值为 0.02 左右);$k_y$ 为余量分配系数(经验取值为 0.05～0.10)。

卫星总质量 $M$ 可分解为

$$M = M_G + M_T \qquad (2-5)$$

2. 卫星功率预算

对航天器进行一次电源总体设计前,首先要对航天器的负载功率进行需求分析,然后完成航天器的功率预算。对航天器的负载功率进行需求分析和功率预算也不是简单的加和关系,即不能把分系统的仪器设备功耗依次相加而作为对太阳电池阵和蓄电池的设计依据。

在卫星总体设计进行功率分析和预算时,首先将各仪器设备功耗按性质分成长期、短期、大电流脉冲等几类负载。大电流脉冲负载可直接引到蓄电池供电。因为这些负载电流很大,但是时间很短,所以消耗电池的安时容量很小。然后将短期负载按照时间顺序尽

量错开,降低用电高峰。

有时候短期负载也可以使用蓄电池,如对地观测传输型卫星,有的有效载荷功率(长期加上短期负载)很大,但工作时间不长。这时,可以用充电阵和蓄电池同时供电,即充电阵供电不足部分由蓄电池供电。这样蓄电池有可能在某圈放电深度较深,但经过几圈后又可平衡,再如地球同步轨道卫星采用氙离子发动机完成轨道保持,功耗也很大,也可采用蓄电池供电。由于静止轨道光照期很长,阴影期每年只有 90 天,其最长的阴影一天只有 72 分钟,因此蓄电池也有足够的时间完成充电。

1) 太阳电池阵的发电总功率计算

太阳电池阵的发电总功率可按照式(2-6)计算

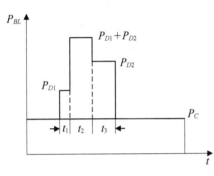

图 2.3 光照期负载功率

$$P_L = P_{BL} + P_{BC} + P_T + P_H \qquad (2-6)$$

式中,$P_L$ 为太阳电池阵发电功率总需求(寿命末期);$P_{BL}$ 为光照期间母线对负载供电的功率;$P_{BC}$ 为蓄电池组的充电功率;$P_T$ 为太阳电池阵输出隔离二极管功耗,$P_H$ 为供电线路损耗。

2) 光照期间母线对负载供电的功率需求分析

如图 2.3 所示,光照期负载功率总需求由式(2-7)给出

$$P_z = P_C + P_D + P_m + \Delta P = \sum_{i=1}^{n_C} P_{Ci} + \sum_{i=1}^{n_D} P_{Di} + \sum_{i=1}^{n_m} P_{mi} + \Delta P \qquad (2-7)$$

式中,$P_z$ 为光照期间航天器供电总需求;$P_C$ 为长期工作设备总负载;$P_D$ 为短期工作设备总负载;$P_m$ 为大电流脉冲总负载(由蓄电池供电);$P_{Ci}$ 为第 $i$ 个长期工作设备的功耗;$n_C$ 为长期工作设备数量;$P_{Di}$ 为第 $i$ 个短期工作设备的功耗;$n_C$ 为短期工作设备同时工作的重叠数;$P_{mi}$ 为第 $i$ 个大电流脉冲负载;$n_m$ 为大电流脉冲负载设备同时工作的重叠数量;$\Delta P$ 为余量(方案阶段一般留有 5%~10% 的余量)。

3. 卫星寿命预算

卫星设计寿命是指根据研制任务书及合同规定而设计的卫星在运行轨道上应该达到的正常工作时间。这是卫星的主要技术指标之一,对它的要求在卫星研制任务书和合同中均要进行明确的规定。卫星的设计寿命必须大于卫星在轨工作寿命。在卫星设计中,应充分采用经过飞行试验考验的成熟技术及其延伸技术,处理好采用成熟技术和采用新技术的关系。同时应开展可靠性设计,采用高可靠性的元器件,剔除早期失效的元器件;降额使用元器件,提高元器件的可靠性;采用冗余技术,防止单点失效造成整星故障。目前,地球静止通信卫星的设计寿命一般可达 8~10 年,最高设计寿命已达 15 年。近地轨道对地观测卫星设计寿命一般为 2~5 年。

卫星的研制中,有设计寿命、工作寿命和轨道寿命。设计寿命是指根据研制任务书或合同规定而设计的在运行轨道的正常工作时间;工作寿命是指在运行轨道上的实际工作时间;轨道寿命是指入轨到陨落的起止时间。订货方提出的寿命要求是指设计寿命。寿命的长短,对航天器的方案、研制经费和研制周期等都有非常大的影响。

卫星寿命在设计时,考虑各分系统及其仪器设备的工作状态,将寿命在设计时按设计寿命、地面存储寿命、在轨存活等待寿命(指备份航天器)和在轨工作寿命进行划分。原因是部分仪器设备在轨不是长期工作,而是间断工作;部分仪器设备则只需工作一段时间即完成任务后不再工作;另外,一些设备具有活动部件;因此在卫星总体设计中对卫星各分系统及其仪器设备要分别提出不同要求。

(1) 对于在轨长期工作的无活动部件的仪器设备要求其设计寿命大于卫星的在轨工作寿命,可用下列关系式表示

$$T_{ij} > T_{WG}, \quad i = 1, 2, \cdots, n; j = 1, 2, \cdots, m \tag{2-8}$$

式中,$T_{ij}$ 为第 $i$ 个分系统中第 $j$ 个仪器设备的设计寿命;$i$ 为分系统号数;$j$ 为仪器设备号数;$n$ 为分系统总数;$m$ 为分系统中仪器设备的总数;$T_{WG}$ 为用户要求的卫星在轨工作寿命。

(2) 对于在整个卫星工作寿命期间间歇工作的仪器设备可用下列关系式表示

$$T_{kG} + T_{kJ} > T_{WG}, \quad k = 1, 2, \cdots, n_0 \tag{2-9}$$

式中,$T_{kG}$ 为卫星中第 $k$ 个仪器设备在轨工作时间;$T_{kJ}$ 为卫星中第 $k$ 个仪器设备在轨间歇时间;$k$ 为卫星中间歇工作的仪器设备号数;$n_0$ 为卫星中间歇工作的仪器设备总数。

(3) 对于在轨具有活动部件的设备的设计寿命要求如下

$$T_{lHS} = f T_{lHG}, \quad l = 1, 2, \cdots, p \tag{2-10}$$

式中,$T_{lHS}$ 为卫星中第 $l$ 个活动部件设计及地面试验寿命(或次数);$T_{lHG}$ 为卫星中第 $l$ 个活动部件在轨工作寿命(或次数);$l$ 为卫星中活动部件号数;$p$ 为卫星中活动部件总数;$f$ 为安全系数,一般取 1.5~3.0 倍。

### 2.3.3 总体方案评价

在卫星方案设计过程中,对卫星设计方案的评价属于事先的评价,评价的对象是方案设计的结果,评价的实质在于揭示研制任务提出方(价值主体)与待评价方案(价值客体)之间的价值关系,即任务提出方的需求与待评价方案满足需求之间的关系。当然,对设计方案评价所揭示的价值关系,只反映对可能后果的认识。换言之,评价的结果只表明待评价方案是否能够使价值主体的需求得到满足,而通过评价优选出的方案是否真的合理和最佳,最终还必须通过按此方案研制出的卫星经实际使用后才能予以证实。

评价卫星设计方案需要建立一个体现任务提出方需求和待评价方案属性相关联的评价体系。其中,任务提出者的需求并不是指其主观的需求,而应来自对卫星的任务需求以及源于政治影响、经济效果和技术发展等其他方面的考虑;待评价方案的功能属性通常取自卫星研制任务书(设计要求)或方案说明书等设计文件,它们是与评价主体需求直接相关的项目。

专家组评价是一种较常用的卫星设计方案评价方式,这种评价是由评价组织者聘请对卫星富有经验和知识层次高的多名专家共同进行的评价。参与这种评价活动的专家作为代表某一面的特殊个人,在评价中反映的不仅仅是他个人的意见,更多的是他所代表的某一方面的意见。

专家组评价有两种方式:一种是意见调查法;另一种是评审会法。

在完成总体方案设计后,要提出总体方案设计报告,经有关部门同行专家评审后,向各分系统提出正式的研制任务书。卫星总体方案设计报告内容项目和卫星可行性方案论证报告基本相同,只是其方案、技术要求、接口数据和指标分配等都是正式确定的,并作为向各分系统提出正式研制任务书和总体方案设计的依据。

## 2.4 分系统要求和方案优选

### 2.4.1 卫星分系统组成

人造地球卫星无论从外形还是内部结构上讲,可以说千差万别,但是它们在系统组成上都包括两大部分,即公用系统和专用系统。卫星的公用系统是指不管任何类型和用途的卫星都必须配备的系统,公用系统的集成统称为"平台";而专用系统则是指不同用途的卫星,为了完成技术任务而配备的特有系统,专用系统现统称为"有效载荷"。

卫星的公用系统(平台)一般包括以下几个系统:结构与机构系统、热控制系统、电源系统、姿态和轨道控制系统、测控系统和数据管理系统等。

卫星的专用系统(有效载荷)是卫星用于完成任务的有效部分。不同用途的卫星有不同的有效载荷。例如,资源卫星的有效载荷就是各种遥感器,它包括可见光照相机、多光谱相机、多光谱扫描仪、红外相机、微波辐射计、微波扫描仪和合成孔径雷达等;气象卫星的有效载荷包括扫描辐射计、红外分光计、垂直大气探测器和大气温度探测器等;通信卫星的有效载荷主要是通信转发器及通信天线;天文卫星的有效载荷是各种类型的天文望远镜,它包括红外天文望远镜、可见光天文望远镜和紫外天文望远镜等。

卫星的主要设备包括下列七个分系统。

1. 位置与姿态控制系统

从理论上讲,静止卫星的位置相对于地球是静止不动的,但是实际上它并不是经常能够保持这种相对静止的状态。这是因为地球并不是一个真正的圆球形状,使卫星对地球的相对速度受到影响。同时当太阳、月亮的辐射压力发生强烈变化时,由于它们所产生的对卫星的干扰,也往往会破坏卫星对地球的相对位置。这些都会使卫星漂移出轨道,使通信无法进行。负责保持和控制自己在轨道上的位置就是轨道控制系统的任务之一。仅仅使卫星保持在轨道上的指定位置还远远不够,还必须使它在这个位置上有一个正确的姿态。因为星上定向天线的波束必须永远指向地球中心或覆盖区的中心。由于定向波束只有十几度或更窄,波束指向受卫星姿态变化的影响相当大,再加上卫星距离地球表面有36 000 km,姿态差之毫厘,将导致天线的指向谬之千里。再者,太阳电池的表面必须经常朝向太阳,所有这些都要求对卫星姿态进行控制。

根据对卫星的不同工作要求,卫星姿态的控制方法也是不同的。按是否采用专门的控制力矩装置和姿态测量装置,可把卫星的姿态控制分为被动姿态控制和主动姿态控制两类。

1) 被动姿态控制

被动姿态控制是利用卫星本身的动力特性和环境力矩来实现姿态稳定的方法。被动姿态控制方式有自旋稳定、重力梯度稳定等。

(1) 自旋稳定。有的卫星要求其一个轴始终指向空间固定方向,通过卫星本体围绕这个轴转动来保持稳定,这种姿态稳定方式就称为自旋稳定。它的原理是利用卫星绕自旋轴旋转所获得的陀螺定轴性,使卫星的自旋轴方向在惯性空间定向。这种控制方式简单,早期的卫星大多采用这种控制方式。使卫星产生旋转可以用在卫星的表面沿切线方向对称地装上小火箭发动机,需要时就点燃小发动机,产生力矩,使卫星起旋或由末级运载火箭起旋。我国的"东方红一号"卫星、"东方红二号"通信卫星和"风云二号"气象卫星都是采用自旋稳定的方式。

(2) 重力梯度稳定。重力梯度稳定是利用卫星绕地球飞行时,卫星上离地球距离不同的部位受到的引力不等而产生的力矩(重力梯度力矩)来稳定的。例如,在卫星上装一个伸杆,卫星进入轨道后,让它向上伸出,伸出去后其顶端就比卫星的其他部分离地球远,因而所受的引力较小,而它的另一端离地球近,所受的引力较大,这样所形成的引力之差对卫星的质心形成一个恢复力矩。如果卫星的姿态(伸杆)偏离了当地铅垂线,这个力矩就可使它恢复到原来姿态。该种控制方式简单、实用,但控制精度较低。

2) 主动姿态控制(三轴姿态控制)

主动姿态控制,就是根据姿态误差(测量值与标称值之差)形成控制指令,产生控制力矩来实现姿态控制。

许多卫星在飞行时要对其相互垂直的三个轴都进行控制,不允许任何一个轴产生超出规定值的转动和摆动,这种稳定方式称为卫星的三轴姿态稳定。目前,卫星基本上都采用三轴姿态稳定方式来控制,因为它适用于在各种轨道上运行的、具有各种指向要求的卫星,也可用于卫星的返回、交会、对接及变轨等过程。

实现卫星三轴姿态控制的系统一般由姿态敏感器、姿态控制器和姿态执行机构三部分组成。姿态敏感器的作用是敏感测量卫星的姿态变化;姿态控制器的作用是把姿态敏感器送来的卫星姿态角变化值的信号,经过一系列的比较、处理,产生控制信号输送到姿态执行机构;姿态执行机构的作用是根据姿态控制器送来的控制信号产生力矩,使卫星姿态恢复到正确的位置。

2. 结构与机构

卫星结构与机构系统是卫星各受力和支撑构件的总称,用以保持卫星的完整性及完成各种规定动作与功能。

3. 遥测指令系统

测控系统负责对卫星从发射、入轨到在轨运行,进行全面、有效地跟踪、测量与控制。作为卫星平台一部分的星载测控分系统也是整个卫星测控系统的组成部分,主要用于监视卫星上的设备状态,向地面控制站发送遥测信号,接收并执行来自地面控制中心的命令。它把来自星上的许多传感器的数据处理后传给地面控制站,地面站根据此监视信息观测卫星变化,如果需要,它可以向卫星发送遥控指令,由星上控制设备通过点燃发动机或推进器来调整卫星的姿态和轨道位置。通常,星载测控分系统还具有对星上有效载荷进行控制的能力。

星载测控分系统的功能和机构受卫星平台和测控系统要求的制约。星载测控分系统通常包括遥控终端、遥测终端、测控应答和测控天线等部分。如果采用自主测控方式,星载测控分系统还包括导航接收机完成其轨道和姿态的自主测量和控制。

遥测指令系统的主要任务是把卫星上的设备工作情况原原本本地告诉地面上的卫星测控站,同时忠实地接收并执行地面测控站发来的指令信号。一是发送下行信号,把卫星上各种设备和星体的状态数据的监测信号,以及指令接收的证实信号发到地球上的跟踪-遥测-指令站(TT&C);二是接收上行信号,把从跟踪-遥测-指令站发来的控制指令信号送给控制系统。

4. 电源系统

现代通信卫星的电源同时采用太阳能电池和化学电池。要求电源系统体积小、质量轻、效率高、寿命长。在小卫星的设计中,更加注重对电源系统的设计,如何在尽量小的体积下实现高储能和能效之间的转换,是小卫星电源分系统的重要研究内容。

5. 温控系统

温控系统能使卫星内部和表面温度保持在允许的范围内,否则将影响星上的电子设备的性能和寿命,甚至会发生故障。另外,在卫星壳体或天线上温差过大时,往往产生变形,对天线的指向、传感器精度以及喷嘴的方向性等带来不良影响。

6. 入轨和推进系统

静止卫星的轨道控制系统主要是由轴向和横向两个喷射推进系统构成的。轴向喷嘴是用来控制卫星在纬度方向的漂移,横向喷嘴是用来控制卫星因环绕速度发生变化造成卫星在经度方向的漂移。喷嘴是由小的气体(一种气体燃料)火箭组成的,它的点火时刻和燃气的持续时间由地面测控站发给卫星的控制信号加以控制。

**7. 星载计算机系统**

星载计算机系统主要起到小卫星控制以及管理功能,对小卫星上的所有数字信号处理相关内容进行分析、整合和分配,同时时刻监视卫星的状态,协调小卫星的整机工作。对应不同的星载载荷,星载计算机的硬件系统和软件系统也要相应实现载荷最优化设计,以实现任务需求的同时获得最佳性能。

## 2.4.2 分系统设计

**1. 卫星平台**

卫星平台的作用是确保有效载荷能在整个寿命周期内可靠工作,其主要功能包括以下方面。

(1) 维持卫星的轨道位置和姿态,保持卫星正确指向服务区域。

(2) 向卫星提供电源。

(3) 保持星体内各仪器、设备和系统的温度在一定的极限范围之内。

(4) 向地面控制中心提供卫星的监测数据、发射遥感信号、接收并执行来自地面的控制指令。

(5) 为各部分提供机械和机构的支持。

传统的卫星平台通常分为姿态和轨道控制、电源、热控、遥测遥控技术和结构五个分系统,对于现代小卫星而言,由于采用了一些新的研制理念、设计方法和实现技术,其卫星平台通常分为以下 7 个分系统。

(1) 星载计算机:负责星上数据与程序的存储、处理以及各分系统的协调管理,也称为数管分系统。

(2) 电源:产生、存储、变换电能,为整个小卫星提供电源。

(3) 姿态和轨道控制:控制保持卫星姿态与轨道的准确。

(4) 推进:为姿态与轨道控制提供所需要的动力。

(5) 测控:完成卫星遥测、遥控和跟踪测轨。

(6) 热控:控制星内外热交换,避免过热过冷,使星体内部的温度适宜。

(7) 结构与机构:是卫星各受力和支撑构件的总称,保持卫星的完整性及完成各种规定动作与功能。

**2. 热控分系统设计**

热控又称温控,其任务主要是为卫星提供一个良好的热环境,确保卫星在不同飞行阶段其星上仪器、设备能够工作在所规定的温度范围之内。卫星在轨运行时,主要热源来自太阳的辐射、地球的红外辐射和卫星内部设备产生的热。由于卫星的一侧受到太阳直接照射,其表面温度可高达100℃以上。另一侧的温度却面对−270℃的冷空间。加上外层没有空气,星载期间产生的热量只能靠热辐射,没有热传递。因此要有一个热控系统来控制卫星的温度,使星上电子设备避免工作在极热和极冷温度。这需要利用双金属散热孔、电加热器、星体表面加工等多种手段来实现。

一般小卫星的热控分系统用不同的热控涂层、隔热材料、导热材料等调节星体内外的热平衡,对温度进行控制。热控方案一般从以下几个方面进行考虑。

空间外热流计算和工况选择:外热流主要由太阳辐射、地球反射、地球红外辐射三者所组成。卫星外热流的大小取决于太阳、地球、卫星三者的空间几何位置,以及卫星姿态控制方式、卫星外形和卫星外表面材料的热光学性质。从卫星热控制的角度来说,高热流密度、低热惯性将是面临的新的挑战,尤其对于微小卫星更是一个严峻的考验,近年来微小卫星出现了一些发展特点和转变。

(1) 微小卫星(航天器)形式和功能更加多样。

(2) 两个途径推动微小型化,原有技术的小型化和采用以 MEMS 为代表的微纳技术。

(3) 注重功能集成和应用集成,强调卫星系统的一体化设计。

(4) 不再将质量作为衡量微小卫星性能的唯一或主要标尺,转向提高同等质量微小卫星的功能和性能等。

热控是卫星的一个重要部分,它必须满足卫星总体对热设计的技术要求,为星上仪器设备提供良好的温度环境,保障卫星各仪器设备正常运行。卫星热控制是通过控制卫星内部和外部的热交换过程,采取各种不同的热控措施,使星上仪器设备的温度在整个飞行期间均能维持在要求的范围之内。微小卫星由于对其质量有严格要求,对星上的部、组件设备都力求轻量化,因此热控仍然是要采用被动热控为主的设计方法,采用成熟的、经过飞行考验的热控涂层、多层隔热材料、热管、导热填料等热控制技术。一方面,在现阶段我们还没有研制出轻型、柔性的百叶窗,也还没有直接可用于飞行的轻量、微型的热管,只有采用上述这些热控制技术,才有可能使卫星热控的质量做到小于 10 kg;另一方面,这些热控制硬件既简单又可靠,它们的可靠度均可以认为是 1,所以力求简单可靠应当成为热设计的主要指导思想。由于微小卫星尺寸小、热功耗少,因此容易实现整星的等温化,这是对热控有利的一面,但还需考虑微小卫星质量轻、体积小,将给热控带来的两个突出问题:一个是高的热流密度,另一个是低的热惯性。接下来将给出目前对于解决星载温度问题的一系列解决技术。

1) 主动热控涂层技术

这种涂层也称为智能型热控涂层,其太阳吸收比或发射率可以随着卫星表面的温度变化或航天器热控的要求而改变,从而起到自动调节温度的作用,提高了卫星的自主热控能力。有了这种涂层不但可以使卫星表面的温度比较稳定,而且可以大大节省热控所需的电加热功率和质量。应用电化学方法的原理是电致变色器件在施加很小的电压下,通过附加或移走离子或电子来改变红外波段的发射率。可变发射率热控涂层的材料有两种:一种为无机材料 $WO_3$;另一种为基于导电聚合物的有机材料。中国科学院上海硅酸盐研究所曾对无机材料 $WO_3$ 进行了长期的试验研究,用辐射计法测得初始沉积态 $WO_3$

薄膜在金基底上的法向发射率为 0.042,经过在 $-1.0\ V$ 半分钟着色处理后,着色态 $WO_3$ 薄膜在金基底上的法向发射率为 0.45,可见 $WO_3$ 薄膜的发射率调制范围为 0.408,而两发射率之比为 10.7。因此,这种可变发射率热控涂层非常适合在电功率和质量都受苛刻限制的微小卫星中应用,和百叶窗相比,这种智能型热控涂层还具有无移动部件、响应速度快、耗能小和容易实现智能化控制等优点。目前的研究重点主要是涂层的制备技术、机理研究、如何获得热辐射性能的最大调控范围。

2) 微型百叶窗技术

百叶窗是一种利用低辐射率的可动叶片,以不同程度地遮挡高辐射率的仪器散热表面的办法来控制温度的装置。这种装置的控制作用是,当仪器温度由于发热量增大而升高时,叶片旋转而张开,露出高辐射率的仪器表面,增大散热量,从而使仪器温度降下来;相反,当仪器发热量减小而温度下降时,叶片自动关闭,辐射表面散热量减小,从而使仪器温度逐渐上升。在这种机构中,叶片的动作使辐射表面的当量辐射率发生了变化,辐射排热改变,从而实现对仪器的温度控制。目前,星用百叶窗的当量辐射率变化范围是 0.07~0.82,约变化 12 倍,排热能力的变化约 20 倍,因此可以认为,这种装置对仪器设备的温度控制是相当有效的,它不消耗电能而又简单可靠,可安装在任何部位,以补充整星被动热控能力的不足,并有一定的控温精度,但是,它的质量一般为 $5\ kg/m^2$,对于微小卫星来说,常规百叶窗的尺寸和质量均不能满足这类航天器的要求,微小型、轻质量、性能高的百叶窗热控装置已成为百叶窗技术的发展趋势。2003 年,美国 NASA 研制的 MEMS 百叶窗,应用了 MEMS 的超微型加工和集成技术,将百叶窗系统中的各部分组件高度集成,实现了微型化、超轻量化的目标。这套百叶窗的驱动装置、叶片等结构均集成在硅芯片上,叶片尺寸为微米量级(几微米至几百微米),叶片上分区镀了几百纳米厚的金,以便得到很低的热辐射系数($\varepsilon \leqslant 0.03$)。微型百叶窗的加工工艺及其驱动与控制技术是首先需要解决的关键技术。

3) 多功能结构一体化设计技术

所谓多功能结构就是把电、热和结构的功能集成到卫星的舱壁板上。这是美国洛克希德-马丁公司(Lockheed Martin)在 1996 年提出的一种具有重要意义的新的设计理念。具体地说,是将电子设备组件(如多芯片组件)、小型传感器、执行机构、连同传输功率和信号的电缆一起嵌装到承力结构中去。它由集成有热控部件的结构受力壁板、铜/聚酰亚胺柔性电路、多芯片组件接插件以及用于电磁屏蔽和保护的成形盖板组成。多功能结构提供了敷设电缆和内部连接的新方式,采用铜/聚酰亚胺柔性连接设计,取消了粗重的电缆/线束和插头座,不仅提供了功率和信号的传输,而且改善了散热条件。此外,可以把多芯片组件通过柔性电路板直接安装在具有高导热率的扩热板上,从而取消了大的机壳和电路板。采用柔性电路板代替常规环氧玻璃纤维制作的硬性电路板,使电子设备集成到航天器结构壁板上成为可能,同时也使高功率密度的多芯片组件能够通过柔性电路板直接与夹层蜂窝结构辐射板相连,从而为电子设备向空间散热提供了一条尽可能低的热阻通路,解决电子器件的高热流散热问题。由于传统的电路板、机箱、大型插头座等辅助部件的质量可占到卫星总质量的50%,因此采用多功能结构的集成技术可大大减小卫星的质量和体积,同时由于多功能结构本身就是一种模块化组合,极有利于大批量生产和装配,因而可以大大地降低成本。多功能结构的设计是一种全新的设计理念和设计方法,是机、电、热一体化设计典型集中的表现,是微小卫星实现小质量、低成本的有效途径,但必须首先解决好多功能结构的热设计以及大规模集成电路封装技术、结构材料的生产及复合工艺问题等。

4) 微型热开关技术

热开关是一个具有主动热控功能的热控组件。它利用温度敏感元件感应被控设备的温度,然后通过执行部件切断或接通被控设备的传热途径,以控制被控设备在不同热工况下的温度。热开关具有可靠性高、控温效果明显等特点,在早期的载人航天、阿波罗登月飞船、火星着陆器中得到了广泛应用。由于热开关技术不消耗能源或消耗很少的能源,质量轻,可靠性高,因此它特别适用于能源较为短缺的微小卫星上。美国已研制出一种质量只有120 g的微型热开关,并作为关键技术在纳卫星、微小卫星和"火星漫游者"探测器上得到了成功的应用。这种热开关在开启状态下的热导率为0.4 W/℃,在一定条件下通过开关控制,其热导率能达到30倍的变化。另外一种由高分子材料制成的可膨胀的小型机械式热开关,其热导率可在0.015～0.45 W/℃变化,工作温度在290～298 K。对于具有多种工作模式和瞬态热流变化较大的微小卫星,热开关无疑将是一种理想的热控部件。利用热开关可以对卫星的局部热控进行优化,尤其是对于一些采用传统热控难以解决的、有较高温度要求和复杂边界条件的仪器设备非常有效,对于能源比较短缺的航天器特别适用。热开关技术与环路热管、可变涂层等技术相结合,可以实现整星优化热设计的目标,是一种具有发展潜力的热控技术。如何提高热开关在开启和关闭时的热导比和降低热开关的质量是热开关研制的重点。

5) 高性能导热材料的研制

为了有效地将高功率密度的电子器件产生的热量传输出去,往往需要采用高导热材料,但在卫星、飞船的空间应用中,这种材料必须满足密度低、膨胀系数小、导热率高、放气率小的要求。铝、金、铜等金属材料是热的良导体,它们的导热率分别为247 W/(m·K)、315 W/(m·K)、398 W/(m·K),但还不能满足上述要求,铝密度低但导热率却不够高,且热膨胀系数较大,金、铜导热率较高,但密度较大。因此,研制一种高性能的导热材料作为散热器件也是解决高热流密度的重要手段。C/C复合材料以其优异的低密度、高导热性、低膨胀系数、高强度耐高温等性能,成为20世纪90年代中期以来研制高导热材料的热点之一。

综上所述,可以得出如下结论。

(1) 由于微小卫星具有高热流密度和低热惯性的特点,热控将面临新的挑战,传统的热控技术已不能满足微小卫星的热控要求,热控技术已成为制约微小卫星发展的一个关键技术之一。

(2) 必须尽快开展基于微机电技术的研发工作,以多种技术和途径解决高热流密度的问题,包括可变发射涂层、微型百叶窗、多功能结构、微型热开关、微型制冷器、微型毛细抽吸两相回路等。

(3) 如何小型化、轻量化、智能化解决散热问题是微小卫星热控制的关键所在。

(4) 建立新的热控理念,走机、电、热一体化设计道路,力求实现整星的等温化是微小卫星热设计的重要方法。

3. 推进分系统设计

推进系统作为卫星的动力装置,负责把卫星送入到工作轨道,使卫星在工作期间保持在所要求的位置上,并根据要求随时改变轨道和姿态等。因此,入轨、姿态和轨道控制都需要推进分系统的帮助。

推进分系统的主要功能如下。

(1) 向地球同步轨道转移时的近地点与远地点点火。

(2) 低轨道转移时,低轨到高轨的提升与离轨再入控制。

(3) 星际航行向第二宇宙速度的加速过程。

(4) 在轨运行:初始起旋、消旋、轨道修正、东西轨道保持、南北轨道保持、应急机动和离轨机动、太阳地球和其他姿态基准捕获、三轴综合极限在轨正常模式控制、进动控制、动量管理等。

目前卫星常用的推进系统有冷气推进、化学推进与电推进。目前使用较多的仍旧是化学燃料推进系统,但是在小卫星上更有前途的推进方式是电推进,它相比化学推进方式的推进剂效率提高一倍以上,有利于减少卫星对推进剂的需求,从而进一步减少小卫星的质量和体积。

各种类型小卫星可以概括地对推进系统提出一些共性的要求,具体如下。

(1) 低的推力水平,宽的推力范围,以便应付各种类型小卫星的应用要求。

(2) 推力精确,重复性好,推力前沿与后沿稳定。

(3) 速度增量($\Delta V$)变化范围宽,不同应用要求 $\Delta V$ 有所不同。

(4) 最小推力冲量(又称冲量元)要小,可以预报、精度高、重复性好,以便满足控制系统高精度要求。

(5) 能长时间安全地在轨工作,推进剂无泄漏。

(6) 推进系统质量轻、体积小。

(7) 易于与各种类型微推进器组合,构成大的推进系统,从而使推进系统具有极高的比冲。

(8) 低功耗,即使对电推进器也希望功耗小,或者适中。

随着现代小卫星技术快速发展,特别是小卫星编队飞行和小卫星轨道机动的要求,迫切需要发展微推进系统技术和微推进器。微推进系统是近十年才发展起来的,微推进系统主要特点是推力水平低,而且变化范围宽,推进器尺寸小,质量轻,要比现有推进器尺寸和质量有较大的降低;在技术上采用微米机电系统和纳米机电系统,与此同时也要开发新的推进器(如场效应推进器、数字固体微推进器等)。

1) 一般单组元(肼)微推进器

① 推力水平:0.5～22 N。

② 最小冲量:5 mN·s。

③ 比冲:160～230 s。

④ 系统较简单,可靠、技术成熟。

⑤ 成本较低,可长期储存(已有 12 年储存记录)。

⑥ 催化剂寿命有限,有中等程度污染。

表 2.6 列出了现有各种肼推进器的技术性能。这些单组元肼推进器已应用于航天器(包括小卫星)。

表 2.6　美国肼推进器的技术性能

| 制造厂商 | 型号 | 比冲 $I_{xp}$/s | 质量/kg | 体积(长度 x 直径)/cm |
|---|---|---|---|---|
| Primex | MR－103 | 210～220 | 0.33 | 14.8×3.4 |
| Marquardt | KMH S 10 | 226 | 0.33 | 14.6×3.2 |
| Daimler Chrysler | — | 223 | 0.27～0.28 | — |
| Primex | MR－111E | 213～224 | 0.33 | 16.9×3.8 |
| Primex | MR－111C | 226～229 | 0.33 | 16.9×3.8 |
| Marquardt | KMH S 17 | 230 | 0.38 | 20.3×3.2 |
| TRW | MRE－1 | 220 | 0.82 | 15.2×N/A |
| TRW | MRE－4 | 230 | 0.41 | 长度20.3 |

2) 双组元微推进器

(1) 一般双组元推进器。

① 推力水平:4～30 N。

② 最小冲量:$5×10^{-2}$ N·s。

③ 比冲:280～300 s。

④ 系统复杂、成本高,有污染。

⑤ 适用于几百千克小卫星。

(2) 数字双组元微推进器。

① 由美国马萨诸塞州理工学院近期研制。

② 推力水平:100～1 000 mN。

③ 推进器芯片长 18 mm,宽 13.55 mm,厚 2.9 mm,质量 1.29 g,燃烧室 100 mm³。

④ 比冲:200 s。

⑤ 最小冲量：0.5～5 mN·s。

（3）MEMS 双组元推进器。

① 由美国斯坦福大学研制，现处在研制阶段。

② 高推力/质量比，推进器功耗较低。

③ 系统较复杂，制造较难。

现代小卫星质量从几百千克到几千克，它们的推进系统和推进器各不相同，但是下列一些原则性意见还是具有普遍意义的。

① 氮冷气和肼微推进器，特别是肼毫牛顿推进器（HmNT）应该作为小卫星微推进器的首选。

② 当上述推进器不能满足飞行任务要求，同时小卫星又能提供一定功率时，可选用脉冲等离子体推进器（Pulsed Plasma Thruster, PPT）。

③ 数字固体微推进器若经过空间飞行演示验证，确认合格后，成本又有较大降低，它将成为小卫星的一个比较理想的微推进器。

当小卫星需要较大速度增量（$\Delta V$）时，可采用"3-3"制的小卫星总体设计原则，即小卫星平台质量、有效载荷质量和化学推进系统湿重，三者各占 1/3，可提供 $\Delta V$ 为 100～1 200 m/s。

目前还处在研制试验阶段的一些新微推进器，有望将来成为小卫星常规微推进系统，例如，JPL 研制真空电弧推进器（VAT）、氙离子推进器（型号为 Mixi）和欧洲航天局研制的场效应电推进器（FEET）。当然这些推进器都有自己的特长，应用场所也会有所不同。

4. 姿态与轨道控制分系统设计

卫星的姿态是指卫星在空间的指向，用卫星 3 个轴向运动来描述。3 轴都通过卫星质心，其中偏航轴指向地心，控制卫星星体是否正对轨道路线飞行；俯仰轴垂直于卫星轨道面，专门控制卫星的上下摆动，滚动轴指向卫星速度方向且垂直于偏航轴和俯仰轴，控制卫星向轨道左右摆动和倾斜。

姿态控制分系统由姿态测量传感器、执行部件和姿态控制器 3 部分组成，用于确保卫星姿态指向在允许的范围内。

姿态测量部件主要有三轴磁强计、红外地平仪、太阳敏感器、星敏感器、陀螺仪等。执行部件主要有零动量轮、磁力矩器、重力梯度杆以及喷气控制系统等。

姿态控制器由控制计算机及有关接口电路组成，完成姿态信息的采集、处理和姿态确定，控制规律计算，执行机构工作状态控制，并提供工程参数遥测、执行遥控指令等。

（1）姿态控制分系统的主要功能与任务为：保证卫星从入轨开始姿态捕获到在轨稳定工作各过程的姿态控制，保证正常运行期间稳定对地指向。

（2）根据星箭分离条件，消除分离扰动和初始偏差，建立卫星姿态所需的稳定的初始条件。

（3）建立对地定向的稳定姿态，保证卫星在轨运行期间所需的指向精度要求。

（4）具有一定的故障处理能力，故障时能进行一定的姿态保障工作。

微小卫星总体设计与工程实践
Microsatellites General Design and Engineering Practice

（5）姿态控制一般分为三种工作模式：姿态捕获模式、正常的姿态控制模式和故障安全模式，各模式由危险性飞行任务及姿控方案确定。

姿态控制分系统主要技术指标有姿态测量、指向精度、姿态稳定度等，姿态控制的方法通常是用敏感器测量卫星姿态，把测量数据与要求的数值进行比较，计算出校正姿态数据，最后启动相应的调姿动作，保证姿态误差最小。

地球敏感器是根据地球的辐射波段特性测量空间和地球之间的红外信号差来确定姿态，其测量精度约为 $0.05°$。太阳敏感器和星敏感器可用来进行方向测定，直接测量偏航角。

卫星的姿态控制技术主要有自旋稳定、重力梯度稳定、磁力稳定和三轴稳定等技术，目前最常使用的是三轴稳定技术。

（1）三轴稳定技术：依靠卫星上一些喷气喷嘴和反作用轮使卫星在俯仰、转动和偏航三轴方向上维持稳定，其轨道控制精度可达 $0.01°$，一般用于控制精度要求小于 $1°$ 的场合，该技术主要运用于大卫星上。

（2）自旋稳定技术：根据陀螺原理，利用卫星自旋来实现稳定，其优点是实现简单、成本低；缺点是控制精度低，天线结构复杂，需要消旋装置。

（3）重力梯度稳定技术：利用转动的物体其转轴将会在重力作用下平衡于重力梯度方向的原理，实现卫星的稳定。这种技术通常与磁力稳定技术结合使用，适用于中等指向精度要求的应用环境。小型卫星由于其指向进度要求较低（$1°\sim3°$），多采用该种稳定技术。

（4）磁力稳定技术：利用固定在卫星上的磁铁和地球磁场的相互作用来控制卫星姿态的方法。这种方法容易受到地磁变动的影响，而且控制转矩较小，主要作为其他方式的辅助手段，小卫星设计中常与重力梯度稳定技术相结合使用。

轨道控制的目的主要是克服轨道摄动的影响，轨道控制按运行方式可以分为下列 4 类。

（1）变轨控制和轨道机动：从一条自由飞行轨道到另外一条自由飞行轨道的转移，可用于初始轨道校正、地球同步轨道卫星定点捕获和定点位置的改变等。

（2）轨道保持：地球同步轨道卫星的位置保持，对地观测卫星的轨道维持，无阻力卫星的扰动补偿，星座星间相对位置的保持等。

（3）交会、对接、再入和着陆控制。

（4）星座卫星发生故障或卫星寿命到期时推离原来位置，同时将备份卫星从后备轨道调整到工作轨道。

进行轨道控制需要完成对轨道的确定。目前，大多数卫星的轨测和定轨是由地面站测控网完成的，也有卫星采用自主轨道确定或自主导航，即轨道参数完全是由星上仪器确定而不依赖地面设备。星上导航测量部件一般为惯性导航系统和光学敏感器，还可以采用 GPS 类似的卫星导航系统进行卫星姿态与轨道的确定。

5. 电源分系统设计

电源的功能是在航天器所有飞行阶段为航天器有效载荷和各服务分系统提供电能，并对其进行存储、分配和控制。电源分系统由四大部分组成：发电器、储能系统、控制装置与分配装置。

目前,小卫星一般采用太阳能电池阵作为其发电器,储能系统通常是蓄电池组,控制装置实施对电源系统的管理和控制,分配装置完成带能源的配电和电连接功能。

对于小卫星而言,若处在在轨运行的光照期间,可以利用太阳电池阵发电,对星上设施供电和对蓄电池充电,若处在在轨运行的阴影期间,蓄电池释放电能,对星上设备供电。

太阳能电池是指能直接将太阳能转化为电能的半导体器件,又称为光电池。太阳能电池所用的半导体材料主要有硅和砷化镓等。蓄电池组用于阴影期间的电能供给。最早使用的多为镍铬蓄电池,后来较多使用镍氢蓄电池,相比而言,后者的效率更高,而其没有记忆效应,放电深度可达 40%。虽然锂离子蓄电池的性能更好,但是循环寿命目前只有 1 000 次左右,与小卫星 20 000 次以上的循环充电次数要求还存在一定的差距。

控制装置负责对太阳能帆板的对日定向控制,对电源母线电压的调节,对整个卫星的供电进行安全保护,并对供电母线的电压、电流进行监测,完成各分系统之间的电连接。

现代小卫星中占整星比例最大的 3 个分系统依次为电源、结构和姿态控制,其中电源分系统的比例在 15%~30%。而电源分系统中蓄电池和太阳能电池阵占的比例最大。

6. 星载计算机分系统设计

星载计算机是现代小卫星的控制和管理核心,对于星上各任务模块的运行进行高效可靠的管理和控制,监视卫星的状态,协调整星的工作,配合有效载荷完成卫星任务的各种在轨控制和参数重新设置,以实现预定的功能和任务要求。

星载计算机包括硬件和软件两方面,硬件主要由 CPU、时钟、内存等组成,软件包括实时操作系统和应用程序等。CPU 主要有 Motorola 的 powerPC 系列、APARC 系列、MIPS 系列、Intel 的 ARM 系列;总线主要有 RS-485 和 CAN 等,其中 CAN 总线在目前的小卫星研制中得到了广泛的应用。操作系统主要采用如 PSOS 这样的实时多任务操作系统,各种星载应用软件完成对平台和载荷的各种控制和管理任务。星载计算机系统实现的典型功能有有效载荷任务调度管理以及参数设置。具体包括各下位机过程控制的设定值管理和工作模式管理,遥测数据的采集、存储、处理、格式化及下传遥测数据的加解密,接收数据的处理、分发和执行控制指令的存储、处理、判断,启动相对时间程控指令的存储、处理、判断和启动星上时间管理,时间校准为姿态控制提供主要数据异地保存卫星的温度,控制和管理程序的在轨注入和在轨修改等。

1)"创新一号"星载计算机设计

"创新一号"小卫星是我国自行研制的第 1 颗质量 100 kg 以下的微小卫星,是中国科学院知识创新工程重大项目。"创新一号"星载计算机是"创新一号"小卫星的重要组成部分,是集数管遥测遥控与姿轨控于一体的高性能、高功能集成、高可靠、长寿命的星载计算机,为了保证"创新一号"在轨期间能长期稳定可靠地运行,在设计中吸收、继承和发展了国内外小卫星星务管理计算机研制的成功经验同时采用新技术提高计算机的控制能力,使计算机在设计上体现了功能强、体积小、质量轻的特点,整机硬件采用双机冗余机构设计,软件设计采用软件集中管理方式。由于卫星处于恶劣的空间环境,星载软件应该具有较高的容错能力,并能在一定情况下的软件死锁中恢复出来,这就要求操作系统本身具有一定的容错纠错能力。因此,设计中星务管理还要对星载软件所采用的操作系统内核进行一定扩展,使之能满足要求。

星载计算机采用集中管理模式,同时完成数据管理和姿轨控制计算机的功能,主要任务有:星上数据处理分析,生成自主管理的控制信号;星上自主测轨、定轨、轨道预报的数据管理;整星综合信息星务管理;姿态分系统的姿态控制与管理;通信分系统的遥测遥控与通信管理;热控分系统的管理;红外地平仪数据接收;星上时间功能;星上测温功能;数据存储功能;直接指令遥控功能等。"创新一号"的星载计算机在硬件上主要采用了双机冗余热备份的工作方式,由切换逻辑进行双机切换控制,图2.4示出了"创新一号"星载计算机功能结构。

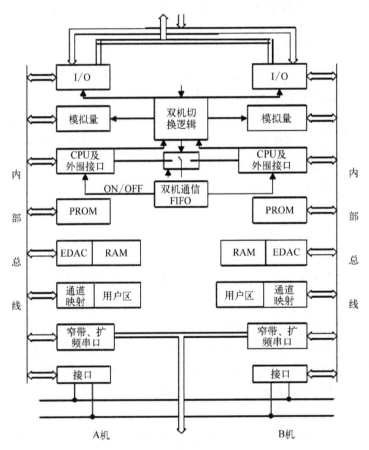

图 2.4 "创新一号"星载计算机功能结构

星载软件是星载计算机完成设计功能的重要部分,星载软件完成对软件系统运行模式管理和各应用进程的任务级管理,包括双机管理、模式确定、模式切换、任务启动、进程运行监控、进程切换、进程重启、间接遥控、GPS接收机管理、轨道预报、通信上下行、姿态控制、电源控制、热控、遥测数据处理等。"创新一号"星载软件主要完成以下任务:姿态控制;通信;星务管理;热控;电源管理;GPS 接收机管理;定轨和轨道预报;间接遥控;遥测;星上时;BSP 底层驱动;中断管理;内外存管理;定时;任务管理;地测支持;模式管理;注入程序管理等,其总体结构如图 2.4 所示。由于"创新一号"采用集中式管理方案,星载计算机成为整星的核心,因此几乎所有卫星分系统和星载设备的正常工作都需要星载软件的干预。星载软件各部分及其主要功能如下。

设备驱动程序提供操作系统或应用程序对硬件设备的驱动,操作系统或应用程序调用设备驱动程序完成对外围设备的管理工作,是建立软件和硬件之间的桥梁。底层设备驱动程序和硬件设备密切相关,主要功能包括程序的初始化、硬件设备的初始化、中断服务程序的处理和上层应用程序的接口管理等。

星务管理软件是星载软件的核心,星务管理任务由主时钟中断服务程序与星务进程配合完成。这部分软件完成对软件系统运行模式管理和各应用进程的管理,包括双机管理、模式确定、模式切换、任务启动、进程运行监控、进程切换、进程重启等。

"创新一号"是三轴稳定、对地定向的存储转发小卫星,因此对姿态控制系统的要求特别严格。与此相关的姿控软件是星载软件和姿态控制系统的重要组成部分,它包括姿控遥测和姿态控制两个部分,姿控软件主要功能要求是:可靠、有效地对姿控单机进行信号处理、控制,完成卫星在轨姿态确定和姿态控制;实现各控制机构之间的冗余备份;保证故障状态下卫星姿态自我校正和控制模式之间正确切换;在初始数据丢失时能够正确恢复当前控制状态,能够实现模式重组。

GPS 接收机及轨道软件的主要任务是为其他进程提供轨道数据,并对 GPS 接收机进行监控、管理、数据接收和数据处理。接收 GPS 接收机发来的数据帧,完成数据帧的解帧、数据的搬移、数据的存储;接收 GPS 接收机校时中断,进行星上自主校准时间;地面注入的轨道数据的接收和使用。对 GPS 接收机的开关机及复位进行控制管理,避免 GPS 接收机的死锁;对 GPS 接收机发送轨道预报命令;对 GPS 接收机发送预报数据请求命令;为各个进程提供其所必需的轨道数据。

通信软件完成通信上下行数据的处理,上行完成对窄带接收机 A、窄带接收机 B、扩频接收机 A 和扩频接收机 B 上行数据的接收处理,读取上行 FIFO 暂存的通信数据,从中找出完整的通信数据帧,并进行校验、解帧并根据数据类型对数据进行相应的处理。下行完成通信系统测控管理、出入境操作、通信模式管理和数据下行发送操作。通信软件要求完成对接收机、LNA 和 DSP 的开关机和复位的管理。电源管理软件完成的任务包括遥测量采集、遥控命令接收和执行、蓄电池组电压采样计算、蓄电池组充电终止电压理论设定值计算、充电过程控制以及二次电源主备份切换等。

遥测软件完成对卫星软硬件遥测参数的采集、压缩、组帧、存放和下发的功能。遥测软件从卫星飞行程序的主动段开始,之后就一直运行,在运行过程中,将根据当前星上时判断是否应该采集遥测数据、是否应该组帧,在条件满足的情况下采集或组帧,并将遥测帧送入外存为遥测分配的空间中存储,以备通信下发。遥控软件是地面测控系统对卫星各设备以及软件系统的运行进行干预的最主要通道。遥控软件运行过程中,将检索是否有效的间接遥控指令送入星载计算机,如果有,就判断是否满足执行条件,若满足条件,就执行。热控软件采集遍布整星的温度传感器数据,进行整星温度计算和分析,当整星的温度分布不能满足星载设备的正常工作条件时,进行主动温度控制。温度控制的执行机构为两个加热器,所以只能在温度低于设定条件时对整星进行加温;因为温控任务相对重要性要低一些,只有在能源供应许可的情况下才能进行加温控制。

注入软件是在卫星运行中可以随时添加到星载软件中的部分,并可以随时替换,以完成某些在星载软件开发时没有涉及的功能,从而使星载软件系统具有更大的灵活性,其内容可以根据卫星运行时任务的需要而适时编写,经过测试验证后,通过通信站注入卫星,"创新一号"在星载软件中预留了注入进程,以备卫星功能扩展或当卫星故障时实现恢复。

2) 星载计算机体系工作模式

"创新一号"星载计算机系统的工作模式根据卫星飞行所处阶段和计算机的工作状态不同,共分为 4 种模式。

(1) 地面测试模式。卫星升空前在地面进行的各种调试、模拟试验均属地面工作模式,星务管理计算机将星上状态、测试结果、控制量等信息通过星地 485 串口传至地面测试设备,供调试、测试、结果分析等使用。

(2) 姿态捕获模式。卫星升空时,星箭分离信号启动星载计算机运行应用进程,并进入姿态捕获模式。OBDH 完成初始状态的捕获和控制,消除星箭分离等因素对姿态造成的影响。

(3) 在轨正常工作模式。星载计算机进入正常工作状态,主机运行,完成星务管理任务,同构备份机热备份工作,随时准备接替主控机运行。

(4) 故障运行模式。星载计算机通过故障检测和切换逻辑对自身故障进行隔离,通过系统重构,由备份机接替控制权,使星载计算机仍然能够满足卫星正常运行的基本需求。

## 2.4.3  小卫星分系统设计方案优选

卫星是卫星大系统的有机组成部分。卫星大系统作为卫星的上一层系统是由卫星应用系统、测控系统、卫星(本体)系统、运载工具系统、发射场系统等这些密切相关和相互依存的部分组成的整体。在卫星大系统中,卫星是主导,其他系统则可以看成卫星的服务系统。因此卫星的设计绝不是脱离其服务系统而单纯地对卫星本身进行设计,而是在全面考虑整个卫星大系统的基础上,着重设计卫星。同时,卫星本身也是一个复杂的大系统,按照功能可分为有效载荷和公用平台两部分。其中公用平台包括姿态控制系统、电源系统、跟踪、遥测和指令系统、通信系统、推进系统、热控系统、结构系统等。卫星设计学既是一门卫星内部系统设计学,也是一门外部的卫星大系统设计学。所以对卫星内部系统和外部大系统的研究和设计,都应以系统工程的理论和方法为基础,从系统工程的角度来考虑问题。

系统工程的本质就是在特定的资源、技术和环境条件下,寻求大型复杂系统的最优解或满意解。为此,系统工程必须致力于系统整体的分析和设计,坚持从系统的目标和系统的整体性来解决一切有关问题,考虑系统各组成部分的相互影响和协调关系,并把社会因素和技术因素结合起来。其设计过程中首先明确系统的要求和目标;接着进行定量确定系统或其子系统所需要完成的功能,这个过程称为功能分析;然后建立概念或基本系统的结构形状,以便达到系统的目标,这个过程称为方案设计;最后也就是优化设计,是指在方案设计的基础上,用数学规划方法,考虑整个系统的约束和目标进行的权衡设计。

卫星分系统的分析和设计也是从某种特定的任务目标出发,确定满足任务要求的系统。在设计时,首先根据任务要求,在备选方案中折中出一组基本总体设计方案,然后在此基础上,对这一总体设计方案进行全面详细的设计。对于卫星总体优化设计,参照系统工程的设计过程,其设计思想如图 2.5 所示。即首先将用户提出的任务目标转化成任务要求,进而进行总体方案类型优选,然后在此基础上进行总体参数优化设计,最后形成满足用户任务目标和任务要求的最佳总体方案设计文件。

在设计出满足用户使用要求的多个总体方案设想后,就要对多个方案进行分析、比较和评价。分析和比较的对象一般分为两个层次:第一个层次以多个卫星总体方案为对象,第二个层次是以分系统或总体方案相关项目(如轨道、构型、主承力结构、回收方案、布局和总体性能参数等)为对象。每个对象的评价因素随对象特点及其影响范围而确定。

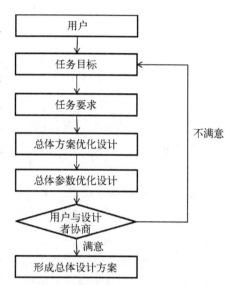

图 2.5　卫星总体设计系统工程设计流程

在分系统设计中,我们一方面要考虑到每个分系统的不同方案在满足用户要求前提下的优选,同时要从一个宏观的角度去考虑多个分系统构成的总体设计方案的优选问题。第二层次是通过分系统的比较,找出不同的总体技术途径,最终得到不同卫星总体方案。排除那些明显脱离现实技术基础和条件的预估性。

# 2.5　卫星总体方案综合和确定

## 2.5.1　总体方案分析与综合

可行性总体方案论证工作是总体设计中定方案、定大局的关键性的技术工作。可行性总体方案论证工作主要有:论证卫星的分系统组成及其方案选择;分析实现卫星使用技术要求的途径;确定卫星的基本构型。

1. 分系统组成及其方案选择

卫星一般包括有效载荷与卫星平台两部分。卫星平台包括结构热控、电源、姿轨控、测控、通信等分系统。在方案论证中总体设计所选分系统的方案可各不相同。分系统方案的不同也将对卫星总体方案形成产生一定影响，尤其是有效载荷、控制、推进和电源分系统对总体方案的影响最大。

在总体方案论证过程中，总体所选的卫星有效载荷分系统方案不同对卫星总体方案的影响也是非常明显的。例如，要实现具有一定空间分辨率的遥感对地观测卫星，按照载荷的不同，对卫星也有不同的姿态、能源、轨道以及推进的需求。其他分系统及仪器设备的性能指标也会对卫星总体方案产生千差万别的影响。

2. 论证实现卫星使用技术要求的途径

卫星使用技术要求对卫星总体方案的影响也是很明显的。例如，对于某卫星如果只要求搭载小功率轻质量的载荷，则使用小型卫星平台即可，若有效载荷要求比该小型卫星平台提供的承载和功率要大，就需要使用新的平台，满足更大的承载和更大的功率需求，其总体方案就截然不同。

3. 卫星构型初步设计

卫星构型的初步设计包括外形设计、主承力构件类型设计和总体布局等。在总体方案论证过程中，不同卫星构型设计对卫星总体方案影响是很大的。例如，美国劳拉公司的FS1300平台的主承力构件采用中心承力筒，两个推进箱串联放在承力筒内；洛克希德-马丁公司的 A2100 平台承力结构采用箱板式，几个推进箱并列放在底板上；而休斯公司的 HS702 平台主承力结构采用桁架式，几个推进箱也是并列放在底板上。这几种方案不仅使结构分系统与整星的质量比不一样，结构和布局也不一样，而且对有效载荷扩充的能力也不同。

根据上述的论证和分析过程，在满足同样用户要求的条件下，可能存在多个可行的卫星总体方案，需在总体设计过程中进一步评估使用。

## 2.5.2 总体方案确定

总体方案确定的过程是对总体方案设计评价的过程。总体方案设计系统通常由可行的总体方案、分系统方案设计、构型详细设计、总体方案详细设计、总体性能指标分析与综合、轨道详细设计和总体方案评价几个单元组成，还包括用户要求和其他各种约束条件。

总体方案设计评价的过程如下。

（1）可行的总体方案分析。对可行的总体方案进行消化，作为展开总体方案设计的依据。

（2）分系统方案设计。对分系统方案设计，包括方案、功能、性能、环境适应性以及与其他分系统的机、电、热接口设计。

（3）构型详细设计。充分考虑各个分系统对构型设计的要求。

（4）总体方案综合。把分系统方案和构型设计综合在一起。

（5）轨道详细设计。

（6）总体方案详细设计综合与评价。主要对最终的总体方案设计进行评价。

（7）编写总体方案详细设计报告。

（8）完成分系统研制初步要求的编写。

# 2.6　研制技术流程制定

卫星系统工程是一个非常复杂的工程，而且研制成本高、周期长、风险大，因此在总体设计初期就要遵循卫星研制阶段性原则，制定研制技术流程，以达到整体优化的目标。

卫星研制技术流程是卫星总体设计各阶段技术工作程序以及制造、测试、试验、发射、在轨测试和管理等工作程序的进一步细化。研制技术流程的制定应该合理可靠，因为它关系到整个卫星研制的质量、周期以及研制成本。该流程内容包括了卫星研制阶段划分、阶段任务和工作内容、工作顺序、保障条件、参加单位以及注意事项等。不同卫星方案对应的技术流程也不相同，例如，卫星是否采用经过飞行考验的卫星平台，属于长寿命卫星还是短寿命试验型卫星，采用经过其他平台验证的载荷方案、分系统及单机方案还是采用未经验证的新型技术方案等。技术流程应该根据具体的卫星方案及应用需求和约束条件做出调整，以适应不同卫星研制要求。卫星技术流程是各分系统研制计划流程、经费安排及保障条件安排的依据。

卫星研制技术流程一般用方框图及表格进行说明，包括计划节点安排以及详细技术流程，如图 2.6 所示。

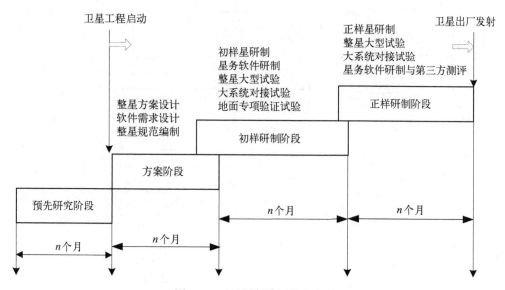

图 2.6　卫星研制计划节点安排

研制技术流程的制定从卫星工程启动开始,包含方案阶段、初样研制阶段、正样研制阶段。对于已经经过在轨验证、技术成熟的卫星,以及研制进度要求高、继承性好的低成本微纳卫星,方案阶段和初样阶段工作会相互融合,省略精简部分工作。

工作各阶段详细流程设计按照图2.7～图2.9所示内容开展工作。

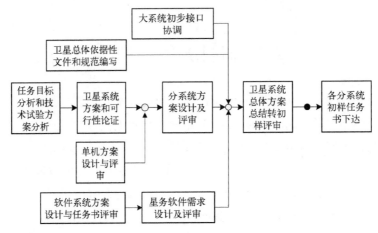

图 2.7　方案阶段技术流程

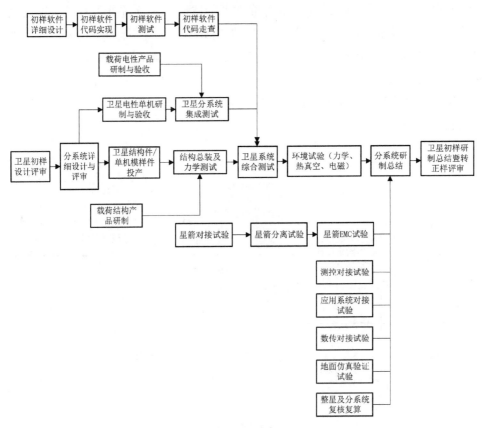

图 2.8　初样阶段技术流程

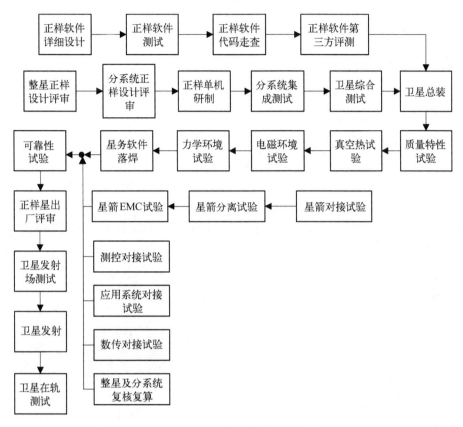

图 2.9　正样阶段技术流程

在上述方框中的每一个主要工作内容还需要附加的详细说明,包括保障条件、工作内容、注意事项、参加单位以及完成时间等内容,以整星力学试验为例进行说明如表 2.7 所示。

表 2.7　整星力学试验的详细说明

| 整星力学试验 | | | |
|---|---|---|---|
| 序号 | 项目名称 | 项目内容 | 备注 |
| 1 | 试验前准备 | 保障条件:<br>完成整星集成装配;<br>力学试验设备已通过检查;<br>力学试验大纲与细则通过评审 | |
| 2 | 试验内容 | 工作内容:<br>进行整星模态试验,获取结构特性;<br>进行 $Y、X、Z$ 方向上的正弦振动试验;<br>按照试验方案进行随机试验;<br>力学试验完成前后进行卫星精度测量;<br>完成力学试验总结报告 | |
| 3 | 试验记录 | 注意事项:<br>参试人员认真记录,确认试验前后卫星技术状态 | |

续表

| 整星力学试验 | | | |
| --- | --- | --- | --- |
| 序号 | 项目名称 | 项目内容 | 备注 |
| 4 | 试验人员 | 参加单位：<br>质量人员,卫星总体,结构分系统 | |
| 5 | 试验结果 | 输出：<br>《卫星整星力学试验记录》<br>《卫星整星力学试验总结》 | |

　　总体方案制定的技术流程是顶层的流程,各分系统以及总体在总装、测试、试验和发射场制定的是第二层次的技术流程,在各分系统的仪器设备的研制方面还要制定第三层次更详细的技术流程。

## 3.1  空间环境分析与效应

### 3.1.1  空间环境分析

1. 概述

空间环境的组成主要包括真空、热、太阳辐射、电磁辐射、等离子体、空间碎片等环境。自 1957 年 10 月 4 日人类第一颗人造地球卫星进入太空开始,空间环境对航天器的影响就开始受到关注,60 年的航天历史表明,空间环境中复杂的粒子成分是诱发航天器故障和异常的主要原因之一。空间环境对卫星运行轨道、姿态、表面材料、半导体器件及其电位均会产生显著影响,其中真空环境、冷黑环境及太阳辐照环境影响最为严重,主要表现在卫星的热性能、电性能、力学性能,对卫星的正常工作构成严重威胁;高层大气会影响航天器的轨道、姿态、温度,原子氧会改变航天器的表面材料;高能粒子会对航天器的材料、器件、太阳电池阵、宇航员产生辐射损伤,使微电子器件和设备发生单粒子效应,产生软硬件异常;等离子体和高能电子会使航天器表面和深层介质发生充放电现象,导致航天器内产生电磁干扰引发航天器故障;空间碎片和微流星会对航天器及其设备产生机械损伤等。

2. 真空环境

空间真空环境是指在给定空间内低于一个大气压力的气体状态,也就是该空间内其他分子密度低于该地区一个大气压的分子密度。气压和分子密度同步变化,标准状态(0℃,101 325 Pa)下,气体的分子密度为 $2.687\ 0\times10^{25}/\text{m}^3$;而大气密度基本上是随着高度的增加按指数规律下降,另外,大气密度随着地理纬度、一年四季、一天24 小时及太阳活动变化而出现变化。

在航天器设计中,从实用角度出发,通常把对流层的大气称为低层大气,从对流层顶部到大约 110 km 的大气称为中层大气,110 km 以上的大气称为高层大气,又把 1 000 km 以上的大气称为外大气层。随着高度的增加大气越来越稀薄,也就是越来越接近真空。随着大气密度减少,大气压力也随着减小。度量环境真空度的高低一一般不用大气密度,而是用大气压力,单位是 Pa。大气压力也是基本随着高度的增加按指数规律下降。

根据国军标 GB 3163—2007,真空区划分为如下区段。

低真空:105~102 Pa (0~50 km)。

中真空:102~$10^{-1}$ Pa (50~90 km)。

高真空:$10^{-1}$~$10^{-5}$ Pa (90~330 km)。

超高真空:<$10^{-5}$ Pa (330 km 以上)。

在春秋季节,北半球中纬度海平面处的大气标准压力 $P_0 = 101\,325$ Pa。卫星运行在不同高度,真空度不同,轨道越高,真空度越高。当卫星在轨道高度处于 100 km 左右时,其环境的真空度(即大气的压力)大约为 $4 \times 10^{-2}$ Pa。卫星的轨道高度达到 300 km 左右时,其空间环境的真空度达到 $4 \times 10^{-11}$ Pa。地球同步轨道压力则更低,即真空度更高。

3. 热环境

卫星在轨道上所遇到的热环境由卫星接收到的外部热流、内部产生的热量和向深冷空间辐射热流等三部分组成。

外热流主要来自太阳直接照射、地球对太阳辐射的反射和地球热辐射三部分。地球对太阳辐射的反射是地球大气层对太阳辐射的反射(大气向上光)和大气向下光通过地球反射穿过大气层到卫星。地球热辐射是由地球本身的温度为 300 K 而产生的热流。当卫星进入地球阴影时,卫星只接收地球热辐射的热量。航天器在空间热环境及内外热交换示意图如图 3.1 所示。

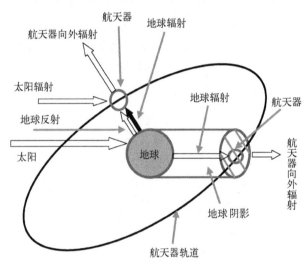

图 3.1 航天器在空间热环境及内外热交换示意图

内部热流来自卫星各个分系统的仪器设备的耗电或机械摩擦等而产生的热量。同时,卫星的热量通过其专门设计的外表散热面向 4 K 深冷空间辐射出去。

一般对卫星的热设计来说,热环境主要考虑外部热流、内部热耗和空间热沉(即 4 K 深冷空间)。而对于高轨道来说,例如,地球同步轨道(轨道高度为 35 786 km),外热流主要考虑太阳辐射,即忽略地球热辐射和反射。

在分析太阳辐射时,任何轨道的卫星,都要考虑日地距离和太阳光的入射角对卫星的影响。其中日地距离 1 月 3 日为近日点,太阳常数为 1 399 W/m²;7 月 4 日为远日点,太阳常数为 1 309 W/m²;太阳常数平均差±3.3%;太阳常数最大和最小差 6.8%。

4. 太阳辐射环境

太阳辐射环境主要由太阳能电磁辐射、太阳黑子和太阳辐射等各种太阳活动所影响的空间环境组成。太阳是一个中等恒星,它是一个炽热的气体球,可见的日面称为光球层,近似为 6 400 K 温度的黑体。光球层上面是一个透明的色球层,温度高达 5 000 K。在色球层上是日冕,温度高达 $1.5 \times 10^{6}$ K。太阳不断地发射出能量为 $4 \times 10^{33}$ erg/s($1$ erg$=10^{-7}$ J)的电磁辐射,它包含了波长从 $10^{-8}$ $\mu$m 的 $\gamma$ 射线到波长大于 10 km 的无线电波的各种波长电磁波。

太阳电磁辐射是指在电磁谱段范围内的太阳能量的输出。通常用太阳常数来描述太阳电磁辐射能量。太阳常数是指在距离太阳一个天文单位(即地球到太阳之间的平均距离,记 1 AU,1 AU$=1.495\ 978\ 930 \times 10^{8}$ km),在地球大气层外垂直于太阳光线的单位面积上,单位时间内所接收到来自太阳的总电磁辐射能,其值为 1 353 W/m$^2$。

太阳黑子就是在太阳光球层上看到的暗区,黑子常常呈现为黑子群。黑子活动是太阳活动的一种,黑子活动基本上呈现平均 11 年一个长周期(黑子数最少到 10 以下,最多可到 200 个)的变化。太阳局部突然增量的现象称为耀斑,太阳耀斑寿命为十几分钟至几个小时。耀斑射出的电磁波主要分布在 X 射线、紫外线和射电波段。在特大爆发时,耀斑辐射的波长可包括由 0.000 2 nm 至 10 km 的广阔波段。耀斑除了发射电磁波外,同时还高速喷出质子、中子和电子。

太阳辐射可分为热辐射和非热辐射两部分。若辐射源质点辐射出的能量分布遵守玻尔兹曼分布就称为热辐射,反之为非热辐射。波长在 0.28～1 000 $\mu$m 内的辐射能占太阳总辐射能的 99.43%,这些辐射来源是太阳光球的热辐射,其辐射功率比较稳定。在太阳辐射光谱的两端,即波长小于 0.28 $\mu$m 的紫外线、X 射线、$\gamma$ 射线和大于 1 000 $\mu$m 的电磁波,主要来源是太阳日冕区的非热辐射。这些非热辐射的功率很小,但变化很大。它们的功率随太阳耀斑和黑子活动成倍或几十倍的变化。

不同波长的电磁波辐射能量各不相同。可见光的辐射强度最大,可见光和红外的辐射能量占总能量的 90% 以上;无线电波、X 射线和紫外线占太阳总辐射能量的比例很小。太阳辐射波长在 0.276～4.96 $\mu$m 范围内的光谱能量占总太阳能的 99%。波长在 0.217～10.94 $\mu$m 范围内的光谱能量占总太阳能的 99.9%。波长在 0.18～40 $\mu$m 范围内的光谱能量占总太阳能的 99.99%。

5. 电磁辐射环境

空间电磁环境是由空间中电子设备所辐射的电磁波在特定区域内叠加的信号特性和信号密度等信息的总和。现代电磁环境是空间通信、雷达、光电设备以及电磁干扰设备所形成的环境,另外还包括大气环境对当时电磁传播的影响。而卫星工作的电磁环境是指包括研制直至发射、运行过程中所遇到的内部电磁环境和外部电磁环境。卫星内部电磁环境,是指星上全部设备按规定任务协同工作时所产生的电磁环境;卫星外部电磁环境,是指除包括总装、测试、发射场区以及轨道运行各阶段的电磁环境之外,还应考虑的测试场地附近的与任务无直接关系的辐射电磁环境。卫星在研制、发射、轨道运行的不同阶段,其外环境是不同的,甚至有很大差异。与其他大型电子系统环境相比,明显的不同之处是卫星还应考虑特殊的自然电磁干扰环境。

1)近地区静电

在卫星起飞直至入轨前这一段区域,称为近地区。此时,卫星和运载火箭连接,火箭发动机会产生静电,火箭穿过大气层时与云层、灰尘、冰晶等产生的电荷沉积和摩擦带电等产生的电荷沉积在火箭上(包括表面的不导电部分),造成瞬时的电位差,其大小取决于大气层特性、火箭飞行速度和星箭外壳的导电性。当电位差超过一定值时会产生电晕,引起传输线功率损耗和绝缘体击穿,对星箭造成危害。通常卫星可通过良好的星箭搭接和屏蔽来解决近地区的静电影响。

2)近地轨道静电

卫星表面受到紫外线和波长较短的光照射时,会逸出电子、产生光电和二次发射,使卫星表面带正电,导致卫星在近地空间运动时形成一个正离子前端,留下电子尾流。卫星在近地轨道产生的电位比近地区要小,容易采取安全措施。

3)地球同步轨道静电

处于静止轨道的卫星会受到宇宙空间的高能电子和质子的撞击,使卫星表面不同介质间有不等量的充电。此不等量充电造成不同表面电位差可达万伏以上,导致电弧放电的峰值电流可达 1 000 A,脉冲宽度达毫秒级,相应的射电电场强度可达 1 000 V/m 或更高。为此,地球同步轨道卫星在地面设计研制时对卫星壳体的表面材料、温控包敷层工艺设计及接地设计等给予充分重视。

4)地球磁场

地球磁场源于地球内部的地磁场,空间分布上近似偶极子磁场。磁场强度随离地心距离以 $r^{-3}$ 向外递减,距地球越远磁场强度越低。卫星在轨运行时,磁场直接影响中低轨道卫星的力矩,使其姿态受到扰动。但也有某些中低轨道卫星利用地球磁场的分布来控制卫星的姿态。卫星入轨前与较大的火箭连体,地磁场不会影响它们的姿态;在地球同步轨道高度,地球磁场很弱,对卫星姿态影响也很小。

5)磁层亚暴

磁层亚暴是地球空间最重要的能量输入、耦合和耗散过程,是地球磁层扰动的一种表现。伴随着地磁亚暴的过程,大量的等离子体注入磁场的捕获区,这种注入是外辐射带电子的主要来源之一。太阳-地球空间环境在磁层亚暴时会出现 3~200 keV 高能等离子体,且可达到地球同步轨道的高度,卫星在空间运行时,会受到周围这些等离子体、高能带电粒子等的轰击以及太阳电磁辐射引起的光电子发射现象,使卫星表面不同部位沉积不等量电荷。引起卫星表面的电位差可达数千伏以上,在其放电时会引起卫星上某些敏感电子器件的损坏。

6. 粒子辐照环境

粒子辐照环境由地磁俘获辐射带、银河宇宙射线辐射、太阳粒子辐照、人工辐射带组成。

1）地磁俘获辐射带

地球磁场俘获大量的带电粒子，在球面范围内形成一个 6～7 个地球半径的辐射带，称为"范艾伦"带，如图 3.2 所示。

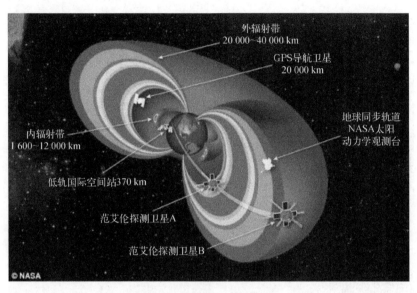

图 3.2　范艾伦带示意图

根据带电粒子空间分布的不均匀性，将这一辐射带分为：① 内辐射带。内辐射带是离地面较近，而外辐射带离地面较远。内辐射带的中心位置到地心的距离约为 1.5 个地球半径，范围限于磁纬度 ±40° 之间，东西半球不对称，西半球起始高度比东半球低，最高处可在 9 000 km 处开始，两半球都向赤道方面凸出。内辐射带简称内带，内带中含有大量能量为 50 MeV 的高能质子和能量大于 30 MeV 电子，在无太阳质子事件并且地磁扰动不大的情况下，内辐射带中高能质子和电子的空间分布和强度相对稳定，称为稳定的内辐射带。② 外辐射带。外辐射带的中心离开地心距在 3～4 个地球半径，起始高度为 13 000～19 000 km，厚约 6 000 km，范围可延伸到磁纬度 50°～60°，简称外带。外带内的带电粒子的能量比内带小，但远远超过外大气层中粒子的热运动能。内带和外带在地球的向阳面和背阳面各有一个区，向阳面和背阳面的内外带的粒子环境在空间上并不是完全对称的。被俘获的带电粒子实际上来源于整个地磁场，因而辐射带的界限并不分明，只是带内带电粒子的密度相对于其他区域而言较大。辐射带中，内带的带电粒子数是相对稳定的，外带则变化较大，差别可达到 100 倍。一般来讲，在内带里容易测到高能质子，在外带里容易测到高能电子，因而，在内带范围运行的卫星应着重考虑高能质子对其的影响，而在外带范围内的卫星则应重点考虑高能电子的影响。图 3.3 所示为大于 1 MeV 束缚电子空间分布。

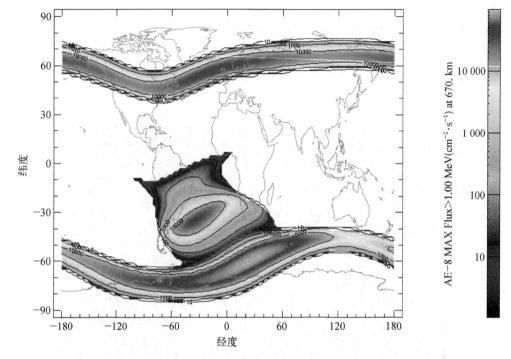

图 3.3　>1 MeV 束缚电子空间分布(后附彩图)

2) 银河宇宙线辐射

银河宇宙线主要来自银河系的高能带电粒子流,其粒子通量很低,仅为 2~4 粒子/(cm² · S),但能量很高,银河宇宙线的粒子能量范围是 40~$10^{13}$ Mev,甚至更高。银河宇宙线是由电子和元素周期表中所有元素的原子核组成的。元素周期表中前 28 种元素的核离子是其主要成分,其中主要成分包括质子(氢核),约占总数的 84.3%,其次是 α 粒子,约占总数的 14.4% 和高能重离子以及少量的 X 射线和 γ 射线(1%)。

银河宇宙线在进入日层前,还未受到太阳风的影响,其强度可认为是均匀和恒定的,即不随空间和时间变化。但进入日层后,受太阳风影响,银河宇宙线的强度逐渐减弱。另外,在进入地球磁场作用范围后,受地磁场的强烈偏转,使能量较低的粒子难以到达地球,同时产生纬度效应、经度效应,在东南西北形成不对称。太阳活动低年时,银河宇宙线积分通量在距离地面 50 km 以上的空间约为 4 粒子/(cm² · S);在太阳高年时,银河宇宙线强度约比低年时减少 50%。

3) 太阳粒子辐照

太阳粒子辐照现象又称为太阳质子事件,它是太阳表面发生剧烈活动时向外喷射出的能量,几兆电子伏特以上的带电粒子属于偶发性带电粒子,太阳粒子辐照中绝大部分是质子,其次是 α 粒子,质子能量为 10~1 000 MeV。质子事件的持续时间在几小时到几天。根据统计,在太阳活动峰年附近,质子事件多些,例如,1989 年共发生了 23 次,而一般年份平均有 10 次左右,太阳活动谷年附近平均有 2～4 次。

在低轨道上,受地磁屏蔽影响,太阳质子主要在极区附近出现。在发生太阳质子事件期间,极区时高能质子通量会出现急剧增长,例如,在 1989 年 10 月的质子事件中,能量大于 10 MeV 的质子通量达到 20 000 pfu(particle-flux-unit,$cm^{-2} \cdot s^{-1}sr^{-1}$),超过背景通量四个数量级以上。当这种高能质子被地球磁场俘获到达地球附近时,卫星上某些仪器设备,如太阳能电池,在高能粒子的长期轰击下,工作性能将严重衰退,其次,对于在飞船舱外执行任务的宇航员,也是一种威胁。当剂量较大时,会对宇航员产生致命的危害。因此太阳质子事件对航天事业有很大的危害。

4)人工辐射带

区别于上述三种辐照环境,人工辐射带的形成原因主要归结于高空核爆炸,在核爆炸后会产生通量很大的电子辐照。例如,在 1962 年美国引爆的 140 万 t 的"星鱼"试验后一周,在南大西洋上空 600 km 高度处的电子辐照通量达到了 300 kJ/(mZ · S),对在此区域内运行的 4 颗卫星造成不同程度的损伤。

高能带电粒子流对卫星的效应主要表现在以下 3 个方面。

(1)对卫星的材料、电子器件、生物载荷及航天员的辐射总剂量损伤效应。

(2)对大规模集成电路的微电子器件的单粒子效应,包括单粒子翻转、锁定、烧毁、栅击穿事件等。

(3)高能粒子的注入影响其他空间环境,如使等离子层电子密度增加,对通信、测绘和导航系统造成严重干扰。

7. 等离子体环境

空间等离子体是分布在宇宙空间中的一种物质存在状态,主要由太阳高能电磁辐射、宇宙线等作用稀薄大气产生电离,形成由电子、正离子以及中性粒子组成的混合物,是空间环境研究的主要对象之一。空间等离子体分布的不均匀性和扰动性,不仅影响卫星的电子设备安全,还直接影响导航、通信等业务的开展。为确保各类卫星器件能够在外层空间等离子体环境中较为安全地运行,各航天大国日益关注对空间等离子体环境的监测、研究和防护工作。

而在航天领域,空间等离子体环境分为电离层和磁层等离子体环境,其中电离层位于低地球轨道位置,磁层位于地球同步轨道所处位置。

电离层是各种卫星距离地球最近的飞行空间,也是近地空间环境的重要组成部分,处于距地面以上 100～1 000 km 或 2 000 km 的范围,温度在 180～3 000 K,是由太阳高能电磁辐射、宇宙线和沉降粒子作用于高层大气,使之电离而生成的由电子、正电粒子和中性粒子构成的能量很低的准中性等离子体区域。按照电子密度随高度的变化又分为 D 层、E 层和 F 层,如图 3.4 所示。D 层一般是指地面上高度 50～90 km 的区域;E 层通常是指地面上空 90～130 km;F 层是指从 130 km 到几千千米的广大高度。当其电离层等离子体与卫星相互作用时,生成的等离子体鞘和尾流会对卫星产

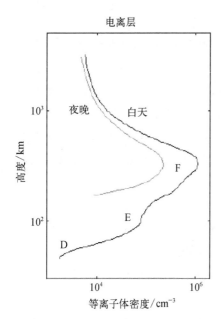

图 3.4 电离层电子密度随高度的变化剖面

生充电效应。

磁层是地球同步轨道位置所在,是各种 GEO 卫星的高密集区。其等离子体环境很复杂,穿越磁层内几个完全不同的等离子体区域,主要由外辐射带重叠部分、等离子体层和其层顶和等离子体槽以及背阳侧的等离子体片的内边界区所构成。由于地球同步轨道穿越的区域比较多,因而粒子能量范围宽,几乎涉及所有能量的等离子体,粒子能谱也不完全相同,在不同的地磁活动情况下的构成区也不完全相同。这个区域还存在着与亚暴相对应的能量较高的高温等离子体注入事件,增加了这个区域的等离子体的变化。表 3.1 和表 3.2 是以 ATS5(Advanced Technology Satellite)、ATS6 和 SCATHA 卫星为例的地球同步轨道平均等离子体环境参数。

**表 3.1 以 ATS5、ATS6 和 SCATHA 为例的同步轨道等离子体环境中的电子参数**

| 参 量 | ATS5 | ATS6 | SCATHA |
|---|---|---|---|
| 数密度/$(n/cm^3)$ | 0.8 | 1.06 | 1.09 |
| 能量密度/$(eV/cm^3)$ | 1 970 | 3 590 | 3 710 |
| $N_1/(1/cm^3)$ | 0.578 | 0.751 | 0.780 |
| $T_1/keV$ | 0.277 | 0.460 | 0.550 |
| $N_2/(1/cm^3)$ | 0.215 6 | 0.273 | 0.310 |
| $T_2/keV$ | 7.04 | 9.67 | 8.68 |

**表 3.2 以 ATS5、ATS6 和 SCATHA 为例的同步轨道等离子体环境中的离子参数**

| 参 量 | ATS5 | ATS6 | SCATHA |
|---|---|---|---|
| 数密度/$(n/cm^3)$ | 1.30 | 1.20 | 0.58 |
| 能量密度/$(eV/cm^3)$ | 13 000 | 12 000 | 9 440 |
| $N_1/(1/cm^3)$ | 0.75 | 0.93 | 0.19 |
| $T_1/keV$ | 0.30 | 0.27 | 0.80 |
| $N_2/(1/cm^3)$ | 0.61 | 0.33 | 0.39 |
| $T_2/keV$ | 14 | 25 | 15.8 |

卫星在磁层中运行时与等离子体相互作用,其表面会产生充电电位:在磁层宁静时,向阳面电位可达正几伏,背阳面则为负几十伏;在磁层亚暴时,向阳面可达几百伏至几千伏的正电位,背阳面可达几千伏至几万伏的负电位。等离子体和表面充电后的航天器相

互作用,会增大航天器飞行阻力,进而影响航天器的飞行姿态。当表面电位差达到一定数值时会发生放电,造成电介质击穿、元器件烧毁、光学敏感面被污染等直接有害效应,或者以电磁脉冲的形式对航天器内外的电子元器件造成各种干扰及间接危害。

8. 空间碎片环境

自从 1957 年苏联发射第一颗人造地球卫星以来,至今人类共进行了近 5 000 次的航天发射,将 20 000 多个有效载荷、火箭箭体以及与任务相关的物体送入太空,产生了 36 000多个可由地面监测设备探测与跟踪的物体,其中 20 000 多个已经陨落至大气层,有 15 000 多个仍然在轨道上运行的编目空间物体。到目前为止,还发生过大约 200 次有记录的航天器或者运载火箭末级在轨道上爆炸或碰撞所引发的解体事件,每一次解体都会产生大量的残骸与碎块。这些寿命终结或失效后仍滞留在轨道空间的各种航天器、运载火箭末级以及由于它们在轨解体产生的大量残骸与碎块等形成了一种人为的外层空间环境——空间碎片环境,如图 3.5 所示。

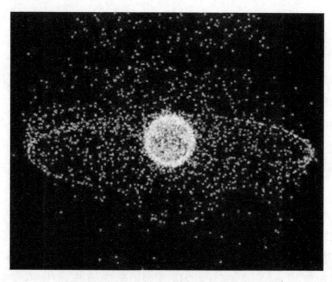

图 3.5　空间物体的空间分布(后附彩图)

空间碎片由人造空间碎片和微流星体两部分组成,其中人造空间碎片数量较多,是指人类在航天活动中遗弃在太空中的废弃物,也称"太空垃圾",根据机构间空间碎片协调委员会(Inter-Agency Space Debris Coordination Committee, IADC)的定义,空间碎片是指所有在轨运行或再入大气层无法继续工作的人造物体。根据近年来的研究表明,空间碎片的来源主要有以下几个方面。

(1)宇宙尘埃,即尘埃颗粒与微流星体,它们是组成整个空间环境的重要部分,宇宙尘埃大部分虽不是由人类空间探测活动产生,但对航天器同样会造成危害。

(2)失效的卫星残骸、火箭末级以及航天器发射爆炸和碰撞解体产生的碎片高速飞行在宇宙空间,且易与其他卫星等发生碰撞或爆炸,进而产生更多的空间碎片,使空间环境进一步恶化。

（3）燃料及剩余气体，如固体火箭在上升过程中排放的氧化铝粉末及其烧结。

（4）卫星及火箭表面脱落的漆片，主要指热控涂料。

（5）航天员的生活垃圾，如手套、航天服碎片等。

（6）航天器泄漏的物质，如核能源冷却剂等。

就空间碎片的尺寸而言，空间碎片大致可分为以下三类。

（1）大尺度空间碎片，一般指尺寸大于 10 cm 的空间物体，这部分碎片已被编目并跟踪，为卫星实施规避提供数据。

（2）中等尺度的空间碎片，也称危险碎片，指 1～10 cm 的空间碎片，这部分碎片由于观测困难，对卫星造成的危害是极其严重的。

（3）微小空间碎片，指尺寸在 1 cm 以下的空间碎片、空间尘埃及微流星体。这部分碎片由于数量庞大，与卫星的接触机会大，容易对卫星撞击形成损害甚至影响卫星正常工作。

9. 空间其他重要环境

1）原子氧环境

低地球轨道高真空环境下，气体总压为 $10^{-8}\sim10^{-5}$ Pa，环境气体的组分主要有 $N_2$、$O_2$、Ar、He、H 和原子氧，相应的粒子数密度为 $10^5\sim10^{10}/cm^3$，其随着轨道高度的增加，各气体组分的密度急剧减小。其中原子氧含量在低地球轨道环境大气中最高，高达 80%，是低地球轨道大气的主要组分，具有很强的氧化性。作为低地球轨道环境中含量最多的粒子，氧分子（$O_2$）在太阳紫外线的照射下形成两个独立的氧原子（O），即

$$O_2 \xrightarrow{\text{太阳紫外照射}} O+O \qquad (3-1)$$

在低地球轨道环境中，由于总压极低的高真空状态，原子氧与其他粒子发生作用的概率极小，因此可以维持较高浓度的原子氧。由式（3-1）可以看出，原子氧是在太阳紫外的光致分解作用下形成的，因此原子氧的浓度受太阳活动周期、地球磁场强度、轨道高度以及时间、季节等因素的变化而变化。

2）空间紫外辐照环境

空间紫外辐照来源于太阳辐照能量中波长小于 300 nm 的部分，其含量虽然仅占太阳总辐照能量的 1% 左右，但对卫星表面的作用很大。紫外辐照入射到卫星金属表面时，发生光电效应并产生大量自由电子，从而使金属表面充电，产生电磁干扰。其次，紫外辐照对卫星热控器件的影响也较大，如紫外辐照会使太阳能电池板表面防护玻璃、仪器表面光学窗口等改变颜色，影响光线的透过率。紫外线对热控涂层表面的影响也很大，特别是对一些有机聚合物基底材料涂层的影响，紫外线的光量子能破坏分子聚合物的化学键，发生光化学反应，造成涂层材料的分解、变色等，从而使太阳辐照的吸收率明显升高，破坏了卫星的热平衡，因此，在进行长寿命卫星热设计时必须考虑空间紫外辐照对热控涂层的影响。

3）空间冷黑环境

宇宙空间的能量密度约为 $10^{-5}$ W/m², 相当于 3 K 黑体的辐射能量密度, 这一环境称为冷黑环境。当卫星进入地球本影区时, 本身的热辐射全部被太空吸收, 没有二次反射。冷黑环境除影响卫星的温度外, 还会影响卫星部分材料的性能, 使其老化、脆化, 进而使有伸缩活动的部位出现故障。

## 3.1.2 空间环境效应

航天器因其负担的任务不同而在不同的轨道上运行, 它们所面临的环境也极不相同。高于 36 000 km 的空间为行星际飞行轨道, 运行于其中的航天器主要受到高能带电粒子、太阳电磁辐射的影响；处于 36 000 km 的高度为地球同步轨道, 其中的空间环境主要有太阳风质子、飞行器电荷累积、紫外辐照、热循环；在 1 000～36 000 km 的中间地球轨道, 其空间环境主要有范艾伦射线、紫外辐射、微流星与空间碎片、热循环；而 100～1 000 km 的低地球轨道主要有原子氧、微流星体与空间碎片、真空紫外辐照、热循环等空间威胁。这个区域的环境条件的最主要的特点是地球高层大气的影响十分严重, 它对航天器的阻力是航天器轨道最主要的摄动, 是航天器陨落的主要原因；大气中原子氧成分又是航天器表面化学腐蚀、剥离的主要原因；此外, 由于这一区域内大气较为稀薄, 仍然受到太阳真空紫外辐照的影响, 真空紫外辐照使航天器表面材料尤其是高聚物材料发生老化, 影响航天器表面材料的各类性能；同时在这一区域中运行的航天器最多, 所以遗弃在此轨道上的"碎片"最多, 它正在成为威胁航天器安全的新的环境因素。近地空间环境及效应如表3.3所示。

表 3.3 近地空间环境及效应

| 环境效应 | 环境因素 | | | | | | | | | | | | |
| --- | --- | --- | --- | --- | --- | --- | --- | --- | --- | --- | --- | --- | --- |
| | 辐射环境 | | | | 摄动环境 | | | | | 其他宇宙环境 | | | |
| | 太阳热辐射 | 地球辐射 | 太阳宇宙线 | 银河宇宙线 | 月球摄动 | 非球形摄动 | 太阳摄动 | 太阳光压 | 空间大气 | 地磁场 | 层次等离子体 | 微流星体 | 冷黑环境 |
| 温度变化 | ● | ● | ⊙ | ○ | ○ | ○ | ○ | ◎ | ◎ | ○ | ⊙ | ○ | ◎ |
| 软件错误 | ◎ | ○ | ● | ● | ○ | ○ | ○ | ○ | ○ | ⊙ | ⊙ | ○ | ○ |
| 充放电 | ● | ⊙ | ◎ | ○ | ○ | ○ | ○ | ○ | ● | ◎ | ● | ○ | ○ |
| 化学腐蚀 | ◎ | ○ | ⊙ | ○ | ○ | ○ | ○ | ○ | ● | ○ | ◎ | ○ | ⊙ |
| 辐射损伤 | ◎ | ⊙ | ● | ● | ○ | ○ | ○ | ○ | ○ | ⊙ | ◎ | ○ | ○ |
| 动能损伤 | ⊙ | ○ | ⊙ | ⊙ | ○ | ○ | ○ | ○ | ⊙ | ○ | ○ | ● | ○ |
| 姿态变化 | ◎ | ○ | ○ | ○ | ⊙ | ◎ | ⊙ | ◎ | ● | ◎ | ○ | ⊙ | ○ |
| 轨道变化 | ◎ | ○ | ⊙ | ○ | ◎ | ◎ | ◎ | ◎ | ● | ○ | ⊙ | ⊙ | ○ |
| 通信测控干扰 | ◎ | ○ | ◎ | ⊙ | ○ | ○ | ○ | ○ | ◎ | ◎ | ◎ | ○ | ○ |

注：●-严重影响；◎-一般影响；⊙-较小影响；○-基本没有影响

1. 真空环境效应

宇宙真空是理想的洁净真空,这时气体分子的热传导可以忽略,只有辐射换热。真空环境效应主要有:压力差效应、真空放电效应、辐射传热效应、真空出气效应、材料蒸发、升华和分解效应、黏着和冷焊效应以及空间大气密度对卫星的阻尼效应。

低地球轨道航天器是运行在高真空的环境下的,轨道越高,真空度越大,在近地轨道上的一般平均气压为 $1.33 \times 10^{-5}$ Pa。空间充气展开天线在低地球轨道充气展开后内部压力一般保持在 100 Pa 左右,天线内外压力差可能会导致材料真空析气以及结构的变形或损伤。有机聚合物在生产聚合过程中,会含有大量低分子聚合物和小分子添加成分。高真空会导致有机材料的放气,其产物包括水、吸附性气体、溶剂、低分子量添加剂以及分解产物等。可凝挥发性产物在光学观察系统或是电路表面上重新沉积会严重影响光学系统的性能,甚至引起电路失灵。同时,有机材料的放气还会引起材料性能的下降,材料尺寸发生变化,因此会对航天器结构的稳定性造成威胁。

2. 原子氧环境效应

在距地球表面 170 km 以上,原子氧是大气的主要成分。卫星相对大气以 8 km/s 的速度飞行,具有定向速度的原子氧与飞行器表面碰撞,其束流密度很大,一般情况可达到 $1\,013 \sim 1\,015(cm^{-2} \cdot s^{-1})$,沿轨道的积分通量更可观。原子氧是一种强氧化剂,能与有机合成物、金属化表面作用,剥蚀表面材料,还可产生挥发性氧化物,引起质量损失及传感器性能下降。作为一级近似,剥蚀率与流量(时间积分通量)成正比。原子氧剥蚀效应还与材料有关,在航天飞机上做过试验,试验材料暴露在大气环境中 40 h,实测原子氧累积注量 $10^{20}/cm^2$ 时,引起厚度损失 0.8 $\mu m$。依此计算,在一个太阳活动周内,飞行器迎风表面厚度可能损失 30 $\mu m$,而太阳电池表面厚度仅 $100 \sim 200$ $\mu m$,剥蚀后果十分严重。

在 $300 \sim 700$ km 的近地轨道中由于大气发生光化学反应,氧分子强烈吸收波长在 $160 \sim 240$ nm 区间的光子而离解为原子氧:$O_2 + hv \rightarrow 2O$。在一般情况下,两个游离态的原子氧复合成一个氧分子需要由第三种粒子的参与,由第三种粒子带走复合时所释放的能量。而在低地球轨道空间环境中,由于总压极低处于甚高真空状态,原子氧与第三种粒子发生碰撞的概率极小,因此能维持低地球轨道环境中原子氧的高浓度,在近地轨道中空间粒子的主要成分为原子氧(占 80%)和分子氮(占 20%)。近地轨道航天器的飞行速度大约为 8 km/s,相当于原子氧入射的动能为 5 eV,这一能量足以使许多材料的化学键断裂并发生氧化,由于原子氧本身是一种强氧化剂,即使在室温状态下与原子氧的大多数化学反应只需要少量或不需要活化能,因此造成材料质量损失、表面剥蚀和性能退化,它对有机材料的腐蚀作用还会产生可凝聚的气体生成物,进而污染卫星上的光学仪器及其他设备。原子氧强有力的撞击还会加剧物质表面的剥蚀氧化。研究表明,航天器材料暴露于原子氧环境之后,表面形貌发生变化、质量和厚度损失,材料力学、热学、光学、电学等性能下降。

3. 紫外辐射效应

航天器处于轨道上时,由于失去大气层的保护,所有波段的电磁辐射都能够照射到航天器表面。太阳辐射强度用太阳常数表示,太阳常数值为 1 353 W/m²。

紫外辐射的波长范围为 100~400 nm,其辐射能量约占太阳常数的 9%,紫外辐射虽然只占太阳辐射总能量的一小部分,但由于其光子能量较高(波长为 200 nm 的光子能量为 6.2 eV),航天器表面受它们的作用后,会发生发光效应,使航天器表面带电,这将影响航天器内电子系统和磁性器件的正常工作。光子作用于材料,将导致材料内的分子产生光致电离和光致分解效应,尤其是会破坏航天器上高分子材料的化学键,使材料化学键和功能团发生断裂或铰链,材料性能变坏。紫外辐射对无保护层的聚合物材料具有极强的破坏作用,试样的颜色发生变化,可凝挥发物还会影响航天器上光学器件和电子器件的正常工作,乃至使其失灵。紫外辐照对热控涂层的光学性质有较大影响,使材料表面逐渐变慢,对太阳辐照的吸收率显著增加,影响航天器的温度控制。

4. 热环境效应

航天器在低地球轨道运行期间反复进出地球阴影,环境温度交替变化。温度变化范围随轨道高度、季节和隔热措施的不同而有较大差别,一般在 113~393 K 范围内变化。太阳辐照是其温度升高的主要原因,太阳辐照能量随与太阳之间的距离呈反平方规律变化,同时与波长有关,大致分布为:① 紫外辐照(波长小于 380 nm),约占 7%;② 可见光(波长在 380~760 nm 范围内),约占 45.5%;③ 红外线(波长大于 760 nm)。进入地球阴影后,航天器向周围的"冷背景空间"辐射能量导致航天器温度降低。轨道周期约为 90 min,工作寿命为 30 年的航天器将承受 175 200 次左右的热循环。长期的热循环作用会在结构中产生热应力,使材料发生疲劳。对于广泛应用于航天器上的复合材料,由于增强物(尤其是长纤维)与基体之间线膨胀系数或弹性模量存在差异,或是不同取向的铺层间的线膨胀系数失配,变温引起材料的热变形总是受到来自材料内部或外部某种程度的约束作用,使材料的某些区域产生循环的热应力;热应力值随着使用温度和温度差值的增加而增大。热应力的长期作用而又不能完全释放时将产生残余应力,当残余应力足够大时基体中便会产生微裂纹。低地球轨道中的热循环还会使材料发生热应变,温度变化范围越大,结构的变形越严重,热应变可能导致材料的显微组织发生变化,使材料的组织结构产生损伤,破坏材料的静态力学性能,影响航天器各部件的正常工作。

5. 粒子辐射环境效应

1) 总剂量效应

带电粒子通过电离作用、原子位移作用对航天器造成辐射损伤,从而导致航天器上的各种材料、电子器件的性能变差,严重时会损坏。例如,玻璃材料在带电粒子辐照后会变黑、变暗,太阳能电池输出降低,各种半导体器件性能衰退,如增益降低、工作点漂移,甚至完全损坏。

辐射总剂量效应主要是通过以下两种方式产生:一是电离作用,即入射粒子的能量通过被照射的物质的原子电离而被吸收;二是原子的位移作用,即被高能离子击中原子的位置移动而脱离原来所处晶格中的位置,造成晶格缺陷。位移损伤与电离损伤相比,电离损伤后果更为严重,更易于发生。

2) 单粒子效应

空间环境中存在着来自宇宙射线、太阳耀斑等辐射源的许多高能带电粒子,这些高能粒子入射到器件后,经常会在器件内部敏感区形成电子空穴对。电子空穴对会形成打开联结的信号,这些故障统称为单粒子现象(SEP)。单粒子现象通常按效应来分类,具体如下。

(1) 单粒子翻转(SEU),即电子器件工作状态的瞬时改变,这种改变是可逆的。

(2) 单粒子锁定(SEL),即电子器件的工作状态改变并且需要断电后才能重建以前的(或正确的)状态。

(3) 单粒子烧毁(SEB),即器件发生不可逆的故障而失效。

最常见的是单粒子翻转,即高能带电粒子撞击到门电路的芯片上后,因电离效应产生的电荷迫使门电路翻转。

6. 表面充放电效应

表面充电是空间等离子体与航天器相互作用时产生的一种效应。等离子体中的电子和离子以热运动速度撞击到航天器表面,产生电子电流和离子电流。另外,如果航天器受到阳光照射,还会产生光电流。电子和离子撞击到航天器表面会产生次级电子发射,因而产生次级电流。这些电流都是航天器表面电位的函数,当达到平衡状态时,航天器的总电流为零。此时的航天器表面电位就是因充电所产生的电位。

航天器表面充电是航天器与空间等离子体环境相互作用,在航天器表面沉积电荷形成充电的现象。当航天器表面充电到高电位时,可以引发静电放电(ESD),静电放电能够损坏表面材料的性能,放电产生的瞬时电磁信号会耦合到航天器的电子设备中,能产生从逻辑开关到整个系统失灵的破坏。多个放电发生时,会造成航天器的扭转和摆动,严重时可导致航天器运行的失败。

航天器表面充电的必要环境条件是要有高温、高通量的等离子体入射航天器表面。低轨道区域的电离子层等离子体是冷等离子体,具有较低的电子温度,不会产生高的表面充电电位。但极区极光带存在的高温沉降粒子,却可能引起航天器表面高充电。而且在由太阳风暴引发的强地磁暴影响下,极区沉降带影响范围会增大,并向赤道方向扩展,沉降粒子的通量和能量也会上升,增加了航天器遇到沉降粒子并发生高表面充电的概率。因此,在经过极区电离层时,航天器有发生高表面充电的风险。如果发生磁暴,会增加发生这种风险的可能性。DMSP 卫星就曾经在极区运行期间观测到 $-1\,450\,V$ 的充电事件。2003 年 10 月 24 日,日本的一颗对地观测卫星 ADEOS 2,在经过极光区时遭遇到高温等离子体,引起表面充电导致电源受损,并造成卫星功能全部失效。

随着航天器对电源功耗需求的增加,需要采用高电压太阳电池阵作为供电系统,提高航天器电源的供电效率。由于制造、工艺等原因,高电压太阳电池阵将有导体暴露在等离子体环境中,如太阳电池阵的金属互连片。高电压太阳电池阵在电离层这样稠密的等离子体中运行时,将与电离层等离子体环境相互作用,发生电流泄漏和弧光放电等等离子体效应。电流泄漏是等离子体环境使高电压系统(如高电压太阳阵)上的裸露导体部分与之构成并联回路,造成电源电流泄漏而损失有效功率的现象。弧光放电是指在相对环境等离子体为负电位时,高电压太阳阵出现远大于环境电流收集的突发电流脉冲现象,其典型稳定时间为几微秒。电流泄漏和弧光放电可以直接影响高压太阳电池阵的工作效率,甚至破坏太阳电池阵单元,对高电压太阳电池阵的正常运行构成威胁。电流泄漏和弧光放电是表面带电的一种后续效应。

### 7. 微流星体与轨道碎片撞击诱发放电效应

航天器充放电效应是导致航天器故障的重要原因,在充放电效应研究中,研究人员很早就指出碎片撞击是航天器在轨放电的重要机制之一。20 世纪末英国研究人员在研究可能会触发放电的空间环境因素试验中,利用其他设备模拟微小碎片撞击过程进行了撞击诱发放电的初步尝试,并证实了该机制的存在。NASA 在其充放电防护规范设计指南 handbook4002a 中明确指出撞击诱发放电是航天器发生放电的重要触发因素之一。在空间碎片的研究中,研究人员在 70 年代开始就已经关注撞击形成等离子体的研究,而近年来研究人员在考虑微小空间碎片撞击风险时指出,微小空间碎片撞击诱发放电是微小空间碎片对航天器构成的最严重的威胁。

地球同步轨道、极地轨道和太阳同步轨道是低能电子、等离子体与航天器相互作用并导致其发生充放电效应的敏感区域,也是空间碎片分布密集的区域,又是航天器的密集运行区域。其中尺寸小于 1 mm 的微小空间碎片数量巨大,航天器在轨运行期间将不可避免地与之发生碰撞,由于微小空间碎片与航天器发生碰撞的平均速度高达 10 km/s,因此其撞击会抛射出远大于撞击碎片质量的包含固体颗粒、气体以及等离子体的碎片云,其中等离子体的密度及波及范围随撞击速度及碎片尺度的增加而增加。如果撞击发生在航天器充放电敏感的区域以及航天器太阳电池上,撞击抛射的等离子体极有可能会触发其"异常"放电,导致航天器放电阈值降低,频次增加,甚至航天器充放电和太阳电池静电放电防护"失效"。

近年来,国内外相关专家已经逐渐意识到,微小空间碎片撞击诱发放电不仅在理论上存在,而且该机制极有可能是一些航天器故障的原因。对空间静电放电异常的统计分析表明,很多放电是在充电环境并不严重的情况下发生的。通过对航天故障的个例分析,研究人员认为 ESA 的 Olympus 卫星、NASA 的 Landsat 5 卫星和 JASON - 1 卫星以及日本的 ADEOS 2 卫星和 ALOS 卫星上发生的重要故障极有可能是碎片撞击诱发放电引起的。国内某 GEO 轨道卫星的计算机由表面放电引起了多次复位,但是分析表明即使按照最恶劣的空间等离子体环境计算也只能产生几百伏的电位差,本身不足以引起放电。类似的情况也存在于高压太阳电池等暴露部件,有不少已确认的高压电池阵的放电故障并没有表现出与空间等离子体环境扰动的相关性,这意味着空间微小碎片有可能多次诱发太阳电池系统故障,只是被忽视了。

# 3.2 运载火箭约束

## 3.2.1 国外的运载火箭概况

**1. 大力神(Titan)系列运载火箭**

美国大力神运载火箭系列由大力神-2洲际导弹发展而来,1964年首次发射。该系列由大力神-2、大力神-3、大力神-34、大力神-4和商用大力神-3等型号和子系列组成。它的最大近地轨道运载能力为21.9 t,地球同步转移轨道运载能力为5.3 t。

**2. 宇宙神(Atlas)系列运载火箭**

美国宇宙神系列运载火箭于1958年12月18日首次发射,曾经发射过世界上第一颗通信卫星、美国第一艘载人飞船等。目前正在使用的主要有宇宙神-2A、宇宙神-2AS和宇宙神-3。研制中的宇宙神-5运载火箭的第一级采用了通用模块化设计,其中的重型火箭使用了3个通用模块,其地球同步转移轨道运载能力达到13 t。

**3. 德尔它(Delta)系列运载火箭**

美国德尔它系列运载火箭系列于1960年5月13日首次发射,迄今为止已发展了19种型号,目前正在使用的是德尔它-2和德尔它-3两种型号。美国空军的全部GPS卫星都是由德尔它-2发射的。德尔它-3是在德尔它-2的基础上研制的大型运载火箭,可以把3.8 t的有效载荷送入地球同步转移轨道。德尔它-3于2000年8月发射成功。美国还正在研制具有多种配置的德尔它-4子系列,其中的重型德尔它-4的地球同步转移轨道运载能力在13 t以上。

**4. 土星-V(Saturn)系列运载火箭**

土星-V运载火箭是美国专为阿波罗登月计划而研制的、迄今为止最大的巨型运载火箭。其起飞质量为3 000 t,直径10 m,高110 m,近地轨道运载能力达139 t,它能把重达50 t的阿波罗飞船送入登月轨道。土星-V曾先后将12名宇航员送上月球。

**5. 东方号(Vostok)系列运载火箭**

俄罗斯东方号系列运载火箭是世界上第一种载人航天运载工具,它创造了多个世界第一:发射了第一颗人造卫星,第一颗月球探测器,第一颗金星探测器,第一颗火星探测器,第一艘载人飞船,第一艘无人载货飞船进步号等。它也是世界上发射次数最多的运载火箭系列。其中联盟号是东方号的一个子系列,主要发射联盟号载人飞船、进步号载货飞船。全长38.36 m,底部最大直径10.3 m,级数2+4枚助推器,运载能力:近地轨道4 730 kg,太阳同步轨道1 150 kg。

**6. 质子号(Proton)系列运载火箭**

俄罗斯质子号系列运载火箭分为二级型、三级型和四级型3种型号。目前正在使用的有质子号三级型和四级型两种。三级型质子号于1968年11月16日首次发射,其低地轨道运载能力达到 20 t,它是世界上第一种用于发射空间站的运载火箭,曾发射过礼炮 1~7 号空间站、和平号空间站各舱段和其他大型低地轨道有效载荷。1998 年 11 月 20 日,质子号发射了国际空间站的第一个舱段。

7. 天顶号(Zenit)系列运载火箭

天顶号系列运载火箭是苏联(后为乌克兰)研制的运载火箭,分为两级的天顶-2、三级的天顶-3 和用于海上发射的天顶-3SL。天顶-2 的低地轨道运载能力约为 14 t,太阳同步轨道运载能力约为 11 t。可在海上发射的天顶-3SL 是美国、乌克兰、俄罗斯、挪威联合研制的运载火箭,其地球同步轨道运载能力为 2 t,于 1999 年 3 月首次发射成功。

8. 能源号(Energia)运载火箭

能源号运载火箭是苏联/俄罗斯研制的目前世界上起飞质量和推力最大的火箭。其近地轨道运载能力为 105 t,既可发射大型无人载荷,也可用于发射载人航天飞机。能源号于 1987 年首次发射成功,曾将苏联的暴风雪号航天飞机成功地送上天。目前由于俄罗斯经济状态不佳就再也没有发射过。

9. 阿里安(Ariane)系列运载火箭

阿里安火箭是由欧洲 11 个国家组成的欧空局研制的系列运载火箭,该系列已有阿里安 1~5 共 5 个子系列,目前正在使用的是阿里安-4 和阿里安-5。阿里安-4 于 1988 年 6 月 15 日进行了首次发射,其近地轨道运载能力为 9.4 t,地球同步转移轨道运载能力为 4.2 t。阿里安-5 于 1997 年进行了首次发射,近地轨道运载能力为 22 t,地球同步转移轨道运载能力为 6.7 t。目前阿里安-6 正在全新研制,预计于 2021 至 2022 年首次发射,地球同步轨道有效载荷运载能为 346.5 t。

10. H 系列运载火箭

日本 H 系列运载火箭由 H-1、H-2、H-2A 等火箭组成,目前正在使用的 H 系列火箭只有 H-2A。H-2A 运载火箭可以使用 3 种助推器:推力 225 t 的 SRB-A 固体助推器;推力 75 t 的 SSB 固体助推器;如果使用 2 台 LE-7A 发动机组成助推器,则可以提供 220 t 的推力。在最大推力情况下,H-2A 可以将重达 9 t 的卫星送入太空。而现在的 H-2A 火箭一次只能向空间站运送 3 t 的物资,大型 H-2A 火箭能向比空间站运行轨道更高的同步卫星轨道发射 4 t 重的卫星。

11. 极轨卫星火箭(PSLV)

印度自行研制的极轨道 4 级运载火箭的太阳同步轨道运载能力为 1 t,低地轨道运载能力为 3 t。于 1993 年 9 月首次发射,但由于火箭出现故障,卫星未能入轨。此后,该火箭连续三次发射成功。1999 年 5 月,一箭三星技术又取得成功。

## 3.2.2 中国的运载火箭概况

到目前为止,我国共研制了 12 种不同类型的长征系列火箭,能发射近地轨道、地球同步轨道和太阳同步轨道的卫星,如图 3.6 所示。

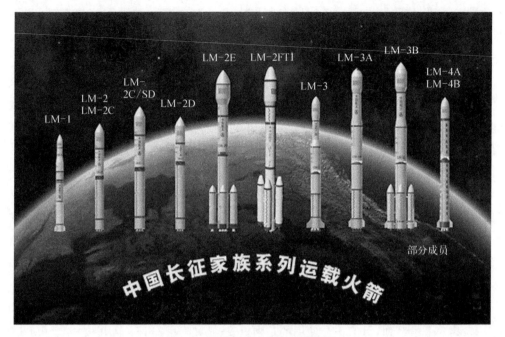

图 3.6 长征系列火箭(后附彩图)

在我国运载火箭的发展初期,探空火箭的研制占有重要的地位。尽管它是结构简单的无控火箭,但却是新中国成立后的第一枚真正的火箭。从 1958 年开始,我国陆续研制出包括生物、气象、地球物理、空间科学试验等多种类型的探空火箭。

1. "长征一号"(LM-1)系列运载火箭

1970 年 4 月 24 日,中国使用"长征一号"(LM-1)运载火箭发射了第一颗人造卫星"东方红一号"。"长征一号"是在两级中远程导弹上再加一个第三级固体火箭所组成,火箭全长 29.86 m,起飞总重 81.57 t,起飞推力为 1 040 kN。

2. "长征二号"(LM-2)系列运载火箭

"长征二号"(LM-2)运载火箭是从洲际导弹的基础上发展而来的,并于 1975 年发射了 1 t 多重的近地轨道返回式卫星,成功地回收了返回舱。此后,又根据发射卫星的需要,陆续衍生出"长征二号丙"(LM-2C)、"长征二号丙"改进型(LM-2C/SD)和发射极轨卫星的"长征二号丁"(LM-2D)运载火箭。在长征火箭大家族中,"长征二号"系列主要用于发射各类近地轨道卫星,LM-2C/SD 曾以一箭三星方式发射了 12 颗美国的铱星移动通信卫星。

1986 年初美国的"挑战者号"航天飞机爆炸后,航天飞机被停飞,美国用了很长时间分析和处理故障,其后美国停止用航天飞机发射一般商业卫星。趁此时机,我国仅用了 18 个月就研制成功"长征二号 E"(又称长二捆,LM-E)运载火箭,可以发射原来准备用美国航天飞机发射的商用卫星。"长征二号 E"火箭是以"长征二号"为芯级,周围捆绑了 4

个液体助推器,它的近地轨道运载能力高达 9.2 t。"长征二号"E 于 1990 年试射成功,从 1992 年到 1995 年曾发射多颗外国卫星。

为满足发射神舟号飞船的要求,保证宇航员的安全,我国又在"长征二号"E 的基础上改进了可靠性并增设了故障检测系统和逃逸救生系统,从而发展出了"长征二号 F"(LM-F)运载火箭,专门用来发射神舟号载人飞船。

由于"长征二号"火箭的质量和可靠性非常高,1975~1996 年连续成功地把 17 颗返回式卫星送上天,这使"长征二号"运载火箭在国际卫星发射市场上获得了非常好的可靠性声誉。

3. "长征三号"(LM-3)系列运载火箭

"长征三号"运载火箭是在"长征二号"二级火箭上面加了一个以液氢、液氧为推进剂的第三级,所用的液氢液氧发动机可以二次启动,在技术上是当时国际先进水平,是我国火箭技术发展的一个重要里程碑。1984 年"长征三号"成功地发射了我国第一颗地球同步试验通信广播卫星"东方红二号"。1985 年中国宣布进入国际商业卫星发射市场。1990 年我国首次用"长征三号"运载火箭将美国休斯公司制造的"亚洲一号"卫星送入地球同步轨道。

此后,"长征三号"系列不断增加新成员,如"长征三号甲"(LM-3A)、"长征三号乙"(LM-3B),主要用于发射地球同步轨道卫星。

"长征三号甲"运载火箭是在"长征三号"的基础上研制的大型火箭,它的氢氧发动机具有更大的推力,性能也得到很大的提高,地球同步转移轨道运载能力也从"长征三号"的 1.6 t 提高到 2.6 t。

"长征三号乙"运载火箭是在"长征三号甲"和长二捆的基础上研制的,即以"长征三号"甲为芯级,再捆绑 4 个与长二捆类似的液体助推器。"长征三号乙"主要用于发射地球同步轨道的大型卫星,也可进行轻型卫星的一箭多星发射,其地球同步转移轨道运载能力达到 5.1 t,跃入了世界大型火箭行列。

4. "长征四号"(LM-4)系列运载火箭

目前投入使用的"长征四号乙"运载火箭是长征火箭家族中用于发射各种太阳同步轨道和极轨道应用卫星的主要运载工具。

### 3.2.3 质量特性约束

运载火箭负责将卫星送入预定轨道,运载火箭的推力由其发动机和燃料决定,运载火箭送入预定轨道的载荷质量是有上限的,卫星的质量不能超过运载火箭的最大能力,因此,运载火箭对卫星的首要约束就是质量约束。

其次,由于运载火箭姿态控制的要求,卫星的质量特性需要满足一定的约束条件,主要约束有质心约束和转动惯量约束。如果卫星的质量特性偏差太大,容易造成入轨精度低及分离姿态偏差等问题。

### 3.2.4 环境条件约束

火箭主动段飞行过程中,由于发动机和气动噪声的影响,卫星受到较严酷的力学环境条件,需要卫星能承受这些力学环境,避免主动段飞行中的力学环境造成单机设备的损坏。环境条件约束主要有以下几个方面。

(1) 频率约束:主动段飞行中卫星与运载不能发生共振现象,要求卫星与运载的主频率错开,由于运载的频率一般小于 10 Hz,卫星的频率需要高于运载的频率,且留有一定的余量。

(2) 静态环境约束:由于发动机的推力,主动段飞行过程中卫星受到一定的静过载,卫星需要有足够的强度承受静过载。

(3) 动态环境约束:卫星的正弦振动环境主要发生在发动机启动关机过程、跨音速过程和级间分离过程。飞行过程中的噪声主要有发动机噪声和气动噪声,卫星受到的最大噪声发生在起飞段和跨音速段。卫星需要能承受振动环境和噪声环境。

(4) 冲击环境约束:卫星受到的最大冲击发生在星箭分离时,星箭分离一般采用火工品解锁,分离时会产生较大的冲击载荷,冲击载荷容易损伤卫星上的一些冲击敏感设备,如晶振等,因此卫星需要能承受星箭分离时的冲击载荷。

### 3.2.5 包络及机械接口约束

卫星发射时处于火箭的整流罩内,卫星的包络尺寸需小于整流罩的内包络尺寸,否则将无法安放在整流罩内。

运载火箭与卫星通过卫星支架连接,卫星的安装接口必须满足运载火箭的机械接口要求。火箭的机械接口要求一般以图的形式给出,主要要求为尺寸要求、平面度要求、分离装置安装要求等。

运载火箭与卫星之间还有脱落插头及行程开关,卫星设计中插头和开关的位置必须先经过运载火箭系统的确认。

卫星的星箭对接面搭接电阻不大于 10 mΩ。不得对卫星和支架对接表面进行任何可能影响电气性能的表面处理。

### 3.2.6 功率约束

目前部分微小卫星采用上面级直接入轨,该技术使微小卫星进入中高轨道成为现实。在卫星和上面级联合飞行的过程中,卫星需要上面级供电,卫星的功率不得超过上面级供电能力的约束。

# 3.3 测 控 约 束

## 3.3.1 国内测控站概况

航天测控网是"航天测量控制与数据采集网"的简称,由航天测控中心和分布在全国或全球的若干个航天测控站组成,其任务是对卫星进行跟踪测量,控制卫星的运行并保证它功能正常。其中航天测控站包括固定站和活动站两种类型。根据测控区域的要求,测控站分布在很广的范围,其布站可在本国境内,也可在全球任何适当的地点。

目前我国有十五个国内地面测控站、四个海外观测站、四个基地及飞行(控制)中心。

十五个国内地面测控站分别为:长城站(中国科学院长春卫星测控站位于长春市净月潭西山);北京站(海事卫星地面站);青岛站;桂江站(昆明沾益县);海南三亚站;喀什站(新疆疏勒县羊大曼,称为中国航天第一站);渭南站(28 号计算站);厦门战(南京军区防空观通站);鲁山黄河站(中国紧急状态分指挥中心);石家庄地球站(通信);广州气象卫星地面测控站;佳木斯地面测控站;中国航天飞行指挥(控制)中心(北京唐家岭);中国卫星海上测控基地(江苏江阴市);中国科学院-中国遥感卫星地面站。

四个海外观测站:卡拉奇站(巴基斯坦);马林迪站(肯尼亚);塔拉瓦站(吉利巴斯);纳米比亚站(西南非洲)。

四个基地及飞行(控制)指挥中心:北京唐家岭基地(中国航天城);中国卫星海上测控基地(江苏-江阴市);西安卫星测控中心(渭南 28 号计算站);中国科学院-中国遥感卫星地面站(广州)。

中国卫星测控网由西安卫星测控中心和它所属的各地面测控站、3 个机动测控站以及远洋测量船组成。西安卫星测控中心是中国卫星测控网的通信枢纽、指挥控制中枢和数据处理中心。中心的主要任务包括:对卫星进行跟踪测量;接收、处理卫星遥测参数;对卫星实施控制,计算并确定卫星的轨道和姿态;负责卫星返回舱的回收;负责运载火箭外弹道测量数据和遥测数据的事后分析处理;负责对在轨卫星进行长期运行管理;负责飞船的测控和回收。

在航天任务众多时,可以由不同的航天测控网来完成不同的航天任务。我国航天测控网主要支持超短波(UHF)、S,C 三个航天测控频段。网中各固定站可以根据需要合理组合,综合利用;各车载、船载站可以根据需要灵活配置,机动使用;多数测控设备可以箭、星通用,数据格式及接口实现了标准化、规范化。目前,已形成了以高精度测量和中精度测控。

网交叉兼容,以测控中心和多种通信手段相连接的,具有中国特色的陆海基航天测控网,能为各种射向、各种轨道的卫星发射试验和在轨运行提供测控支持,具备国际联网共享测控资源的能力。

### 3.3.2 卫星测控的流程

卫星测控由星上的测控系统和地面的测控系统两大部分组成。通常地面的测控系统是根据航天发展的规划为众多卫星提供测控支持,而星上测控系统的设计需考虑地面的测控系统的适应性。卫星在立项的同时要考虑与测控系统的匹配与兼容。测控实时流程如图 3.7 所示。

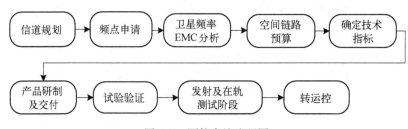

图 3.7　测控实施流程图

1. 信道规划

人造卫星的轨道就高度一般可分为低轨、中轨、高轨三种。若依轨道周期和其性质来划分,则可以分为一般轨道、地球同步轨道与太阳同步轨道。卫星的轨道设计与卫星所执行的任务相关,不同卫星执行的任务不同,采用的业务的频段、调制方法、测控体制、通道数等也不相同。

卫星通信中工作频段的选择十分重要,它直接影响整个卫星测控通信系统的信道容量、质量、可靠性、设备的复杂程度和成本的高低,不同类型的业务需采用不同的频段通信。

目前卫星测控体制主要采用统一载波测控体制和扩频测控体制。统一载波测控体制即遥测信号、测距信号、遥控信号分别调制在不同的副载波上,然后再调制在载波上。卫星测控的载波调制方式选择主要是调相(PM),副载波调制方式以 BPSK 为主。目前统一S 波段测控体制多应用在科学探测等民用卫星上。扩频统一测控体制中各种信号不再用不同的副载波来区分,而是采用时分多路实现对卫星的遥测、遥控、测距、测速、跟踪等功能。信号打包成帧后统一进行伪码扩频后再对载波进行调制送入信道。扩频统一测控体制有抗干扰能力强等诸多优点,开始被应用在军用卫星上,现在被越来越多卫星测控所应用。

信道的规划需考虑以下几个原则。

(1) 符合国际频段的划分准则和国军标的要求。

(2) 电波的传播特性,通过大气层的衰减、折射性能及穿透等离子区的能力等。

(3) 继承性,考虑现有的技术水平和继承现有设备。

(4) 拓展性,可以适应将来发展的需要。

（5）根据系统所需要的测量精度和信息容量合理选择。

（6）满足卫星本身 EMC 要求，避免电磁干扰。

2. 频点申请

航天器系统频率配置需要考虑国内外的有关规定，考虑避开常用的广播、电视频率及其谐波等问题。并根据信道规划的频段向相关管理部门申请卫星上下行工作频点。申请频点时需考虑以下因素：卫星工作寿命、发射基地、运载火箭型号、轨道参数、轨道类型、所需频率数、上下行频率的相关性和星载无线电设备的基本参数（建议频率、天线增益、发射功率发射必要带宽、发射占用带宽、接收灵敏度调制方式、副载波频率和码速率）。相关管理部门根据申请信息统筹安排相应的频点。

3. 卫星频率 EMC 分析

卫星使用频率确定后，需进行 EMC 预测分析，重点研究系统内可能产生的发射干扰和各种寄生接收通带。

卫星调制器带宽选择过宽，会使发射机带外发射增大，造成对邻近信道的干扰。当多个发射机工作时，有可能形成互调、交调等各种组合干扰。每个发射源都有一定的发射频谱，包括主谱和旁谱。旁谱是指主谱以外的各次谐波、分谐波、杂波和噪声波。根据发射方有主谱、旁谱，接收方有主通带与寄生通带的情况，可以组合出以下四种可能的传输干扰模式：主谱—主通带（FIM）模式；主谱—寄生通带（TIM）模式；旁谱—主通带（RIM）模式；旁谱—寄生通带（SIM）模式。工程系统设计中 FIM 模式是有用信号所用的传输模式，通过频率选择过程可以排除；SIM 模式的干扰一般较弱，工程预测允许不予考虑。TIM 和 RIM 是主要研究对象，需对接收机的工作主通带和寄生通带进行主要研究，频点设计上保证接收机主谱内的寄生通带和接收机旁谱内的某发射信号的主通带下的干扰信号功率不在接收机工作的灵敏度范围内。

卫星测控实施流程中应该重视频率配置，通过合理选择和指配，使系统级的电磁兼容问题减到最少。

4. 确定技术指标

研制过程中，需进行星地、星星具体技术指标、接口协调，通过有关会议、文件明确技术状态和接口关系。卫星等型号研制部门应在初样、正样等不同阶段及时向测控系统提供卫星总体技术方案、星上各分系统的技术要求、卫星飞行各阶段对测控的需求、接口文件等。

影响卫星测控的主要技术指标包括以下几类：地面站发送射频载波信道和数据信道参数；地面站接收射频载波信道和数据信道参数；地面站-空间路径参数；地面站接收测距信道性能参数；卫星-地面站路径参数；卫星发送射频载波信道和数据信道参数；卫星接收射频载波信道和数据信道参数；卫星接收测距信道参数等。

5. 试验验证

星载测控设备研制过程中，需要进行大量的验证试验工作，其目的是验证测控设备设计的正确性和合理性,以便系统设计的优化和修改。测控系统的验证试验根据参试设备可分为:系统级试验、整星级试验、星地对接试验、星星对接试验、星箭、星箭地对接试验。

系统级测试主要目的是验证测控系统的功能和性能是否满足设计规范要求。整星级试验是验证星载测控设备在整星状态下的功能和性能是否满足规范、与其他分系统接口的正确性和匹配性。其中整星级试验、星地、星星、星箭、星箭地试验的最重要的目的是验证测控接口的匹配性和验证测控系统的电磁兼容性设计。

星地对接试验是星载测控设备验证过程中的重要大型试验,该试验由星载测控设备和地面测控站联合完成。该试验的主要内容包括:遥测、遥控、飞行程序、故障对策试验、星地双向捕获和跟踪、测速测距功能试验。主要目的如下。

(1)验证星载测控设备和地面站联合工作的匹配性。

(2)检验星载测控设备的功能和性能,试验地面测控系统工作程序。

(3)检验遥控上行指令、数据格式和遥控发送操作的协调性。

(4)检验遥测格式解调的正确性。

(5)检验星地时间同步,星上校时功能和地面处理功能。

**6. 发射及在轨测试阶段**

**1)塔架测试阶段**

塔架测试阶段又称为临射段,这个阶段运控系统并不参与控制。此阶段一般分为以下六个操作步骤。

(1)卫星平台和载荷加电进行功能性测试。

(2)设置卫星工作状态为临射前状态,火工品保护插头更换为飞行插头、卫星校时、注入测控星历表、卫星补充充电、卫星状态监测。

(3)取消地测进程,星务计算机复位。

(4)卫星转内电。

(5)手动拔除卫星脱落插头,配合运载并关闭整流罩上操作口,人员撤离。

(6)运载点火发射。

**2)主动段**

主动段从运载火箭点火开始,到卫星与火箭分离结束。此阶段测控中心向测控站发送引导信息;测控站对卫星和火箭进行跟踪测量和接收解调遥测数据,并实时向测控中心发送;测控中心实时判断卫星的入轨状态,确定卫星的初轨根数;根据需要,测控中心指挥测控站对卫星实时控制。此阶段测控中心和测控站需实时监视遥测数据,监测预定时间和预定轨道星箭是否分离。

**3)入轨段**

入轨段从星箭分离到卫星定姿稳定。此阶段一般为2~4天,卫星飞行几圈,经历若干个测控弧段。星箭分离后至准确入轨,地面需要对卫星进行实时控制,此时必须在测控弧段内。入轨阶段的主要工作步骤如下。

（1）星箭分离后的操作：地面判断星箭分离以及分离时间；卫星检测到已分离信号或收到卫星已分离指令后，卫星自主进入正常工作模式运行，并自主执行一系列的单机开指令。

（2）判断满足太阳帆板、转台解锁判断条件时实施太阳帆板、转台解锁控制。

（3）建立预计的定姿模式。

（4）地面判发注入测控星历表和轨道数据。

（5）判断如果帆板未展开，地面补发太阳帆板展开系列指令，强制太阳帆板展开。

（6）地面发转台解锁系列指令。

（7）根据实际情况，发送或注入其他指令或数据。

（8）以后入轨阶段每次入境都要先根据遥测数据判断整星及各单机工作状态，然后根据实际情况，发送或注入其他指令或数据。

4）在轨测试

卫星入轨段之后进入在轨测试阶段。在轨测试阶段主要分为卫星平台的测试和载荷的测试两大项内容。验证卫星在轨时的正确性。

卫星每次升轨、降轨过境均由测控中心组织有关测控站对卫星实施控制。根据卫星在轨测试细则进行测试，包括向星载计算机进行数据注入，观测相应的遥测参数等。卫星每次出境，均进行轨道改进计算、轨道预报计算等。在轨测试结束后，卫星进入运控阶段。

### 3.3.3 影响卫星测控的因素

1. 卫星自身条件对测控的影响

卫星测控的主要任务是与地面测控系统一起建立一个满足预定要求的、稳定可靠的无线电传输通道。保证天-地无线测控信息的可靠传输。影响无线电传输通道建立的主要因素有发射机的发射功率、信号频率、调制体制、测控格式、通信距离、天线增益、天线覆盖区域等。卫星的这些指标应与地面测控站及中继卫星的收发指标相匹配。卫星设计时，在继承性的基础上，应考虑能提高测控能力方案。

（1）天线覆盖率的大小对通信链路的建立至关重要。星上测控天线通常考虑全向天线，一般在卫星顶部和底部分别设置全向天线，使卫星在任何姿态下，都能实施星地间的测控。为减少星上的功耗，卫星（如通信卫星）正常工作状态下，其测控可以采用定向天线，但保留随时切换成全向天线的可能；另外，可以发展智能天线、数字波束形成天线等，可以提高多目标测控和抗干扰能力。

（2）提高卫星的自主测控能力，卫星可以采用的技术有自主导航、软件无线电、光电仪器等技术，可以有效地减少地面站测控资源的使用，提高航天系统的效费比，现有的测控资源可以支持更多的卫星的测控需求。

（3）在符合国军标的基础上采用较高的测控频率。继 S、C 频段成为统一载波测控频段后,Ka频段、更高频率、混合频率等高频段也将加入测控行列,具有提高测控速率、减少天线尺寸、增强抗干扰能力等特点;甚至可以发展深空激光通信,可传输更高的信息速率。

(4)测控体制上,采用CDMA扩频或跳扩频测控技术,支持多目标测控。由于扩频技术的特点,其自身功率谱密度很低,抗干扰能力出众,电磁兼容性好,使测速、测距、高精度地实现;另外,可以采用高效编码、调制技术,提高频谱、功率的利用率;采用多体制兼容的测控系统,可以增加测控网的应变能力等。

(5)测控系统中的信息传输采用CCSDS传输,和国际接轨,有利于开展空间合作。对于科学试验类卫星可以应用CCSDS协议,通过国际测控网进行跟踪控制。

(6)增加测控安全防护能力。世界上现有的航天发射场、测控中心、测控站的位置几乎是公开的,在轨卫星、测控通信链路、地面站易遭到对方攻击。为了减小测控系统的易毁性,加强抗打击能力,要求测控系统具有保密性、灵活性、机动性、抗干扰性和冗余性。

2. 与任务结合的测控站规划

按照卫星所处轨道位置不同,卫星测控可分为入轨段测控、返回段测控和长期管理段测控。卫星处于不同的测控段,要求的测控需求不同,一般来说,入轨段与返回段要求的测控需求高于长期管理段。航天测控站的布局是根据航天测控任务的需要确定的。不同的航天任务有不同的轨道,便有不同的发射场位置,上升段所经航迹、入轨点位置、运行段轨道覆盖范围、轨道改变和维持方式等,这些均对测控网的布局有不同的需求,对测控覆盖率也有不同的需求。测控设备只能观测到所在点切平面以上的空域,且在与地平面夹角3°的范围内测控效果不好,实际上每个测控站的测控范围只考虑与地平面夹角3°以上的空域。在一个卫星的发射或运行过程中,往往有多个测控站联合测控。

1)主动段测控站规划

航天器要想进入太空,必须用运载器(如多级火箭)携带入轨。航天器装在运载火箭顶部的整流罩内,火箭从发射场垂直起飞,按预定程序转弯,一级一级地接力推进,待加速到所需轨道高度和轨道速度后,星箭分离,航天器进入轨道。从火箭发射到航天器入轨,此阶段的特点是有动力飞行,通过轨道测量和下行火箭遥测可以判断火箭工作是否正常。在测量时如果发现火箭飞出安全轨道,要择机发送遥控指令将火箭炸毁,以免火箭落地时殃及地面人员和财产。由于火箭上升段飞行有很大的危险和风险,故障概率很高,所以该段的测控十分重要,其测控覆盖率一般要求100%。例如,返回式卫星的轨道倾角一般为52°~63°,发射场选在酒泉附近,向东南方向发射,可以在发射场、渭南、厦门布站,完成上升段的测控任务。例如,太阳同步轨道的轨道倾角是99°左右,我国对应的发射场是太原卫星发射中心,发射方向是向南偏西,故上升段测控可以在发射场附近、渭南、南宁等地布站。

2)运行段测控规划

星箭分离后,测控网要对航天器初步轨道进行测量以确定是否准确入轨,此时卫星要进行许多重要工作,如消除星箭分离对姿态的影响,建立正常工作模式,打开太阳帆板等,故在测控网布局时一般要安排几分钟以上的测控。此时的测控主要是两大部分,一部分是对航天器平台的测控,另一部分是对有效载荷的测控,有航天员时还要与航天员交互通话。太阳同步轨道卫星的轨道倾角是 99° 左右,轨道高度是 900 km 左右,对应的轨道面摄动每天是 0.985 65°,这恰好是地球在惯性空间中每天绕太阳的运动角度。这样,如果发射时让卫星轨道面对准太阳,发射后卫星经过中国北京的时间是上午 10 点 30 分,则入轨后的轨道面永远对准太阳,以后卫星经过北京时一直是上午 10 点 30 分。这种极轨卫星每天共转 14～15 圈,再考虑其他因素,相当于相邻两圈轨迹间距约 26°,运行段在国内可安排 4 个测控站,即可兼顾东西经度覆盖,也可兼顾南北纬度接力。由于太阳同步轨道卫星每圈都经过地球北极和南极,如在此布一测控站,则利用率最高,挪威等国在北极设有测控站,可惜中国在这里没有设站。当入轨点在远离大陆的太平洋上空,超出了陆基测控站的观测范围,为了保证测控能实时实地实施,或者租用或设立地面站,或者用地面机动战,面对大面积的海洋,还可以用远洋跟踪测量船队。

3) 测控站的支持情况

卫星用户需向测控资源管理部门提出航天器测控要求和原则。对于中低轨卫星,需要有针对一系列测控服务提出的总体测控要求,以及针对个别测控服务提出的具体测控要求;对于同步轨道卫星的主要测控需求为轨道保持需求,分为单站轨道保持或多站轨道保持;飞船或发射任务主要表现为连续测控需求。同时用户由于任务需求对测控资源和测控时间有不同的要求。

对于中低轨卫星,测控站规划的影响因素有:每天升(降)轨测控圈数、每天测控最短持续时间、每天测控设备数、测控总时间、测控总次数、最短测控间隔时间和最大测控间隔时间;对于高轨卫星前期与任务结合的测控站规划需求有:轨道保持时间、轨道保持频率和轨道保持设备数。

卫星用户需与测控资源管理部门进行沟通协调测控站的规划。测控资源管理部门根据用户需求对测控资源按照一定的规则调度和分配,合理提供对卫星测控的支持。

3. 测控覆盖率

测控覆盖率指在一天(24 小时) 时间里,我国测控网可跟踪测控卫星的时间所占的比率。对于近地轨道卫星,我国测控网的覆盖率约为 5%,只能在这段时间里对卫星进行跟踪,其余时间均为不可见(不可测控)。对于地球同步轨道卫星,在定点后则为全时可见。随着卫星功能越来越多,星上设备越来越复杂,卫星对测控需求也越来越多。提高测控覆盖率,可减少卫星不可见时间,获取更多的测控信息,及时发现和处置星上异常情况,提高卫星的利用率和可靠度。提高测控覆盖率的手段如下。

(1) 发展我国的中继卫星。

(2) 国外建站或与国外测控站联网。

(3) 天基和地基协调配套发展,中心透明工作方式和单站直接操作方式相结合,提高测控网的综合性能。

# 3.4 运 控 约 束

## 3.4.1 国内运控系统概况

卫星地面运行控制简称运控。运控主要负责协调组织其他分系统完成数据接收、预处理、处理、分发等任务。运控是地面系统任务协调和组织者。运控主要任务需求有：轨道预报任务；根据卫星应用需求和状态，完成卫星载荷计划制订任务；提供自动/半自动业务运行计划和任务调度策略，完成运行调度任务；数据管理和信息分发任务；系统运行状态监视和报警任务。

卫星的试验任务一般是需要长期进行运控保障的，它的运营管理涉及面比较广，从地面测试系统、卫星控制中心到有效载荷应用中心和各个有效载荷分系统等多家单位的协同工作，甚至还要有卫星、空间站等航天飞行器研制实验中心的支持保障。卫星的运控可由两大系统构成：测控系统和应用系统。

测控系统主要任务包括：飞行轨迹的测量和运行轨道的计算，飞行星历的预报，飞行平台的遥测和遥控，重点是保障卫星的正常安全运行，保障所有星上装载设备的稳定运行状态。测控系统对卫星的所有测控工作都是由西安卫星测控中心进行统一的指挥协调运行完成的，所有的数据都是通过西安卫星测控中心进行计算和交换的，任务中心控制着整个任务的运行管理。

应用系统是卫星试验任务的业务中心，它负责飞行目标的业务测控，是试验任务的专业中心，它主要包括：负责试验任务的应用中心和各类载荷系统，甚至包括卫星协同工作的系统。它负责从立项、研制、生产、发射试验、运行管理和科学试验任务的全部过程，甚至包括后期试验资讯的管理和科研成果的完成。

应用系统的核心任务，是保证试验任务的正常、不间断实施，保障各项试验的仪器设备稳定在正常工作范围之内。应用中心的业务测控，重点是安排空间探测计划，调动整个系统的工作围绕着空间各类试验任务完成，测控系统提供准确及时的轨道数据，安排控制计划配合工作，保证试验数据的发送和接收。应用中心统管各类载荷的试验计划安排和飞行计划的制订依据，根据飞行平台的特点合理安排各项试验，达到空间探测综合效益最大化。

## 3.4.2 早期国内运控模式简介

1. 测控统一模式

在早期的卫星项目中，测控系统统一模式占主导地位，因为那时的航天器平台能力有限，载荷试验设备少，试验项目少，地面测控系统比较简陋，卫星的首要目的是保障飞行计划的完成,在轨试验是排在第一位的。

2. 应用系统和测控各自独立模式(图 3.8)

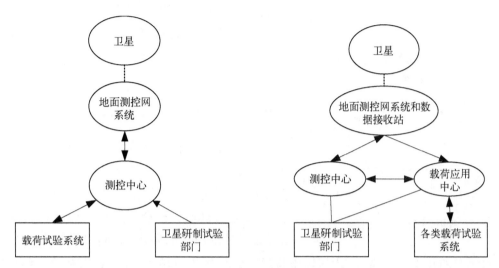

图 3.8  应用系统和测控各自独立模式

随着航天科技尤其是电子工业的发展,卫星携带载荷的能力越来越强,寿命越来越长,空间探测和试验任务日趋复杂,建设相应的卫星试验应用中心是必然的,所以载荷必须统一管理、统筹安排试验计划,进行项目组织和研发。随着航天目标的增多,地面测控中心所负责管理的飞行目标也增多,此时分工卫星的工程测控由测控系统负责,载荷试验任务由相应的卫星试验应用中心负责,较好地解决了各类飞行任务协同管理的问题。

此模式下,工程测控由测控中心主持,业务测控由应用中心主持,但是所有的上行数据都是由测控中心通过测控网向卫星星载计算机发送,最后再转发给相应的载荷。科学数据有自己的单独通道,地面专门建站接收,卫星的工程遥测数据又有专门的信道与地面测控系统联系,下行数据中应用系统与测控系统各自信息独立。所有工程测控的上行数据由测控中心产生,业务测控的上行数据由应用中心产生再传给测控中心实施。

3. 以应用系统为核心的用户自主综合管理模式

随着航天技术的进一步发展,卫星设计日趋标准化、产品化、商用化。以用户为核心的定制卫星已经出现,用户基本上可以自己管理商用卫星,卫星厂家只是有限的后援支持。此时出现了以应用系统中心为任务中心的综合运控管理模式,测控系统只是辅助服务于应用系统的一项技术支持保障。

此模式中,任务管理中心是应用中心,测控中心只是在必要情况下才支持工作,给应用中心和卫星研制部门提供服务。应用中心可以有独立的上下行数据控制,例行的上行注入数据不必通过其他部门,而是直接通过测控网发往星上,测控中心和卫星相关部门

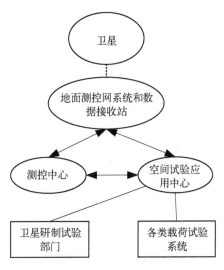

图 3.9 应用系统和测控各自独立模式

可以监视和干预。业务中心成为测控网的一个使用用户,所有信息都进入应用中心,许多工程测控信息由应用中心代管,业务信道和工程测控信道互补完成任务。如图 3.9 所示为应用系统和测控各自独立模式。

### 3.4.3 某科学试验卫星运控过程

科学试验卫星是我国未来空间科学发展的重大目标之一,目前上海微小卫星中心正在研制中国科学院首批先导卫星中的两颗卫星。随着越来越多的科学家希望能够进行空间科学试验,为了满足用户的要求,空间科学试验需要天基和地基的技术支持系统,才能实施科学家设计的各项科学试验,获取有效的科学试验数据并实现预定科学目标。本节以刚刚发射的某科学试验卫星运控过程为例进行介绍。

运控计划中,有效载荷应用中心需要中国与国际先进航天机构地面系统的联合协同运行。卫星的业务运行管理上实现了从提出有效载荷指令需求到指令生成、判读、预演的自动进行,通过西安卫星测控中心进行指令透明发送的工作模式。其工作流程如下:根据载荷操作计划发送上行指令(由西安卫星测控中心透明转发),并实时接收西安卫星测控中心发送的遥测数据,同时实时接收载荷接收站接收并转发的数传科学数据,有效载荷运控操作人员或科学家依据遥测数据和数传数据进行判读,并根据情况及时调整下一条指令。整个运控过程实现了大系统闭环的遥控操作,从发出指令到地面看到执行结果并调整下一条指令的延迟可以达到分钟量级。

空间科学试验地面支持系统平台包括数据接收系统、有效载荷业务运控管理系统和科学数据预处理系统三大部分,其流程图如图 3.10 所示。数据接收系统是指卫星地面数据接收站,主要负责卫星数传发射机信号的接收、解调,记录接收到的数据并实时或近实时地向有效载荷业务运控管理系统传输。有效载荷业务运控管理系统负责实施有效载荷的在轨业务运行管理,保证卫星和有效载荷按照有效载荷科学用户的需要正常地在轨运行,并负责与卫星测控中心、中继卫星中心、科学用户、地面站和数据预处理系统的接口。科学数据预处理系统主要工作内容包括接收地面站收到的数据或中继卫星中心转发的下行科学试验数据、接收遥测数据、数据实时处理、载荷状态监视、轨道计算与预报、运控计划制订与预演、遥科学支持、向卫星测控中心或中继卫星中心发送指令申请、地面站调度、任务数据分析和有效载荷故障诊断与故障处理方案实施工作。

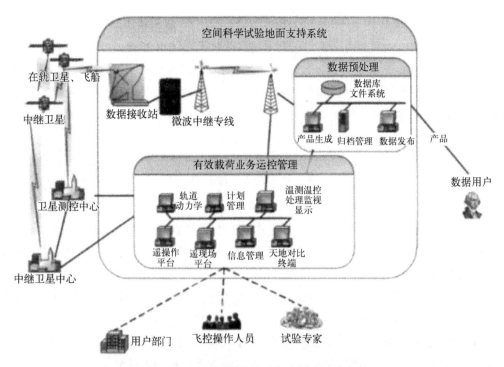

图 3.10　空间科学试验卫星运控流程示意图

### 3.4.4　卫星运控的发展趋势

#### 1. 卫星的自主运控能力

目前大多数航天器都是采用地面遥测遥控的方式进行控制。但是由于航天技术不断发展,在通信广播、导航定位、气象观测、资源勘察、环境监视、海洋监察、军事侦察和空间探测等各个领域都具有重大应用价值,随着应用卫星数量急剧增加,星地间的通信数据量增大,运行管理费用也大幅度提高;对于由多颗卫星组成的卫星星座,考虑到各个卫星间的相互关联,管理和操作费用还将呈非线性递增趋势;随着航天器功能的提高,控制管理的复杂程度也相应增大,由于操作人员疲劳等原因而导致人为错误的概率也会增加。基于以上原因考虑,如果卫星缺乏自主运行能力,必将增加运行成本,包括地面测控站的建设费用、测控专用设备费用和测控操作人员费用等。

提高性能和降低成本正是实施现代航天工程的基本出发点,同时计算机和智能信息处理技术的进步也为航天器自主运行提供了可能性,所以包括众多空间国家均对发展自主运行技术给予人力投入,并且已经取得实际工程效果。随着航天技术的不断发展,特别是考虑到用户需求,航天器运行的发展趋势是:长期自主稳定运行为主,地面遥控介入为辅。要求航天器具有长期自主运行能力,主要体现在以下方面:对商用任务:不能中断通信,当发生故障时,系统应具有自主判断、自主切换能力,维持正常运行;对军事任务:无论对以"利用空间,支援作战"为目标的初级任务,还是以"控制空间,掌握制天权"为目标的高级任务,都应尽量减少对地面站的依赖,提高航天器的自主能力,即使在地面站被摧毁的情况下,仍然能够自主生存。缺乏自主运行能力,将大大影响航天器系统性能,甚至失控。对某些飞行任务而言,大部分时间处于地面测控范围之外,或者兼具天地通信时延大的特点,因此高度自主运行能力是必不可少的。

自主运行控制的主要关键技术为以下几点。

(1)规划调度技术。针对目标和约束,在高层次描述空间内的推理、联系、判断、决策等构成的任务作业序列。对卫星自主控制来说,规划调度的难点在于要考虑电量、燃料、计算机数据容量等资源约束,以及相邻任务之间的时间、空间限制。

(2)多敏感器信息融合与集成技术。对包括不同性质的姿态敏感器、不同距离的视觉敏感器、接近度敏感器以及力觉和接触敏感器等进行综合处理,建立世界模型并进行自主学习和更新。

(3)混杂系统控制技术。自主控制系统中同时存在顶层具有离散时间特征的组织规划过程和底层具有连续变量的实时执行过程,是一个显著的混杂系统。

(4)自主故障处理技术。包括敏感器、执行机构的解析冗余特征研究和优化配置设计,快速故障检测、诊断和预报方法研究,主动与被动容错控制方法研究等。

(5)星上自主数据处理技术。包括适用于自主运行控制的高性能计算机设计技术、星上软件设计技术,基于特征识别的数据搜索、分析和分类,数据比较、存储和传输,地面人员任意介入能力的实现等。

2. 天地一体化运控模式的应用

空间科学试验卫星一般为近地卫星,测控时段短,由于目前通过地面站网(数据接收站和测控站)直接进行数据接收(卫星遥测、数传科学数据)和指令上行,卫星只有在过地面站信号覆盖区时才可以进行测控和数据接收,从而导致进行遥科学试验的时间非常有限,并直接影响遥科学试验进程控制的实时性和连续性。另外,中国的测控管理体制不允许用户从用户中心直接发送指令进行实时控制操作,使遥操作试验支持面临很大的困难。针对测控、接收时段太短的问题,中国已发射和计划发射数据中继卫星,利用中继卫星进行测控和数据接收,一般三颗中继卫星的测控范围可以覆盖全球。只要在测控计划中安排出一段时间,即可开展科学试验。针对测控工作机制的问题,结合中国测控体制的实际情况,可以考虑采用由卫星测控中心准实时透明转发的方式进行闭环控制。这种解决方案已经在某些科学试验卫星的运控实践中进行了有效的探索,具有良好的可操作性和可行性,可以满足空间科学试验地面任务支持的需求。

随着天基测控网的建成,与航天测控网、天文科学观测网、空间目标监视网三网合一的逐步推进,天地信息向一体化、标准化设计迈进。目前我国卫星的数据业务已经从PCM测控阶段进入到了标准化的CCSDS分包测控阶段,许多国外航天器已经采用了AOS高级在轨系统,实现了天地一体化的数据网络业务服务。

采用 AOS 高级在轨系统之后,所有的信息将在应用中心的统一组织下实现。除业务测控过程不变以外,应用中心介入了工程测控的范畴,测控中心和卫星部门只在关键技术把关和监控,提供一定的技术支持,服务于应用中心。例如,测轨信息不断送入应用中心,由其定轨软件自动计算用户所需数据,测控中心进行不定期的比对监控。当然,重要的测控,例如,轨道维持,还是由测控中心完成。

天地一体化模式可实现定轨、指挥、控制、空间情报等的紧密融合,更有利于及时获得空间综合态势和指挥信息,实现高效和协同。

# 3.5 成本与进度约束

卫星研制成本很高,卫星工程的经费投入和产出的效费比也很高。为了获得最高效益,总体设计要最有效地利用现有的技术进行组合,提高可靠性、缩短研制周期、降低研制成本,使卫星研制以最少的代价,达到用户对卫星系统功能和性能的要求。

卫星研制成本与卫星任务需求密切相关,例如,任务需求中的卫星数量,是否包含地面应用系统、是否在轨交付、是否采用现有的公用平台、是否与其他公司合作等。研制成本与卫星技术指标要求也直接相关,例如,遥感卫星的视场、成像分辨率、成像波段数、增益、信噪比等参数将决定卫星光学载荷研制规模,进而影响卫星平台规模;卫星的寿命和可靠性指标将影响卫星推进、电源设计、备份方案、元器件应用等级、可靠性试验规模及整星质量和体积等。

卫星研制方要根据卫星定义和使用技术指标,参照过去研制卫星的经验或市场价格进行卫星研制费用和产品成本及利润估算。卫星研制周期是与前述卫星任务需求、技术指标、研制经费、承担卫星研制单位的技术人员水平、经验、保障条件、总体方案、管理等相关的。

为在研制成本与周期约束下多快好省地开展研制工作,需要在总体设计中遵循卫星的整体性、层次性、阶段性和创新性等几条基本原则,尽量继承和拓展现有平台技术,利用成熟技术、简化技术流程、减少关键技术攻关项目、优化总体设计等,以降低研制成本,缩短研制周期。

# 4.1 任务规划分析与论证

人造地球卫星在其飞行轨道的运行中,通过星载相机对地表所需观测目标进行拍照、扫描等观测活动。由于对地观测卫星一般运行在外太空,其轨道速度较快,可以快速实现对不同地区的观测转换;由于外太空不涉及国界争端,因此具有很重要的军事优势;一般情况下,现有成像卫星的成像幅宽都在 10 km 以上,所以其成像覆盖范围具有极大优势;同时,卫星的能量消耗与人员使用相比于传统侦察,其应用条件极低。成像卫星是对地观测卫星中发展最早、发射数量最多的一种,星上载荷主要是可见光相机、红外相机或合成孔径雷达等成像设备,任务是根据用户的需求来获取地面目标图像。综合其各种优势,各个国家都大力发展成像卫星技术,以加强在军事、社会、国民发展和经济建设等方面的突出作用。

第一颗军事侦察卫星发射于 20 世纪 60 年代初,为美国提供了领先于其他国家的侦察手段。同时,美国在 60 年代研发了锁眼系列照相侦察卫星,共有 KH - 1、4、5、6、7、8、9、11、12 等 9 种型号,分辨率已经达到 0.1 m。在此基础之上,美国开发了地面分辨率低于 1 m 的长曲棍球成像卫星,由于其使用雷达作为星载观测设备,实现了24 小时无条件观测。

从 1986 开始,短短的 16 年时间里,欧洲各国便开启了 Pleiades 卫星计划,且技术日渐成熟,共同研制并发射了 2 颗高分辨率成像卫星,其中以法国的 SPOT 系列卫星作为重要标志,发射数量已达到 5 颗。根据已公开的资料,德国开发了地面分辨率同样小于 1 m 的雷达卫星,预计数量为 5 颗,命名为 SAR - Lupe。与此同时,应用于军事和相关民用的成像卫星已经在世界其他国家陆续开展起来。

我国在成像卫星领域成绩明显,已经在轨服务了多颗成像卫星,如用于环境监测的 HJ 系列卫星,与巴西合作的 CBERS 系列卫星等。我国的尖兵系列、资源系列及HJ 系列卫星军事非敏捷卫星(Non-Agile Satellite),它们只有一个方向的自由度,即绕滚转轴做垂直于行下点的横向侧摆。

当今时代,对地观测卫星系统受到了越来越多国家的重视,对高分辨性能的要求尤其突出。随着航天技术的不断发展,目前欧美等航天强国都拥有了敏捷卫星(Agile Satellite),敏捷卫星具有不止一维的自由度,能够绕俯仰、滚转、偏航三个轴变化,而且视轴的变化可以与成像过程并行。其实,美国早在 1999 年 9 月发射的 IKONOS - 2 卫星就已经具备了正视、前视、后视、侧视等灵活观测能力,同时 2007 年 9 月发射的 WorldView - 1 卫星更是迄今为止已经发射的 EOS 中敏捷度最高的一颗。法国在 2008 年发射了 Pleiades 星座,俄罗斯于 2005 年年底发射了小卫星 TopSat,这些都属于敏捷卫星。

在实际应用中,卫星实时成像的管控流程大致如下:首先给出成像请求;成像卫星地面任务观测系统根据得到的成像任务属性、卫星信息和相应约束条件进行规划;之后根据结果生成遥感器的控制指令,确认无误后,将指令发送给成像卫星,由卫星执行指令;图像经过下传、处理等过程后,交与用户,完成所有流程。

从上述事实过程中可知,任务规划在整个卫星成像应用过程中起着关键作用,主要解决卫星资源的有效分配和规划,最大限度地完成用户提交的观测任务。

对于航天观测任务而言,航天器一般都运行于一定的轨道高度,在一个轨道圈次内,诸多目标都是可以被观测的。但是,对于观测器而言,每个目标都只有相对应的一定长度的观测时间窗口。所以,为了充分利用宝贵的航天器资源,以获取观测最大数量和最优观测效果,就需要对"在什么时间、使用何种角度、对哪些目标进行观测"进行合理的规划。

本章节将针对敏捷光学卫星任务规划进行详细说明。

### 4.1.1　国外研究现状

1. 单颗非敏捷卫星任务规划

Bensana 和 Gabrel 基于任务规划在 SPOT5 卫星中的应用,在简化了一定约束的条件下,建立了整数规划模型。宋斌等建立了非线性规划模型,为了实现可见窗口的收益最大化,设计并实现了独立地区内的多任务窗口选取规则。

Wolfe 基于点目标建立了整数规划问题模型,任务与时间窗口唯一且一一对应,该模型中将卫星任务规划问题处理为背包问题。同样,Vasquez 等通过对背包问题的深入分析,建立了非敏捷卫星任务规划的约束满足模型。

Pemberton 开发商业化卫星任务规划系统 GREAS,该系统中采用约束满足模型描述卫星任务规划问题,利用约束传播机制进行求解。Nicholas 利用单机调度问题描述单星规划的整数规划模型。

Walton 基于单个区域目标,研究了任务规划问题,将区域目标进行分解,然后将分解的任务进行观测排序,区域分解将区域目标分解为互不重叠并且大小相等的场景,建立整数规划模型,利用旅行商问题进行观测活动排序。在算法上,采用最近邻近点、多片段、最小生成树和基于 2 - Opt、2 - H - Opt 型邻域局部搜索算法求解规划问题。

Cohen 则研究了基于多区域目标的单星任务调度问题。

2. 多颗非敏捷卫星任务规划

NASA 和欧空局对多星任务规划进行了一定研究。其中 Globus 等在考虑任务需求和多个遥感设备的条件下,建立了多星任务规划的约束满足模型,但没有给出具体算法。Morris 研究了多颗非敏捷卫星的任务规划问题,其开发的 DESOPS 原型系统仍在研究当中。在多星任务规划领域,以欧空局的研究最为突出,其研发的 Cosmo-Skymed 星座和 Pleiades 星座分别拥有 4 颗和 2 颗成像卫星,分别用启发式和禁忌搜索算法处理欧空局的星座任务规划问题。

除了上述相关研究,还出现了很多多星任务规划原型系统,其中以多星采集规划系统 (CPS)、ESA 的多任务规划分析工具(MAT)最为突出。

3. 敏捷卫星任务规划

Lematre 等在研究 Pleiades 的日常任务调度问题时,通过比较贪婪、动态规划、约束规划以及局部搜索四种算法,建立了约束规划模型。

Gabrel 等考虑相容图理论,将敏捷卫星规划问题视为带时间窗的多机规划问题,利用分支定界和最长路径算法进行规划调度。Verfaillie 等将敏捷卫星规划看作旅行商问题、JSP 规划或者背包问题,在忽略立体成像约束的情况下,建立了线性规划模型,在考虑立体成像约束的情况下,建立了非线性模型;并分析了贪婪算法、邻域搜索和动态约束等算法,结果显示动态规划得到了最佳效果。

Benoist 等基于俄罗斯套娃算法求解了敏捷卫星规划问题的上界。Habet 等采用禁忌搜索算法求解基于约束优化方法描述的敏捷卫星规划问题。Mancel 等在 Lematre 的基础上利用最短路径求解方法处理整数规划模型的子问题,利用列生成算法进行敏捷卫星规划求解,通过对数据规模的比较,分析了算法的相关性能。

4. 动态任务规划与自主任务规划

Varfaillie 和 Schiex 通过研究动态任务规划问题,提出了任务插入现有任务链的充分必要条件。

2002 年,法国 Veridian 公司的 Pemberton 等对多星动态规划进行了相关分析研究,通过分析对最小差距的要求,建立了四种卫星规划需求。

同年,NASA 提出了基于航天系统的新的规划研究目标,从而提升自己以动态约束为基础的自动规划能力。

目前,深空探测计划、星际漫游者和欧空局的星载自主计划(PROBA)为世界领先的自主任务规划领域的研究项目,体现了自主规划的最高技术。

世界上首个自主闭环控制软件由美国研制,用于实现航天器自主生成规划指令,目前已应用于 DS-1 航天器上。

为了实现哈勃望远镜的规划问题,Muscettola 开发了 HSTS 系统,解决了太空成像设备的自主在线决策问题。

PROBA 计划也是目前卫星自主规划技术的具体代表,为此,欧空局投入了大量的人力物力进行具体问题的相关研究。

2003 年,CASPER 规划软件得以进行在轨试验验证,并于 EO-1 航天器上进行首次自主规划工作任务。

## 4.1.2 成像原理

常用星载遥感器分为主动与被动两种。而且目前成像卫星遥感器多数采用被动式星载遥感设备,故本书主要研究装有被动推扫式遥感器的敏捷卫星任务规划问题。

被动式遥感器分类如下。

1. 摄影型遥感器(图 4.1)

常见的摄影型遥感器为框幅式相机、缝隙式相机和全景式相机。

(1) 框幅式相机,其成像原理和普通相机相同。

(2) 缝隙式相机,获取垂直于扫描方向的成像条。

(3) 全景式相机,又称为扫描相机。利用焦平面上的狭缝来限制视场,得到平行于航迹线的影像,物镜垂直航线摆动,可得到全景相片。

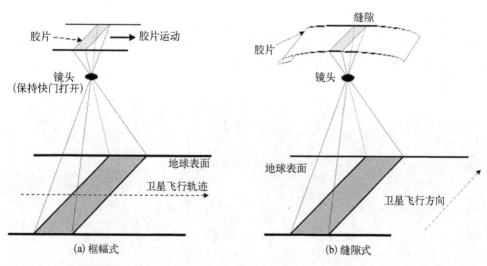

图 4.1 摄影型遥感器

2. 扫描型遥感器

扫描型遥感器(图 4.2)分类如下。

(1) 光机扫描仪。光机扫描仪中存在可以横向移动的机械设备,对地面的拍照和影像摄取均由此产生。

(2) 推扫式扫描仪,即卫星上常见的线阵、面阵遥感器,横向排列的线阵探测器,借助卫星向前飞行,进行纵向扫描,从而得到一条关于地面目标二维信息的带状轨迹。

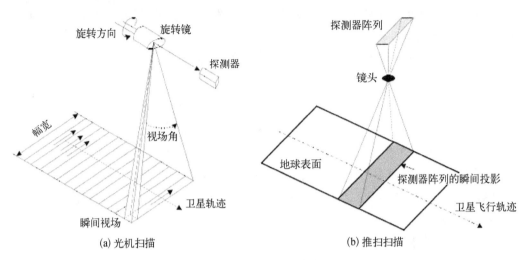

图 4.2　扫描型遥感器

### 4.1.3　观测范围与实际覆盖

　　卫星通过轨道运行对地面目标实现初步覆盖,其覆盖能力与卫星轨道、卫星敏捷能力和成像幅宽相关。

　　星下点是空间飞行器与地心连线和地面的交点,星下点轨迹则是当空间飞行器运动时星下点在地面形成的连续曲线,如图 4.3 所示。

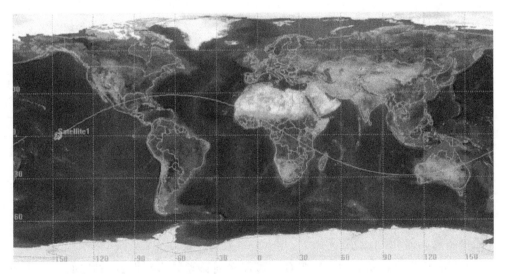

图 4.3　星下点轨迹

　　卫星在通过目标上空时可以实时观测,卫星在轨道上对地面的可视范围即最大覆盖区域。由于卫星在地面投影会产生星下点,若结合卫星所能产生的偏离星下点的机动范围,便可形成对应于卫星位置的可观测区域(图 4.4),随着卫星的运动,形成全轨道可观测区域,虚线表示在轨道圈内卫星的全可视范围。

由于卫星遥感器的视场角为一定值,不同的视场角度对应了其能够成像的不同地面宽度,当卫星成像光轴指向地面某一点时,只有在其视场所涵盖地面宽度范围内的目标才能实施观测。如此便产生了任务规划问题和可视窗口问题,即如何安排卫星对于目标的分配方式,以实现在有

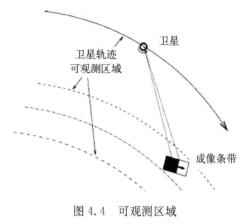

图 4.4　可观测区域

限时间内对多目标观测安排。如图 4.5 所示为覆盖范围。成像目标类型如图 4.6 所示。

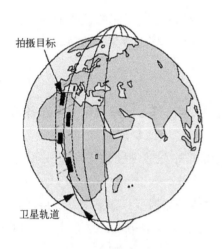

图 4.5　覆盖范围

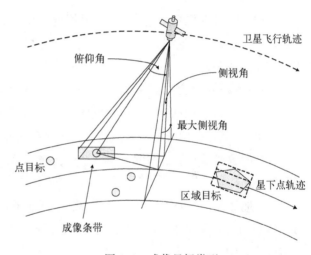

图 4.6　成像目标类型

## 4.1.4　卫星成像任务完整流程

对地观测的任务活动是一个复杂大系统,其完整的组织实施过程(图 4.7)如下。

提交成像观测任务与要求;确定需求属性和优先级别,生成候选任务集;规划候选任务集、安排卫星资源,确定任务的观测成像时刻;依据测控部门的具体情况,将规划结果转化为载荷的控制指令;卫星执行相关指令,完成观测任务链,获得并下传数据至地面接收站(设备);进行数据处理和用户提交。

可见,成像卫星的实施过程是一个复杂的多步骤、多环节的过程,涉及卫星、任务、空间信息和地面站等多个系统。本书所提出并解决的问题主要是任务规划的安排处理阶段,该阶段在整个组织实施的过程中有着核心作用,对整体系统的任务执行产生直接影响。

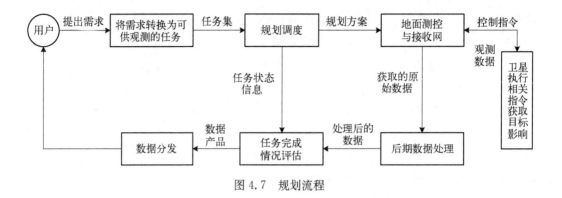

图 4.7　规划流程

## 4.1.5　规划要素分析

敏捷卫星任务规划的结果,便是根据候选任务集合,给定可以观测的任务的最大集合,并确定各任务的观测时刻和资源分配,使效益最大。所以,规划要素分为基本输入要素和基本约束条件。

1. 基本输入要素

(1)成像目标的经纬度。由独立的经纬度表示待观测点目标;区域目标只考虑各种多边形形状,其地理位置由各顶点的经纬度坐标来确定。

(2)图像类型要求。图像一般分为可见光、SAR、红外等类型,根据不同类型分配遥感器资源。

(3)地面分辨率要求。地面分辨率就是遥感器的对地观测精度。如果用户对待观测目标的观测经度存在要求,则必须在设定遥感器与用户分辨率要求相匹配的情况下,才可实施成像处理。

(4)优先级。地面观测目标的重要程度有时存在一定差异,优先级概念随之产生,可以将之理解为目标的观测价值,其任务重要性随着优先级的提升而提升。

(5)星载遥感器类型。即匹配图像类型要求的遥感器的类型。

(6)可接受云层覆盖率和太阳角。即设定光学成像设备正常工作时对太阳光照强度和气象条件的要求。

(7)具有前后关系限制的成组任务。

2. 基本约束条件

(1)资源能力。执行观测的具体设备不是卫星,而是卫星所携带的遥感设备,一个卫星上遥感设备的数量直接影响了卫星的资源能力。

(2)资源类型。图像数据类型必须与卫星的星载遥感设备类型一致。

(3)存储容量。星载存储器具有一定的存储容量限制。

(4)卫星能量约束。卫星姿态调整操作必须要消耗能量,但是卫星上电力的供应不像地面设备一样充足,所以在持续观测中必须满足能量上限要求。

3. 优化目标

任务规划的优化目标即最大化满足用户提出的需求,最大化观测数据效益。卫星成像过程中必须满足很多的约束条件,在一次过顶的时间内,不一定能够完成用户提交的全部任务,优化目标便是在一次过顶中使可以执行的全部任务总体收益最大,也可表示为最大化被完成任务的总价值。

## 4.1.6 敏捷卫星规划特点

敏捷卫星的规划问题与非敏捷卫星规划问题相比有如下显著特点。

1. 姿态更加灵活、观测时间窗更长

在卫星经过被观测目标或区域上方时,目标或区域才能被卫星观测,这个可用于观测的时间段称为可观测时间窗口。

在非敏捷卫星的任务规划研究中,卫星只能通过侧摆来观测非星下点目标,即卫星只存在一个自由度的姿态机动。但是,敏捷卫星可以通过前视、后视、侧摆等多个方位角度对目标进行观测,即卫星可以拥有多个自由度的姿态机动。因此,相对于同一被观测目标而言,敏捷卫星具有更长的可见时间窗口,如图 4.8 所示。

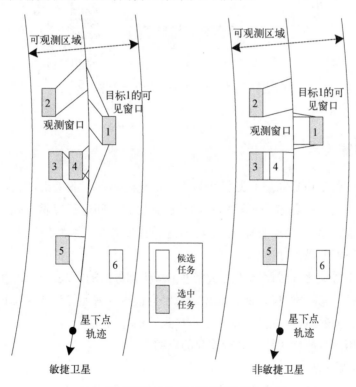

图 4.8 敏捷卫星与非敏捷卫星能力比较

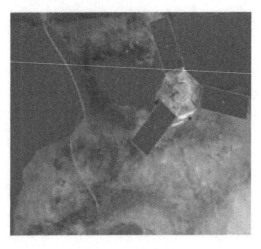

图 4.9 姿态扫描

**2. 连续推扫成像模式**

国外商业遥感卫星姿态控制能力达到了 $1°/s \sim 4.5°/s$,利用敏捷控制能力,实现了丰富多样的卫星工作模式。其中,敏捷卫星实现的姿态推扫成像和扫描成像工作模式(图 4.9)极大地提高了遥感卫星的快速观测和成像覆盖能力。

同时,卫星可以实现三轴姿态机动,产生多种动态推扫方向,简要示例如图 4.10 所示。

综上所述,为利用敏捷卫星的高敏捷控制能力,研究敏捷卫星的任务规划模型,具有实际意义。同时,由于其所产生的新成像模式和高机动能力,对问题的研究难度更大了。

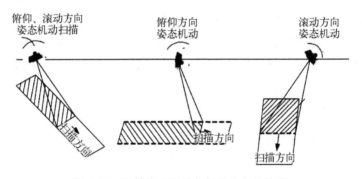

图 4.10 三轴姿态机动与扫描方向的关系

## 4.1.7 规划算法

成像卫星任务规划问题是一类复杂的组合优化问题。一般来讲,组合优化问题的求解算法可分为两类:一类是精确算法,这类算法将对解空间进行完整搜索,可保证找到小规模问题的最优解;另一类是智能优化算法,这类算法放弃了对解空间搜索的完整性,因此不能保证最终解的最优性。

实际应用中对优化方法性能的需求促进了最优化方法的发展。从 20 世纪 70 年代末起,以遗传算法、禁忌搜索、模拟退火和蚁群算法为代表的智能优化方法迅速发展起来,这些方法具有广泛的普适性,在许多行业中也得到了很好的效果。

下面对常用的智能优化算法进行简要的介绍。

**1. 模拟退火算法**

模拟退火算法的思想最早是由 Metropolis(1953)提出的。1983 年,Kirkpatrick 等将模拟退火算法应用于组合优化。该算法来源于物理中固体退火过程与一般组合优化问题之间的相似性,是基于 Mente Carlo 迭代求解策略的一种随机优化算法。算法的基本思想是从一给定初始解开始,在邻域中随机产生另一个解,接受准则允许目标函数在有限范围内变差,以一定概率接受较差的解。目前,已经证明模拟退火算法是一种在局部最优解中能概率性地跳出并最终趋于全局最优,依概率 1 收敛于全局最优解的优化方法。

模拟退火算法的一般步骤描述如下。

(1) 初始化。任选初始解 $i \in s$。给定初始温度 $T_0$,终止温度 $T_f$。令迭代指标 $k = 0$,$T_k = T_0$。

(2) 随机产生一个邻域解。$j \in N(i)$($N(i)$ 表示 $i$ 的邻域),计算目标值增量 $\Delta f = f(0) - f(i)$。

(3) 若 $\Delta f < 0$,令 $i-j$ 转步骤(4);否则产生 $\xi \in U(0, 1)$,若 $\exp(-\Delta f/T_k) > \xi$,则令 $i = j$。

(4) 若达到热平衡(内循环次数大于 $nT(k)$)转步骤(5),否则转步骤(2)。

(5) $k = k+1$ 降低 $T_k$,若 $T_k < T_f$,则停止,否则转步骤(2)。

模拟退火算法的特点:模拟退火算法的试验性能具有质量高、初值鲁棒性强、通用易实现的优点,编程最容易,理论最完善。但是,为了寻求最优解,算法通常要求较高的初温、较慢的降温速率、较低的终止温度以及各温度下足够多次的抽样,因此模拟退火算法往往优化过程较长,这也是模拟退火算法最大的缺点。

2. 遗传算法

遗传算法是一类模拟生物界自然选择、自然遗传机制和进化过程而形成的一种具有自适应能力的、全局性的随机化搜索算法,它是由美国密歇根大学的 Holland 教授于 1975 年首先提出的。遗传算法模拟生物进化的基本过程,通过选择、交叉、变异等遗传算子来仿真生物的基本进化过程,通过种群的不断"更新换代",从而提高每代种群的平均适应度,通过适应度函数引导种群的进化方向,并在此基础上,使最优个体所代表的问题解逼近问题的全局最优解。

遗传算法的基本运算过程如下。

(1) 初始化:设置进化代数计数器 $t=0$,设置最大进化代数 $T$,随机生成 $M$ 个个体作为初始群体 $P(0)$。

(2) 个体评价:计算群体 $P(t)$ 中各个个体的适应度。

(3) 选择运算:将选择算子作用于群体。选择的目的是把优化的个体直接遗传到下一代或通过配对交叉产生新的个体再遗传到下一代。选择操作是建立在群体中个体的适应度评估基础上的。

(4) 交叉运算:将交叉算子作用于群体。所谓交叉是指把两个父代个体的部分结构加以替换重组而生成新个体的操作。遗传算法中起核心作用的就是交叉算子。

(5) 变异运算:将变异算子作用于群体。即对群体中的个体串的某些基因座上的基闪值作变动。群体 $P(1)$ 经过选择、交叉、变异运算之后得到下一代群体 $P(t_1)$。

（6）终止条件判断：若 $t > T$，则以进化过程中所得到的具有最大适应度个体作为最优解输出，终止计算。

3. 蚁群算法

人工蚁群算法是受到对真实蚁群行为的研究的启发，由意大利学者 Dorigo 等于 1991 年首先提出的，它是一种基于蚁群的模拟进化算法，属于随机搜索算法。研究学者在研究过程中发现，蚂蚁个体之间是通过一种称为外激素（Pheromone）的物质进行信息传递的，从而能相互协作，完成复杂的任务。蚂蚁在运动过程中，能够在它所经过的路径上留下该种物质。而且蚂蚁在运动过程中能够感知这种物质的存在及其强度，并以此指导自己的运动方向。蚂蚁倾向于朝着该物质强度高的方向移动。蚂蚁个体之间就是通过这种信息的交流达到搜索食物的目的。蚁群算法正是模拟了这样的优化机制，即通过个体之间的信息交流与相互协作最终找到最优解。

蚁群算法的主要工作原理可以描述如下。

一群人工蚁相互协作在问题的解空间中搜索好的解。这些人工蚁按照人工信息素踪迹和基于问题的启发式信息的指引在问题空间移动以构造问题的解。信息素在蚁群的协作和通信中起到一种间接媒介的作用。人工蚁在解空间中一步一步地移动从而构造问题的解。同时，它们根据解的质量在其路径上留下相应浓度的信息素，蚁群中其他蚂蚁倾向于沿着信息素浓的路径前进。同样这些蚂蚁也将在这段路径上留下自己的信息素。这就形成了一种自催化强化学习机制，也就是正反馈。这种正反馈机制将指引蚁群找到高质量的最优解。

蚁群算法的特点是不仅能够智能搜索、全局优化，而且具有稳健性（鲁棒性）、正反馈、分布式计算、易与其他算法结合等优点。

# 4.2 微小卫星轨道设计

## 4.2.1 地球同步轨道

地球同步轨道，顾名思义，指其运行周期与地球自转周期相同，均为一恒星日 86 164.09 s（23 时 56 分 4.09 秒）。利用轨道半长轴与周期的关系计算得到理想地球同步轨道的半长轴为

$$a = \left(\frac{\mu}{n^2}\right)^{\frac{1}{3}} = \left(\frac{398\,600.5 \times T^2}{4\pi^2}\right)^{\frac{1}{3}} = \left(\frac{398\,600.5 \times 86\,164.09^2}{4\pi^2}\right)^{\frac{1}{3}} = 42\,164.17\,(\text{km})$$

$$(4-1)$$

式中，$n$ 为平均轨道角速率；$T$ 为轨道周期。运行在地球同步轨道上的卫星，经过一个轨道周期后，星下点位置回到原位置。

若卫星不仅轨道周期与地球自转周期相同，且偏心率和倾角均为零，即满足

$$a = 42\,164.17 \text{ km}, \quad e = 0, \quad i = 0° \tag{4-2}$$

则卫星在任何时刻都相对地球静止，其星下点轨迹退化为地面一定点。将这种特殊的地球同步轨道称为地球同步轨道。此时，升交点赤经 $\Omega$ 与近地点辐角 $\omega$ 失去意义，卫星的位置可用星下点地理经度代替，即定位点经度。

实际上由于入轨偏差以及卫星在轨道上受到各种摄动力的作用，如地球非球形引力摄动、日月引力摄动、光压摄动等，地球同步轨道卫星的半长轴、偏心率和倾角都会发生微小变化，卫星星下点并非固定不动，而是呈现出东西和南北方向漂移。下面分别进行介绍。

**1. 卫星轨道为非同步赤道圆轨道**

当卫星轨道半长轴 $a \neq 42\,164.17$ km 与地球同步轨道半长轴有微小差别，但偏心率和倾角均为零时，卫星的轨道运动与地球自转不同步，其星下点轨迹为赤道上沿东西方向漂移的一条线。

当 $a > 42\,164.17$ km 时，卫星运行速度比地球自转速度慢，卫星西漂；当 $a < 42\,164.17$ km 时，卫星运行速度比地球自转速度快，卫星东漂。利用卫星轨道半长轴与周期的关系计算得到漂移速率为

$$n = \left(\frac{\mu}{a^3}\right)^{\frac{1}{2}} \Rightarrow \Delta n = -\frac{3n}{2a}\Delta a = -\frac{3}{2}\frac{360°/86\,164.09 \text{ s}}{42\,164.17 \text{ km}}\Delta a = 0.012\,842\,147\Delta a° / \text{天}$$

$$(4-3)$$

式中，$\Delta a$ 的单位为 km，漂移速率 $n$ 的单位为 °/天，其中的"天"指"平太阳日 = 86 400 s"。

**2. 卫星轨道为倾角不为零的地球同步轨道**

当卫星为倾角 $i \neq 0$ 的地球同步轨道时，设卫星过节点（升、降交点）$N$ 时，其星下点经度为 $\lambda_N$，经过 $t$ 时间后，卫星到达 $S$ 点，转过纬度辐角 $u = nt$，其星下点在赤道圈上的投影为 $D$。节点 $N$ 为惯性空间中定点，但地球转过 $\omega_{\text{Earth}}t$ 角，如图 4.11 所示。

在球面三角形 $NSD$ 中，利用球面三角公式可得到卫星星下点纬度和经度方向的变化为

$$\sin \varphi = \sin i \sin u \Rightarrow \varphi = \arcsin(\sin i \sin u)$$

$$(4-4)$$

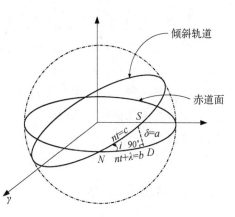

图 4.11　倾角对定位点经纬度的影响示意图

$$\cos i = \tan(nt+\lambda)\cot nt \Rightarrow \lambda = \lambda_N + \arctan(\cos i\tan u) - \omega_{Earth}t \qquad (4-5)$$

由上面两个公式可以看出，在一个轨道周期内，卫星的星下点经纬度相对定位点$(\lambda_N,0)$做周期性的"8字形"东西和南北方向振动运动，此"8字"在南北方向的最高纬度即卫星的轨道倾角。

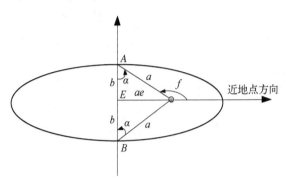

图 4.12　偏心率对定位点经纬度的影响示意图

**3. 卫星轨道为偏心率不为零的地球同步轨道**

当卫星为偏心率 $e\neq 0$ 的地球同步轨道时，卫星的轨道运动为椭圆轨迹，如图 4.12 所示。由开普勒第二定律可知，卫星的角速度在近地点处最大，远地点处最小，$A$ 点（$E=90°$）与 $B$ 点（$E=270°$）处与地球的自转速率相同。

偏心率对星下点经度的影响为

$$\Delta\lambda = f - M \qquad (4-6)$$

$$E - e\sin E = M \qquad (4-7)$$

在 $A$、$B$ 两点星下点处于最东方与最西方，因此有

$$\Delta\lambda_{max} = \theta - M\Big|_{E=90°} = 90° + \alpha - (90° - e\sin 90°) = \alpha + e$$

$$\Delta\lambda_{min} = \theta - M\Big|_{E=270°} = 360° - (90° + \alpha) - (270° - e\sin 270°) = -\alpha - e \qquad (4-8)$$

根据图 4.12 中的直角三角形，很容易推得

$$\sin\alpha = \frac{ae}{a} = e \xrightarrow{e、\alpha 为小量} \alpha = e \qquad (4-9)$$

因此，对于小偏心率的地球同步轨道，星下点经度振荡的振幅为 $2e$。

地球同步轨道由于轨道高度较高，卫星相对地面的星下点轨迹又基本保持不变，因此具有非常良好的地面覆盖性能。地球同步轨道单星可覆盖 $120°$ 的地面区域，在同一轨道面内均布三颗卫星即可完成对全球的覆盖。广泛应用于广播、通信、气象、导弹预警和军事侦察等相关领域，我国的北斗导航卫星系统和"天链一号"中继卫星就采用地球同步轨道。

## 4.2.2　太阳同步轨道

与地球同步轨道相似，太阳同步轨道即指卫星轨道面进动的速度与太阳相对地球进动的速度相同，均为 $0.9856°/$天，从而使卫星经过同一纬度地区时太阳高度角不变，即当

地地方时相同。

卫星的轨道面进动主要是由地球非球形摄动引起的,只考虑 $J_2$ 项的卫星轨道面进动速度为

$$\dot{\Omega} = -\frac{3nJ_2R_e^2}{2(1-e^2)^2 a^2}\cos i \tag{4-10}$$

式中, $J_2 = 0.0128$ , $R_e = 6378.137 \text{ km}$ 为地球赤道半径。由上面的分析可知,对太阳同步轨道卫星有

$$\dot{\Omega} = -9.97 \times \left(\frac{R_e}{a}\right)^{3.5} \times (1-e^2)^{-2} \times \cos i (°/\text{天}) = 0.9856°/\text{天} \tag{4-11}$$

即对于太阳同步轨道卫星,其轨道半长轴 $a$ 、偏心率 $e$ 与轨道倾角 $i$ 之间满足固定关系。对于偏心率 $e = 0$ 的太阳同步轨道,即轨道半长轴 $a$ 与轨道倾角 $i$ 之间具有固定匹配,若轨道半长轴 $a$ 已知,则倾角 $i$ 随之确定下来。例如,对于 $400 \sim 1000 \text{ km}$ 高度内的太阳同步轨道卫星,其轨道倾角相应如表 4.1 所示。

表 4.1 太阳同步轨道高度与倾角的关系

| 轨道高度/km | 100 | 200 | 300 | 400 | 500 | 600 | 700 | 800 | 900 | 1 000 | 1 100 | 1 200 |
|---|---|---|---|---|---|---|---|---|---|---|---|---|
| 轨道倾角/(°) | 95.992 | 96.323 | 96.668 | 97.025 | 97.397 | 97.783 | 98.183 | 98.597 | 99.028 | 99.473 | 99.935 | 100.413 |

由公式(4-10)可知,太阳同步轨道的轨道倾角一定大于 $90°$ ,即太阳同步轨道都为逆行轨道。

由于太阳同步轨道卫星经过同一纬度地区时具有相同的地方时,引入"降交点地方时"(或升交点地方时,与降交点地方时相差 12 小时)来代替开普勒 6 根数中的"升交点赤经",即卫星过降交点时,当地地方时总是相同,更能体现太阳同步轨道的特性。例如,降交点地方时为 12 点的太阳同步轨道,即卫星过降交点时刻,当地地方时总是 12 点,太阳在头顶上方。

实际上由于入轨偏差,以及卫星在轨道上还受除地球非球形引力 $J_2$ 项之外的其他摄动,太阳同步轨道的轨道面进动速度不可能与太阳进动速率保持严格一致,此时卫星的降交点地方时将偏离原设计指标,即降交点地方时的漂移。一般引起降交点地方时漂移的原因有以下方面。

(1) 入轨轨道半长轴与标称值偏差。

(2) 摄动引起的轨道半长轴的衰减。

(3) 入轨轨道倾角与标称值偏差。

(4) 摄动引起的轨道倾角变化。

以圆形太阳同步轨道为例,分析半长轴和倾角偏差对降交点地方时的漂移影响。由公式(4-11)有

$$\frac{\mathrm{d}\dot{\Omega}}{\mathrm{d}a}\Delta a+\frac{\mathrm{d}\dot{\Omega}}{\mathrm{d}i}\Delta i=-9.97\times\left(\frac{R_e}{a}\right)^{3.5}\times(-3.5)\times\frac{1}{a}\times\cos i$$

$$\times\Delta a+9.97\times\left(\frac{R_e}{a}\right)^{3.5}\times\sin i\times\Delta i \qquad (4-12)$$

为了分析方便,将半长轴和倾角的影响分开考虑,得

$$\begin{cases} \Delta t_a=34.895R_e^{3.5}\dfrac{\cos i}{a^{4.5}}\Delta a \\[2mm] \Delta t_i=9.97\times R_e^{3.5}\times\dfrac{\sin i}{a^{3.5}}\times\Delta i \end{cases} \qquad (4-13)$$

式中,若标称设计轨道为 $a_{\text{stad}}$、$i_{\text{stad}}$,实际轨道参数为 $a$、$i$,可知 $i>90°$,$\cos i<0$,$\sin i>0$,则有以下结论。

当 $a<a_{\text{stad}}$,$\Delta a=a-a_{\text{stad}}<0$ 时,$\Delta t_a<0$,降交点地方时东漂,反之为西漂。

当 $i<i_{\text{stad}}$,$\Delta i=i-i_{\text{stad}}<0$ 时,$\Delta t_i<0$,降交点地方时西漂,反之为东漂。

设计太阳同步轨道时,需要计算轨道寿命内入轨偏差和轨道摄动引起的降交点地方时漂移是否会超出设计允许范围,若超出,则需要考虑进行轨道控制修正降交点地方时。

太阳同步轨道的设计使卫星轨道面和太阳光照方向的夹角基本保持不变,能源关系相对固定,卫星设计相对简单。很多视频成像卫星、对地观测卫星、资源卫星和气象卫星都选用太阳同步轨道。对于一些能源条件要求较高的卫星,可选择降交点地方时为6:00的晨昏太阳同步轨道,具有最佳的光照条件,卫星保持帆板展开方向在轨道面内即可。

### 4.2.3　回归轨道

卫星的星下点轨迹在地球表面的横向移动是地球自转、轨道面进动和卫星轨道运动的合成,若卫星的星下点轨迹在经过一定时间后又重复原来经过的轨迹,则将这类星下点轨迹周期性重叠的轨道称为回归轨道,工程应用中也称重访轨道或循环轨道。

卫星运行一圈,卫星相邻两轨星下点轨迹在赤道经度方向的间隔 $\Delta\lambda$ 为

$$\Delta\lambda=T_N(\omega_e-\dot{\Omega}) \qquad (4-14)$$

式中,$\omega_e$ 为地球自转的角速度;$\dot{\Omega}$ 为升交点赤经的变化率,在只考虑 $J_2$ 摄动时,$\dot{\Omega}$ 见4.2.2节的公式(4-10)的表达;$T_N$ 为交点周期,与轨道高度和倾角有关,为

$$T_N=2\pi\left(\frac{a^3}{\mu}\right)^{\frac{1}{2}}\left[1-\frac{3J_2R_e^2}{2a^2}(3-4\sin^2 i)\right] \qquad (4-15)$$

对回归轨道而言,在经过一个回归周期后,卫星的星下点轨迹又回到原位置,即有

$$2\pi D^*=N\Delta\lambda \qquad (4-16)$$

式中，$N$ 为一个回归周期内卫星运行的圈数；$D^*$ 为升交日，是考虑地球自转和轨道进动的升交点连续两次上中天的时间间隔，与恒星日（只考虑地球自转）和太阳日（考虑地球自转和公转）不是同一个概念。当不考虑摄动引起的轨道面进动时，升交日即恒星日；当考虑摄动时，且摄动使轨道面西退时，升交日短于恒星日，反之升交日长于恒星日。对于太阳同步回归轨道，升交日等于太阳日。

对式(4-16)可理解为：卫星在 $D^*$ 天(1 天＝1 升交日)内运行 $N$ 圈后回到原星下点位置。

将公式(4-14)代入公式(4-16)，可得到一定轨道半长轴 $a$ 和轨道倾角 $i$ 下 $N$ 与 $D^*$ 的匹配。

$$\frac{N}{D^*} = \frac{2\pi}{T_N \mid_{a,i} (\omega_e - \dot{\Omega} \mid_{a,i})} \tag{4-17}$$

从公式(4-17)可以看出，与太阳同步轨道相似，回归轨道若给定回归周期 $D^*$ 和回归圈数 $N$，则卫星的轨道半长轴 $a$ 和轨道倾角 $i$ 满足固定匹配。

实际回归轨道设计时，定义

$$Q = \frac{N}{D^*} = I + \frac{C}{D^*} \tag{4-18}$$

为回归系数。$I$、$C$、$D^*$ 为表征回归特性的三个要素。其中 $I$ 为接近一天的轨道圈数，$C$ 与 $D^*$ 的配比表征回归轨道的轨迹移动特性。具体例子如下。

$Q = \frac{16}{5} = 3 + \frac{1}{5}$，即 $D^* = 5$、$I = 3$、$C = 1$ 的回归轨道代表卫星 5 天运行 16 圈后回归，卫星每天覆盖的地面经度范围与回归天数的关系如图 4.13 所示。

$Q = \frac{18}{5} = 3 + \frac{3}{5}$，即 $D^* = 5$、$I = 3$、$C = 3$ 的回归轨道则代表卫星 5 天运行 18 圈后回归，卫星每天覆盖的地面经度范围与回归天数的关系如图 4.14 所示。

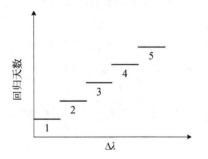
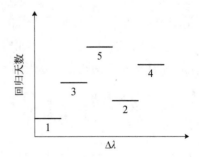

图 4.13　$D^* = 5$、$I = 3$、$C = 1$ 的回归轨道　　　　图 4.14　$D^* = 5$、$I = 3$、$C = 3$ 的回归轨道

$Q = \frac{12}{5} = 3 - \frac{3}{5}$，即 $D^* = 5$、$I = 3$、$C = -3$ 的回归轨道则代表卫星 5 天运行 12 圈

后回归,卫星每天覆盖的地面经度范围与回归天数的关系如图 4.15 所示。

这里需要说明的是,当升交点赤经的变化率 $\dot{\Omega}$ 满足公式(4-11)时,回归轨道同时也是太阳同步轨道,即太阳同步回归轨道。很多资源卫星和对地遥感卫星都采用太阳同步回归轨道。

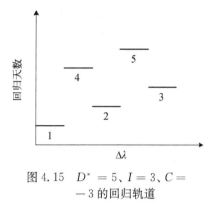

图 4.15 $D^* = 5$、$I = 3$、$C = -3$ 的回归轨道

### 4.2.4 冻结轨道

由于轨道摄动,卫星的偏心率大小 $e$ 和偏心率矢量方向(拱线方向),即近地点角距 $\omega$ 在惯性空间均有可能发生变化。若通过一定的轨道设计使偏心率大小和方向均不变,则称这种轨道为冻结轨道。

对于轨道摄动,若只考虑地球非球形摄动的 $J_2$ 项,偏心率和近地点角距的变化率为

$$\begin{cases} \dot{\omega} = -\dfrac{3nJ_2R_e^2}{2a^2(1-e^2)^2}\left(\dfrac{5}{2}\sin^2 i - 2\right) \\ \dot{e} = 0 \end{cases} \tag{4-19}$$

考虑冻结轨道条件 $\dot{\omega} = 0$、$\dot{e} = 0$,可得

$$i = 63.435° \text{ 或 } 116.565° \tag{4-20}$$

将此倾角称为临界倾角,将此轨道也称为临界轨道,此时可根据需要将偏心率矢量冻结在轨道面内任一方向上。

有些高纬度国家的通信卫星就采用这种临界轨道,远地点冻结在其国土上空,保证一个轨道周期内大部分时间卫星都在其国境内。例如,俄罗斯的"闪电"卫星,采用临界大椭圆轨道,轨道周期 $T = 12\,\text{h}$,轨道倾角 $i = 63.435°$,近地点高度 1 000 km,远地点高度 39 420 km,偏心率 $e = 0.72$,近地点角距 $\omega = 270°$,始终将远地点冻结在北极上空,一个轨道周期内约有 11 个小时卫星都在北半球飞行。

有些对地遥感卫星对高度变化十分敏感,即使偏心率量级比较小,依然希望拱线方向固定。此时需要考虑地球非球形摄动 $J_3$ 项,偏心率和近地点角距的变化率变为

$$\begin{cases} \dot{\omega} = -\dfrac{3nJ_2R_e^2}{2a^2(1-e^2)^2}\left(\dfrac{5}{2}\sin^2 i - 2\right)\left[1 + \dfrac{J_3R_e}{2J_2a(1-e^2)}\left(\dfrac{\sin^2 i - e\cos^2 i}{\sin i}\right)\dfrac{\sin\omega}{e}\right] \\ \dot{e} = \dfrac{3nJ_3R_e^3\sin i}{4a^3(1-e^2)^2}\left(\dfrac{5}{2}\sin^2 i - 2\right)\cos\omega \end{cases}$$

$$\tag{4-21}$$

得到冻结轨道的另一组解为

$$\omega = 90° 或180° \tag{4-22}$$

$$1 + \frac{J_3 R_e}{2 J_2 a(1-e^2)}\left(\frac{\sin^2 i - e\cos^2 i}{\sin i}\right)\frac{\sin \omega}{e} = 0 \tag{4-23}$$

偏心率量级较小,公式(4-23)忽略小量(偏心率的三阶量)可得

$$\begin{cases}\omega = 90° \\ e = \dfrac{\sin i}{\dfrac{\cos^2 i}{\sin i} - \dfrac{2 J_2 a}{J_3 R_e}}\end{cases} \tag{4-24}$$

或

$$\begin{cases}\omega = 270° \\ e = \dfrac{\sin i}{\dfrac{\cos^2 i}{\sin i} + \dfrac{2 J_2 a}{J_3 R_e}}\end{cases} \tag{4-25}$$

近地点辐角被冻结在90°或180°处,此时轨道半长轴 $a$、轨道倾角 $i$ 与偏心率 $e$ 可以有多种选择。

这里需要注意的是,考虑 $J_3$ 项的冻结轨道由于偏心率的量级本就十分小,卫星除受 $J_2$、$J_3$ 项摄动外其他摄动引起的偏心率摄动与其本身量级相当,轨道不能保持自然冻结,需要通过轨道控制来实现。此时轨道冻结意义不大。

# 4.3 卫星星座设计

为补充单颗卫星的功能和性能缺陷,卫星星座应运而生。卫星星座在弥补单星的空间覆盖性能缺陷和时间响应速度缺陷方面具有显著的功效,例如,对通信、导航、气象、预警、侦察等领域,无论设计怎样的轨道、配置功能多么强大的载荷都难以实现全球覆盖和短时间内对同一区域的重访,多星组网便可解决这一问题。

随着航空航天技术的不断发展,功能单一、成本低廉的小卫星组网配合或代替大卫星执行任务越来越受到人们的关注。多颗小卫星通过形成某一编队构型执行航天任务,比传统的大卫星更加自主和灵活。作为卫星星座的一种应用,编队飞行已成为重要的发展分支。

## 4.3.1 星座设计的基本准则

星座一般为解决空间覆盖和时间响应速度问题而采用,所以星座设计的基本原则即满足任务提出的这两个指标要求。

星座的设计方式一般分为以下两步。

(1) 设计单星的轨道。单星的轨道设计通常需要考虑任务需求和卫星的其他分系统需求,是星座设计的基础。单星的轨道设计见4.2节的内容。

(2) 单星轨道设计完成后,星座设计主要从星座规模和星座的配置方式两方面入手。星座的设计需要结合任务需求和工程约束条件以及成本和研制周期需求,在分析星座规模和使用效能的性价比的基础上,折中考虑星座的规模和配置方式。

### 4.3.2 Walker 星座

Walker 星座是卫星星座设计中常用的一种形式。所谓 Walker 星座,一般指轨道高度和倾角相同的卫星,通过均布轨道面和同一轨道面内的相位,达到相对地心均布的一种组网形式。例如,一个轨道高度为 600 km、轨道倾角为 40°的圆轨道卫星,设置 3 个均布的轨道面、每个轨道面内又均布 3 颗卫星的 Walker 星座,其 9 颗卫星的轨道参数如表 4.2 所示。

表 4.2 3 星 3 面 Walker 星座

| 卫星 | 轨道高度/km | 偏心率 | 轨道倾角/(°) | 升交点赤经/(°) | 纬度辐角/(°) |
|---|---|---|---|---|---|
| 1 | 600 | 0 | 40 | 0 | 0 |
| 2 | 600 | 0 | 40 | 0 | 120 |
| 3 | 600 | 0 | 40 | 0 | 240 |
| 4 | 600 | 0 | 40 | 120 | 40 |
| 5 | 600 | 0 | 40 | 120 | 160 |
| 6 | 600 | 0 | 40 | 120 | 280 |
| 7 | 600 | 0 | 40 | 240 | 80 |
| 8 | 600 | 0 | 40 | 240 | 200 |
| 9 | 600 | 0 | 40 | 240 | 320 |

在 STK 中表达这一 3 面 3 星的 Walker 星座示意图,如图 4.16 所示。

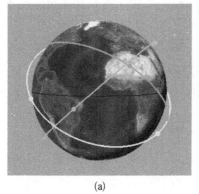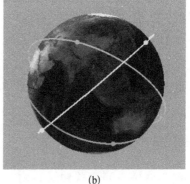

(a)　　　　　　　(b)

图 4.16 3 面 3 星的 Walker 星座示意图

Walker 星座广泛应用于全球通信、导航、导弹预警等领域。例如,美国的全球定位系统导航系统和中国的北斗导航系统,其星座配置中均有采用 Walker 星座。Walker 星座由于其在空间覆盖和时间响应方面均具备均匀性,所以在一些轨道优化设计中,经常通过轨道优化确定单星的轨道参数后,通过 Walker 星座的方式配置卫星星座,这样星座配置比其他方式在星座的整体性能方面更加优化。

### 4.3.3　编队星座

在近距离飞行领域,两航天器的相对运动规律可用 Hill 方程来描述

$$
\begin{cases}
x = \dfrac{\dot{x}_0}{n}\sin nt - \left(3x_0 + \dfrac{2\,\dot{y}_0}{n}\right)\cos nt + 2\left(2x_0 + \dfrac{\dot{y}_0}{n}\right) \\[2mm]
y = \dfrac{2\,\dot{x}_0}{n}\cos nt + 2\left(3x_0 + \dfrac{2\,\dot{y}_0}{n}\right)\sin nt - 3(2nx_0 + \dot{y}_0)t + \left(y_0 - \dfrac{2\,\dot{x}_0}{n}\right) \\[2mm]
z = \dfrac{\dot{z}_0}{n}\sin nt + z_0\cos nt
\end{cases}
$$

$$(4-26)$$

$$
\begin{cases}
\dot{x} = \dot{x}_0\cos nt + (3nx_0 + 2\,\dot{y}_0)\sin nt \\[2mm]
\dot{y} = -2\,\dot{x}_0\sin nt + 2(3nx_0 + 2\,\dot{y}_0)\cos nt - 3(2nx_0 + \dot{y}_0) \\[2mm]
\dot{z} = \dot{z}_0\cos nt - nz_0\sin nt
\end{cases}
\qquad (4-27)
$$

式(4-26)和式(4-27)表达了伴随航天器在参考航天器轨道坐标系(坐标原点在参考航天器质心,$x$ 轴径向朝天,$y$ 轴在轨道面内垂直于 $x$ 轴指向飞行方向,$z$ 轴符合右手定则)中的相对运动,其中 $x_0$,$y_0$,$z_0$,$\dot{x}_0$,$\dot{y}_0$,$\dot{z}_0$ 为两航天器的初始相对运动状态。

这里需要注意的是,Hill 方程在推导过程中有以下三个假设。

(1)线性化假设:假设两航天器的相对距离相比其绝对轨道地心距为小量。

(2)圆轨道假设:参考航天器轨道为圆轨道。

(3)二体模型假设:假设两航天器只受中心天体的引力作用。

由公式(4-26)和公式(4-27)可以看出,近距离两航天器的相对运动在轨道面内和轨道面法向是解耦的。在轨道面内的相对运动是一长半轴为短半轴 2 倍的横向漂移椭圆,轨道面法向为沿 $z$ 轴的简谐运动。

对轨道面内的相对运动,当两航天器的初始相对运动状态满足

$$
x_{c0} = 4x_0 + 2\,\dfrac{\dot{y}_0}{n} = 0, \quad y_{c0} = y_0 - 2\,\dfrac{\dot{x}_0}{n} = 0 \qquad (4-28)
$$

时,伴随航天器相对参考航天器做环绕飞行。得到 Hill 方程在环绕飞行条件下的解为

$$\begin{cases} x = \dfrac{\dot{x}_0}{n}\sin nt + x_0 \cos nt \\[2mm] y = -2x_0 \sin nt + \dfrac{2}{n}\dot{x}_0 \cos nt \\[2mm] z = \dfrac{\dot{z}_0}{n}\sin nt + z_0 \cos nt \end{cases} \qquad (4-29)$$

令

$$r^2 = \left(2\dfrac{\dot{x}_0}{n}\right)^2 + 4x_0^2, \quad \cos\theta = \dfrac{x_0^2}{\sqrt{\dot{x}_0^2/n^2 + x_0^2}}, \quad \sin\theta = -\dfrac{\dot{x}_0^2/n^2}{\sqrt{\dot{x}_0^2/n^2 + x_0^2}}$$

$$(4-30)$$

则有

$$x = \dfrac{r}{2}\cos(nt+\theta), \quad x_0 = \dfrac{r}{2}\cos\theta, \quad \dot{x}_0 = -\dfrac{nr}{2}\sin\theta \qquad (4-31)$$

考虑 $z$ 轴方向振荡的初始相位与 $x$ 轴相同的情况,有

$$\begin{cases} x = \dfrac{r}{2}\cos(nt+\theta) \\[2mm] y = -r\sin(nt+\theta) \\[2mm] z = kx \end{cases} \qquad (4-32)$$

$$\begin{cases} \dot{x} = -\dfrac{nr}{2}\sin(nt+\theta) \\[2mm] \dot{y} = -nr\cos(nt+\theta) \\[2mm] \dot{z} = k\dot{x} \end{cases} \qquad (4-33)$$

公式(4-32)和公式(4-33)中的 $k$ 为 $xOz$ 平面内 $z$ 与 $x$ 线性关系的斜率。至此,根据编队构型特点可知法向与轨道面内自由度的关系,依据参数 $r$ 和 $\theta$,即可给出不同构型的环绕编队星与目标星的相对位置矢量 $\boldsymbol{\rho}$ 和速度矢量 $\boldsymbol{v}$,在已知参考航天器位置矢量 $\boldsymbol{R}_s$ 和速度矢量 $\boldsymbol{V}_s$ 的前提下,得到编队星的位置矢量 $\boldsymbol{R}_c$ 和速度矢量 $\boldsymbol{V}_c$,进而得到构型设计解。

需要说明的是,由于法向 $z$ 与轨道面内的 $x$、$y$ 解耦,根据不同的 $z$ 与 $x$ 的关系,会有不同的空间圆构型,例如,上面的空间圆($z=\pm\sqrt{3}x$)、水平圆($z=\pm2x$)。根据具体的任务需求,设计不同的 $z$ 与 $x$ 的函数关系,会得到不同的构型设计结果。

$r$ 的含义为轨道面内编队卫星离主星的最远距离:① 对于共面椭圆为椭圆长半轴 $2b$;② 对于空间圆为圆半径;③ 对于水平投影圆为水平投影圆半径,也为沿迹向与目标的最远距离,但小于编队卫星距离目标的最远距离,最远距离为 $r/\cos(26.565°) = 1.118r$。

构型设计结果如下。

**1. Style＝1 串行编队**

串行编队构型也称跟飞编队构型,是一种比较简单的卫星编队构型,伴随卫星和主星在同一轨道上,两者间隔一定距离 $L$,如图 4.17 所示。

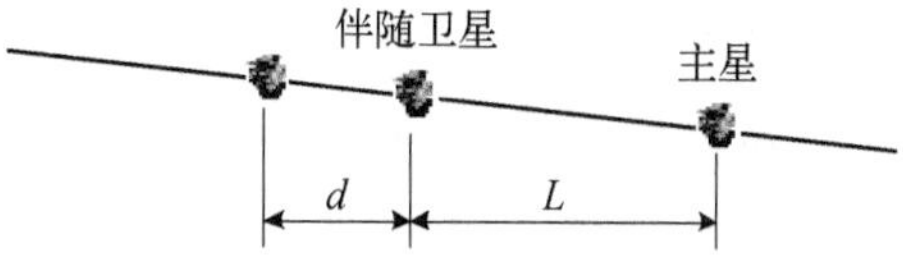

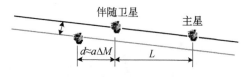

图 4.17　串行编队构型示意图

从绝对轨道角度讲,串行编队的卫星除真近点角外,其余轨道根数均相同;从相对轨道角度讲,串行编队为轨道面内的相对运动,椭圆中心径向位置为 0,横向位置即串行编队距离,椭圆短半轴为 0,相对运动椭圆退化为一点。

串行编队卫星的初始相对状态满足

$$x = z = \dot{x} = \dot{y} = \dot{z} = 0; \quad y = r \qquad (4-34)$$

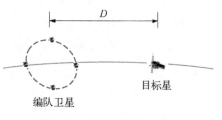

图 4.18　沿航向编队构型示意图

**2. Style＝2 沿航向编队**

与串行编队稍有差别,沿航向编队的伴随卫星和主星按照一定的前后顺序运行在相邻轨道上且其星下点轨迹重合(Trace-to-Trace),如图 4.18 所示。

从绝对轨道角度讲,沿航向编队卫星由于星下点轨迹重合,所以其高度相同,轨道倾角相同,且都为圆轨道;升交点赤经稍有差别 $\Delta\Omega$ 以补偿地球自转的影响,平近点角也稍有差别 $\Delta M$。从相对轨道角度讲,沿航向编队主要为轨道面法向的相对运动,在轨道面内退化为椭圆中心横向位置不为零的一点。

沿航向编队卫星的初始相对状态满足

$$x = \dot{x} = \dot{y} = \dot{z} = 0; \quad y = r; \quad z = r \times \frac{2\pi/86\,164.1}{n} \times \sin i \qquad (4-35)$$

**3. Style＝3 空间圆**

空间圆编队构型即伴随卫星相对主星的相对运动轨迹在空间为一以主星为中心的空间圆,伴随卫星与主星的相对距离 $r$ 即空间圆半径。空间圆编队构型的绕飞平面与主星相对轨道坐标系(即 LVLH 系)的 $x-z$ 平面垂直,与 $y-z$ 平面(水平面)的夹角为 30°或 150°;绕飞运动在轨道面内的初始相位与轨道面法向的初始相位差为 $\pi/2$ 或 $3\pi/2$,如图 4.19 所示。

图 4.19　空间圆构型示意图

空间圆编队构型的卫星,其初始相对状态满足

$$x = \frac{r}{2}\cos\theta; \quad \dot{x} = -n\frac{r}{2}\sin\theta; \quad y = \frac{2\dot{x}}{n}; \quad \dot{y} = -2nx \qquad (4-36)$$

(1) $i = 30°$

$$z = \sqrt{3}x; \quad \dot{z} = \sqrt{3}\dot{x} \tag{4-37}$$

(2) $i = -30°$

$$z = -\sqrt{3}x; \quad \dot{z} = -\sqrt{3}\dot{x} \tag{4-38}$$

## 4. Style=4 水平圆

水平圆编队构型即伴随卫星绕主星的飞行轨迹在当地水平面的投影为以主星为中心的圆,也称星下点圆编队构型,星下点圆半径为 $r$。水平圆编队构型的绕飞平面与主星相对轨道坐标系(即 LVLH 系)的 $x$-$z$ 平面垂直,与 $y$-$z$ 平面(水平面)的夹角为 $26.5°$ 或 $153.5°$;绕飞运动在轨道面内的初始相位与轨道面法向的初始相位差为 $\pi/2$ 或 $3\pi/2$。

水平圆编队构型的卫星,其初始相对状态满足

$$x = \frac{r}{2}\cos\theta; \quad \dot{x} = -n\frac{r}{2}\sin\theta; \quad y = \frac{2\dot{x}}{n}; \quad \dot{y} = -2nx \tag{4-39}$$

(1) $i = 26.565°$

$$z = 2x; \quad \dot{z} = 2\dot{x} \tag{4-40}$$

(2) $i = -26.565°$

$$z = -2x; \quad \dot{z} = -2\dot{x} \tag{4-41}$$

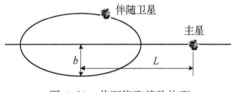

图 4.20 共面绕飞编队构型

## 5. Style=5 轨道面内的共面椭圆

共面绕飞编队构型即伴随卫星与主星在轨道面内形成稳定伴飞构型,如图 4.20 所示。

从绝对轨道角度讲,共面绕飞编队卫星的轨道高度、轨道倾角、升交点赤经都相同,偏心率、近地点辐角和真近点角不同;从相对轨道角度讲,共面绕飞编队构型只有轨道面内的相对运动,与串行编队构型不同的是,共面绕飞编队构型的椭圆短半轴不为零。

共面编队卫星的初始状态满足

$$x = \frac{r}{2}\cos\theta; \quad \dot{x} = -\frac{nr}{2}\sin\theta; \quad y = \frac{2\dot{x}}{n}; \quad \dot{y} = -2nx; \quad z = \dot{z} = 0 \tag{4-42}$$

至此,得到某一初始时刻的主星 LVLH 坐标系中的相对轨道。若已知参考航天器位置矢量 $\boldsymbol{R}_s$ 和速度矢量 $\boldsymbol{V}_s$,根据上面推导的两航天器的相对位置矢量 $\boldsymbol{\rho}$ 和速度矢量 $\boldsymbol{v}$,可得到伴随航天器的位置 $\boldsymbol{R}_c$ 和速度 $\boldsymbol{V}_c$,应用的公式为

$$\begin{cases} \boldsymbol{R}_c = \boldsymbol{R}_s + \boldsymbol{M}_s^I \boldsymbol{\rho} \\ \boldsymbol{V}_c = \boldsymbol{V}_s + \boldsymbol{M}_s^I \boldsymbol{v} + \dot{\boldsymbol{M}}_s^I \boldsymbol{\rho} \end{cases} \tag{4-43}$$

其中

$$\begin{cases} \boldsymbol{M}_s^I = \boldsymbol{R}_z(-\Omega_s) \cdot \boldsymbol{R}_x(-i_s) \cdot \boldsymbol{R}_z(-u_s) \\ \dot{\boldsymbol{M}}_s^I = -\boldsymbol{R}_z(-\Omega_s) \cdot \boldsymbol{R}_x(-i_s) \cdot \dfrac{\mathrm{d}\boldsymbol{R}_z(-u_s)}{\mathrm{d}u_s} \cdot n \end{cases} \tag{4-44}$$

式中，$u_s$、$i_s$、$\Omega_s$ 分别为参考航天器的地心距、纬度辐角、轨道倾角和升交点赤经；$\boldsymbol{R}_z(-\Omega_s)$、$\boldsymbol{R}_x(-i_s)$、$\boldsymbol{R}_z(-u_s)$ 为坐标系旋转矩阵。

## 5.1 总体参数预算

### 5.1.1 卫星质量预算

**1. 卫星质量预算目的**

卫星在设计之初已经确定了轨道和选用的运载火箭,由于运载能力的限制,卫星的质量必须满足运载的约束,卫星质量的预算及分配是卫星总体设计的一个重要组成方面。

卫星质量的预算及分配分为以下三个层次。

(1) 第一层次:整星质量预算及分配。

(2) 第二层次:分系统质量预算及分配。

(3) 第三层次:单机质量预算及分配。

**2. 卫星质量预算原则**

1) 满足运载约束

运载的运载能力受发射场及卫星轨道的影响,卫星的质量若超出运载的能力,卫星将面临不能进入预定轨道的风险,即使部分卫星可通过自身的推进剂进入预定轨道,也会因为推进剂的大量消耗缩短卫星的运行寿命。

2) 适当余量

卫星总质量在小于运载约束的前提下留有一定的余量,防止在研制过程中出现超重现象而不满足运载约束。一般来说,卫星的设计总质量留有 $10\sim20$ kg 的余量。而对于分系统和单机的质量分配一般给出一个偏差范围。

3) 严格控制

卫星的零部件在研制过程中,需要严格遵从其设计质量,避免出现超差现象。一旦出现超差现象,首先进行减重设计,如果超差不可避免,需要在卫星总体的层面分析论证超差带来的影响并制定相应的对策措施。

3. 卫星质量预算方法

1）单机质量预算

单机质量占整星质量的大部分，单机质量预算的准确度直接决定了整星质量预算的准确度。单机设计之初需要进行质量预算，单机研制方根据单机性能要求预估单机的质量。研制过程中实际单机质量和预估质量会存在一定的差异，如果差异较大，可能导致整星质量不满足运载约束或造成整星质心出现较大偏差。为了避免这些情况的出现，单机质量预算需要制定一个偏差范围，经验上的偏差范围如下。

（1）单机方案阶段：偏差范围±5%。

（2）单机初样及正样阶段：单机质量<10 kg，偏差范围±2%。

（3）单机初样及正样阶段：单机质量≥10 kg，偏差范围±0.2 kg。

各个单机设备虽然制定了偏差范围，但是如果各个单机的质量均在偏差范围的上限或下限，也会造成整星质量超标或质心超差。为此还需对各个分系统的质量制定偏差范围，例如，某型号卫星载荷分系统质量为 230 kg，若按照±2%的容差，载荷分系统质量则为（230±4.6）kg，偏差较大，实际设计中对整个载荷分系统的质量分配为 230 kg±1%。

单机质量预算要做到精细化，质量预算分配到每一个元器件，只有这样才能保证单机质量预估的准确性。同时单机质量预算也要留有一定的设计余量，后期的固封及加固会增加部分质量。

2）结构质量预算

卫星结构质量也是整星质量的一个重要组成部分，结构质量占整星质量的比例是衡量结构先进性的重要指标之一，准确预算结构质量显得尤为重要。

根据结构产品的三维模型，采用专用分析软件计算其质量，同时要考虑结构产品的加工工艺，一般结构产品加工完成后的质量会大于设计质量。因此在结构产品的加工工艺中需要规定其质量偏差，同时优化产品设计防止出现无法加工的情况导致质量超差。

4. 卫星质量预算实例

运载对某型号卫星质量约束为不超过 910 kg，其质量预算如表 5.1 所示。

表 5.1 某型号卫星质量分配

| 项目名称 | 分配质量/kg | 备注 |
|---|---|---|
| 平台总计 | 657 | |
| 结构与机构分系统 | 225 | |
| 结构 | 175 | 包括预埋热管、隔热垫片和固定胶、单机支架、总装直属件等 |
| 机构 | 50 | 含太阳电池阵基板和展开锁定机构部分 |
| 热控分系统 | 22 | 预埋热管、隔热垫片质量含在结构中 |

| 项目名称 | 分配质量/kg | 备注 |
|---|---|---|
| 星务分系统 | 34 | |
| 测控分系统 | 48 | |
| 姿轨控分系统 | 134 | 含 38 kg 推进剂 |
| 电源分系统 | 104 | 含太阳电池阵电池片及电路部分 |
| 总体电路分系统 | 65 | 含整星低频电缆网 |
| 载荷分系统 | 187.5 | 含载荷高电缆网、不含低频电缆 |
| 自主运行子系统 | 61 | |
| 总体专项 | 7.5 | |
| 余量 | 16 | 配重及分系统超差控制 |
| 整星合计 | 900 | |

## 5.1.2 卫星功耗预算

**1. 负载功率分析的一般方法**

对微小卫星进行电源总体设计前,首先要对微小卫星的负载功率进行需求分析,然后完成功率预算。对航天器的负载功率进行需求分析和功率预算也不是简单的加和关系,即不能把分系统的仪器设备功耗依次相加来作为太阳电池阵和蓄电池的设计依据。

在微小卫星总体设计进行功率分析和预算时,首先将各单机功耗按性质分成长期、短期、大电流脉冲等几类负载。大电流脉冲负载可直接引到蓄电池供电。因为这些负载电流很大,但是时间很短,所以消耗电池的安时容量很小。然后将短期负载按照时间顺序尽量错开,降低用电高峰。

有时候短期负载也可以使用蓄电池,如对地观测传输型卫星,有的有效载荷功率(长期加上短期负载)很大,但工作时间不长。这时,可以用充电阵和蓄电池同时供电,即充电阵供电不足部分由蓄电池供电。这样蓄电池有可能在某圈放电深度较深,但经过几圈后又可平衡。

**2. 太阳电池阵的发电总功率计算**

太阳电池阵的发电总功率可按照式(5-1)计算

$$P_L = P_{BL} + P_{BC} + P_T + P_H \tag{5-1}$$

式中,$P_L$ 为太阳电池阵发电功率总需求(寿命末期);$P_{BL}$ 为光照期间母线对负载供电的功率;$P_{BC}$ 为蓄电池组的充电功率;$P_T$ 为太阳电池阵输出隔离二极管功耗;$P_H$ 为供电线路损耗。

3. 光照期间母线对负载供电的功率需求分析

1) 各种设备供电需求分析

如图 5.1 所示,光照期负载功率总需求由式(5-2)给出

$$P_z = P_C + P_D + P_m + \Delta P = \sum_{i=1}^{n_C} P_{Ci} + \sum_{i=1}^{n_D} P_{Di} + \sum_{i=1}^{n_m} P_{mi} + \Delta P \qquad (5-2)$$

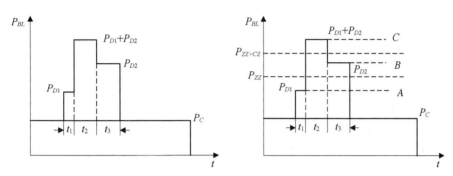

图 5.1 光照期负载功率

式中,$P_z$ 为光照期间航天器供电总需求;$P_C$ 为长期工作设备总负载;$P_D$ 为短期工作设备总负载;$P_m$ 为大电流脉冲总负载(由蓄电池供电);$P_{Ci}$ 为第 $i$ 个长期工作设备的功耗;$n_C$ 为长期工作设备数量;$P_{Di}$ 为第 $i$ 个短期工作设备的功耗;$n_D$ 为短期工作设备同时工作的重叠数;$P_{mi}$ 为第 $i$ 个大电流脉冲负载;$n_m$ 为大电流脉冲负载设备同时工作的重叠数量;$\Delta P$ 为余量(方案阶段一般留有 5%~10% 的余量)。

2) 航天器电源合理供电分析

一般地,对于太阳同步轨道航天器电源合理供电可有下列三种模式。

(1) 总负载功率低于太阳电池阵主阵产生的功率 $P_{ZZ}$ 模式。

(2) 总负载功率高于太阳电池阵主阵产生的功率 $P_{ZZ+CZ}$ 模式。

(3) 总负载功率高于太阳电池阵主阵加充电阵产生的功率模式。

3) 供电要求和功率分配

由以上分析可知,总体设计师一方面要向各分系统仪器设备分配功率指标,另一方面要对电源分系统提出合理的供电要求。要做好这项工作,首先要搞清楚供电需求要求,还要进一步分析蓄电池在阴影期和光照期的放电量,在光照期的可充电量及功率平衡结果,最后对蓄电池容量和放电深度提出合理的要求。

电源功率分配时要考虑一定的余量,在总体设计方案设计阶段,一般应留有 5%~10% 的功率裕度。

电源分系统本身的功率损耗在电源分系统设计分析中已有分析,如保护二极管和线缆损耗和各种效率系数等。这些损耗不参加整星的功率分配。关于电源分系统其他的功耗也要参加整星的功率分配,如蓄电池的加热所需的功率等。

表 5.2 给出小卫星设计过程中典型功率预算与统计表格。表中给出每个分系统乃至

单机的平均功耗与峰值功耗。

表 5.2　某微纳卫星的功率预算

| 名称 | | 数量 | 平均功耗/W | 峰值功耗/W |
|---|---|---|---|---|
| 综合电子 | 综合电子主机 | 1 | 18.80 | 42.50 |
| | X 数传发射机 | 1 | 0.00 | 60.00 |
| | 微波网络 | 1 | — | — |
| | UHF 通信板 | 1 | 0.20 | 2.70 |
| 姿轨控 | 光纤陀螺 | 1 | 5.50 | 8.00 |
| | 星敏感器 | 1 | 2.00 | 2.00 |
| | 反作用轮 | 4 | 14.00 | 60.00 |
| | 磁力矩器 | 3 | 1.00 | 1.35 |
| | 太阳敏感器 | 1 | 0.20 | 0.20 |
| 电源 | 电源控制器 | 1 | 5.00 | — |
| | 锂离子电池组 | 1 | — | — |
| | 太阳电池片 | 1 | — | — |
| | 电缆网 | 1 | — | — |
| 天线 | 星地测控发射天线 | 4 | — | — |
| | 数传天线 | 1 | — | — |
| | GPS 天线 | 1 | — | — |
| | UHF 天线 | 1 | — | — |
| | 射频电缆 | 1 | — | — |
| 结构热控 | 平台结构 | 1 | — | — |
| | 热控组件 | 1 | 25.00 | 60.00 |
| 有效载荷 | 相机 | 1 | 0.00 | 40.00 |

## 5.1.3　卫星轨道控制预算

　　燃料控制预算是卫星方案设计阶段非常重要的工作环节,对整星的质量估算、结构布局均会产生影响。卫星在轨进行轨道控制需要消耗燃料,轨道控制即对卫星轨道根数的控制调整。卫星需要在轨进行轨道控制有如下几种情况。

　　(1) 发射入轨偏差修正。有些卫星由于任务需求,对初始入轨精度要求较高,若发射入轨偏差较大,则需进行轨道控制来修正入轨偏差。例如,太阳同步轨道,轨道半长轴和轨道倾角的匹配是一定的,若初始入轨偏差较大,降交点地方时会随时间逐渐漂移,偏离原来的设计值,在寿命期间漂移超出设计范围,此时需要对轨道半长轴进行修正,使其与轨道倾角重新匹配成太阳同步轨道。

对于发射入轨偏差,一般情况下只对轨道面内的半长轴和偏心率进行修正,但有时也会对轨道面法向的倾角和升交点赤经进行修正。半长轴和偏心率修正需要的燃料消耗相对较少,倾角和升交点赤经的修正则需消耗大量的燃料,小卫星一般不做倾角和升交点赤经的修正。

(2) 轨道维持。由于初始入轨偏差、轨道控制误差以及空间摄动的影响,卫星轨道会逐渐偏离标称设计轨道,偏移量达到一定量级时,需要进行轨道控制将轨道维持至标称设计轨道。例如,一些执行遥感测绘和空间环境探测的卫星,设计轨道一般为高度一定的圆轨道,其任务对轨道高度变化十分敏感。低轨空间由于大气摄动的影响,轨道衰减效应明显,此时需要对轨道高度和偏心率每隔一段时间就进行修正,使其维持在标称设计轨道一定范围内。

对于由于轨道衰减需要进行轨道维持的情况,单星一般只需对轨道高度和偏心率进行维持,星座则还需要对相邻卫星间的相位,即纬度辐角进行控制保持。

(3) 一箭多星入轨相位调整。对于一些搭载入轨的卫星,或是一箭多星入轨的星座卫星,入轨后需要将其相对相邻卫星的距离调整至安全范围或指定位置,此时需要对卫星的相对相位进行控制。例如,一个轨道面内相位均布的三颗卫星,一箭三星入轨后需要将两颗卫星相对中间卫星的相位调整 120°;或搭载入轨的一颗卫星,要求其与搭载主星的安全距离不小于 20 km,则入轨后需要将其相对主星的相位调整到与主星相距 20 km 以上处。

对相位的调整一般通过调整轨道半长轴实现。先抬高或降低轨道半长轴,使目标卫星相对主卫星滞后或超前漂移,到达指定相位处时再降低或抬高同等程度的轨道半长轴,则目标卫星相对主卫星驻留。

(4) 轨道转移。以上三种情况的轨道控制都是将卫星轨道控制到标称设计轨道。有些卫星由于任务需求,需要调整轨道至另一目标轨道,此时需要进行轨道转移控制。地球同步卫星的发射入轨、航天器的交会对接任务、星际空间探测都是轨道转移的典型实例。一些低轨空间监视卫星也会通过轨道转移,实现对不同高度目标卫星的监视跟踪。

轨道转移又可分为同轨道面内的轨道转移和异面轨道转移。地球同步卫星的入轨是最常见的同轨道面轨道转移,首先通过火箭到达近地圆轨道,然后通过霍曼变轨,经椭圆转移轨道到达地球同步轨道。月球探测和行星际空间探测则一般采用异面轨道转移。同轨道面轨道转移只需对轨道半长轴和偏心率进行控制,燃料消耗相对较少,异面轨道转移则涉及轨道倾角和升交点赤经的控制,燃料消耗巨大,一般只在深空探测活动中应用。

(5) 编队构型轨道控制。对于一些进行编队飞行的卫星,也需要进行轨道控制,实现编队构型的重构和维持。与上面几种情况不同的是,虽然都是对轨道根数的控制调整,但编队卫星由于相对距离较近,轨道控制一般基于相对运动原理进行。

(6) 寿命末期轨道控制。国际上要求卫星在轨寿命末期留有一定推进剂,将卫星推离轨道坠入大气层,避免与其他卫星相撞产生空间碎片。

上面对卫星在轨进行轨道控制的几种情况进行了简单介绍,总体来说,轨道控制即对卫星轨道根数的控制,下面详细介绍卫星轨道根数的控制原理和燃料控制估算。

1. 推进剂质量估算

卫星总质量 $M$ 一般分为卫星干重 $M_G$ 和推进剂质量 $M_T$。三者存在如下关系

$$M = M_G + M_T \tag{5-3}$$

若卫星进行轨道控制所需的速度增量 $\Delta V$ 已知,则推进剂质量 $M_T$ 与速度增量 $\Delta V$ 之间的关系可由公式(5-4)简单计算

$$M_T = M_G \left[ e^{\Delta V / (Ig)} - 1 \right] \tag{5-4}$$

当推进剂质量 $M_T$ 相比卫星总质量 $M$ 为小量时,也可用公式(5-5)近似计算

$$M_T = \frac{M \Delta V}{I g} \tag{5-5}$$

式中,$I$ 为推进剂比冲;$g$ 为重力加速度,$g = 9.8 \ \mathrm{m/s^2}$。

由公式(5-3)和公式(5-4)可得到卫星总质量 $M$ 与卫星干重 $M_G$ 以及轨控总速度增量 $\Delta V$ 之间的关系为

$$\frac{M}{M_G} = e^{\Delta V / (Ig)} \tag{5-6}$$

公式(5-6)是卫星推进剂质量估算的基础。

2. 半长轴修正

高斯摄动方程给出除地球球心中心引力外,其他外力对轨道半长轴的改变关系为

$$\dot{a} = \frac{2}{n\sqrt{1-e^2}} \left[ e \sin f \cdot f_r + (1 + e \cos f) \cdot f_t \right] \tag{5-7}$$

由公式(5-7)可得到如下几个结论。

1) 在轨道偏心率不为零的情况下

结论1:当 $e \neq 0$ 时,在 $f = 2k\pi$,$\cos f = 1$,即近地点处施加横向控制对半长轴改变效率最高,为

$$\Delta a_{t\max} = \frac{T}{\pi} \frac{1+e}{\sqrt{1-e^2}} \cdot \Delta V_t \Leftrightarrow \Delta V_{t\min} = \frac{\pi}{T} \sqrt{\frac{1-e}{1+e}} \cdot \Delta a \tag{5-8}$$

结论2:当 $e \neq 0$ 时,在 $f = k\pi + \frac{1}{2}\pi$,$\sin f = \pm 1$,即半通径方向施加径向控制对半长轴改变效率最高,为

$$\Delta a_{r\max} = \pm \frac{T}{\pi} \frac{e}{\sqrt{1-e^2}} \Delta V_r \Leftrightarrow \Delta V_{r\min} = \pm \frac{\pi}{T} \sqrt{\frac{1-e^2}{e^2}} \cdot \Delta a \qquad (5-9)$$

由公式(5-8)和公式(5-9)可知,在控制量 $\Delta V_t = \Delta V_r = \Delta V$ 一定的前提下,有

$$\left| \frac{\Delta a_{t\max}}{\Delta a_{r\max}} \right| = 1 + \frac{1}{e} > 1 \Leftrightarrow | \Delta a_{t\max} | > | \Delta a_{r\max} | \qquad (5-10)$$

结论 3:在控制量一定的前提下,横向控制比径向控制对半长轴的改变效率更高。

2)当轨道偏心率为零时

结论 4:当 $e = 0$ 时,径向控制不改变半长轴,在近地点处施加横向控制对半长轴改变效率最高,为

$$\Delta a = \frac{\Delta V_t T}{\pi} \Leftrightarrow \Delta V_t = \frac{\pi \Delta a}{T} \qquad (5-11)$$

已知需要改变的半长轴 $\Delta a$,可按上面几个结论选择合适的控制时机和控制方向,并计算出控制量。

3. 偏心率修正

偏心率修正包括偏心率大小和偏心率矢量方向即近地点角距的修正。高斯摄动方程给出除地球球心中心引力外,其他外力对偏心率和近地点角距的改变关系为

$$\dot{e} = \frac{\sqrt{1-e^2}}{na} \left[ \sin f \cdot f_r + (\cos f + \cos E) \cdot f_t \right] \qquad (5-12)$$

$$\dot{\omega} = \frac{\sqrt{1-e^2}}{nae} \left[ -\cos f \cdot f_r + \left(1 + \frac{r}{p}\right) \sin f \cdot f_t \right] - \dot{\Omega} \cdot \cos i \qquad (5-13)$$

由公式(5-12)可得到如下几个结论。

结论 1:在 $f = k\pi$,$\cos f = \cos E = \pm 1$,即近、远地点处施加横向控制对偏心率的改变效率最高,为

$$\Delta e_{t\max} = \pm 2\sqrt{\frac{a}{\mu}} \sqrt{1-e^2} \cdot \Delta V_t \Leftrightarrow \Delta V_{t\min} = \pm \frac{1}{2} \sqrt{\frac{\mu}{a}} \frac{1}{\sqrt{1-e^2}} \cdot \Delta e \qquad (5-14)$$

结论 2:在 $f = k\pi + \frac{1}{2}\pi$,$\sin f = \pm 1$,即半通径方向施加径向控制对偏心率的改变效率最高,为

$$\Delta e_{r\max} = \pm \sqrt{\frac{a}{\mu}} \sqrt{1-e^2} \cdot \Delta V_r \Leftrightarrow \Delta V_{r\min} = \pm \sqrt{\frac{\mu}{a}} \frac{1}{\sqrt{1-e^2}} \cdot \Delta e \qquad (5-15)$$

由公式(5-14)和公式(5-15)可知,在控制量 $\Delta V_t = \Delta V_r = \Delta V$ 一定的前提下,有

$$\left| \frac{\Delta e_{t\max}}{\Delta e_{r\max}} \right| = 2 \Leftrightarrow \mid \Delta e_{t\max} \mid = 2 \mid \Delta e_{r\max} \mid \qquad (5-16)$$

结论 3：在控制量一定的前提下，最大效率改变偏心率，横向控制改变效率是径向控制的 2 倍。

由公式(5-16)可得到如下几个结论。

结论 4：在 $f = k\pi + \frac{1}{2}\pi$，$\sin f = \pm 1$，即半通径方向施加横向控制对近地点角距的改变效率最高，为

$$\Delta \omega_{t\max} = \pm 2\sqrt{\frac{a}{\mu}}\,\frac{\sqrt{1-e^2}}{e} \cdot \Delta V_t \Leftrightarrow \Delta V_{t\min} = \pm \frac{1}{2}\sqrt{\frac{\mu}{a}}\,\frac{e}{\sqrt{1-e^2}} \cdot \Delta \omega \quad (5-17)$$

结论 5：在 $f = k\pi$，$\cos f = \pm 1$，即近、远地点处施加径向控制对近地点角距的改变效率最高，为

$$\Delta \omega_{r\max} = \mp \sqrt{\frac{a}{\mu}}\,\frac{\sqrt{1-e^2}}{e} \cdot \Delta V_r \Leftrightarrow \Delta V_{r\min} = \mp \sqrt{\frac{\mu}{a}}\,\frac{e}{\sqrt{1-e^2}} \cdot \Delta \omega \quad (5-18)$$

由公式(5-17)和公式(5-18)可知，在控制量 $\Delta V_t = \Delta V_r = \Delta V$ 一定的前提下，有

$$\left| \frac{\Delta \omega_{t\max}}{\Delta \omega_{r\max}} \right| = 2 \Leftrightarrow \mid \Delta \omega_{t\max} \mid = 2 \mid \Delta \omega_{r\max} \mid \qquad (5-19)$$

结论 6：在控制量一定的前提下，最大效率改变近地点角距，横向控制改变效率是径向控制的 2 倍。

由上面几个结论可知，对偏心率的大小和方向最大效率进行改变，横向控制改变效率均为径向控制的 2 倍。但横向控制在近、远地点处对偏心率大小改变效率最高，而在半通径方向对偏心率方向改变效率最高。控制对偏心率大小的改变实质上是通过改变轨道半长轴实现的，而控制对偏心率方向的改变则是通过改变轨道半通径方向实现的。这是造成控制对偏心率大小和方向改变效率关系不同的内在原因。

由前面分析可知，由于改变偏心率实质上是通过改变半长轴实现的，控制对半长轴和偏心率的改变是耦合的，因此在一些要求改变半长轴但不改变偏心率的情况下，需要至少两次控制才能实现控制半长轴的同时不改变偏心率，最常见的应用即霍曼变轨。

4. 倾角修正

高斯摄动方程给出除地球球心中心引力外，其他外力对轨道倾角的改变关系为

$$\dot{i} = \frac{1}{na^2\sqrt{1-e^2}}r\cos u \cdot f_h \qquad (5-20)$$

由公式(5-20)可知，只有法向控制对倾角改变有贡献，且能得到如下结论。

结论：在 $u = k\pi$，$\cos u = \pm 1$，即升、降交点处施加法向速度增量对倾角的改变效率最高，为

$$\Delta i_{h\max} = \pm\sqrt{\frac{a}{\mu}}\, \frac{\sqrt{1-e^2}}{1+e\cos f} \cdot \Delta V_h \Leftrightarrow \Delta V_{h\min} = \pm\sqrt{\frac{\mu}{a}}\, \frac{(1+e\cos f)}{\sqrt{1-e^2}} \cdot \Delta i$$

$$(5-21)$$

对小偏心率近似圆轨道，升、降交点处法向速度增量对倾角的改变效率关系简化为

$$\Delta i_{h\max} = \pm\sqrt{a/\mu} \cdot \Delta V_h \Leftrightarrow \Delta V_{h\min} = \pm\sqrt{\mu/a} \cdot \Delta i = V \cdot \Delta i \qquad (5-22)$$

式中，$\mu = 398\,600.441\,5$ km³/s² 为地球引力常量。由公式（5-22）可知，改变 1 rad 的轨道倾角所需法向速度增量，等于当前卫星的轨道速度，相当于重新发射一次。所以大部分卫星，尤其是小卫星，一般很少做倾角控制，即使需要控制倾角，也只做量级很小的改变，如入轨偏差修正等。

以地球同步轨道为例，改变 1° 倾角所需的法向速度增量为

$$\Delta V_{h\min} = \sqrt{\frac{398\,600.441\,5 \text{ km}^3/\text{s}^2}{42\,164.2 \text{ km}}} \cdot 1° = 54 \text{ m/s} \qquad (5-23)$$

以 400 km 圆轨道为例，改变 1° 倾角所需的法向速度增量为

$$\Delta V_{h\min} = \sqrt{\frac{398\,600.441\,5 \text{ km}^3/\text{s}^2}{6\,778.137 \text{ km}}} \cdot 1° = 134 \text{ m/s} \qquad (5-24)$$

发射入轨倾角偏差一般小于 0.1° 量级，在一些倾角精度较高的任务中，卫星修正倾角偏差所耗费的燃料可根据公式（5-23）和公式（5-24）进行简单边界估计。

5. 升交点赤经修正

高斯摄动方程给出除地球球心中心引力外，其他外力对升交点赤经的改变关系为

$$\dot{\Omega} = \frac{1}{na^2\sqrt{1-e^2}} r \frac{\sin u}{\sin i} \cdot f_h \qquad (5-25)$$

由公式（5-25）可知，与倾角相似，只有法向控制对升交点赤经改变有贡献，且能得到如下结论。

结论 1：在 $u = k\pi + \dfrac{\pi}{2}$，$\sin u = \pm 1$，即纬度辐角最高处施加法向速度增量对倾角的改变效率最高，为

$$\Delta\Omega_{h\max} = \pm\sqrt{\frac{a}{\mu}}\, \frac{\sqrt{1-e^2}}{1+e\cos f}\, \frac{1}{\sin i} \cdot \Delta V_h \Leftrightarrow \Delta V_{h\min} = \pm\sqrt{\frac{\mu}{a}}\, \frac{1+e\cos f}{\sqrt{1-e^2}}\sin i \cdot \Delta\Omega$$

$$(5-26)$$

对小偏心率近似圆轨道,法向速度增量对升交点赤经的最大效率改变关系简化为

$$\Delta \Omega_{h\max} = \pm \sqrt{\frac{a}{\mu}} \frac{1}{\sin i} \cdot \Delta V_h \Leftrightarrow \Delta V_{h\min} = \pm \sqrt{\frac{\mu}{a}} \sin i \cdot \Delta \Omega \qquad (5-27)$$

由公式(5-27)可得到如下结论。

结论2：法向控制量对升交点赤经的改变不仅与控制时机有关,还与轨道倾角相关。轨道倾角越接近90°,改变同等程度的升交点赤经,在相同控制时机处所需的速度增量也越大。

对于90°倾角的极轨卫星,改变1 rad升交点赤经轨道所需法向速度增量,等于当前卫星的轨道速度,也相当于重新发射一次。所以大部分卫星,尤其是小卫星,一般也很少做倾角控制,即使需要控制倾角,也只做量级很小的改变。

以700 km高度太阳同步轨道为例,改变1°升交点赤经所需法向速度增量为

$$\Delta V_{h\min} = \sqrt{\frac{398\,600.441\,5\ \ \mathrm{km^3/s^2}}{7\,078.137\ \mathrm{km}}} \cdot \sin(98.19°) \cdot 1° = 130\ \mathrm{m/s} \qquad (5-28)$$

6. 相对相位修正

对于一箭多星发射的星座卫星入轨情况,需要进行相邻卫星间相对相位即相对纬度辐角的修正。相对相位的修正一般通过抬高或降低轨道半长轴,使两卫星间产生相对的滞后或超前漂移速度,一段时间后漂移到要求距离处时再进行一次半长轴同等程度的降低或抬高,使两卫星半长轴相等实现相对驻留。

对一箭多星入轨的两卫星A、B,对B卫星施加$\Delta V_1$的横向速度增量,在$\Delta t$时间内引起的B卫星相对A卫星的横向漂移量(基于相对运动关系Hill方程求解)为

$$L = 3\Delta V \Delta t \qquad (5-29)$$

若任务要求A、B星间相对相位调整至$\Delta \theta$,则有

$$L = 2\pi a \cdot \frac{\Delta \theta}{2\pi} \qquad (5-30)$$

联立公式(5-29)和公式(5-30)得到相对相位$\Delta \theta$、相位改变时间$\Delta t$与所需横向速度增量$\Delta V_1$之间的关系为

$$\Delta V_1 = \frac{a \Delta \theta}{3 \Delta t} \qquad (5-31)$$

第二次控制与第一次控制速度增量基本相等,则改变$\Delta \theta$相位所需的总速度增量为

$$\Delta V = \Delta V_1 + \Delta V_2 = \frac{2a}{3} \frac{\Delta \theta}{\Delta t} \qquad (5-32)$$

由公式(5-32)可知,横向速度增量 $\Delta V$ 与需要改变的相对相位 $\Delta\theta$ 成正比,与相位调整给定的时间 $\Delta t$ 成反比。实际在轨应用时,给定 $\Delta\theta$ 和 $\Delta t$,即可求出横向速度增量 $\Delta V$。

## 5.1.4 通信链路预算

### 1. 微小卫星通信链路概述

微波通信的信息传送能力大小取决于接收端射频功率的大小。卫星上下发的微波信号传输至地面站后,显然都是比较微弱的信号,若要接收微弱的微波信号,接收端需要用比较大的高增益天线。早期的人造卫星,个体比较小,质量轻,携带非常小的天线和低功率的发射机,使传输到地球表面的信号非常微弱,以至于地面站需要花极大的人力物力建设直径 25 m 的接收天线和大功率接收器。

随着航天产业几十年的发展,现在卫星的微波传送功率有着极大的改善,星上的发射机功率在增加,极大地缓解了地面接收站的压力,促进地面站往小型化发展,如 VSAT 网络以及 DBSTV。为了让地面成千上万的用户能通过家用小天线接收卫星电视广播信号,DBSTV 卫星采用了大型的星载天线以及大功率的发射机,导致其研制成本非常高。这种通信链路的难点在对整个卫星通信系统进行设计时,必须统筹考虑整个通信系统的开支,并且做链路预算时必须考虑到链路余量。

微波通信链路损耗包括以下两种。

(1)星际链路损耗:只考虑自由空间传播损耗。

(2)星-地链路损耗:由自由空间传播损耗和近地大气的各种影响所确定,如大气气体、云、雨、对流层和电离层干扰等。

星-地微波通信链路的微波信号需要经过地球对流层、平流层、电离层和外层空间,跨越的距离大,信号的干扰很多,表 5.3 为干扰星地微波通信的物理原因及其主要影响。

表 5.3 星地微波通信的干扰

| 传播问题 | 物理原因 | 主要影响 |
| --- | --- | --- |
| 衰减和天空噪声增加 | 大气、云、雨 | 10 GHz 以上频率 |
| 信号去极化 | 雨、冰结晶体 | C 和 Ku 频段的双极化系统 |
| 折射和大气多径 | 大气气体 | 低仰角跟踪和通信 |
| 信号闪烁 | 对流层和电离层折射扰动 | 对流层:低仰角和 10 GHz 以上频率;电离层:10 GHz 以下频率 |
| 反射多径和阻塞 | 地球表面及表面上物体 | 卫星移动业务 |
| 传播延迟、变化 | 对流层和电离层 | 精确的定时、定位 |

现阶段主流的卫星通信频段为 L、S、C、X、Ka、Ku 波段,各个波段的频率范围及其主要用途如表 5.4 所示。

表 5.4　卫星通信频段

| 波段 | 频率范围 | 主要应用 |
|---|---|---|
| L | 1～2 GHz | 移动卫星业务、地面微波、广电、窝蜂、导航等 |
| S | 2～4 GHz | 移动卫星业务、卫星中继、通信、测控等 |
| C | 4～8 GHz | 固定卫星业务,作为通信卫星下行传输信号的频段,在卫星电视广播和各类小型卫星地面站中应用 |
| X | 8～12 GHz | 在空间应用方面有空间研究、广播卫星、固定通信业务卫星、地球探测卫星、气象卫星等用途 |
| Ku | 12～18 GHz | 可用作卫星之间的通信波段,如国际空间站和航天飞机通信、卫星广播领域、地面微波通信 |
| K | 18～26.5 GHz | 固定卫星业务、广播卫星、LMDS 等 |
| Ka | 26.5～40 GHz | 高速卫星通信、千兆比特级宽带数字传输、高清晰度电视、卫星新闻采集、甚小口径卫星终端站(Very Small Aperture Terminal, VSAT)业务、星间链路及个人卫星通信等新业务 |

**1. 链路预算的重要性**

卫星通信系统从卫星天线发射端至地面站接收端的信息传输过程中,要经过微波上行链路、星载转发器和微波下行链路。卫星收到的微波信号功率电平和卫星微波接收系统的噪声功率电平大小决定了微波上行链路的信号质量。同样地,下行链路信号的质量取决于地球站接收端接收到的微波功率电平和地球站接收系统的噪声功率电平。

卫星通信链路预算的主要目的就是尽量高效地在卫星与地面站的通信点之间提供高可靠性、高质量并且控制收发系统整体成本的微波通信手段,而衡量卫星通信链路传输质量最主要的指标是卫星通信链路中接收机输入端的载波功率与噪声功率的比值,即载噪比 $\frac{C}{N}$ 。因此,在进行星地链路预算时,为了保证足够的通信容量以及高质量信号传输,需针对信道传输需求,对星地接收系统中的 $\frac{C}{N}$ 提出设计要求,而 $\frac{C}{N}$ 又与收发系统中发射端的发射机发射功率、发射天线的增益,以及射频传输过程中的各种外界损耗和引入的各种干扰和噪声有关,同时也必须考虑接收系统的接收天线的增益、噪声性能等因素。此外,由于存在某些不稳定因素(如降雨等),因此载噪比的设计还要留有一定的余量。

**3. 链路预算理论实例**

1) 电波传播的特点

自由空间的传播损耗(Free Space Loss,FSL):卫星通信中电波的损耗主要有自由空间的传播损耗和大气损耗。由于卫星一般位于 30 000～40 000 km 的太空,所以主要考虑自由空间传播的损耗,即 FSL。

$$\text{FSL} = L_f = \left(\frac{4\pi d}{\lambda}\right)^2 \tag{5-33}$$

式中,$d$ 为地球站到卫星天线口的直线距离,km。

以分贝为单位有

$$\text{FSL} = L_f = 92.44 + 20 \lg d + 20 \lg f \qquad (5-34)$$

式中,$d$ 为地球站到卫星天线口的直线距离,km;$f$ 为微波传输的频率,GHz。

电磁波在传播过程中除了与距离的平方以及传输的频率呈反比衰减外,还要受大气因数(如水分、电离层等)的影响,而电磁波的传输衰减特性随频率的变化曲线如图 5.2 所示。

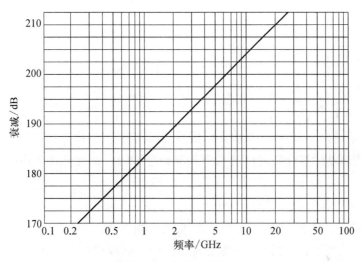

图 5.2　自由空间损耗

假设在自由空间中有一个各向同性辐射源,其总的能量功率为 $P_t \text{W}$,并全向辐射。那么在距离 $R(\text{m})$ 的一个面积上,接收的辐射能量为

$$P_r = \frac{P_t}{4\pi R^2} \ (\text{W/m}^2) \qquad (5-35)$$

当辐射源通过全向天线发送出去以后,在自由空间中传播,如果用定向天线接收此微波信号,并获取天线的有效增益,那么在接收端获取的信号接收功率应该为

$$P_R = \frac{P_T G_T G_R A_e}{L_f} \qquad (5-36)$$

式中,$P_T$ 为发射功率;$G_T$ 为发射天线增益;$G_R$ 为接收天线增益;$A_e$ 为天线的有效转化效率;$L_f$ 为自由空间传播损耗。

以星地通信为例,如果再考虑到天线的馈线损耗,以及大气损耗、其他损耗,则地面接收端的实际信号接收功率为

$$P_R = \frac{P_T G_T G_R}{L_f L_{ft} L_{fr} L_r L_a} \qquad (5-37)$$

式中，$P_T$ 为发射功率；$G_T$ 为发射天线增益；$G_R$ 为接收天线增益；$L_f$ 为自由空间传播损耗；$L_{ft}$ 为天线发射馈线损耗；$L_{fr}$ 为天线接收馈线损耗；$L_r$ 为大气损耗；$L_a$ 为其余损耗。

有效全向辐射功率为

$$\text{EIRP} = P_T \times G_T (\text{W})$$

以分贝为单位的表达式为

$$\text{EIRP} = 10 \lg(P_T \times G_T)(\text{dB} \cdot \text{W}) \tag{5-38}$$

天线的增益计算公式为

$$G_R = 4\pi \times A_e/\lambda^2 = 10\lg(4\pi \times A_e/\lambda^2)(\text{dB}) \tag{5-39}$$

实际载波接收功率为

$$C = P_R = \text{EIRP} + G_R - L_f - L_{ft} - L_{fr} - L_r - L_a \tag{5-40}$$

2) 系统噪声以及 $G/T$

在卫星通信链路中，地球站接收到的信号是极其微弱的，由于使用了高增益天线和低噪声放大器，地球站的接收机内部的噪声影响相对减弱。因此外部噪声的影响已不可以忽略。

链路的噪声主要有以下几种。

(1) 天线噪声。天线噪声包括宇宙噪声、大气噪声、降雨噪声、太阳噪声、天电噪声、天线损耗噪声、天线罩噪声以及天线从副瓣进入的地面噪声等。

(2) 干扰噪声。干扰噪声主要来源于其他通信系统。

(3) 上行链路噪声与转发器交调噪声。这些噪声是伴随信号一起从卫星发送下来的，包括发射地球站、上行链路、卫星接收系统的热噪声，以及多载波工作时卫星和发射地球站的非线性器件产生的交调噪声等。

(4) 无源器件(如馈线、定向耦合器、波导开关)的噪声。

(5) 接收机的内部噪声，主要来自馈线、放大器和变频器部分。

由电子线路分析可知，如果接收系统输入端匹配，则各种外部噪声和天线损耗噪声综合在一起，进入接收系统的噪声功率应为

$$P_n = kT_pB \tag{5-41}$$

式中，$k$ 为玻尔兹曼常数，为 $1.38 \times 10^{-23}$ J/K $= -228.6$ dB $\cdot$ W/(K/Hz)；$T_p$ 为等效噪声温度；$B$ 为接收系统的等效噪声带宽。

根据前面已经求出的接收机输入端的载波功率和噪声功率，可以直接列出接收机的输入端载波噪声功率比，为

$$\frac{C}{N} = \frac{P_T G_T G_R A_e}{L_f \times kT_pB} \tag{5-42}$$

以分贝为单位有

$$\frac{C}{N} = \text{EIRP} - L_f + G_R - 10\lg(kT_pB) \tag{5-43}$$

$$\frac{C}{N} = \frac{P_TG_TG_R}{L_fkT_pB} = \frac{P_TG_T}{L_fkB} \times \frac{G_R}{T_p} \tag{5-44}$$

式中，$G_R/T_p$ 即链路性能因数 $G/T$ 值，为天线接收增益与等效噪声温度的比值，$G/T$ 值越大，表示接收系统的性能越好。

举例说明计算，当一个地面站的天线有 30 m 的直径，总的天线转换效率为 68%，接收信号的频率为 4 150 MHz。已知接收天线的仰角为 28°，在这个频率上，接收系统的噪声温度为 79 K。此时的 $G/T$ 值为多少？如果此时有暴雨影响，云层变厚，导致系统噪声升为 88 K，此时的 $G/T$ 为多少？

$$G_R = \frac{\eta_A 4\pi A}{\lambda^2} = \eta_A \left(\frac{\pi D}{\lambda}\right)^2 = 0.68 \times \left(\frac{\pi \times 30}{0.072\,3}\right)^2 = 1.16 \times 10^6 = 60.6(\text{dB})$$

$$\tag{5-45}$$

转换噪声温度至 dB·K，有

$$T_p = 10\lg 79 = 19.0(\text{dB·K}) \tag{5-46}$$

$$G/T = 60.6 - 19.0 = 41.6(\text{dB/K}) \tag{5-47}$$

同样地，当系统噪声升为 88 K 时，$G/T=60.6-19.4=41.2(\text{dB/K})$。

3）卫星通信链路的载噪比

无论模拟通信系统要保证链路输出端信噪比 $S/N$ 为一定值，还是数字通信系统要满足一定的传输速率与误码率要求，都需要接收系统输入端载噪比 $C/N$ 达到一定的数值。如果卫星通信链路的通信容量和传输质量等方面的指标已经确定，那么接收机输入端要达到的载噪比也就确定了。我们已经得出了载噪比 $C/N$ 的公式(5-43)，不过，由于它是带宽 $B$ 的函数，因此缺乏一般性，对不同带宽的系统不便于比较，若改用载波功率与等效噪声温度之比 $C/T$ 值表示，这就与带宽 $B$ 无关了，即

$$\frac{C}{T} = \frac{C}{N} \times k \times B \tag{5-48}$$

因此，通常把 $C/T$ 值作为卫星通信链路的一个重要参数。若 $T_r$ 是接收系统的等效噪声温度，则它包括上行链路的热噪声 $T_u$、下行链路的热噪声 $T_d$ 以及转发器的交调噪声 $T_i$。下面以上行链路的 $C/T_u$ 为例来讨论 $C/T$。

根据公式(5-48)可得

$$C/T_u = C/N_s + B + 10\lg k \tag{5-49}$$

将公式(5-43)代入公式(5-49)可得

$$\frac{C}{T_u} = \text{EIRP} - L_f + \frac{G_R}{T_s} \qquad (5-50)$$

$G_R/T_s$ 为卫星接收机的性能因数。为了说明上行链路 $C/T_u$ 与转发器输入信号功率的关系,在此引入转发器灵敏度的概念。当卫星转发器达到最大饱和输出时,其输入端所需要的信号功率,就是转发器灵敏度,通常用功率密度 $W_s$ 来表示,即单位面积上的有效全向辐射功率

$$W_s = \text{EIRP}/(4\pi d^2) = \frac{\text{EIRP}}{\left(\frac{4\pi D}{\lambda}\right)^2} \times \frac{4\pi}{\lambda^2} \qquad (5-51)$$

即

$$W_s = \text{EIRP} - L_f + 10\lg\left(\frac{4\pi}{\lambda^2}\right) \qquad (5-52)$$

设输出补偿 $B_0$ 为行波管放大单个载波时的饱和输出电平与放大多个载波时工作点的总输出电平之差

$$\text{EIRP}_{多载波} = \text{EIRP}_{单载波} - B_0 \qquad (5-53)$$

将式(5-51)和式(5-52)代入式(5-53)可得

$$C/T_u = W_s - B_0 + G_R/T_s - 10\lg\left(\frac{4\pi}{\lambda^2}\right) \qquad (5-54)$$

同样地,有

$$C/T_d = W_s - B_0 + G_{RE}/T_D - 10\lg\left(\frac{4\pi}{\lambda^2}\right) \qquad (5-55)$$

式中,$G_{RE}/T_D$ 为地球站性能因数。

4) 链路预算与实例

目前国际卫星通信组织规定以数字卫星系统传输质量可靠性指标的误码率 $P_e$ 作为链路标准,例如,传输话音的链路标准取误码率 $P_e \leqslant 10^{-4}$。下面以 PSK 调制方式为例,描述如何确定卫星通信链路中的主要参数。

$$\left[\frac{C}{T}\right] = \frac{E_b R_b}{n_0 B} = \frac{E_s R_s}{n_0 B} = \frac{(E_b L_b M) R_s}{n_0 B} \qquad (5-56)$$

式中,$E_b$ 为每 bit 能量;$R_b$ 为 bit 速率;$n_0$ 为噪声功率谱密度;$B$ 为噪声带宽。

以 PSK 或者 QPSK 调制为例,误码率与信噪比 $\dfrac{E_b}{n_0}$ 的关系如式(5-57)所示

$$P_e = \frac{1}{2} \times \left[ 1 - \mathrm{erfc}\sqrt{\frac{E_b}{n_0}} \right] \qquad (5-57)$$

显然,在链路预算中,针对链路需求的误码率标准可以推导出所需的链路 $\frac{E_b}{n_0}$。由式 $(5-48)$ 可知 $\frac{C}{T} = \frac{C}{N} \times k \times B$,结合式 $(5-56)$ $\left[\frac{C}{T}\right] = \frac{E_b R_b}{n_0 B}$ 可以得出链路载噪比与链路信噪比和比特速率的关系,为

$$\frac{C}{T} = \frac{C}{N} \times k \times B = \frac{E_b R_b}{n_0 B} \times k \times B = \frac{E_b \times R_b}{n_0} \times k$$
$$= \left[\frac{E_b}{n_0}\right] + 10\lg k + 10\lg R_b \qquad (5-58)$$

卫星链路计算是一个标准化的计算过程,其中包含了收集已知信息、链路常规计算、影响因子修正等步骤;一般情况下,各项分布参数均需以最恶劣的情况进行收集,在综合计算得出最终结果后,需要与国内外常规标准进行比对,以确认系统层设计的合理性。一般的标准流程如图 5.3 所示,下面逐一对各步骤进行分解说明。

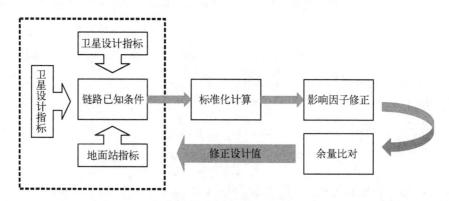

图 5.3　链路预算流程图

链路已知条件包含卫星总体指标、通信系统设计指标、地面系统指标,其中卫星总体指标主要参数包括:① 卫星飞行轨道及最大高度,其中高度影响空间衰减值计算,因此在预算过程中必须以卫星距地面最大距离进行计算;② 卫星通信频率,包含上、下行链路各通道的频点。卫星通信系统指标主要参数包括:① 通信接收系统天线 $G/T$ 值,馈线损耗,极化方式;② 天线匹配的玻尔兹曼参数;③ 通信接收机解调方式(解调方式会带来的能量再分配)、数据信息速率;④ 通信接收机要求误码率下的 $E_b/N_0$,该参数与解调方式相关,计算方法可见第 5 章中的理论说明;⑤ 通信发射系统发射 ERIP,该参数与发射功率、馈线损耗、发射天线最小增益相关,计算方法可参见第 4 章中的理论说明;⑥ 通信发射系统天线极化方式;⑦ 通信发射系统调制方式,数据信息速率。地面系统指标主要参数包括:① 地面系统上行发射 ERIP,一般以地面站/终端上行发射最小能力为准;② 地

面系统上行调制方式(调制方式会带来能量的分配值变化,表示有用信号在总功率中占据的比例);③ 地面系统下行天线 $G/T$ 值;④ 地面系统要求下行误码率下的 $E_b/N_0$;⑤ 地面天线匹配的玻尔兹曼常数。

(1) 影响因子修正。由于理论公式是建立在理想模型下计算,在实际应用中,空间链路、卫星通信系统、地面系统中均存在着损耗,它们有些是由大气、降雨、卫星和地面匹配通信时引起的指向误差等环境因素而引起,另一些是在通信调制、解调阶段由器件的非线性造成的误差;在实际工程应用中,我们主要考虑以下一些关键影响因子。

① 环境影响因子:包含降雨衰减、大气衰减等,这些都与卫星的轨道分布、通信系统的频率密切相关。

② 通信影响因子:包含天线指向损耗、天线极化损耗、解调损耗、调制损耗等。

(2) 标准化计算。通过对已知参数的收集,以及针对卫星特点进行的影响因子修正,一般小卫星的链路计算公式如下。

① 卫星上行

$$M_{\text{up}} = \text{EIRP}_{\text{up}} + G_m - F_m - L_{fsl} - L_r - L_a + G/T$$
$$- ([E_b/N_0]_{\text{up}} + 10\lg R_b + L_{dm} + 10\lg k) \tag{5-59}$$

式中,$M_{\text{up}}$ 为上行链路余量;$G_m$ 为调制方式变换率;$F_m$ 为调制损耗;$L_{fsl}$ 为自由空间损耗;$L_r$ 为降雨衰减;$L_a$ 为大气衰减;$G/T$ 为卫星接收天线;$E_b/N_0$ 为上行链路信噪比;$R_b$ 为信息速率;$L_{dm}$ 为解调损耗;$k$ 为玻尔兹曼常数。

② 卫星下行

$$M_{\text{down}} = \text{EIRP}_{\text{down}} + G_m - F_m - L_{fsl} - L_r - L_a$$
$$+ G/T - ([E_b/N_0]_{\text{down}} + 10\lg R_b + L_{dm} + 10\lg k) \tag{5-60}$$

式中,$M_{\text{down}}$ 为下行链路余量;$G/T$ 为地面接收天线;$E_b/N_0$ 为下行链路信噪比;$R_b$ 为下行信息速率。

(3) 余量比对。在计算出卫星上、下行的链路余量后,应与国内外通信余量工程经验值进行比对,目前国际上认可的链路余量为大于 3 dB,而国内为了增强可靠性、安全性,一般要求大于 5 dB。

(4) 修正设计值。在上、下行链路余量不满足标准要求的情况下,理论上可以通过修正卫星通信系统和地面系统的设计指标来解决问题;但鉴于地面站的设计是建立在满足国内多数卫星统一运营的基线上,而且在长期运控的过程中其技术状态、指标都经过了长期验证,若修正地面系统指标,则会带来过多的修正成本,同时降低运控可靠性,因此以优先修正卫星通信系统设计指标为主。

下面以某型号卫星(以下简称 X1 卫星)测控通信系统为例,对卫星链路进行详细预算分析。

① X1 卫星由中国卫星测控基地统一测控,其中卫星通信系统包含一组通信接收、发射模块,其中主要技术指标如下。

a. 卫星轨道为 350 km 椭圆轨道,最大离地高度 700 km,上行频率 2.1 GHz,下行频率 2.3 GHz,空间自由衰减计算值为上行 167.0 dB、下行 167.8 dB。

b. 卫星系统上行天线 $G/T$ 值为 $-37.7$ dB/K,卫星下行 ERIP 为 $-9$ dB·W。

c. 卫星系统上行信息速率 2 000 bit/s,要求误码优于 $10^{-6}$,通过 BPSK 调制方式计算后得到最小 $E_b/N_0$ 为 12 dB/Hz。

d. 卫星系统下行调制方式为 BPSK-PM,有效数据调制度为 0.6 rad,调制转换率计算值为 $-10.05$ dB;卫星下行信息速率为 4 000 bit/s。

e. 地面系统上行发射 ERIP 为 60 dB·W;地面下行天线 $G/T$ 值为 15 dB/K;上行调制方式为 BPSK-PM,有效数据调制度为 0.6 rad,调制转换率计算值为 $-10.05$ dB(PM 调制度与转换率的计算)。

f. 地面系统下行要求误码优于 $10^{-6}$,通过 BPSK 调制方式计算后得到最小 $E_b/N_0$ 为 12 dB/Hz。

g. 影响因子包含降雨衰减 0.5 dB、大气衰减 1 dB、指向损失 1 dB、天线极化损耗 1 dB,调制损耗 0.5 dB、解调损耗 0.5 dB。

h. 玻尔兹曼常数 $-228.6$ dB·W/(K·Hz)。

② 计算上行、下行链路余量。

上行链路余量:$\Phi = [60 - 10.05 - 0.5 - 167.7 - 0.5 - 1 - 37.7] - [12 + 33 + 0.5 - 228.6] = 25.65$(dB)。

下行链路余量:$\Phi = [-9 - 10.05 - 0.5 - 167.7 - 0.5 - 1 + 15] - [12 + 33 + 0.5 - 228.6] = 7.85$(dB)。

通过比对,上、下行链路余量均大于 5 dB,通过链路预算可确认卫星通信系统的设计是合理的。

## 5.1.5　设计寿命指标分配

卫星设计寿命(Design Lifetime of Satellite)是指根据研制任务书及合同规定而设计的卫星在运行轨道上应该达到的正常工作时间,是卫星的重要技术指标之一,对它的要求在卫星研制任务书和合同中均要进行明确的规定。卫星的设计寿命必须大于卫星在轨工作寿命。在卫星设计中,应充分采用经过飞行试验考验的成熟技术及其延伸技术,处理好采用成熟技术和采用新技术的关系。同时应开展可靠性设计,采用高可靠性的元器件,剔除早期失效的元器件;降额使用元器件,提高元器件的可靠性;采用冗余技术,防止单点失效造成整星故障。目前,地球静止通信卫星的设计寿命一般可达 8~10 年,最高设计寿命已达 15 年。近地轨道对地观测卫星设计寿命一般为 2~5 年。

卫星的研制中,通常分为设计寿命、工作寿命和轨道寿命。设计寿命是指根据研制任务书或合同规定而设计的卫星在运行轨道的正常工作时间;工作寿命是指卫星在运行轨道上的实际工作时间;轨道寿命是指卫星入轨到陨落的起始时间。订货方提出的寿命要求是指设计寿命。寿命的长短,对航天器的方案、研制经费和研制周期等有着非常大的影响。

卫星寿命在设计时,考虑各分系统及其仪器设备的工作状态,将寿命按设计寿命、地面存储寿命、在轨存活等待寿命(指备份航天器)和在轨工作寿命进行划分。原因是部分仪器设备在轨不是长期工作,而是间断工作;部分仪器设备只需工作一段时间即可完成任务不再工作;另外,一些设备具有活动部件;因此在卫星总体设计中对卫星各分系统及其仪器设备要分别提出要求。

对于在轨长期工作的无活动部件的仪器设备要求其设计寿命大于卫星的在轨工作寿命,可用下列关系式表达

$$T_{ij} > T_{WG}, \quad i=1,2,\cdots,n; \quad j=1,2,\cdots,m \qquad (5-61)$$

式中,$T_{ij}$ 为第 $i$ 个分系统中第 $j$ 个仪器设备的设计寿命;$i$ 为分系统号数;$j$ 为仪器设备号数;$n$ 为分系统总数;$m$ 为分系统中仪器设备的总数;$T_{WG}$ 为用户要求的卫星在轨工作寿命。

对于在整个卫星工作寿命期间间歇工作的仪器设备可用下列关系式表示

$$T_{kG} + T_{kJ} > T_{WG}, \quad k=1,2,\cdots,n_0 \qquad (5-62)$$

式中,$T_{kG}$ 为卫星中第 $k$ 个仪器设备在轨工作时间;$T_{kJ}$ 为卫星中第 $k$ 个仪器设备在轨间歇时间;$k$ 为卫星中间歇工作的仪器设备号数;$n_0$ 为卫星中间歇工作的仪器设备总数。

对于在轨具有活动部件的设备的设计寿命要求如下

$$T_{lHS} = f T_{lHG}, \quad l=1,2,\cdots,p \qquad (5-63)$$

式中,$T_{lHS}$ 为卫星中第 $l$ 个活动部件设计及地面试验寿命(或次数);$T_{lHG}$ 为卫星中第 $l$ 个活动部件在轨工作寿命(或次数);$l$ 为卫星中活动部件号数;$p$ 为卫星中活动部件总数;$f$ 为安全系数,一般取 1.5~3.0 倍。

### 5.1.6 可靠性设计指标分配

卫星可靠性设计面临的首要问题是明确它的可靠性目标要求,通过卫星设计、研制、生产和试验过程保障,把可靠性作为一个重要质量指标引入卫星系统中,从元器件、部组件设计与实施,完成对单机级、系统级的可靠性保障,进而实现整星可靠性的最终目标。

卫星可靠性定量要求的工作是指可靠性参数的选择和指标确定,它直接影响卫星在

轨能力的提高和全寿命周期费用的节省,是影响卫星可靠性的关键因素之一。卫星可靠性定量要求的工作主要应明确下述几点。

(1) 可靠性参数选择。

(2) 可靠性指标确定。

(3) 可靠性定量要求与型号论证、研制工作的关系。

卫星可靠性定量要求工作的实施主要应依据国家军用标准 GJB 1909—1994。卫星的可靠性参数选择和指标确定工作的开展应同时遵循 GJB 1909.1—1994"总则"和 GJB 1909.4—1994"卫星"这两个标准的要求。

卫星系统可靠性指标分配是指系统可靠性参数和定量化指标按照一定的原则和方法分配到规定的层次(分系统、设备/部件等)。可靠性分配与可靠性预计相互迭代,不断完善。预计结果可作为进行可靠性分配的参考。

1. 可靠性分配目的

可靠性指标分配是指将使用方提出的、在产品研制任务书(或合同)中规定的总体可靠性指标,自顶向底,自上到下,从整体到局部,逐步分解,分配到各系统、分系统及设备。即上一级产品对其下一级产品的可靠性定量要求,并将其写入相应的研制任务书或合同中,是一个演绎分解的过程。

可靠性分配的目的是确定与系统可靠性要求相一致的分系统、设备的可靠性要求。即将系统可靠性定量要求分配到较低产品层次,使各级设计人员明确其可靠性设计要求,估计所需的人力、时间、资源,并研究实现这些要求的可能性及办法,以保证卫星可靠性目标的实现。具体表现为:① 落实系统可靠性指标;② 确定分系统/设备的可靠性指标。

2. 可靠性分配原则

可靠性分配的一般原则如下。

(1) 复杂度高的产品,分配较低的可靠性指标。

(2) 技术上成熟、继承性好的产品,分配较高的可靠性。

(3) 处于较恶劣环境的产品,分配较低的可靠性。

(4) 重要度高产品,分配较高的可靠性。

(5) 考虑其他指标,优化设计、综合权衡。

(6) 可靠性分配后,必须确保留有一定余量。

3. 可靠性分配工作程序

可靠性定量要求的确定和分配程序的流程如图 5.4 所示。

可靠性分配工作程序如下。

(1) 卫星规范可靠性定量要求的评审和确定。

(2) 根据可靠性模型,历史经验信息,可行性分析和可靠性增长趋势,研究系统及分系统的可靠性能力。

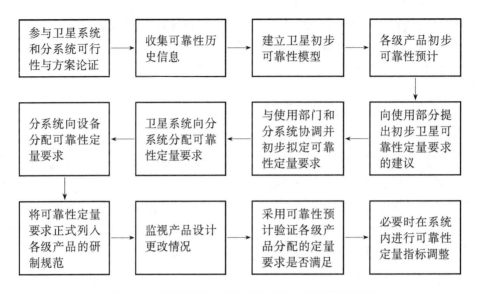

图 5.4 卫星可靠性定量要求的确定和分配程序流程

（3）通过初步可靠性预计，将可靠性定量要求逐级分配到分系统和设备。

（4）协调并确定分配方案，将分配值写入相应的规范（或技术要求）中。

（5）监视设计更改情况，必要时在系统内进行分配的调整。

可靠性分配的具体步骤如下。

（1）设计（更改）信息：产品设计或设计更改情况。

（2）确定被分配的指标值：需要分配的系统可靠性指标量值。

（3）建立（修正）系统可靠性模型：根据分配的需要建立系统可靠性模型（第6章），或根据设计更改修正可靠性模型。

（4）选用合适的分配方法，逐级将指标分配到各分系统、设备等：将系统可靠性指标分配到所要求的产品层次。

（5）各级可靠性指标：得到不同层次产品的可靠性分配结果。

（6）是否满足使用要求：将可靠性分配值与使用要求进行分析对比，若满足要求，则分配工作结束，否则，进行再分配，直至满足要求。

可靠性分配的步骤流程图如图 5.5 所示。

4. 可靠性指标分配方法

卫星一般由结构机构、电源、姿轨控、推进、热控、测控及有效载荷等多个分系统串联组成，将卫星可靠性总指标向下分配给每个分系统，作为分系统的可靠性设计指标要求，针对不同的工程需要，进行不同方法的可靠性指标分配。

1）等分配法

在设计初期，即方案阶段，当产品没有继承性、产品定义不清晰时所采用的最简单的分配方法，可用于基本可靠性和任务可靠性的分配。

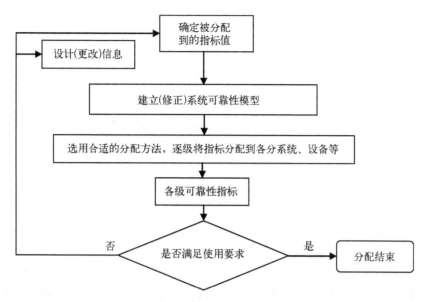

图 5.5　可靠性分配的步骤流程图

等分配法的原理：对于简单的串联产品，认为其各组成单元的可靠性水平均相同。设产品由 $n$ 个单元串联而成，$R_i = R$，$i = 1, 2, 3, \cdots, n$，则产品可靠度 $R_S$ 为

$$R_S = \prod_{i=1}^{n} R_i = R^n \tag{5-64}$$

若给定系统可靠度指标为 $R_S$，则由式(5-64)可得到分配给各单元的可靠度指标为

$$R_i = \sqrt[n]{R_S} \tag{5-65}$$

并联系统按式(5-66)进行分配

$$R_i = 1 - \sqrt[n]{1-R_S} \tag{5-66}$$

2) 比例分配方法

这个方法适用于各分系统的任务时间与系统任务时间相同的串联系统。这种分析方法要求用失效率表示可靠性指标，且认为串联系统任务失效率正比于单元任务失效率。

(1) 约束条件，如式(5-67)所示

$$\sum_{i=1}^{n} \lambda_i^* \leqslant \lambda_s \tag{5-67}$$

式中，$\lambda_i^*$ 为分配给第 $i$ 个分系统的失效率；$\lambda_s$ 为系统要求的失效率。

(2) 求出各分系统的预计失效率 $\lambda_i$。

(3) 求出加权因子 $W_i$，如式(5-68)所示

$$W_i = \lambda_i \Big/ \sum_{i=1}^{n} \lambda_i \tag{5-68}$$

(4) 求出分配给分系统 $i$ 的失效率,如式(5 - 69)所示

$$\lambda_i^* = W_i \lambda_s \qquad (5 - 69)$$

3) 加权分配法

这种方法既考虑每个分系统的复杂性,也考虑其重要性。它适用于服从指数分布的电子设备,系统由 $K$ 个分系统串联而成。第 $i$ 个分系统的最低故障前平均工作时间,如式(5 - 70)所示

$$\theta_i = \frac{N W_i t_i}{n_i [-\ln R_0]} \qquad (5 - 70)$$

相应的第 $i$ 个分系统的可靠性,如式(5 - 71)所示

$$R_i(t_i) = \exp(-t_i / \theta_i) \qquad (5 - 71)$$

式中,$t_i$ 为第 $i$ 个分系统的任务时间;$W_i$ 为第 $i$ 个分系统的加权因子,表示第 $i$ 个分系统发生失效将导致系统失效发生的概率;$n_i$ 为第 $i$ 个分系统中组件数目;$N$ 为系统中的组件总数;$R_0$ 为系统可靠性指标要求;$R_i(t_i)$ 为分配给第 $i$ 个分系统的可靠性;$\theta_i$ 为分配给第 $i$ 个分系统的故障前平均工作时间。

4) 比例组合法

如果一个新设计的系统与老的系统非常相似,也就是组成系统的各分系统类型相同,只是根据新的情况,对新系统提出了新的可靠性要求,那么我们就可以根据比例组合法由老系统中各分系统的失效率,按新系统可靠性的要求,给新系统的各分系统分配失效率,如式(5 - 72)所示

$$\lambda_i' = \lambda_i \lambda_s' / \lambda_s \qquad (5 - 72)$$

式中,$\lambda_i'$ 为分配给新系统中第 $i$ 个分系统的失效率;$\lambda_s'$ 为新系统要求的失效率指标;$\lambda_i$ 为老系统中第 $i$ 个分系统的失效率;$\lambda_s$ 为老系统的失效率。

5) 评分分配法

这种方法是根据人们的经验,按照几种因素进行评分。由评分的情况给每个分系统分配可靠性指标。主要考虑以下四种因素(每种因素的分数在 $1 \sim 10$)。

(1) 复杂度。根据组成分系统的元部件数量以及它们组装的难易程度来评定。最简单评 1 分,最复杂评 10 分。

(2) 成熟性。根据分系统目前的技术水平和成熟程度来评定。水平最低评 10 分,水平最高评 1 分。

(3) 工作时间。根据分系统的工作时间来评定。分系统一直工作的评 10 分,工作时间最短评 1 分。

(4) 环境条件。根据分系统所处的环境来评定。分系统工作过程中会经受极其恶劣

而严酷的环境评 10 分,环境条件最好评 1 分。

分配给每个分系统的失效率 $\lambda_i$,如式(5-73)所示

$$\lambda_i = C_i\lambda_0 \qquad (5-73)$$

式中,$C_i$ 为第 $i$ 个分系统的评分系数,见式(5-74);$\lambda_0$ 为系统要求的失效率指标。

$$C_i = \omega_i/\omega \qquad (5-74)$$

$$\omega_i = \prod_{j=1}^{4} Y_{ij} \qquad (5-75)$$

$$\omega = \sum_{i=1}^{n} \omega_i \qquad (5-76)$$

式中,$\omega_i$ 为第 $i$ 个分系统的评分数;$\omega$ 为系统的评分数;$Y_{ij}$ 为第 $i$ 个分系统第 $j$ 个因素的评分数;$j=1$ 代表复杂度;$j=2$ 代表成熟性;$j=3$ 代表工作时间;$j=4$ 代表环境条件。$i=1,2,\cdots,n$ 为系统总数。

各分系统的评分数是根据工程师或者可靠性工程师的时间知识和经验给出,可以由专家打分给出,也可以由工程组用某种表决方式给出。

5. 可靠性指标分配实例

中国科学院微小卫星创新研究院 2015 年 12 月月底发射成功的暗物质粒子探测科学试验卫星,工作寿命 3 年,整星可靠度 0.71(三年末)。

暗物质粒子探测科学试验卫星由平台和有效载荷两部分组成,平台包括星务分系统、姿控分系统、测控分系统、数传分系统、电源分系统、结构分系统和热控分系统;载荷包括硅阵列探测器、塑闪阵列探测器、BGO 量能器、中子探测器和数管分系统。通过方案阶段、初样阶段的研制、测试和环境试验考核,在正样阶段,开展对各分系统的可靠度设计工作,从可靠性建模的角度,可将它们视为功能独立的单元,各功能单元的失效是彼此独立的,假设各分系统的可靠度预计值为 $R_1$,$R_2$,$\cdots$,$R_i$;其中塑闪阵列探测器与硅阵列探测器在任务上既相互独立又具有相互备份的功能,因此在可靠度预计计算时采用并联计算,结果记为 $R_8$,整星可靠性框图如图 5.6 所示。

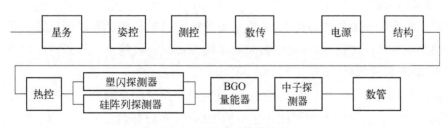

图 5.6 整星可靠性框图

各分系统可靠性指标结果如表 5.5 所示。

表 5.5    暗物质粒子探测卫星可靠度指标分配表

| 名　　称 | | R 分配值 |
|---|---|---|
| 平台部分 | 星务分系统 | 0.960 |
| | 姿控分系统 | 0.940 |
| | 测控分系统 | 0.980 |
| | 数传分系统 | 0.977 |
| | 电源分系统 | 0.960 |
| | 结构分系统 | 0.998 |
| | 热控分系统 | 0.980 |
| 载荷部分 | 硅阵列探测器 | 0.950 |
| | 塑闪阵列探测器 | 0.900 |
| | BGO 量能器 | 0.9143 |
| | 中子探测器 | 0.980 |
| | 数管分系统 | 0.980 |
| 整　　星 | | 0.71 |

## 5.1.7  精度指标分配

1. 精度目的

卫星上安装的光学单机、敏感器、天线等均有指向精度要求,若指向不满足要求将影响单机设备的性能。因此卫星设计中需要满足这些设备的安装及指向精度。

2. 精度指标提出

卫星单机的精度指标一般由单机所在的分系统提出,分系统根据任务需求进行仿真分析后提出各个单机的安装精度要求,卫星总体再根据各个单机的精度要求设计整星的结构精度。

卫星上的精度单机主要为光学载荷单机和姿控系统单机,如相机、各种光学敏感器、陀螺等。

3. 精度设计

单机设备安装在卫星的结构上,单机设备的精度由整星精度和局部精度决定。整星精度为整星的结构壳体精度,其直接影响着单机设备的安装精度。局部精度为单机安装处的局部结构(板或支架)精度。

整星的结构壳体精度由卫星的主结构保证,微小卫星的主结构一般为板式结构或框架式结构,在结构设计之初,需要制定主结构的精度,并分解到每一个结构零件中。主结构的精度由零件精度和装配精度来保证,在设计中既要提出零件精度也要提出装配精度。结构装配完成后,为保证其拆装后精度不发生变化,需要配打销钉以保证重复精度。

不同单机的安装精度要求不同,在卫星的构型布局设计中,将高精度要求的单机布置在卫星上结构精度好的位置,并根据其安装精度设计其安装处的局部结构,并且设计出合理可行的精度调整方案,一般通过修锉、刮铲、垫块等方式调整其安装精度。

4. 精度测量

卫星精度测量一般采用经纬仪、三坐标测量仪和激光跟踪仪等设备。

在地面环境中有重力的作用,卫星入轨后由于重力的消失会引起精度的变化,因此单机设备的精度一般采用空载测量的方法:卫星上只安装有精度要求的单机,其余单机不安装,在此状态下测量这些单机的安装精度,空载测量得到的精度与卫星在轨飞行状态下的精度一致性较好。

卫星在发射主动段经历严酷的力学环境,力学载荷会引起卫星结构精度的变化。为了验证卫星精度抗力学环境的能力,需要在卫星的力学环境试验前后测试其精度。卫星力学环境试验前,测量卫星的结构精度和高精度要求单机的精度,力学试验后再次测量,比对两次测量结果,分析卫星精度能否在力学环境试验后仍满足要求。

装配应力的消失会引起结构精度的变化,在装配完成后进行小量级的随机振动,去除装配应力。

5. 精度设计实例

某型号卫星的设计中充分运用公差分析软件,分解结构精度指标,合理分配各个装配点的公差,使其既能满足加工装配要求,又能满足结构精度要求。

某型号卫星为框架面板式结构,主框架为一个装配后的整体框架,卫星的结构精度主要由主框架来保证。在卫星装配前,先预装主框架,主框架装配完成后进行精度测量,并进行相应的装配调整、修锉、整体加工等工序使主框架精度满足设计要求。主框架精度调整完成后,配打销钉以保证重复精度。

对于有精度要求的单机,在这些单机机壳或者单机支架上粘贴立方镜以便于精度测量。单机安装后,测量其安装精度,若不满足要求,通过修锉、刮铲、垫块等方式调整其精度直至满足指标要求。

该卫星采用分舱式布局,根据力学分析得出下舱的结构精度好于上舱。因此在构型布局设计中将有精度要求的单机(动量轮、星敏、精太阳敏感器、红外地球敏感器等)均布置在卫星的下舱。

该卫星经过鉴定级的力学环境试验(正弦振动和噪声),测量其力学环境试验前后的精度并进行比对分析,如表5.6所示。

表 5.6  力学环境试验前后结构精度测量数据

| 序 号 | 相互位置关系及测量项目 | 精度指标/mm | 振前测量/mm | 振后测量/mm | 是否满足指标要求 |
|---|---|---|---|---|---|
| 1 | 上舱－Z板与主基准面的垂直度 | ≤2 | 0.23 | 0.36 | 是 |
| 2 | 下舱－Z板与主基准面的垂直度 | ≤2 | 1.06 | 1.17 | 是 |

| 序 号 | 相互位置关系及测量项目 | 精度指标/mm | 振前测量/mm | 振后测量/mm | 是否满足指标要求 |
|---|---|---|---|---|---|
| 3 | 上舱＋Z 板与主基准面的垂直度 | ≤2 | 0.20 | 0.16 | 是 |
| 4 | 下舱＋Z 板与主基准面的垂直度 | ≤2 | 0.71 | 0.57 | 是 |
| 5 | 上舱－Y 板与主基准面的垂直度 | ≤2 | 0.50 | 0.41 | 是 |
| 6 | 下舱－Y 板与主基准面的垂直度 | ≤2 | 0.23 | 0.48 | 是 |
| 7 | 上舱＋Y 板与主基准面的垂直度 | ≤2 | 0.18 | 0.18 | 是 |
| 8 | 下舱＋Y 板与主基准面的垂直度 | ≤2 | 0.68 | 0.66 | 是 |
| 9 | 铷钟板与主基准面的垂直度 | ≤2 | 0.27 | 0.23 | 是 |

力学环境试验前后结构精度均满足设计要求,最大变化量为 0.25 mm,变形主要原因在于力学环境试验过程中结构装配应力释放。

从表 5.7 中可以看出,整星单机精度振动前后变化较小且均满足要求。

**表 5.7　力学环境试验前后单机精度测量数据**

| 序 号 | 单机 | 相互位置关系及测量项目 | 振前测量 | 振后测量 | 指标要求 | 是否满足 |
|---|---|---|---|---|---|---|
| 1 | 粗太敏(＋Y) | 与主基准垂直度 | 0.11 mm | 0.13 mm | ±1 mm | 是 |
| | | 与副基准平行度 | 0.11 mm | 0.13 mm | ±1 mm | 是 |
| 2 | 红外地球敏感器 | 与主基准垂直度 | 0.80 mm | 0.94 mm | ±1 mm | 是 |
| | | 与副基准平行度 | 0.82 mm | 0.80 mm | ±1 mm | 是 |
| 3 | 粗太敏(－Z) | 与主基准垂直度 | 0.06 mm | 0.03 mm | ±1 mm | 是 |
| | | 与副基准平行度 | 0.16 mm | 0.16 mm | ±1 mm | 是 |
| 4 | 数字太阳敏感器 | 与主基准垂直度 | 0.13 mm | 0.12 mm | ±1 mm | 是 |
| | | 与副基准平行度 | 0.10 mm | 0.04 mm | ±1 mm | 是 |
| 5 | 星敏 A | 与主基准夹角 | 90.08° | 90.09° | (90±0.1)° | 是 |
| | | 与副基准夹角 | 59.96° | 59.96° | (60±0.1)° | 是 |
| 6 | 星敏 B | 与主基准夹角 | 127.67° | 127.70° | (127.7±0.1)° | 是 |
| | | 与副基准夹角 | 59.89° | 59.90° | (60±0.1)° | 是 |
| 7 | 星敏 C | 与主基准夹角 | 52.31° | 52.30° | (52.3±0.1)° | 是 |
| | | 与副基准夹角 | 60.01° | 60.02° | (60±0.1)° | 是 |
| 8 | 推力器 F1 | 与主基准夹角 | 154.76° | 154.77° | (155±0.5)° | 是 |
| | | 与副基准夹角 | 64.79° | 64.72° | (65±0.5)° | 是 |
| 9 | 推力器 F4 | 与主基准夹角 | 154.77° | 154.77° | (155±0.5)° | 是 |
| | | 与副基准夹角 | 64.76° | 64.72° | (65±0.5)° | 是 |
| 10 | 推力器 F2 | 与主基准夹角 | 154.87° | 154.88° | (155±0.5)° | 是 |
| | | 与副基准夹角 | 64.85° | 64.88° | (65±0.5)° | 是 |
| 11 | 推力器 F3 | 与主基准夹角 | 155.12° | 154.98° | (155±0.5)° | 是 |
| | | 与副基准夹角 | 65.11° | 64.93° | (65±0.5)° | 是 |

### 5.1.8 其他设计参数分配

1. 散热分配

航天器各分系统仪器设备所消耗的电源功率，只有 10%～20% 以有用射频功率辐射到地面或宇宙空间，还有极少量功率变为动能，而有 80%～90% 的电源功率都转变为热能从航天器辐射出去。航天器热控设计，需在航天器上找一合适的表面作为散热面，并根据散热量来确定其散热面的面积。随着航天器的发展，其电源功率要求越来越大，同时要求散热量的面积也越大。

现代大功率的外表面已不够用，而要设计专门的热辐射器伸出航天器以外。有的已大到运载火箭整流罩容纳不下，而设计成可展开式热辐射器，发射时在整流罩内呈收拢状态，入轨后待有效载荷工作时展开。

航天器总体设计师在方案设计早期要分析卫星各分系统仪器设备的散热量，提出卫星散热面布局和总散热能力要求。最后对仪器设备进行散热分配，并留有一定的余量。表 5.8 为国外某通信卫星在总体方案设计时的散热预算表。

表 5.8 国外某通信卫星的散热预算表

| 分系统 | | 散热量/W | 备注 |
|---|---|---|---|
| 有效载荷 | 低噪声放大器 | 154 | |
| | L 频段 | 203 | |
| | SSPAS | 2 731 | 基于试验数据 |
| | TWTAS | 274 | 包括电源在内的总散热 |
| | K 频段 | 63 | |
| | 数字信号处理器 | 2 542 | 设备不成熟考虑 14% 的余量 |
| | 应答机 | 40 | 布局在有效载荷舱 |
| | 有效载荷杂项 | 154 | |
| | 有效载荷小计 | 6 161 | |
| 平 台 | 姿态和轨道控制 | 185 | |
| | 电源控制设备 | 145 | |
| | 平台杂项 | 47 | 有的不通过散热面散热，有的尚需加热 |
| | 平台小计 | 377 | |
| 卫星散热总计 | | 6 538 | |
| 散热设计散热能力 | | 7 077 | |
| 散热余量 | | 539 | |
| 余量百分比 | | 8.3% | |

2. 体积尺寸分配

航天器的外形尺寸是受运载火箭整流罩可用空间限制的,因此,在航天器总体设计时,要对各分系统的仪器设备的体积尺寸以及安装要求的尺寸进行分配,并通过协调提出安装要求。这样才能保证航天器最终组装成满足用户使用要求,并符合运载火箭整流罩空间限制的航天器整体。

体积尺寸分配的一般要求如下。

(1) 各分系统的仪器设备外形尺寸要尽量小,即仪器设备内部结构安排要紧凑,并采用先进的小型化的器件。这样不仅有利于航天器外形尺寸满足限制要求,也可减小仪器设备的外壳质量。

(2) 各仪器设备外形一般要设计成长方体,这样可充分利用行内空间,也有利于仪器设备外壳的制造和安装。

(3) 外伸部件尺寸较大时,要设计成可折叠和展开的结构,在发射时呈折叠收拢状态,入轨后呈展开工作状态,以保证卫星的外形尺寸不超过运载火箭整流罩的空间限制。

(4) 对仪器设备的安装尺寸、仪器接插件的位置及外伸形体尺寸提出要求,以控制仪器设备所占航天器内体积,并保证安装、操作的开敞性和连接强度等要求。

(5) 各分系统的仪器设备应根据其功能特性适当分割,过于零散则仪器外壳和总装质量要增大,过于集中在一起则尺寸过大而不利于热控、总装和维修。

(6) 随着小卫星的发展,传统的体积尺寸分配的概念要随之改变,现代微小型卫星开始采用多功能结构,多功能结构实质是机、电、热一体小型化结构,即将电子线路的外壳、电连接器、数据(信息)传输、封装、支架、热控等辅助部件加以集成,与无源电子线路一起嵌埋在结构的复合材料中间,并采用新的方法,将有源电子线路与机械表面直接接触。这样结构分系统的结构兼有数传、配电、热控等多种功能,而能减少甚至取消电缆网、电连接器、支架等辅助性部件。

采用多功能结构,卫星内可用体积增加40%,并可大大简化系统级的装配和测试,还可以提高卫星的可靠性。

3. 遥测和遥控指令参数分配

航天器遥测参数要有足够的容量,以保证航天器各有关分系统的仪器设备的必要的参数得到监视,保证航天器在发射及在轨运行中使地面测控中心获得足够的数据去控制航天器。但遥测参数也不能无意义地盲目增多,否则遥测分系统过于庞大,增加不必要的航天器质量和电源功率等资源。总体设计师要做好权衡和协调工作,一方面要向各分系统合理分配遥测参数,另一方面又要限制遥测分系统盲目膨胀,过于庞大。

同样航天器遥控指令要有足够的数量,以保证航天器各有关分系统的仪器设备在航天器发射过程中,通过地面测控中心,按照预定的测控程序控制航天器的仪器设备,使航天器进入预定的轨道;在运行过程中,按照在轨管理规定去控制航天器正常工作。同样航天器总体设计师要做好权衡和协调工作。

4. 航天器刚度分配

在运载火箭主动段运行过程中,为了避免航天器结构大型构件及设备由于频率耦合产生共振,导致损坏,在总体设计时需对各种大型结构件提出刚度设计要求。图 5.7 和图 5.8 给出某航天器与运载火箭的频率分配结果。

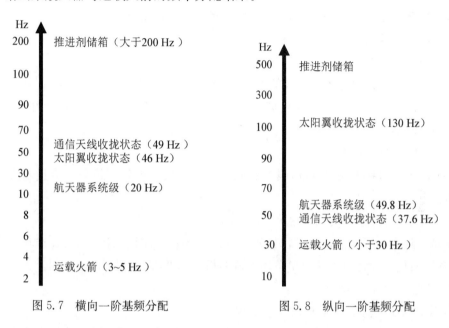

图 5.7　横向一阶基频分配　　　　　图 5.8　纵向一阶基频分配

# 5.2　卫星总体构型设计与论证

卫星构型设计不单是设计卫星的结构分系统的构架和形式,还要包括卫星各个分系统的仪器设备在内的整体构型、体积尺寸分配、总体布局和质量特性计算等,所以构型设计也可以说是卫星整体的构造设计。卫星的构型设计是卫星总体方案设计中的一项重要、全局性的设计工作。卫星的构型设计一定要按照整体优化的原则,从设计任务出发,通过多种构型方案分析、比较优选得出。卫星构型设计的重要作用就是把卫星所有大大小小、形形色色零散的各个分系统的仪器设备通过合理的设计,形成一个能保证卫星任务实现的、优化的、具体的卫星。

## 5.2.1　构型设计的任务和要求

1. 构型设计任务

卫星构型设计的基本任务是把卫星各个分系统及其仪器设备组成一个内部和外部空间尺寸协调、保证卫星功能的实现、满足各分系统仪器设备安装要求、能经受运载火箭发射过程的力学环境、有利于卫星研制和卫星有效载荷能力增长的卫星整体。

卫星构型设计的主要任务如下。

（1）设计卫星整体的外形和尺寸。

（2）设计内部主承力构件的形式。

（3）协调各分系统仪器设备的质量、体积尺寸及安装要求。

（4）进行各仪器设备的总体布局设计。

（5）完成质量特性计算。

（6）分析和验证总体布局设计的正确性，包括敏感器和天线的视场角、仪器设备之间的干涉、发动机羽流污染、太阳电池阵遮挡、安装操作性、精度测量、质量特性、电池兼容性、各种误差、各种干扰等分析验证。

（7）确定卫星坐标系。

（8）确定卫星精度测量基准，设计和确定有精度要求的仪器设备的测量基准和精度测量方法。

（9）确定安装、停放、起吊、翻转、运输等方案。

构型设计在各研制阶段的工作有所不同。不同设计阶段，各方面的要求和工作深度不同，各阶段构型设计得出的卫星整体构造的粗细程度、肯定程度都不相同。

2. 构型设计基本要求

1）满足实现卫星及其组成的功能要求

这是对卫星构型设计的最基本要求。卫星构型设计的主要目的，就是优选出能保证和有利于卫星功能实现的卫星构型。那些为实现卫星功能而提出的要求和条件，往往就是卫星构型设计的依据，例如，卫星的通信天线要求对地，就是天线的布局要求，对地观测卫星布局要满足镜头的视场需求。有的红外相机要求有制冷器，若有辐射制冷器，则要求制冷器指向深冷空间，而不能被太阳照射。

在构型设计时还要考虑各分系统功能的实现要求。例如，要保证不同姿态控制分系统稳定方案的实现就要采用不同的构型；太阳翼的布局要有良好的光照条件，以保证电源功率的输出要求；变轨发动机和姿态发动机布局位置要保证其产生的力和力矩要求以及减小干扰的要求；热控散热面要布局在光照较弱或背阳面，并且要有足够的散热面积；各种姿态敏感器要满足各自的安装方位和视场角的要求，以保证其功能的实现。满足各分系统功能的实现，也是满足卫星功能的实现。

2）满足卫星工程系统约束条件和外部环境的要求

卫星设计要考虑卫星从发射、运行到整个生命周期所遭受的外部环境，应从构型上体现卫星对外部环境的适应性。一般卫星是在整流罩保护下，由运载火箭运出稠密的大气层的。在整流罩的有限空间内放置不下卫星轨道运行时其外形所占的空间的情况下，一般是把那些尺寸大于整流罩范围的部件如太阳翼、天线等做成可收拢和可释放、展开的构型。在发射时采用收拢，入轨后释放和展开成为最终的卫星构型。

卫星是在外层空间的自然环境和随卫星的运行而产生的特定的诱导环境中存活和工作的。因此,卫星的构型必须考虑如何利用外层空间环境的问题,例如,利用太阳能以获得能源,利用重力和磁场来实现姿态控制等。

卫星构型还必须考虑如何防护卫星上仪器设备不受外层空间环境有害的影响或使有害的影响减弱到无害的程度。例如,仪器设备的布局要有利于防护空间太阳热辐照和空间粒子辐射环境。布局在卫星舱外的仪器设备,必要时加防护罩;发热量大的仪器设备靠近散热面,需要专门制冷的仪器,其制冷器布置在背阳面。

3)满足模块化、集成化的布局要求

在卫星构型设计时要尽量将有效载荷与卫星平台设计成可分离的两个舱,即实现分舱构型方案。这样有利于平台公用化,有效载荷集成化。有效载荷分舱设计,不仅有利于有效载荷随用户要求而改变,而且有利于有效载荷独立设计、布局、总装和测试。卫星平台分舱设计,可形成适应多种有效载荷要求的公用平台。例如,微小卫星创新研究院的光谱微纳 5000 卫星,采用了卫星平台综合电子舱、姿控舱、推进舱的模块化设计,可适应多种载荷需求的模块化和集成化设计布局。这样大大节约了研制费用、缩短了研制周期,从而降低了研制成本。

4)减少各种干扰要求

在卫星发射、运行时,不可避免受到来自卫星外和卫星内的干扰。干扰源有空间环境和卫星内部环境产生的力和力矩的扰动、光学干扰、电磁干扰、气动力和气动热干扰等。视卫星的不同,各种干扰对卫星影响的严重性也不尽相同。排除或减弱干扰到无害程度的工作,往往要到初样研制阶段才能完成。但是,在构型设计中也不能忽视这个问题,因为卫星构型能对排除或减弱干扰作出贡献。

5)满足各分系统仪器设备的安装要求

在总体布局时要满足各分系统仪器设备的安装要求。有效载荷天线要尽量靠近功率放大器出口,以减少高频电缆的损耗;同一分系统仪器设备尽量靠近,以减少电缆或管路的长度;发热量大的而且比较集中的仪器设备要直接布置在卫星的散热面;仪器设备布局时必须要满足质量均衡,以保证航天器质量特性要求,减少总装配质量;一般仪器设备布局要尽量考虑发热量大小均布,这样有利于热设计,减少热设计主动加热量和散热面积要求;仪器设备布局时接插件位置要利于总装和测试的操作;对于高精度的对微振动敏感的光学载荷要尽可能远离扰振源如动量轮;具有视场需求的如星敏感器、地球敏感器、太阳敏感器、光学载荷布置要满足其视场要求。

6)满足卫星研制要求

构型设计要有利于航天器研制要求。例如,将主承力构件和次要结构分开,由于它们的承载要求不同,不同结构分开有利于设计、加工、检测和总装等;又如,上述模块化构型可满足总装的开敞性和并行作业的要求;再如,合理安全、可靠地起吊、停放、运输等构型设计,有利于总装和运输。

7）构型设计要有可扩展性

构型设计要有利于卫星有效载荷能力增长的要求。在设计中要考虑太阳电池阵输出功率、热辐射器的散热，主承力构件的承载要有一定增长的能力，以适应有效载荷尤其是科学应用载荷能力的适当增长如功能提高后带来的质量功耗的增加。当然，这样增加是有限的，否则就不经济。但一定要避免有效载荷稍微增加一点功耗和质量，平台就不能适应的情况。

8）满足继承性要求

卫星在构型时，应满足继承性的要求。即尽量利用已有的构型和技术，或在原有构型的基础上发展，这样，有利于缩短研制周期和节约经费，又有利于提高航天器的研制质量和可靠性。

只有在已有的卫星构型不能满足任务要求时才能考虑新的构型。在选用新的构型前应做充分的调研工作，吸取国内外同类型的设计经验，并按照上述要求经充分的分析比较，从研制周期、质量、可靠性和经济性几方面权衡，进行优选。

### 5.2.2 外形设计

卫星外形设计包括卫星的外形和外伸部件布局设计。卫星外形设计和卫星是否返回以及采用何种姿态稳定方式密切相关。

**1. 返回式卫星的星体外形**

中国返回式卫星 FSW-0、FSW-1、FSW-2 和 FHS-1 不采用整流罩，它的返回舱采用弹道式再入大气层，因此卫星返回舱具有很好的气动外形，其外形设计成气动阻力小、外表平滑的球冠加圆台的形状。返回式卫星为了减少返回制动所需要的能量需将卫星不返回的一些服务分系统布置在不返回舱内，返回式卫星在轨工作时间短，不需要配置太阳能电池，为了节省运载火箭的能量，它不需要运载火箭专门配置整流罩。这样返回式卫星就是运载火箭的头部，因此返回式卫星的外形还必须满足星箭组合体在发射段的气动力特性要求。图5.9是 FSW-1 卫星返回舱及仪器舱外形示意图。

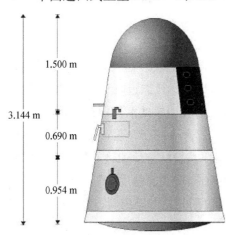

图5.9　返回式卫星外形图

**2. 不返回的卫星外形**

不返回的卫星外形与卫星采用何种姿态稳定密切相关。

1）无控制自旋稳定的卫星外形

对于卫星没有特定指向要求，但要避免卫星天线盲区指向地面，并获得较好的光照条件和有利于热控设计,卫星可采用简单的无控制的单自旋稳定,单自旋稳定是一种被动姿态稳定,早期的人造卫星大多是单自旋稳定,其外形可采用球形或球形多面体。图 5.10 是"东方红一号"卫星的外形图。

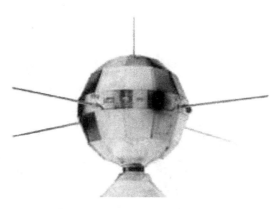

图 5.10 "东方红一号"卫星外形图

2)双自旋稳定航天器外形

为了使卫星在轨道上获得较好的对地指向,并获得较好的光照条件有利于热控设计,卫星可采用双自旋稳定。双自旋稳定是一种半主动姿态控制,多用于通信卫星,这类卫星的外形可用圆柱形。这类卫星多应用于地球同步轨道,其自旋轴垂直于轨道面。卫星以一定的速度自旋,消旋体以同样的速度消旋(反转)对准地面。圆柱外表面贴有太阳电池阵,太阳光线每年±23.5°内周期变化。图 5.11 是我国的东方红系列卫星以及国际通信卫星Ⅰ~Ⅳ系列的卫星的外形图。

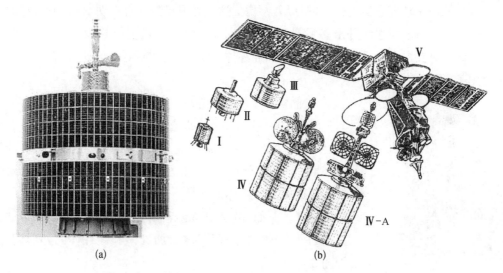

(a)　　　　　(b)

图 5.11 "东方红二号"以及国际通信卫星系列卫星外形图

3)重力梯度稳定星体外形

重力梯度稳定控制卫星在绕地球运行时,利用卫星各部分质量所受到的不相等的引力而产生的重力梯度力矩来稳定卫星的姿态。重力梯度稳定系统能使卫星的纵轴指向地心,重力梯度稳定技术早在 20 世纪 60 年代就得到了广泛的应用,特别用于语导航卫星。为了获得足够的控制力矩,这类卫星在顶端设置一根有一定质量的引力梯度杆。引力梯度杆的长度要大于卫星的高度。为了获得较大的稳定力矩,一般重力杆的长度达 10 多米,图 5.12 所示为重力梯度卫星外形图。为满足卫星装入整流罩内的要求,重力梯度杆做成可收拢和伸展的机构。发射时,收拢在卫星体内外表面,入轨后再伸展到需要的长

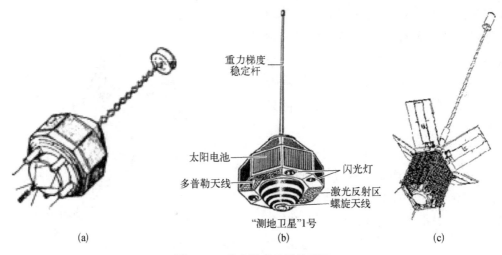

图 5.12　重力梯度卫星外形图

度。现代单纯采用重力梯度稳定的卫星已经不多,主要原因是指向精度达不到要求。

4) 三轴稳定的星体外形

卫星采用三轴姿态稳定控制的外形,不像上述几种卫星的外形有明显的特点,它的外形设计比较自由。但它的外形多数是采用长方形,主要目的是使结构设计简单、工艺性好,有利于热控散热面的设计,另外便于外伸部件在收拢状态的布置。三轴姿态控制的卫星适用于各种轨道上的卫星。

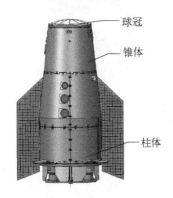

图 5.13　稀薄大气科学试验
卫星气动外形
(后附彩图)

5) 低轨卫星的气动外形

对于 $100\sim150\ \mathrm{km}$ 低轨道的卫星,由于其轨道的自身特点,考虑气动稳定性的要求,卫星外形设计应需具有很好的气动外形,其外形设计成气动阻力小、外表平滑的球冠加圆台的形状或锥体及锥柱体的形状,这种外形设计类似于返回舱的外形设计。例如,微小卫星创新研究院的稀薄大气科学试验卫星的外形设计就采用了球冠加锥体和圆柱体的外形设计,如图 5.13 所示。

6) 一箭多星发射卫星外形

此外适用于一箭多星发射的卫星,其卫星的横截面形状主要集中在三角形、矩形、梯形、圆形、六边形的卫星外形。美国的陆地卫星-4、铱星以及 ELLIPSO 卫星均采用了卫星截面为三角形的外形,后两种卫星均采用了一箭多星的发射方式;再如,全球星的梯形外形,在天顶火箭的一箭十二星的发射,如图 5.14 所示;采用矩形外形的卫星在多星发射中运用较多,例如,欧洲全球导航卫星系统-2、俄罗斯全球导航卫星系统的全球导航卫星-K,以及一些搭载发射的小型卫星如 SZ-7 伴星等;六边形截面的卫星外形以铱星 LM-900 型平台为代表,其次在一些搭载发射的小卫星中采用六边形作为卫星外形。

(a)                                    (b)

图 5.14    铱星及全球星多星发射示意图

### 5.2.3  卫星的布局设计

**1. 外伸布局设计**

外伸部件一般有变轨发动机、天线、太阳翼、姿态敏感器、姿控推力器、制冷器等。这些部件的外形尺寸和布局,要保证卫星功能的实现和自身功能的实现。

(1) 推力器布局。推力器工作时产生气体,要求无遮挡物,以免影响排气所产生的推力,同时要求产生的羽流不能污染或加热其他卫星的仪器设备,必要时进行羽流污染分析。一般要求推力器的轴线指向卫星的质心,同时还要保证推力器的安装精度。

(2) 天线布局。测控天线一般在对天面和对地面各布置一个,形成 360°全方位辐射,这样可以保证卫星出故障时无论处于任何姿态下,地面站均能够控制。数传天线一般只布置在对地面上,其波束宽度一般设计为±70°,大于卫星可视范围,保证地面站看到卫星时,即可接收数据传输信号。

(3) 太阳翼布局。太阳翼的构型首先要根据能源需求确定其所需要的面积,再考虑其尺寸外形,决定用几块基板。太阳翼一般采用对称布局,其布局的坐标平面与卫星的轨道和运行姿态有关,并决定是否需要对日定向的太阳翼驱动机构。在布置太阳翼时,要考虑其展开后对卫星其他仪器设备的遮挡情况如天线、敏感器和光学相机视场等。

**2. 内部布局**

现代小卫星大都采用三轴稳定的姿态控制方式,而对于三轴稳定的卫星的内部布局,具有较大的自由度,最主要的是要满足有效载荷的指向要求。要求布局设计结果使通过质心的三轴的惯性积尽可能小,这样可以避免或减少姿态控制时的干扰力矩。布局设计还需要满足构型设计的基本要求。

### 5.2.4 卫星主承力构件方案设计

卫星研制完成需要经过运输和运载火箭发射以及卫星变轨后进入预定轨道才能运行使用。因此,一般航天器都需要设计有主承力构件以承受上述过程所经受的各种力学环境。各分系统的仪器设备有的直接安装在主承力构件上,但大多数仪器设备通过隔板和侧板等次承力构件连接到主承力构件上。

卫星主承力构件的方案一般可分为五种形式:承力筒式、箱板式、桁架式、外壳式和混合式。

#### 1. 承力筒式

由于承力筒式构件的扭转、抗弯和剪切的强度和刚度较好,而且筒内容积可安装质量较大的推进剂储箱,所以早期静止轨道卫星多采用这种形式。为了减少质量,现代承力筒式构件都采用碳纤维复合材料。这种构型适用于带有较大体积的推进剂储箱的大卫星。例如,美国 Laura 公司 FS1300 的平台主承力结构采用中心承力筒,2 个推进剂储箱串联放置在承力筒内,如图 5.15 所示。欧洲空间局的 Space Bus3000 平台,以及我国的 DFH - 3、DFH - 4 等卫星平台均采用中心承力筒的主承力结构。

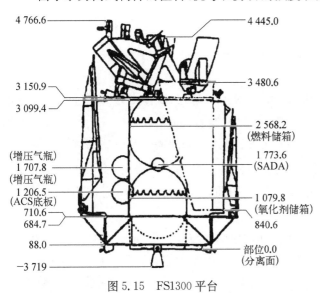

图 5.15　FS1300 平台

#### 2. 箱板式

随着通信卫星有效载荷不断增长,卫星面积和质量不断扩大,承力筒构件的缺点就不断突出。因为有效载荷的不断增长,受运载火箭整流罩直径的限制,卫星有效载荷只能向高度发展。若仍采用承力筒式,则其长度越来越长,这样,推进剂储箱越来越高,有效载荷转发器离天线馈源也越来越远,损耗加大,另外,这种形式也不利于使用有效载荷和平台实现分舱设计,而箱板式构型,可以将推进剂储箱平放在卫星平台的底板上,这样卫星平台的各分系统仪器设备都集中在卫星平台上,使平台和有效载荷舱实现分舱设计,如图 5.16 所示。

对于小卫星或微小卫星,大都采用多星发射或搭载发射,其受到了体积和质量的限制,而且其只携带少量的推进剂,或没有推进剂,箱板式的构型就尤其适用,不但可以实现分舱设计,而且可以为了缩小卫星的体积和结构分系统的质量,不采用分舱设计。我国

2007 年搭载 SZ－7 飞船发射的 SZ－7 伴星的主承力结构采用箱板式结构,卫星质量 40 kg,携带 1 kg 的推进剂。推进剂倒挂在卫星的顶板上,其余平台单机和载荷安装在底板和中隔板上。SZ－7 伴星的箱板式主承力结构如图 5.17 所示,此小卫星质量50 kg,携带 1 kg 的推进剂,推进剂倒挂在卫星的顶板上,其余平台单机和载荷安装在底板和仪器板上。科学卫星 XX－02 卫星的箱板式主承力结构如图 5.18 所示,此卫星质量 600 kg,不携带推进剂,平台单机安装在底板、隔板和中板上,有效载荷单机安装在中板上。

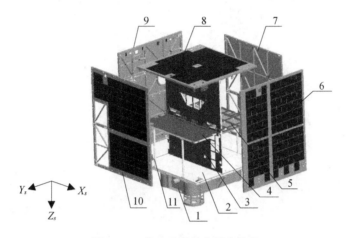

图 5.16　某小卫星的主承力结构

1-释放机构;2-底板;3-隔板;4-+Y 舱仪器板;5--Y 舱仪器板;
6-+X 侧板;7--Y 侧板;8-顶板;9--X 侧板;10-+Y 侧板;11-支撑杆

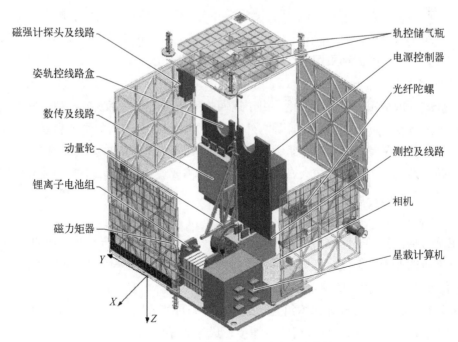

图 5.17　SZ－7 伴星的箱板式主承力结构

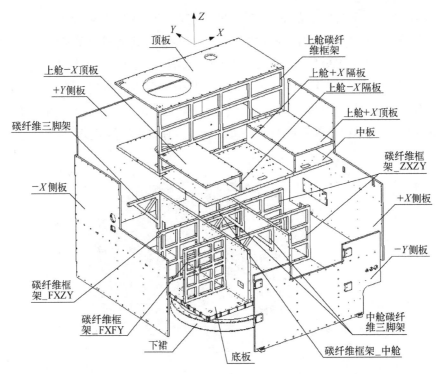

图 5.18　科学卫星 XX-02 卫星箱板式主承力结构卫星主结构图

3. 桁架式

对于大卫星非外壳承力的卫星可以采用桁架式结构,以减小航天器的结构质量。原休斯空间与通信公司的 HS-702 平台就是典型的桁架式结构。这种结构将推进剂储箱平铺在卫星平台的底板上,并采用 4 个 V 形杆组成十字形桁架式主承力构件,这种桁架式结构的主承力桁架大都采用碳纤维的复合材料制造而成。

4. 外壳式

外壳式一般适用于返回式卫星。由于返回式卫星在运载火箭发射段和返回大气层时要受恶劣的气动力和气动热环境,因此,外壳本身要求设计有较高的刚度和强度。这样返回时卫星外壳就是整个卫星的主承力构件,并且,卫星外壳直接与运载火箭连接,不需要专门的转接结构。由于直径较大,星内仪器设计还需要设计横梁,如十字形或井字形大梁将仪器设备的载荷传递到外壳上。

5. 混合式

主承力构件除以上四种典型的形式外,还有承力筒与杆系组合形式,SPOT 平台系列通过推进舱的储箱桁架环向连接 4 个储箱,储箱舱的桁架与服务舱的承力筒连接,推进舱的 W 形桁架支持载荷舱的载荷,如图 5.19 所示。

另外还有桁架和箱式结构组合形式(图 5.20),如法国的 Proteus 平台的主承力结构。桁架形成主框架结构,再采用侧板连接形成箱式结构增强卫星的横向刚度和扭转刚度,仪器设备安装在侧板上,推进组件包括推进剂安装在平台舱的底板上。

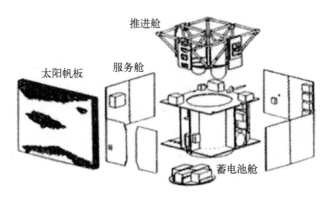

图 5.19 SPOT 平台

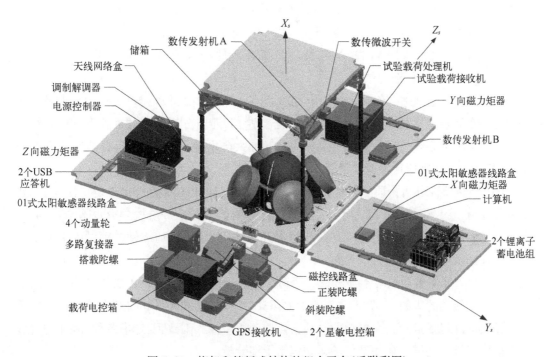

图 5.20 桁架和箱板式结构的组合平台(后附彩图)

## 5.2.5 分析论证

卫星的体积和尺寸受到运载火箭的限制,这样卫星内部仪器设备的密度非常大。再加上各个分系统之间相互支持和相互制约的关系很多,更使总体布局复杂化。此外,还有电缆和管路的走向、连接、固定、能否操作等问题,在卫星构型设计后,需要分析和验证找出不协调的问题。分析和验证总体布局设计的正确性应包括敏感器和天线的视场角、仪器设备之间的干涉、发动机羽流污染、太阳电池翼遮挡、安装操作性、精度测量、质量特性、电磁兼容性、各种误差、各种干扰等分析和验证。

（1）视场遮挡分析。在卫星构型设计后，需要专门对敏感器如星敏感器、地球敏感器、太阳敏感器等视场和天线的视场遮挡进行分析，检查其是否受到星体及其他部件的遮挡。分析时需要注意：外伸部件若是可展开部件则必须展开到位后检查；若是运动部件，则需要考虑其运动包络对视场的遮挡情况。分析结果要求以图形的形式进行描述，并留有一定的余量，常用的三维软件均能分析视场的遮挡情况。

（2）仪器设备之间的干涉分析。在构型设计后，要对设计合理性、协调性、操作性等进行验证。验证布局的机械几何干涉，要专门进行计算机辅助模装，而且把它当作构型设计的一项必须要做的工作。现在计算机技术及三维软件的快速发展，可以通过三维软件来实现干涉分析。

（3）发动机羽流污染分析。发动机羽流污染分析包括两方面：一方面检查发动机羽流有无遮挡，是否会影响发动机推力；另一方面检查发动机羽流扩散，是否会污染附近的设备，如光学敏感器、光学相机。如果有部件进入羽流范围，应进一步分析羽流可能造成的污染和推力损失。

（4）太阳电池翼遮挡分析。太阳电池翼遮挡分析主要是针对在轨飞行过程中星体或外伸部件是否会对太阳电池翼造成遮挡。若有遮挡，还应分析遮挡的面积、程度和时间，并还要与电源分系统协调。解决办法：一是增加太阳电池翼面积；二是调整遮挡部件的布局，若无法调整则应增加遮挡部件的透光率。

（5）质量特性分析。质量特性计算包括卫星不同任务阶段的所有质量特性参数，如质量、质心位置、转动惯量、惯性积。卫星任务不同，其飞行任务阶段划分也不同，一般应分析卫星发射、入轨、太阳电池阵和天线等展开机构，卫星上转动部件转动过程中以及卫星寿命初期及末期的质量特性参数。

（6）运动部件运动包络干涉分析。运动部件运动包络干涉分析主要是指外伸活动部件如可移动转动的天线、对日定向功能的太阳翼、二维转动的光学相机等在运动过程中是否有相关部件包括自身相关电缆的干涉。该项分析要深入细致，要考虑各种环境的变化。可以借助三维软件进行运动部件的运动包络干涉分析。

（7）刚度分析。针对卫星构型设计结果采用有限元软件分析卫星的基频，并给出是否满足运载火箭基频约束的要求。卫星系统的基频主要包括横向和纵向的一阶频率。除此之外还要分析卫星的基频与卫星上大部件如太阳翼、大质量低刚度的有效载荷频率的耦合，以避免出现频率耦合共振的现象。这项分析可在结构初步设计后进行。

（8）总装及测量操作性分析。分析总装及测量的操作性，一般包括仪器设备装拆分析和精度测量通路分析等。仪器设备装拆分析主要分析仪器设备可能的装拆方式以及装拆过程是否存在干涉等。其中，要考虑仪器设备接插件是否有足够的插拔空间。精度测量通路分析主要分析装有光学棱镜的仪器设备的光学瞄准路径是否存在遮挡。

（9）电磁兼容性分析。电磁兼容性分析要考虑天线布局是否会有射频干扰，要考虑仪器设备的电缆布局是否会有回路形成磁场干扰，在质量密集型的小卫星中，由于空间和体积的限制，此项分析尤为重要。此外卫星还需要与运载火箭进行电磁兼容性分析。

# 5.3 数据存储和传输能力设计

## 5.3.1 数据存储容量和数传速率需求

由于星地通信一般受地面测控站的约束，无法实时下传卫星遥测和载荷数据，仅在国内测控弧段内进行数据下传工作，因此微小卫星需要大容量存储模块来暂时存储星上的

数据，同时考虑试验数据的时效性，需要分析数传的码速率以保证有效数据的及时下传。

微小卫星存储和传输的数据分为两种：遥测数据和载荷数据，其处理流程如图 5.21 所示。由于遥测数据一般不超过 1 MB，可直接将其存储在 RAM 中，且通过遥测通道下行；载荷数据较大，为几百兆字节至几百吉字节，则需要单独的大容量存储管理，并通过高速的数传下行。

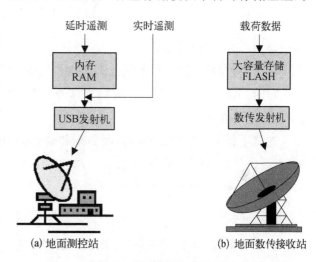

图 5.21 卫星数据存储和传输

## 5.3.2 遥测数据存储和传输预算

微小卫星遥测数据分为实时遥测和延时遥测，实时遥测仅在卫星入境期间组帧和下发，所以其可不暂用存储空间；延时遥测在境外时组包，并将数据存储在 RAM 中（由于RAM 断电数据会丢失，若有特殊需求，也可存储在 $E^2$PROM 中），卫星入境后，将延时遥测数据读出，并进行组帧下发。

1. 遥测数据存储预算

微小卫星遥测数据量与当前延时遥测包的个数、包长度和包采样周期相关，如表 5.9 所示，含 $N$ 个延时遥测包，包代号、长度、采样周期分别为 $DB_1 \sim DB_N$、$L_1 \sim L_N$、$P_1 \sim P_N$。

表 5.9　延时遥测包参数

| 包序号 | 包代号 | 包长/B | 包采样周期/s |
|:---:|:---:|:---:|:---:|
| 1 | $DB_1$ | $L_1$ | $P_1$ |
| 2 | $DB_2$ | $L_2$ | $P_2$ |
| 3 | $DB_3$ | $L_3$ | $P_3$ |
| $\vdots$ | $\vdots$ | $\vdots$ | $\vdots$ |
| $N$ | $DB_N$ | $L_N$ | $P_N$ |

在给定延时遥测包参数后，则遥测数据量与存储时间呈线性关系，即卫星在境外的时间越长，则存储的遥测数据量越大，假定需求中存储时间为 $T$ 小时，则遥测数据量 $A_m$ 为

$$A_m = \sum_{i=1}^{N} \left( L_i \cdot \text{int}\left( \frac{3\,600T}{P_i} \right) \right) \tag{5-77}$$

式中，int( )为向下取整。

在遥测数据存储中，考虑到数据结构占用少量字节（写入地址、读取地址等），同时预留一定的存储余量，一般情况下存储预算为遥测数据量 $A_m$ 的 1.2 倍。

2. 遥测数据传输预算

遥测下行数据中包含实时遥测数据和延时遥测数据，实时数据在境内组帧并实时下发，其要占用约 20% 信道量，即按目前国内微小卫星遥测下行码速率为 4 096 bit/s（每秒 512 字节）计算，延时遥测下行时间需要 $N_m$ 为

$$N_m = \eta_m \cdot A/(512 \times 0.8) \tag{5-78}$$

式中，$\eta_m$ 为系数，由于延时遥测包在发送前需要进行组帧处理，增加帧头、帧标识、包序号等字段，$\eta_m$ 一般为 1.3。

令微小卫星每轨测控入境时长为 $F_m$ s，则延时遥测数据全部发送完毕需要的轨数 $C_m$ 为

$$C_m = \text{int}(N_m/F_m) + 1 \tag{5-79}$$

式中，int( )为向下取整。

### 5.3.3　载荷数据存储和传输预算

1. 载荷数据存储预算

微小卫星一般有多个载荷，如表 5.10 所示，包含载荷 $ZH_1 \sim ZH_N$，单个载荷开机后产生载荷数据的速率为 $VL_1 \sim VL_N$，则在一段给定的时间内，假定各载荷开机时间为 $S_1 \sim S_N$。

表 5.10　载荷数据参数

| 载荷序号 | 载荷代号 | 载荷数据速率/(B/s) | 载荷开机时间/s |
|---|---|---|---|
| 1 | $ZH_1$ | $VL_1$ | $S_1$ |
| 2 | $ZH_2$ | $VL_2$ | $S_2$ |
| 3 | $ZH_3$ | $VL_3$ | $S_3$ |
| ⋮ | ⋮ | ⋮ | ⋮ |
| $N$ | $ZH_N$ | $VL_N$ | $S_N$ |

根据表 5.10 中参数,可知在此段时间内,载荷数据量为

$$A_s = \sum_{i=1}^{N}(VL_i \cdot S_i) \tag{5-80}$$

在很多情况下,载荷开机后产生数据的速率不恒定,例如,在开机初始阶段采样周期小,则数据速率变大,这种情况下,就需要对单个单机的载荷数据进行分段累加,与式(5-80)类似,不再赘述。

卫星在轨后,载荷开机和数传入境的时机会根据任务需求有差异,在进行载荷数据存储预算时,应按照载荷数据量最大的时段进行,例如,某型号微小卫星在释放初期载荷数据量为 2 GB,在后期数据量为 512 MB,则载荷存储量预算应不小于 2 GB。

2. 载荷数据传输预算

载荷数据通过数传发射机传输至地面,数传发射机速率 $R$ 为每秒几到几十兆字节,则载荷数据传输至地面需要的时间为

$$N_s = \eta_s \cdot A_s / R \tag{5-81}$$

式中,$\eta_s$ 为系数,由于载荷在发送前需要进行按照 CCSDS 格式组帧处理,增加帧头、帧标识、CRC 校验等字段,$\eta_s$ 一般为 1.2。

令微小卫星每轨数传入境时长为 $F_s$,则载荷数据全部发送完毕需要的轨数 $C_s$ 为

$$C_s = \text{int}(N_s / F_s) + 1 \tag{5-82}$$

### 5.3.4　数据存储和传输预算流程

微小卫星数据存储和传输预算作为整星总体设计的一项重要内容,预算过程与需求紧密相关,例如,遥测数据的存储预算与卫星在境外允许的时长有关,载荷数据存储容量与载荷开机的时长有关,传输的速率与数据下行的实时性有关等。

1. 遥测数据存储和传输预算流程

由于受遥测下行固定为 4 096 bit/s 的约束,在设计延时遥测包的采样周期和存储容量时,是一个迭代过程,因为从分析数据角度来说,延时遥测的采样周期越小越好,而这就

意味着需要的存储量越大。而 RAM 受器件选择约束,其容量范围有限,可供延时遥测使用的容量为 200 kB~1 MB。

遥测数据存储和传输预算流程如图 5.22 所示,在根据需求初步确定延时遥测包的周期,从而得到遥测量的估计值;进而选择 RAM 器件(需要说明的是,延时遥测存储只是 RAM 选择的因素之一,可以确定延时遥测可用的容量;在容量允许的情况下,可进一步调整延时包周期,尽可能多的延时遥测能够传输至地面,最终可确定遥测传输至地面的情况)。

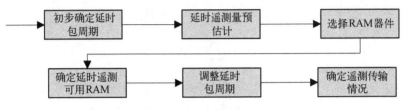

图 5.22  遥测存储预算流程

### 2. 载荷数据存储和传输预算流程

载荷数据存储和传输预算如图 5.23 所示,基于需求中的载荷工作模式,确定存储容量最大需求的时机;并结合系统对载荷数据实时性的要求和每轨入境的时长,在可能的情况下选择下行速率;最终确定载荷数据的存储容量以及传输情况。

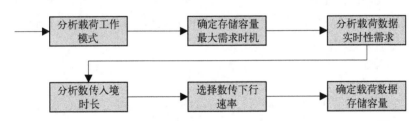

图 5.23  载荷数据存储预算流程

# 5.4  控制系统预算

卫星姿态是指卫星相对于空间某参考坐标系的方位或指向,一般用欧拉角、四元数和方向余弦表示。卫星在轨运行过程中,星上载荷需要实现探测、成像和通信等任务,对卫星的指向提出了各种要求。卫星指向按控制方式划分,主要包括姿态稳定、姿态机动和姿态跟踪三部分。

姿态稳定是指卫星克服内部干扰力矩和外部干扰力矩使卫星姿态保持对某参考方位定向的控制任务,如对地定向、惯性定向等,此时对指向精度和指向稳定度有一定的要求。姿态机动是指卫星从一种姿态转变为另一种姿态,一般是指给定目标姿态,在给定时间内从初始姿态过渡到目标姿态,实现姿态稳定,此时对机动时间和机动角度有要求,机动过程一般不考核卫星指向精度,对机动末期的姿态角和角速度有一定要求。姿态跟踪是指卫星姿态按照确定的期望路径变化,即卫星的姿态是一条线性或非线性的曲线,此时对跟踪角度和跟踪角速度精度有要求。姿态跟踪实际上是姿态机动的一种,一般每个控制周期均有变化,是按确定路径变化的姿态机动。

卫星姿态控制系统原理和其他工程控制系统基本一致,完成三个基本的过程即敏感测量、信号处理和执行过程,如图 5.24 所示。卫星姿态控制系统主要由敏感器、控制器和执行机构组成。敏感器用以测量某些确定或相对的物理量,执行机构起控制作用,驱动动力装置产生控制信号所要求的运动,控制器则承担信号处理任务。常用的敏感器有磁强计、太阳敏感器、红外地平仪、星敏感器和陀螺等。常用的执行机构主要有反作用飞轮、偏置动量轮、磁力矩器和喷气装置等。控制器则主要由星务计算机组成。

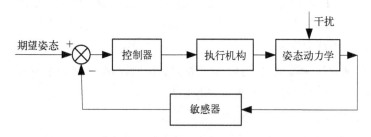

图 5.24　卫星姿态控制系统

主动控制的微小卫星能够实现更复杂的指向,因而功能更强大,因此本节主要介绍微小卫星主动控制方式的参数估计和预算,作为姿态控制系统初步设计的依据。

### 5.4.1　控制方式选择

卫星姿态控制按照控制力矩来源划分为被动控制和主动控制两种。

被动控制系统的控制力矩来源为环境力矩或物理力矩,如通过自旋、重力梯度、地磁场或气动力矩等来控制航天器姿态。被动控制系统不需要能源,亦不需要姿态敏感器和控制逻辑线路维持卫星指向,因此控制精度较低,主要用于姿态保持稳定的卫星,目前在功能比较简单的试验微小卫星上应用比较广泛。

主动控制系统控制力矩来源为星上主动控制机构,属于闭环控制,可达到较高的控制精度,可以实现姿态稳定、姿态机动和姿态跟踪等复杂指向,是微小卫星最重要的控制方式。主动控制系统按执行机构划分主要包含以下三种。

(1) 飞轮控制系统:利用飞轮存储动量矩,通过动量交换实现卫星姿态控制。

(2) 喷气控制系统:利用推力器从卫星本体向外喷射质量,通过损失质量产生控制力矩。

(3) 地磁控制系统:利用卫星三个主轴上的载流线圈与地磁场相互作用产生控制

力矩。

以上三种主动控制类型的控制能力比较如表 5.11 所示。

表 5.11　主动控制方式能力比较

| 项目 | 飞轮控制系统 | 喷气控制系统 | 地磁控制系统 |
|---|---|---|---|
| 控制精度 | <0.5° | 0.5°~2° | <5° |
| 适用轨道 | 任意轨道 | 任意轨道 | <1 000 km |
| 响应速度 | 快 | 最快 | 慢 |
| 成本 | 高 | 高 | 低 |
| 消耗工质 | 不消耗 | 消耗 | 不消耗 |

微小卫星的控制方式选择主要由卫星的在轨任务决定,卫星在轨任务决定了卫星的指向。

被动姿态控制主要受限于卫星的观测任务,如对地观测、对惯性空间定向等,观测任务比较简单。若卫星的能源、成本等受限,可以选择被动稳定,如重力梯度稳定和自旋稳定等,该稳定方式需要对卫星构型进行特殊设计,姿态控制精度较低,限制了卫星任务的应用,一般用于试验演示验证,也可以与主动控制相结合,减小能源消耗,如轨道空间站就利用了重力梯度提供恢复力矩,实现姿态稳定。

主动控制选择主要是根据卫星的指向精度决定。

指向精度要求较高的卫星,一般采用飞轮作为执行机构;由于飞轮存在转速饱和问题,一般采用喷气或磁卸载。但喷气消耗工质,不可再生,且 1 000 km 以下磁场作用较大,因此轨道高度 1 000 km 以下一般选用磁卸载,1 000 km 以上磁场作用很小,只能采用喷气卸载。

随着轻小型、高精度微推进技术的发展以及深空探测任务对卫星姿态指向更高的精度要求,喷气控制系统得到越来越广泛的重视。微推进技术既可以用于轨道控制,也可以用于高精度姿态控制。微推进主要包括激光推进、等离子推进和电推进等,提供的冲量为 μN·s 量级,因此可以实现高精度姿态控制。

指向精度较低且卫星机动或跟踪能力要求不高的卫星,且轨道高度在 1 000 km 以下,可以仅采用磁力矩器作为执行机构。若卫星任务是对地定向,且俯仰方向上精度要求较高,可在卫星俯仰负方向上加一个偏置动量轮,使卫星控制系统结构简单,且能够实现较高精度的三轴稳定。

### 5.4.2　干扰力矩估算

卫星在轨运行时,会受到内外力矩的作用而引起卫星姿态变化。对于绕地卫星,所受外力矩主要包括气动力矩、重力梯度力矩、磁力矩和太阳光压力矩等。通常,运行于 500 km 以下轨道高度的卫星主要外力矩为气动力矩,太阳光压力矩(与轨道高度基本无关)在高轨道(大于数千千米)时占优势,重力梯度力矩和磁力矩介于二者之间。目前微小卫星所处轨道均比较低,且帆板面积较小,太阳光压力矩基本为 $\mu N \cdot m$ 量级,此处不进行分析。以下列出三种主要干扰力矩的计算公式。

(1)气动力矩

$$T = \frac{\rho V_R^2}{2} C_D A_p \cdot \boldsymbol{C}_p \times \boldsymbol{n} \qquad (5-83)$$

式中,$\frac{\rho V_R^2}{2}$ 为动压头;$C_D$ 为阻力系数,取值范围 2.2~2.6;$A_p$ 为迎流面面积;$\boldsymbol{C}_p$ 为卫星质心至压心的矢径;$\boldsymbol{n}$ 为来流方向的单位矢量。

(2)重力梯度力矩

$$\boldsymbol{T} = -\frac{3\mu}{r^5}(\boldsymbol{r} \times \boldsymbol{Ir}) \qquad (5-84)$$

式中,$\mu$ 为地球引力常数,$3.986 \times 10^{14} \, \mathrm{m}^3/\mathrm{s}^2$;$\boldsymbol{r}$ 为卫星质心指向地心的矢量,$r$ 为 $\boldsymbol{r}$ 的模;$\boldsymbol{I}$ 为卫星星体相对质心的惯量阵。

(3)磁力矩

$$\boldsymbol{T} = \boldsymbol{M} \times \boldsymbol{B} \qquad (5-85)$$

式中,$\boldsymbol{M}$ 为卫星磁矩;$\boldsymbol{B}$ 为卫星所处地磁场的磁感应强度。

磁感应强度 $\boldsymbol{B}$ 计算如下:

$$\varphi = R_e \sum_{n=1}^{\infty} \sum_{m=0}^{\infty} \left(\frac{R_e}{r}\right)^{n+1} \left[g_n^m \cos(m\lambda) + h_n^m \sin(m\lambda)\right] P_n^m(\cos\theta) \qquad (5-86)$$

$$\boldsymbol{B} = \frac{\partial\varphi}{\partial x}\boldsymbol{i} + \frac{\partial\varphi}{\partial y}\boldsymbol{j} + \frac{\partial\varphi}{\partial z}\boldsymbol{k} \qquad (5-87)$$

式中,$R_e$ 为地球半径,6 371.2 km;$r$ 为卫星的地心距;$\theta$ 为卫星的地心余纬;$\lambda$ 为格林尼治起算的东经;$g_n^m$、$h_n^m$ 为基本磁场的高斯系数,一般采用 9 阶或 13 阶公式计算;$P_n^m(\cos\theta)$ 为 $n$ 次 $m$ 阶关联 Lerangdre 函数;$\boldsymbol{i}$、$\boldsymbol{j}$、$\boldsymbol{k}$ 为地球固连坐标系下三个坐标轴的单位矢量。

通过以上计算,可计算出卫星的干扰力矩大小,作为选择执行机构时的重要输入。一般地,执行机构产生的输出力矩是干扰力矩的 10 倍以上,方能减小干扰,实现姿态稳定和跟踪。

### 5.4.3　敏感器精度选择依据

常用的卫星姿态敏感器有太阳敏感器、星敏感器、陀螺和磁强计等。

太阳敏感器:通过测量太阳视线与卫星某一轴之间夹角。质量和体积很小,而且视场可以做得很大,是目前最常用的粗捕获太阳器件。缺点是阴影区不能工作。

星敏感器：以某颗高于+2星等的恒星为基准，测量恒星与卫星角位置，与星历表中该星的角位置比较，确定卫星姿态。也是目前卫星姿态敏感器精度最高的敏感器，达到角秒级。但视场较小，初始捕获恒星较困难，在角速度很大时，不容易捕获恒星。

陀螺：利用高速旋转的质量确定自旋轴在惯性空间中定向变化。它是用来直接测量卫星角速度的器件，其重要指标是陀螺漂移，需要对漂移进行估计和修正。

磁强计：通过测量地球磁场三个方向矢量，确定卫星姿态。姿态确定精度较低，常用于低精度低轨试验卫星。

单独使用一种敏感器往往不能满足姿态控制要求，通常需要多种、多个敏感器相互配合使用，相互校正，且互为备份，取长补短，发挥各自的优势。由于卫星姿态确定精度决定姿态控制系统精度，因此对敏感器精度要求越来越高。一般地，敏感器精度要比系统控制精度高5～10倍。

表5.12给出常用姿态敏感器的性能，根据控制系统精度和任务需求选择何种敏感器。

表 5.12　姿态敏感器比较

| 敏感器 | 优点 | 缺点 |
| --- | --- | --- |
| 太阳敏感器 | 信号源强，轮廓清晰，功耗低，质量小 | 阴影区不能工作，精度约1′ |
| 星敏感器 | 精度可达20″，视场受限制，不受轨道影响 | 信号弱，成本高，受太阳干扰，确定初始姿态需第二个敏感装置，角速度太大时，不容易捕获恒星 |
| 陀　螺 | 自主性强，不受轨道影响，短期精度高 | 有长期漂移，高速旋转部件易摩擦，功耗大，质量大 |
| 磁强计 | 成本低，功耗低，低轨卫星灵敏度高，一个磁强计可实现三轴姿态确定 | 姿态确定精度低，大于0.5°，受轨道影响大，易受卫星本体磁场环境影响 |

## 5.4.4　执行机构参数估算

微小卫星总体设计过程中，对各个模块、单机的关键指标、质量、功耗等具有严格的要求。针对飞轮而言，最重要的是对角动量、质量和功耗的预算。针对磁力矩器来说，最重要的指标是磁矩的大小。

本节主要给出目前微小卫星主动控制常用的飞轮（反作用轮和偏置动量轮）、磁力矩器等常用执行机构的参数预算方法。

1. 飞轮参数预算

1）角动量的预算

（1）反作用轮。反作用轮的标称角动量，一般取决于环境干扰力矩和动量卸载时间的选择，通常由以下公式确定

$$h = KT_D \frac{1}{\omega_0} \tag{5-88}$$

式中，$T_D$ 为一个轨道周期内，星体所受最大干扰力矩；$\omega_0$ 为轨道角速度；$K$ 为由两次动量卸载时间和常值干扰力矩与最大干扰力矩之比决定的比例系数。

环境干扰力矩随着轨道高度升高明显减小。环境干扰力矩的考虑与估算见 5.4.2 节分析。

（2）偏置动量轮。偏置动量轮的角动量矢量通常沿着星体俯仰轴负方向，即轨道平面负法线。偏置动量轮通过动量轮的陀螺效应实现对卫星偏航轴的控制。若环境干扰作用与偏航方向力矩为 $T_z$，则偏航位置误差近似值为

$$\Delta\varphi \approx \frac{T_z}{\omega_0 h} \tag{5-89}$$

因此所需角动量为

$$h \approx \frac{T_z}{\omega_0 \Delta\varphi} \tag{5-90}$$

因此，偏航精度与轮体角动量成反比。调节 $h$ 的 $\pm10\% \sim \pm20\%$ 可实现俯仰轴的姿态控制。

2）飞轮质量预算

微小卫星的发展方向是质量小、体积小、成本低、批产化，质量减小有利于提高载荷平台比和降低发射成本。因此必须控制飞轮质量。下面给出飞轮质量的简单估算方法。

飞轮中质量最大的部分是飞轮轮体和壳体。轮体质量可根据如下公式给出

$$m_w = \frac{h}{\omega R^2} \tag{5-91}$$

式中，$h$ 为飞轮角动量；$\omega$ 为飞轮角速度；$R$ 为轮体等效回转半径。

壳体的质量随着半径 $R$ 的增大而增加。这样，必需找出一个 $R$ 值，使其满足给定角动量和转速要求，得到轮体和壳体的质量之和最小值。本书直接给出半径 $R$ 的解析公式，不做推导，可参见有关文献。

$$R^4 + \frac{Lb_2\rho_2 + 2b_3\rho_3 A}{2b_2\rho_2 + 2b_4\rho_4 B}R^3 - \frac{h}{\pi W(2b_2\rho_2 + b_4\rho_4 B)} = 0 \tag{5-92}$$

式中，$L$ 为密封外壳的高度；$b_2$ 为密封外壳的厚度；$\rho_2$ 为密封外壳材料密度；$A$ 为同心环的宽度；$b_3$ 为同心环的厚度；$\rho_3$ 为同心环材料的密度；$b_4$ 为轮辐的假想厚度；$\rho_4$ 为轮辐的假想密度；$B$ 为比例系数，当选择 $b_4 \approx b_2$ 时，一般可取 $B \approx 0.7 \sim 1.0$。

上述方程具有唯一正实根，给定一组变量 $L$，$b_i$，$\rho_i$，$A$ 和 $B$ 以后，可得一个 $R$ 值，适

当修改参变量,可以获得满足飞轮整机质量最小的条件,获得较高的飞轮角动量/质量比。

3) 飞轮功耗预算

飞轮转速维持恒定时所消耗功耗为稳态功耗。稳态时,飞轮不产生控制力矩。稳态功耗 $P_0$ 与飞轮的阻力矩 $T_0$ 和转速 $\omega$ 成比例,阻力矩通常包含轴承摩擦力矩 $T_f$ 和风阻力矩 $T_\omega$ 两部分,为

$$P_0 = T_0\omega = (T_f + T_\omega)\omega \tag{5-93}$$

对应最大控制力矩 $T_m$ 时输出功率为 $P = T_m\omega$。

当 $\omega = \omega_m$ 时,得到的最大功耗为

$$P_m \approx (T_0 + T_m)\omega_m \tag{5-94}$$

2. 磁力矩器参数预算

卫星磁矩 $M$ 与地球磁场 $B$ 相互作用产生力矩 $T$,磁力矩器主要参数是磁矩 $M$,可按式(5-95)确定

$$M = \frac{T_d \times B}{|B|^2} \tag{5-95}$$

$T_d$ 取最大干扰力矩,根据实际控制效果,合理修正磁矩 $M$。

### 5.4.5 控制律参数估算

卫星姿态控制律的设计一般要充分考虑执行机构的固有频率,设计过程中要留有足够的余量避开其固有频率,并按照对控制系统的需求设计相应的姿态控制律和选择合理的控制参数。下面重点对飞轮控制系统的系统特性和磁卸载规律进行参数估计。

1. 反作用飞轮控制系统

目前三轴稳定控制常用飞轮+磁卸载,控制律一般采用 PD 控制,对于一个通道而言,飞轮力矩平衡 Laplace 变换为

$$\frac{\theta(s)}{T_d} = \frac{1}{I_s s^2 + K_d s + K_p K_i} \tag{5-96}$$

式中,$I_s$ 为星体被控轴的惯量;$T_d$ 为干扰力矩;$K_d$、$K_p$ 为微分因子和比例因子;$K_i$ 为电机力矩系数;$\theta$ 为卫星某一通道的姿态角。

系统特征方程为

$$I_s s^2 + K_d s + K_p K_i = 0 \tag{5-97}$$

解得该系统的固有频率和阻尼比为

$$\omega_n = \sqrt{\frac{K_p K_i}{I_s}}, \quad \xi = \frac{I_s K_d}{2\sqrt{I_s K_p K_i}} \tag{5-98}$$

其他通道的固有频率和阻尼比分析同上。

### 2. 偏置动量轮控制系统

偏置动量轮系统最大的问题是章动,即在无阻尼条件下,系统产生不衰减的振荡频率称为章动频率。偏置动量轮一般安装在俯仰负方向,即轨道平面负法线。偏置动量轮系统特征方程为

$$I_x I_z s^4 + H^2 s^2 = 0 \tag{5-99}$$

式中,$I_x$、$I_z$ 分别为卫星本体 $X$、$Z$ 方向惯量主轴;$H$ 为偏置动量轮角动量。

由于不满足劳斯-赫尔维茨稳定性判据,该系统不稳定,章动频率为

$$\omega_n = \frac{H}{\sqrt{I_x I_z}} \tag{5-100}$$

### 3. 飞轮磁卸载预算

飞轮在轨吸收扰动力矩使转速饱和,利用磁力矩器产生合适的磁力矩消除飞轮多余动量。采用如下规律产生磁矩

$$M = -\frac{K}{|B|^2} B \times \Delta h \tag{5-101}$$

式中,$K$ 为增益系数;$\Delta h$ 为多余角动量。

## 5.5 整星信息流设计

大卫星一般采用主控+下位机的架构,其通过下位机实现数据的采集和下发,数管单元完成数据的管理和分发功能。微小卫星采用集中式的管理,由星务管理模块完成整星信息流的管理和控制。

### 5.5.1 微小卫星信息流

微小卫星作为一个整体,其外部信息流如图 5.25 所示,其能敏感外部的磁场、太阳光、温度等信息,并将其转换为电信号,作为确定卫星状态测量的输入;同时一般采用 GPS 接收机接收导航卫星信号,进一步处理后获取卫星当前的位置信息;除此之外,采用遥控

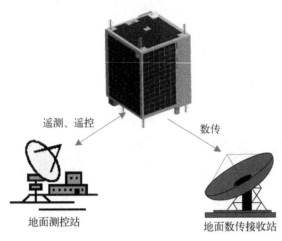

图 5.25 微小卫星外部信息

上行实现对卫星的控制,并通过遥测和数传通道下行卫星的遥测数据和载荷数据。

除外部的信息遥测、遥控、数传外,在微小卫星内部还有总线、模拟量、温度量、OC 指令、串口、频率信号等。由于微小卫星采用集中式架构,并采用综合电子设计,数据的采集和控制主要由综合电子中的星务管理模块完成,如图 5.26 所示。主要接口包括 CAN 总线、LVDS 接口、三线制同步串口、ICU 接口等。

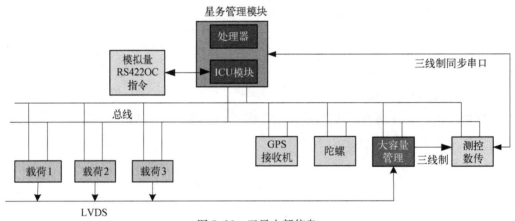

图 5.26 卫星内部信息

其中 ICU 接口为处理器与接口模块的接口,接口模块通过现场可编程逻辑门阵列 (Field Programmable Gate Array,FPGA) 实现对多种信号的转换,输入包括模拟量、RS422 接收、实时时钟等,接口模块接收到处理器的启动指令后自主进行数据采集和接收,并将结果放入指定的缓存区,处理器可直接读取;对于输出信号,包括 OC 指令、DA、RS422 发送等,处理器将要发送的数据或指令按约定的格式写入缓存区或寄存器,并启动发送即可。

### 5.5.2 信息流设计

微小卫星采用综合电子设计,并通过接口模块简化接口的形式,其接口主要包括总线、ICU 接口、遥测遥控、LVDS 接口,下面分别给出各接口的信息流设计。

1. 总线

为便于扩展,微小卫星总线连接一般采用串行的方式,图 5.27 为某型号微小卫星 CAN 总线连接图。总线一般采用 A、B 备份的方式,两者走线方式相同。

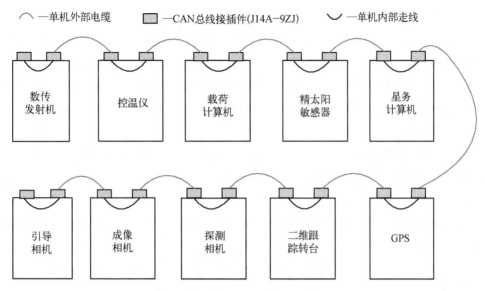

图 5.27　某型号 CAN 总线连接图

基于集中式的管理模式,微小卫星总线管理一般采用主从的方式,即星务管理模块为主节点,其他节点为从节点,只有主节点能与从节点进行数据交互,从节点间无数据交互。一些特殊情况下,也考虑从节点能够接收来自其他从节点的信息。

另外,主节点需要对从节点的健康状态进行检测,在出现故障情况下,可对其进行复位或切换。

A、B 总线采用完全备份的方式,即从节点可以选择当前使用 A 或 B 总线,而主节点具备同时接收或发送 A、B 总线数据的功能。当然,在特定条件下,也可指定当前使用 A 总线或 B 总线,在这种情况下,所有的节点均强制使用指定总线。

总线数据包括节点单机的控制指令和遥测数据,其中控制指令为偶发性,如参数设置、模式切换、软复位等,由地面遥控上行,并经主节点(星务管理模块)进行转发;而遥测数据为周期性,即主节点每周期发送遥测请求,则从节点返回相应的遥测数据,包括单机的状态、测量信息等。

2. ICU 接口

ICU 接口完成模拟量、OC 指令、串口、DA 的数值转换,简化了主处理器的数据接收功能。

加电后,ICU 接口模块可自主地完成多路模拟量的采集、平滑处理,并将数据存入缓存区,处理器可直接读取。

对于 OC 指令,处理器写入寄存器并启动后,FPGA 自主控制电平的高低,并根据需求生成一定宽度的脉冲信号,在处理中,并根据校验对输出指令进行安全性保护。

对于串口读写,提供几十至几百字节的缓存区,处理器发送数据时仅需将数据写入缓存区,并启动发送;而读取时 FPGA 已将数据准备好,无须采用中断的方式进行接收处理。

3. 遥测遥控接口

遥控上行默认处于自动接收状态，处理器可以通过查询或者中断方式获取数据，当接收至 FIFO 的 31/32 满时将产生中断信号。处理器可在 FIFO 中读取数据。

遥测发送时向指定地址写入待发送数据，同步通信将发送自动数据，当数据少于 FIFO 深度的 1/32 时，将产生中断，处理器再次写入数据。

4. LVDS 接口

在存在多个载荷的情况下，大容量管理模块采取分时复用的方式，即星务管理模块保证在同一时刻仅有一种数据进入大容量管理模块。

由于 LVDS 速率可达每秒几十兆节字，一般采用 DMA 的方式将载荷数据写入 FLASH 存储器，并返回当前写入的地址，管理单元根据当前读取、写入地址确定发送的数据块。

### 5.5.3 数据结构设计

对于微小卫星而言，在接口数据结构设计上尽量统一标准，会给处理带来很大的便利。下面分别给出总线数据结构、LVDS 接口设计、遥控信息、遥测信息、数传通道。

1. 总线数据结构

总线数据包括控制指令和遥测数据，其数据结构分别如表 5.13 和表 5.14 所示。指令码用于识别指令，且采用原码、反码和补码的方式防止出错，对于同一节点指令码与指令一一对应，不同节点间指令码可复用。

表 5.13 总线遥控指令数据格式

| B1 | B2 | B3 | B4 | B5 | B6 | B7 | B8 |
|---|---|---|---|---|---|---|---|
| 指令码 1 | 指令码 2 | 指令码 3 | | | 参　数 | | |
| 原码 | 反码 | 补码 | | | | | |

所有从节点遥测数据帧格式保持一致，其中 1～10 字节格式相同，从 11 字节开始为单机的遥测信息，通过帧识别取值确定遥测对应的单机。

表 5.14 总线单机遥测数据帧格式

| 序号 | 参数 | 长度/B | 类型 | 说明 |
|---|---|---|---|---|
| 1 | 帧头 | 16 | — | 0xEB90 |
| 2 | 帧识别 | 8 | 无符号字符型 | 根据单机确定 |
| 3 | 帧长 | 16 | 无符号短整型 | 0～0xFFFF |
| 4 | XX 测请求指令计数 | 8 | 无符号字符型 | 取值范围 0～255 |
| 5 | XX 遥测返回计数 | 8 | 无符号字符型 | 取值范围 0～255 |

| 序号 | 参数 | 长度/B | 类型 | 说明 |
|---|---|---|---|---|
| 6 | XX 控制指令计数 | 8 | 无符号字符型 | 取值范围 0～255 |
| 7 | XX 控制指令 | 8 | 无符号字符型 | 取值与指令码一致 |
| 8 | XX 总线使用 | 8 | 无符号字符型 | 0：A 总线 1：B 总线 |
| 9 | XX 总线读取出错计数 | 8 | 无符号字符型 | 取值范围 0～255 |
| 10 | XX 总线写入出错计数 | 8 | 无符号字符型 | 取值范围 0～255 |
| 11 | 单机数据 | / | / | 数据根据单机确定 |

**2. LVDS 接口设计**

与总线接口遥测数据类似，LVDS 接口载荷数据结构如表 5.15 所示，其中 1～12 字节为固定格式，且通过帧识别确定数据来源。

**表 5.15 LVDS 接口数据格式**

| 参数 | 长度 | 类型 | 说明 |
|---|---|---|---|
| 帧头 | 4 字节 | — | 0xEB905716 |
| 帧识别 | 1 字节 | 无符号字符型 | 识别数据来源 |
| 预留 | 1 字节 | 无符号字符型 | 填 0 |
| 帧序号 | 2 字节 | 无符号短整型 | 0～0xFFFF |
| 帧长 | 4 字节 | 无符号长整型 | 内容部分的数据长度，单位 B |
| 内容 | — | — | — |

**3. 遥控信息**

上行遥控格式如图 5.28 所示，其中 CRC 校验码的初态为全 1。仅对数据域进行计算，不包括地址同步字和方式字。CRC 的生成多项式为：$g(x) = X^{16} + X^{12} + X^5 + 1$。式中，$X$ 为自变量（码元）。注入数据格式如图 5.29 所示。

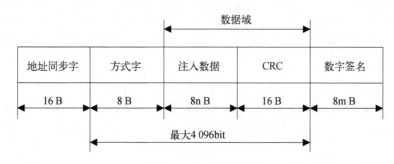

图 5.28 上行遥控格式

**4. 遥测信息**

遥测信息采用固定遥测和分包遥测相结合的方式处理遥测数据。遥测帧长 512 字

| 功能字 | 执行时间 | 帧数 | 帧序号 | 数据长度 | 注入数据 | 空闲码 | CRC |
|---|---|---|---|---|---|---|---|
| 1字节 | 4字节 | 1字节 | 1字节 | 2字节 | 可变 | 可变 | 2字节 |

固定511B/255B/63B

图 5.29　注入数据格式

节,包括帧同步码、固定遥测、帧计数、主导头指针、帧数据域、校验和等,如表 5.16 所示。分包遥测分为实时包与延时包其中实时包的采样周期分为 4 档:1 s、4 s、16 s、64 s,延时包的采样周期分为 4 档:32 s、64 s、256 s、512 s。

表 5.16　遥测数据帧格式

| 0 | 1 | 2 | 3 | … | 11 | 12 | 13 | 14 | … | 509 | 510 | 511 |
|---|---|---|---|---|---|---|---|---|---|---|---|---|
| FA | F3 | 20 | ## | ## | ## | ## | ## | ## | ## | ## | ## | ## |
| 帧同步码 | | | 固定遥测 | | | 帧计数 | 主导头指针 | 帧数据域 | | | 校验和 | |
| 3 | | | 36 | | | 1 | 1 | 469 | | | 2 | |
| 固定遥测区 | | | | | | | 分包遥测区 | | | | | |

其中,固定遥测区内容如表 5.17 所示。

表 5.17　固定遥测区说明

| 序号 | 参数名称 | 长度 | 参数描述 |
|---|---|---|---|
| 1 | 卫星地址字 | 2 | 固定填 DD43H |
| 2 | 星上时间秒值 | 4 | 相对星上时间零点 2011-1-1 00:00:00(北京时)的间隔秒值 |
| 3 | 星上时间毫秒值 | 2 | 相对星上时间零点 2011-1-1 00:00:00(北京时)的间隔毫秒值 |
| 4 | 遥测参数 | 28 | 包括所有采样周期为 1 s 的测控、星务、电源的遥测参数,未使用部分固定填 0 |

源包由主导头和数据域构成,主导头包括版本号、包识别、包顺序控制和包数据长度等四部分内容,如表 5.18 所示。

表 5.18　源包格式

| 主导头(48 B) | | | | | | | 数据域 | |
|---|---|---|---|---|---|---|---|---|
| 版本号 | 包识别 | | | 包顺序控制 | | 包长 | 包副导头 | 源数据 |
| | 类型 | 副导头标志 | 应用过程识别 | 分组标志 | 源包序列计数 | | 时间信息 | 源数据 |
| 3 | 1 | 1 | 11 | 2 | 14 | 16 | 48 | 可变 |
| 16 | | | | 16 | | 16 | 可变,与包长对应,1～65 536 字节 | |

5. 数传通道

数传发射机在入测控区时输出数据传输帧格式符合 CCSDS,虚拟信道控制链路子层业务标准,帧格式如表 5.19 所示。

表 5.19　数传帧格式

| 同步码 | VCDU 导头 | | | | | | | VCDU 数据域 | | |
| | 版本号 | VCDU 标识符 | | VCDU帧计数 | 信令域 | | | 密文包头 | 位流数据 | RS 校验符号 |
| | | 航天器标识符 | 虚拟信道标识符 | | 回放标志 | 备用 | 加密标志 | | | |
| 32 | 2 | 8 | 6 | 24 | 1 | 6 | 1 | | | |
| 4 字节 | 2 字节 | | | 3 字节 | 1 字节 | | | 16 字节 | 422 字节 | 64 字节 |

其中,通过虚拟信道标识符识别不同的载荷数据,标识符定义如表 5.20 所示。

表 5.20　数据虚拟信道

| 序号 | 数据源 | 虚拟信道 | 标识符 | | | | | |
| | | | 10 | 11 | 12 | 13 | 14 | 15 |
| 1 | 载荷 1 数据 | A1 | 0 | 0 | 0 | 0 | 0 | 0 |
| 2 | 载荷 2 数据 | A2 | 0 | 0 | 0 | 0 | 1 | 1 |
| 3 | 载荷 3 数据 | A3 | 0 | 0 | 0 | 1 | 1 | 1 |
| 4 | 其他遥测数据 | D2 | 1 | 0 | 0 | 1 | 0 | 0 |
| 5 | 填充数据 | E | 1 | 1 | 1 | 1 | 1 | 1 |

# 5.6　信息软件系统

## 5.6.1　信息软件功能

微小卫星由硬件和软件组成,硬件为其骨架,构成了其可见的外形,而信息软件作为微小卫星的灵魂,实施卫星的管理和控制,并按照地面指令和流程实施预订任务。

微小卫星采用综合电子设计,并采用集中式管理模式,与传统的功能划分略有差异,按照基本的配置,可分为星务管理功能、载荷数据采集和管理功能、GPS 导航信息处理功能和姿控信息处理功能。

1. 卫星星务管理功能

微小卫星星务管理模块为集中式管理的实施者,同时,作为整星信息流的中心,也是各模块运行的协调者,其功能包括以下内容。

(1)提供信息系统时钟。

（2）总线管理。

（3）完成对单机的管理，包括加断电、指令转发、遥测采集。

（4）对模拟量进行采集和转换。

（5）管理星务软件运行模式、各应用进程及软件重构。

（6）根据卫星工作模式，完成对热控子系统的控制，使其协同工作完成整星热控。

（7）完成卫星遥测信息的采集、组帧、存储和发送，包括实时和延时两种模式。

（8）完成地面上注指令的接收、解析和处理。

（9）根据 GPS 接收机信息，确定当前卫星的轨道。

（10）根据敏感器测量信息，确定当前卫星的姿态，并形成控制指令，保证卫星指向。

（11）在故障情况下，可转入最小模式，保证整星的基本生存状态。

2. 载荷数据采集和管理功能

与平台的通用性不同，每个微小卫星的载荷可能差异很大，但在本质上其实现的功能均为产生数据，并进行存储管理，入境后根据地面指令进行下发，功能包括以下方面。

（1）能够存储载荷数据或通过 LVDS 接口发送。

（2）实现对载荷数据、平台数据按数传帧格式组帧和下发。

（3）根据地面指令，实现对存储数据管理，包括擦除、指定位置传输等。

（4）实现对数据载荷存储器 FLASH 模块的管理。

（5）可接收遥测要求请求指令，并进行遥测数据组包。

3. GPS 导航信息处理功能

目前微小卫星普遍采用 GPS 接收机作为位置和速度的提供者，天线接收 GPS 卫星导航信号，该信号经过低噪声放大器后进行射频信号处理，并进行放大、滤波和下变频等一系列处理后输出数字中频信号到数字信号处理，其主要功能包括以下方面。

（1）控制通道对 GPS 导航卫星进行捕获跟踪、对电文数据解扩、解调、解码、校验，形成电文信息。

（2）采集各通道的载波和 C/A 码测量数据，形成伪距信息。

（3）确定卫星捕获策略。

（4）导航卫星信息提取及其状态计算。

（5）定位、测速计算。

（6）轨道参数计算。

（7）向接口输出定位、定轨、状态数据。

（8）接收来自接口的上注数据或数据指令。

（9）轨道板数据交换。

（10）自检及故障处理。

4. 姿控信息处理功能

姿控信息与微小卫星姿控单机配置有关，基本的配置包括磁强计、太敏、磁力矩器、动量轮等,对于指向精度要求较高的微小卫星还会配置星敏感器、陀螺等。对于磁强计、太敏而言,其测量信息可直接由电信号转换为数值量,而星敏感器、陀螺等,其信息处理量较大,一般通过软件实现,功能包括以下内容。

(1) 接收平台指令,对单机参数、模式进行设置。

(2) 星敏感器图像处理,根据星图数据,提取出恒星目标。

(3) 星敏感器恒星全天区识别,确定星敏感器光轴指向的天区信息。

(4) 星敏感器恒星局部天区识别,进行局部天区匹配,得到识别恒星信息。

(5) 星敏感器姿态计算,根据识别恒星在星敏感器测量坐标系下的矢量和这些恒星在地心赤道惯性坐标系下矢量,计算星敏感器光轴在惯性空间的指向。

(6) 故障诊断,判断当前星敏的状态。

(7) 接口处理,输出当前星敏测量数据。

(8) 根据敏感器信息,生成陀螺测量数据。

## 5.6.2 信息软件系统组成和接口

微小卫星采用集中式管理方式,信息软件的主要功能集中在星务管理模块中实现,包括平台信息的管理、信息流控制、任务管理等,而将载荷数据采集和管理、GPS 导航信息处理和姿控信息处理等功能由独立的处理器实现。系统组成如图 5.30 所示,基本软件配置项如表 5.21 所示。

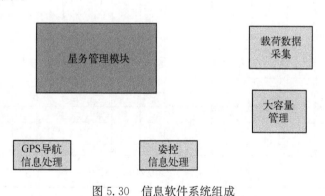

图 5.30　信息软件系统组成

表 5.21　基本软件配置项(CSCI)

| 序号 | 信息软件功能 | 配置项名称 |
| --- | --- | --- |
| 1 | 星务管理模块 | 星务管理 |
| | | 接口管理 |
| 2 | 载荷数据采集和管理 | 载荷数据采集 |
| | | 大容量管理 |

续表

| 序号 | 信息软件功能 | 配置项名称 |
|------|------------|-----------|
| 3 | GPS 导航信息处理 | GPS 接收机软件 |
| 4 | 姿控信息处理 | 星敏感器 |
| | | 陀螺 |

星务管理软件的任务为：根据卫星能源管理、热控管理、姿态确定和控制、遥测遥控、载荷数据处理、数传管理等各模块对软件的需求，通过对各模块的集中控制和管理实现各模块的功能，完成整星任务期间对卫星的自主管理，与地面的交互及对卫星故障的处理。

### 5.6.3  信息系统设计

给出信息系统各 CSCI 的设计，包括软件架构、主要流程图、数据接口、数据频率等。

1. 星务管理软件设计

根据星务管理软件功能和需求，可以将软件功能分为星务管理、星上轨道处理、姿轨控、遥测遥控、综合管理、大容量管理、地测管理等几个模块，各模块的功能结构如图 5.31 所示。

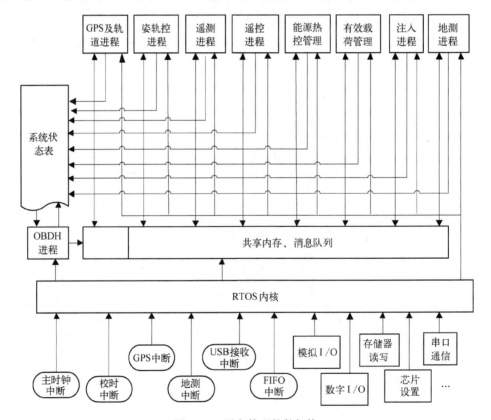

图 5.31  星务管理软件架构

1) 星务管理模块

星务管理模块是星务软件的核心。负责对应用功能的软件进行管理,主要为对应用功能的软件根据不同的系统阶段和工作模式、地面的软件重构指令(注入数据)进行调度管理,以完成卫星不同阶段的任务,星务管理软件接口如图 5.32 所示。

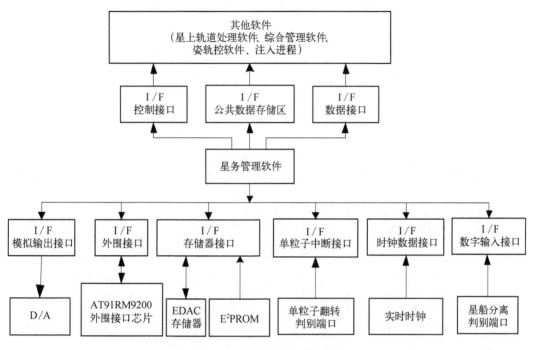

图 5.32　星务管理软件接口图

另外,星务管理软件需要监控其他任务软件的运行情况,当任务软件出现异常时,有一定的故障检测与处理能力。

2) 星上轨道处理模块

星上轨道处理模块主要负责接收轨道数据、选择轨道数据源、处理并外推轨道数据给姿控软件使用。

星上轨道数据有两种轨道数据来源:GPS 轨道数据和地面注入轨道数据。轨道模式之间的转换、模式的处理都要由星上轨道处理软件管理。星上轨道处理软件完成 GPS 数据解析、轨道模式选择、GPS 模式处理、注入模式处理和故障模式处理的功能。

3) 姿轨控模块

姿轨控模块用于保证卫星任务需要的姿态指向和指向稳定度,满足成像和推进试验的任务要求。姿轨控模块的功能包括以下内容。

(1) 根据卫星运行状态和任务要求,确定卫星姿控模块的工作模式。

(2) 对敏感器测量信息进行分析和预处理。

(3) 根据姿控的工作模式,选择适当定姿算法确定卫星姿态;调用正确控制算法生成控制指令并输出。

（4）根据地面轨控规划，自主调整姿态，并发送推进子系统加热器、阀门的开关指令。

（5）可自主或遥控实现基本的系统故障处理。

基于上述姿控软件功能部件的划分，姿控软件启动（卫星分离后第一次启动或软件复位）后，先进行姿控初始化，然后由星务模块周期性地调用姿控模块运行，每软件周期中姿控软件为一个顺序执行的过程，依次进行外部输入处理、姿控遥控处理、环境模型计算、单机数据处理、姿控工作模式处理、定姿处理、导引率处理、控制处理、输出处理、姿控遥测数据处理等，具体如图 5.33 所示。

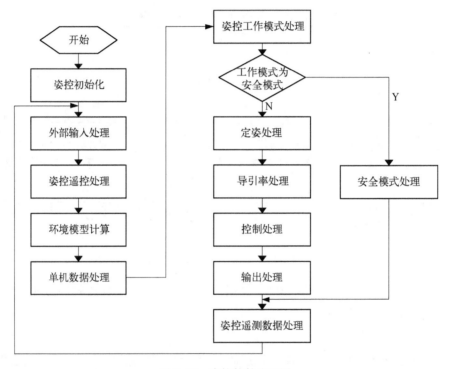

图 5.33　姿控软件流程图

4）遥测遥控模块

遥测模块的任务是采集、组帧、存储、发送卫星实时遥测信息帧与延时遥测信息帧，并根据测控星历表和工作模式信息管理星上的测控发射机，在测控弧段内发送遥测数据。遥控模块负责测控中上行数据（包括间接遥控指令和注入数据）的接收、解析及处理。

5）综合管理模块

综合管理模块管理载荷单机以及能源热控相关单机，主要功能如下。

（1）负责对载荷单机参数设置和模式转换，以及根据地面指令控制载荷任务。

（2）管理星上电源的状态。

（3）对热控的状态进行采集和遥测及遥控管理。

**2. 星敏软件设计**

星敏感器工作模式有五种：开机自检模式、全天区捕获模式、局部天区捕获模式、恒星跟踪模式和成像传星图模式。软件工作模式转换如图 5.34 所示,图中箭头表示模式转换关系,其中虚线箭头表示根据指令实现转换,实线箭头表示自动模式转换。

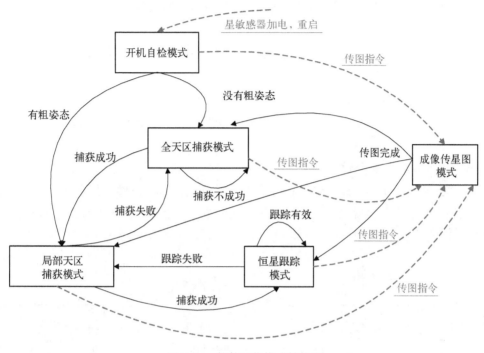

图 5.34  软件工作模式转换图

其中,全天区捕获、局部天区捕获和恒星跟踪模式三种模式软件进行自主转换。成像传星图模式需要接收指令进行切换,成像传星图模式完成后自动转入全天区捕获、局部天区捕获和恒星跟踪模式三种模式中。

1) 开机自检模式

星敏感器加电后,软件进入开机自检模式,进行一系列硬件、软件初始化控制操作,然后对星敏感器软、硬件状态进行检测,检测星敏感器的工作正常与否。

2) 全天区捕获模式

以星敏感器拍摄的星图数据作为算法的输入,以识别出的星图大致所在天区位置为输出,实现没有先验条件下的星敏感器全天区捕获,以全天区星图最大匹配结果,确定星敏感器光轴指向天区的区域。

3) 局部天区捕获模式

实现有初始粗姿态条件下的相邻天区捕获确认过程,通过局部天区星图识别,建立恒星目标在探测器靶面运动的初始轨迹,选取跟踪恒星并确定每个跟踪恒星的跟踪窗口。

初始粗姿态数据获取途径包括以下几种。

（1）全天区捕获输出结果。

（2）从跟踪状态返回的先前若干时刻的跟踪数据。

（3）姿轨控分系统提供的粗姿态数据。

4）恒星跟踪模式

跟踪视场中已识别的恒星，每次在跟踪波门内提取恒星目标点，根据不断测量刷新的恒星在星敏感器测量坐标系下的坐标，进行姿态计算，输出姿态结果。建立恒星跟踪列表，当视场内跟踪星的个数小于一定数目时，添加新的跟踪星作为跟踪目标。

5）成像传星图模式

在该模式中，星敏感器软件首先将某一时刻星图数据保存于内置图像 SRAM 中，然后星敏感器根据外部指令，将 CMOS 图像数据按照指定的数据格式，通过 RS422 通信串口一一下传。

3. GPS 接收机软件设计

通道板软件的工作模式应包括：初始化模式、盲捕模式、精确预报模式、上注软件重载模式和先验数据预报模式。这五种工作模块的主要功能如下。工作模式的状态转移图如图 5.35 所示。

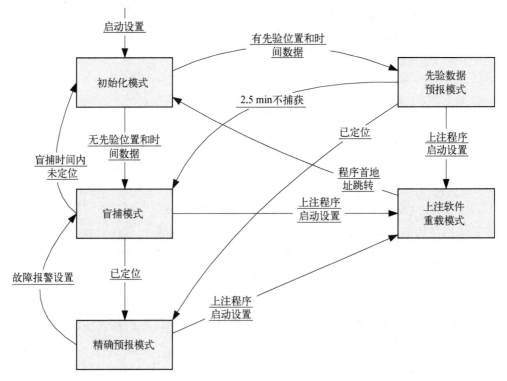

图 5.35　工作模式的状态转移图

（1）初始化模式：完成系统初始化。包括：通道相关器、看门狗、SRAM 以及数据存储器等地址映射建立，同步串口初始化设置和定时器初始化设置，EEPROM 中的历书装载,以及全局变量、数据结构和指针的初始化。初始化模式中包括的功能需求有格式化数据输入。

（2）盲捕模式：在没有先验数据的情况下,依据导航星盲捕策略,设置通道相关器的导航星搜索参数,盲捕模式执行时间为 15 min;盲捕模式中包括的功能需求有：通道控制、通道采集、数据预处理、选星预报、格式化数据输出、系统监控。

（3）精确预报模式：根据实时解算的用户位置,精确预报和设置导航星搜索参数。实时定位期间一直采用精确预报模式。精确预报模式中包括的功能需求有：通道控制、通道采集、数据预处理、定位解算、选星预报、格式化数据输入、格式化数据输出和系统监控。

（4）上注软件重载模式：在非初始化模式下,可通过地面指令使软件进入重载模式,在此模式下,地面可上注代码更新软件,完成上注后跳转进入初始化模式。

（5）先验数据预报模式：在有先验数据的情况下,根据轨道板外推数据或存储器中的定位数据（优先使用轨道板数据）进行一段时间的预报和设置导航星搜索参数,先验数据预报模式执行时间为 5 min。先验数据预报模式中包括的功能需求有：通道控制、通道采集、数据预处理、选星预报、格式化数据输入、格式化数据输出和系统监控。

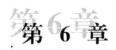
# 6.1 即插即用的扩展电子学系统架构设计

随着军事战略的不断调整和航天技术的不断进步,天基平台模块化、可更换的需求日益强烈,如果一颗卫星受损或失灵,通常需要几个月乃至几年的时间才能制造出一颗新卫星接替它的工作,这势必给正常使用带来很大的影响。同样,如果发生地震和洪涝冰雪灾害为代表的突发性重大自然灾害且需要空间资源,目前的卫星研制流程也不可能满足这一需求,必须开发小型且可快速响应的空间能力。

## 6.1.1 即插即用技术概述

美国空军研究实验室于 2004 年从事模块化即插即用技术的研究,并于 2005 年 12 月进行了第一次模块化、即插即用空间飞行器体系结构演示验证,证明了即插即用空间飞行器体系结构是可行的。2007 年美国国防高级计划研究局的 F6 计划,其关键技术之一就是主卫星和小卫星的即插即用技术。2007 年美国的轨道快车计划,其试验内容主要包括为空间中的卫星添加燃料,对重要部件和其他紧急修理任务的演示。

美国空军研究实验室参考自适应即插即用技术,提出了航天即插即用电子系统 (Space Plug and-Play Architecture,SPA)。SPA 是以快速开发航天器总线和有效载荷接口为目的的一套接口驱动标准,它使卫星设计人员专注星上设备自身功能性能等核心模块的设计开发,并使卫星平台具有更好的设备资源管理能力。

## 6.1.2 即插即用技术需求

为满足即插即用的要求,需要设计合理的体系结构,将满足要求的组件连接到一个交换结构网络,如图 6.1 所示,采用类似于个人计算机外围设备的方式,新的设备能够容易地集成进一个空间飞行器,能够在发射前进行空间飞行器功能的快速定制和快速集成。

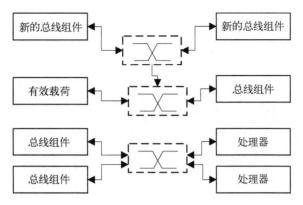

图 6.1　即插即用网络

基于上述思路的即插即用技术,需要从星上单机(包括卫星平台单机和载荷单机)的即插即用以及支持即插即用的总线接口和通信协议两方面进行考虑。星上单机是星上数据的"生产者"和"消费者",总线及与之对应的通信协议是数据传输的通道。

1. 星上单机的即插即用

采用基于中间接口单元的混合型即插即用系统,这种实现模式将星上单机分为两类,一类是符合卫星系统即插即用通信协议、可直接接入系统的单机;另一类单机具有不同接口类型,通过中间的即插即用接口单元(PnP Interface Unit,PIU)实现即插即用。

即插即用数据网络系统中,综合电子系统、数传系统、电源系统以及有效载荷等采用统一的即插即用标准,而姿态、轨道分系统由于单机众多、采购渠道复杂,难以实现统一即插即用标准,故分别采用即插即用接口单元进行桥接,接口单元与非即插即用标准接口单机之间通过单机的接口标准进行连接和通信,而与卫星其他分系统之间则通过整星即插即用总线网络进行通信。

2. 支持即插即用的总线接口和通信协议

整星基于总线网络管理模式,以总线协议为基础,针对即插即用的功能要求,对总线的高层协议进行定制。支持即插即用的星上单机通过总线网络进行连接,当单机接入网络时,星务计算机和单机协同完成单机的自动感知、自主识别、自主通信和应用。

对于小卫星而言,采用 CAN 总线是一种很好的选择。

## 6.1.3　即插即用的可扩展系统架构

针对传统卫星扩展能力和快速集成能力的不足,结合即插即用标准和技术在航天器部组件方面的应用,采用一种即插即用的可扩展系统架构,如图 6.2 所示。各单机通过即插即用接口单元与总线进行桥接。

其中,CAN 总线物理拓扑使用菊花链(Daisy Chain)结构,如图 6.3 所示,每个总线节点采用一进一出两个接插座,分别连接前一节点和后一节点。

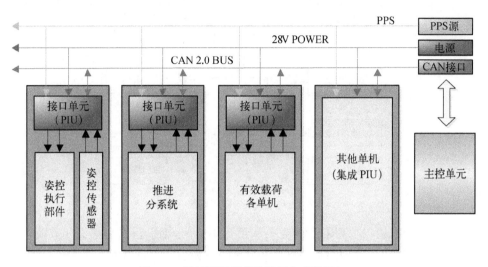

图 6.2　即插即用星载数据网络系统框架

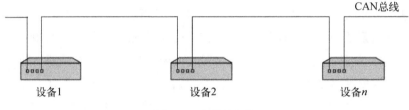

图 6.3　菊花链拓扑

匹配电阻 $R^*$（120 Ω）装焊在某一单机上，该单机处于总线最远端，当需要接入一新单机时，总是在最远端单机之前的某个单机上断开接插头与接插件的连接，并通过新加一根接插电缆将新单机接入总线。28 V 电源及 PPS 均遵循当前星上应用要求，采用星形拓扑结构。

PIU 起到非即插即用标准接口单机与卫星系统之间的桥梁作用，为卫星的集成提供先决条件。接口单元主要完成以下功能。

（1）数字/模拟 IO、同步/异步串口与总线的数据转换。

（2）为接口模块及分系统提供二次电源。

（3）提供分系统单机描述（单机电子数据单，可编程），包括单机 ID、单机数据描述、单机操作描述、单机安全描述等。

PIU 的电气接口包括：① CAN 总线接口；② 模拟量输入接口；③ 间接指令输出接口；④ RS422 接口；⑤ 供电输入接口；⑥ 供电输出接口。图 6.4 所示为 PIU 板（盒）的实际硬件图，处理器选用 C8051，提供双冗余 CAN_A、CAN_B 总线，具有 8 路外部电压模拟量采集接口和 4 路外部电流模拟量采集接口，有 14 路间接指令（OC 输出），并提供 1 路RS422 接口。

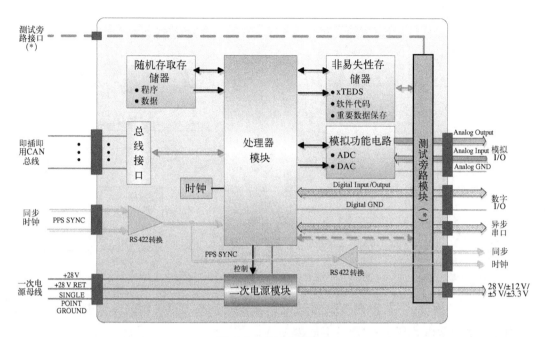

图 6.4　PIU 系统组成

# 6.2　高密度综合电子学技术

综合电子分系统是卫星系统的信息处理核心,是一个对信息的采集、处理、分配、存储的系统;是一个在苛刻空间限制条件下,对密集性很高且复杂的航天电子系统进行信息综合和功能综合的系统。它通过形成一个信息共享和资源共享的标准化航天器电子综合系统平台,通过严格的故障检测机制和提供可代替的资源(软件和硬件的冗余度),以达到高的可靠性和容错能力。

## 6.2.1　综合电子系统设计

综合电子系统是整星的管理和控制核心,需实现的功能复杂多样,对功能依照进行合理的组件划分有利于设计的进一步开展。微小卫星综合电子系统进行了详细的功能划分,如图 6.5 所示,具体包括星务管理模块(即 CIMA、CIMB)、大容量管理模块(SMM)、一次电源模块(PCM)、二次电源模块(PAM)、导航管理模块(GNSS)、配电管理模块(PDM)、通信模块(TCM)和拓展功能模块(FEM)。各模块对应的功能如下。

(1) CIMA(CIMB)模块:星务管理模块,为卫星平台的管理核心模块,完成综合电子系统内各模块之间的监测与管理。

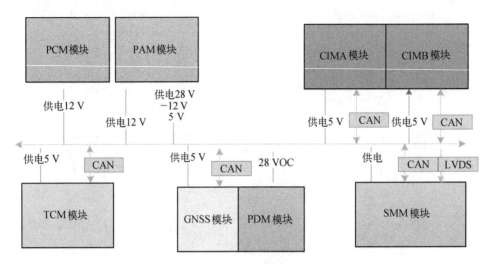

图 6.5 综合电子子系统功能划分框图

（2）PCM 模块：一次电源模块，负责将太阳能转换为卫星可用的一次电源并实现对蓄电池组的充放电管理，一次电源电压为 12 V。

（3）PAM 模块：二次电源模块，将一次电源模块产生的一次电源转换为综合电子系统内各模块及有效载荷所需的二次电源，提供的二次电源电压有 −12 V、5 V、28 V。

（4）PDM 模块：配电管理模块，实现对卫星内平台及载荷电源的供配电管理。

（5）TCM 模块：通信模块，实现卫星上、下行数据的通信。

（6）SMM 模块：大容量管理模块，对有效载荷数据存储并下传管理。

（7）GNSS 模块：导航管理模块，实现卫星的导航定位（美国 GPS 或者北斗导航）。

综合电子系统的所有电子学采取印制板形式，无外壳和专用机箱，电路板直接插接于卫星结构板上并锁紧，该设计思想在 TG‐2 伴星上已经获得成功的应用，并顺利通过了初样阶段的各项环境试验。

## 6.2.2 综合电子模块设计

由于综合电子系统与整星其他分系统均有接口，因此综合电子系统采用模块化设计，各模块之间采用层叠式结构，利用板间接插件进行互联。下面分模块介绍相应的技术途径。

1. CIMA/CIMB 模块

CIMA/CIMB 模块是整个综合电子系统的最核心模块，负责整星的轨道运算、姿态控制、热控、载荷管理、遥测和遥控数据处理。为提高可靠性，CIMA 和 CIMB 设计完全相同，是互为备份的冷备份的冗余设计，模块内包括处理器、程序存储器 PROM、数据存储器 SRAM、固态存储器 FLASH、CAN 总线、同步上行通信、同步下行通信、异步串行通信、高精度实时时钟单元、秒脉冲输出、看门狗电路、数字量输出和模拟量采集等。模块的原理框图如图 6.6 所示。

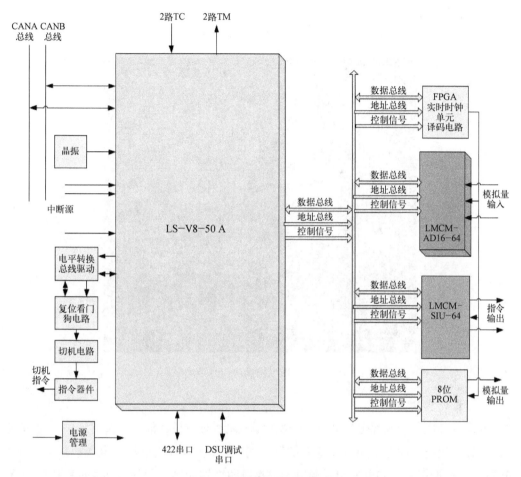

图 6.6　CIM 模块原理框图

CIM 模块是采用标准化设计，由 SIP 模块 LSCCU01（可以实现处理器、程序存储器 PROM、数据存储器 SRAM、固态存储器 FLASH、CAN 总线、同步上行通信、同步下行通信、异步串行通信等功能）、看门狗电路、FPGA 器件（实现高精度实时时钟单元和秒脉冲输出功能）、SIP 模块 LMAD64（实现 64 路模拟量采集）、SIP 模块 LMSIU64（实现 64 路数字量输出）及外围接口电路和驱动电路组成。CIMA/CIMB 的核心微小型化器件有 SIP 模块 LSCCU01、SIP 模块 LMAD64、SIP 模块 LMSIU64。

2. PCM 模块设计

一次电源模块（PCM）主要实现锂离子蓄电池组的充电控制、二次电源变换、配电保护和遥测等功能，保证卫星在轨整个工作寿命期间各种工作模式下的功率需求。

针对微小卫星体积小、可贴片面积相对受限的特点，微小卫星一次电源模块采用了 S4R 两域控制的低压母线设计，从而进一步提高一次电源的利用率。光照期分流器优先向负载供电同时将剩余的功率向蓄电池组充电,充电单元采用限压控制,阴影期由蓄电池组通过放电调节单元向负载供电。一次电源模块输出母线选用 12 V 电压,蓄电池组选用三个磷酸铁锂单体电池串联,电压 8.4～10.8 V。

某型号微小一次电源模块初步布局如图 6.7 所示。

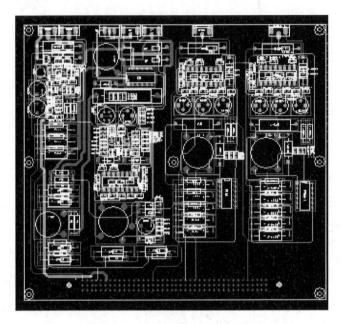

图 6.7　一次电源模块初步布局图

3. PAM 模块设计

卫星对二次电源和部分负载提供一次电源母线,对卫星其他部分实行集中供电方式。二次电源模块统一向星上用电设备提供所需的二次电源,各路电源在电源模块内集中分组、跳线。经母板插座和电连接器输出。二次电源变换为星上设备提供经过稳压的28 V、−12 V 和 5 V 电压,从而满足卫星的功率需求。

二次电源模块输入电压范围参照一次电源电压,采用不隔离的二次电源方案。

4. TCM 模块设计

TCM 模块属于星地测控通信系统的组成部分,在微小卫星综合电子内完成星地上下行测控及数传通信任务,TCM 模块结构设计和模块原理框图如图 6.8 所示。模块完成信号的上、下变频及数字化处理,射频前端主要实现信号放大、滤波等功能。

通信模式的重构通过相应指令控制对应模块的使能与切换,可在轨实现 PSK‑PM 模式、DS‑CDMA 模式、QPSK 模式等通信模式的重构。实现方式如图 6.9 所示。

(1) 首先对遥控、程控指令进行处理,得到对应的指令码,继而得到需要切换到的模式。

(2) 由模式切换逻辑模块实际进行对应模块的切换。

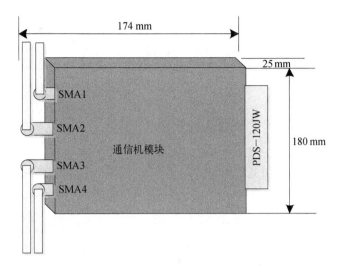

图 6.8    通信机模块结构示意图

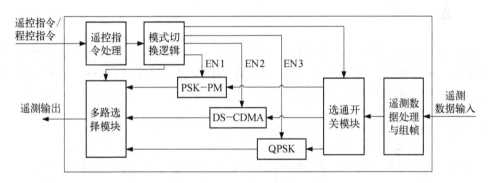

图 6.9    在轨通信模式重构

（3）模式切换逻辑模块输出控制信号,通过选通开关模块将遥测数据输送给当前工作的通信模式。

（4）模式切换逻辑模块输出使能信号使目标工作模式处于激活工作状态。

（5）模式切换逻辑模块输出控制信号选通工作模块的调制后数据作为遥测信号输送给 DA。

5. GNSS 模块设计

GNSS 模块为卫星提供自主精确的轨道相关数据,为星上姿态控制系统、通信系统以及相关应用载荷提供精确的时间、位置和速度信息。GPS 模块的系统组成结构如图 6.10所示,根据功能主要由以下三部分组成。

（1）外部接口。主要包括电源、CAN 总线和 1PPS 接口。

（2）数字处理单元。主要包括 DSP、FPGA 等相关数字信号处理电路。

（3）射频处理单元。主要包括 LNA、OCXO 和 RF/IF 变换等模拟信号处理电路。

微小卫星 GNSS 模块通过天线接收 GPS 卫星导航信号,该信号经过低噪声放大器进入射频信号处理单元。信号在射频信号处理单元内部将进行放大、滤波和下变频等一系

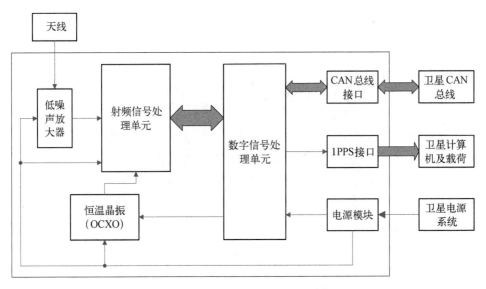

图 6.10　GPS 模块的系统组成结构

列处理后输出数字中频信号到数字信号处理单元。数字信号处理单元将对数字中频信号进行信号相关处理,同时完成信号的捕获、跟踪和定位解算等工作。最后,将时间、位置、速度和工程参数等数据通过 CAN 总线接口发送,并将同步时钟信号(1PPS)发送给星载计算机和相关星上载荷。

### 6. SMM 模块设计

SMM 模块主要功能是实现大容量存储器,用于存储有效载荷的载荷数据。模块设计主要分为 FLASH 控制器、多路数据复接器、数传通道管理等,SMM 模块原理框图如图 6.11 所示。

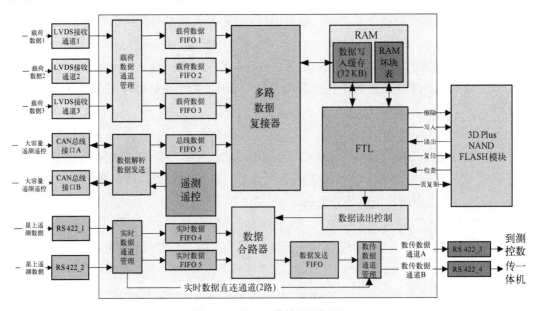

图 6.11　SMM 模块原理框图

多路数据复接主要实现复接组帧和 FIFO 切换控制逻辑的功能。为实现动态管理调度策略,模块规定了不同类数据的优先级。复接组帧逻辑通过开关选通方式按照优先级次序去扫描各数据通道状态,实现优先级动态管理调度。通道扫描方案及对应外部接口如图 6.12 所示。

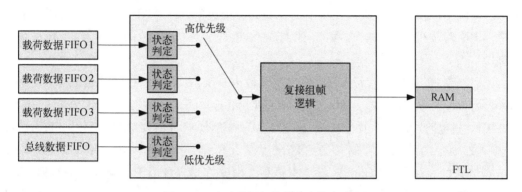

图 6.12　多路数据复接模块方案示意图

## 6.3　高密度电子学星务管理模块

高密度电子学星务管理模块由 5 块印制件即 CPUA 模块、CPUB 模块、IO 模块、AD/DA 模块、固态存储器模块组成。完成卫星的能源管理、热控、姿态控制、轨道调节、遥测遥控、数据管理和有效载荷的管理。

5 个模块之间的关系如图 6.13 所示。CPU 模块是整个系统的核心模块,采用冷备的方式设计,CPUA 模块和 CPUB 模块是互为冗余的两个模块。CPU 模块通过 CPU 的数据线、地址线和控制线扩展出 IO 模块和 AD/DA 模块,对卫星平台的能源系统、热控系统、姿轨控系统等进行控制和管理。CAN 总线是整个系统的控制总线,CPU 模块通过CAN 总线控制所有载荷设备和固态存储器模块的行为。

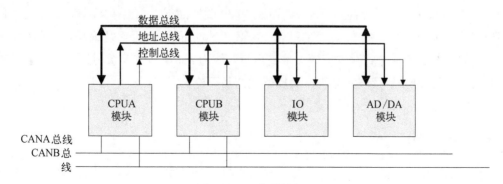

图 6.13　系统结构框图

### 6.3.1 CPU 模块

CPU 模块是整个综合电子系统的最核心模块,是整星的大脑,负责了整星的运算、控制、遥测和遥控。为了提高可靠性,采用了冷备份的冗余设计。CPU 模块实现的功能有 CPU 的最小系统、遥控、遥测、控制总线、电源管理、故障监测和恢复、测试接口等功能。

CPU 模块的原理如图 6.14 所示。CPU 最小系统由 CPU 和存储器构成,CPU 采用 Intel 公司的 80386EX,24 MHz 主频;PROM 正样时采用 2 片 Intersil 公司的 HS - 6664RH,其他阶段采用 2 片 Atmel 公司的 AT28C64B,每片的存储容量都是 8 KB;程序存储区的 SRAM 和数据存储区的 SRAM 共 2 MB,全部采用 EDAC 设计,SRAM 采用 Atmel 公司的 2 片 AT68166FT,每片容量是 2 MB,一半容量用于存储程序和数据,另一半容量用于存储校验码,EDAC 功能在 FPGA 内实现;Flash 采用 2 片 Atmel 公司的 AT29C040 实现,每片容量 512 KB。

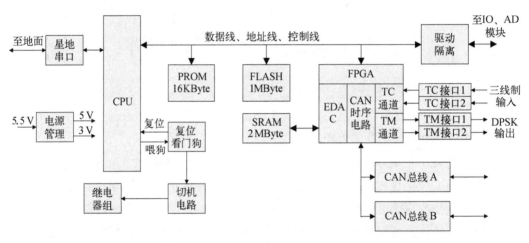

图 6.14　CPU 模块原理框图

CPU 模块中多处设计使用 FPGA 完成。电性能产品 FPGA 采用 1 片 Actel 公司的 APA600,APA600 是 1 块 60 万门的基于 Flash 工艺的 FPGA,可重复编程,内部有 14 K 字节的 RAM,21 504 个寄存器资源。最高质量等级为 883B。APA 系列的 FPGA 已经有过上天飞行的经历,后续产品是否换为反熔丝产品再论。

### 6.3.2 IO 模块

IO 模块包括 7 路 5 V TTL 输入、27 路 28 V OC 指令输出、2 路 5 V OC 输出、8 路热控输出、4 路同步串口、1 个实时时钟。由于要在一块印制件上实现如此多的资源,所以采用 FPGA 实现所有的逻辑和时序,其结构如图 6.15 所示。整个印制件由 FPGA 加各种接口的接口电路和驱动电路构成,结构形式简单。CPU 通过访问 FPGA 内的各种寄存器实现对 IO 模块的控制操作。

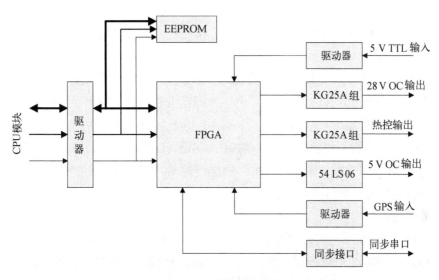

图 6.15　IO 模块原理框图

为了减少元器件的种类,FPGA 同样选择 APA600。因此与 CPU 模块接口的驱动器选择具有 3 V、5 V 电平转换功能的 EP 封装 SN74ALVC164245,该器件虽为塑料封装,但却具有均温的工作范围,已经在 SZ-7 伴星星载计算机上得到过飞行验证。

EEPROM 是双机用于交互信息的存储器,此处设计继承 SZ-7 伴星星载计算机的设计,采用 Atmel 公司的 AT28C64 实现,一共 8 K 字节。可按三模冗余的方式存储信息。

1. 5 V TTL 输入的接口

5 V TTL 输入的接口电路同样采用 SN74ALVC164245,将 5 V TTL 信号转换成 3 V 信号后送入到 FPGA 内。在 FPGA 内实现一个 8 位的寄存器,对 7 路输入的 IO 信号进行滤波和检测,并记录每路 IO 的高低电平状态。CPU 模块通过读取该寄存器获取 IO 输入状态。

2. 28 V OC 指令

28 V OC 输出的驱动器采用 771 所产的 KG25A,1 片 KG25A 包括 4 路独立的达林顿管,使用 2 个达林顿管串联驱动 1 路负载。KG25A 输出的控制在 FPGA 内实现,实现方法借鉴 IGSO 星载计算机的实现方法,通过一个寄存器完成对 27 路 28 V OC 指令的输出。从 1 到 27 对这 27 路 28 V OC 指令进行编号,当要输出某一条指令时,CPU 模块先将该指令的编号写入到寄存器中,然后再将 0 写入到该寄存器,启动指令输出。写入 0 后,FPGA 自动发送 160 ms 的脉冲指令。这种方法可以同时发出多条指令。

3. 5 V OC 输出

5 V OC 输出的接口采用 1 片 54LS06 作为输出驱动器,驱动对象是单比特载荷处理器。5 V OC 输出目前还不明确是电平输出控制还是脉冲输出控制。如果是电平输出控制则单独在 FPGA 内设计一个寄存器进行控制,如果是脉冲输出控制则将其控制逻辑纳入到 28 V OC 指令输出的逻辑内,与 28 V OC 指令统一编号输出。

4. 热控输出

热控输出的技术要求现在还不明确,计划继承 SZ-7 伴星星载计算机的设计,采用 KG25A 作为热控输出的驱动器,使用 4 个达林顿管组成串并结构驱动负载。如果应用合作目标对热控的驱动能力要求高于 KG25A 的驱动能力,则计划采用场效应管 2N6798 作为驱动电路,一个单管可提供 5A 的驱动能力,在设计时采用 2 个 2N6798 串联驱动 1 路热控。8 路热控在 FPGA 内采用 1 个寄存器进行控制,寄存器的相应位置 1 的时候,驱动加热丝开始加热,置 0 的时候停止加热。

5. 实时时钟

实时时钟在 FPGA 内实现,如图 6.16 所示,一共 7 个寄存器,4 个秒寄存器确保绝对记录时间大于 50 年,3 个微秒寄存器保证最小计时单位是 $\mu$s。实时时钟的晶振频率暂定 4 MHz,即可以通过 GPS 获取校时信息,进行时间设置,也可通过地面指令进行时间校正。上电复位时,实时时钟清零,热复位时,实时时钟保持不变。

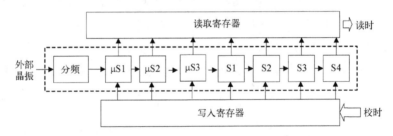

图 6.16 实时时钟原理框图

6. 同步串口

遥控终端遥测采用三线制的同步串口,时钟与门控由电子系统输出,数据由遥控终端输入。2 路遥控终端遥测共享同一时钟信号和门控信号,输入各自的数据,时序关系参照 GJB 1198 规定设计。每个遥控终端的遥测数据长度是 16 位,FPGA 内设计 2 个寄存器分高、低两个字节对遥测数据进行存储。再设计一个公用的控制状态寄存器,对该寄存器进行设置可以启动 FPGA 发送时钟信号和门控信号,对该寄存器查询可以判断遥测数据是否采集完毕,采集完毕后可从 4 个遥测数据寄存器中读出 2 个遥控终端全部的遥测信息。

### 6.3.3 AD/DA 模块

AD/DA 模块包含 35 路 AD 输入、15 路测温输入、5 路 DA 输出。

AD 输入、测温输入的设计继承 SZ－7 伴星星载计算机的设计,如图 6.17 所示。模拟量输入和测温量输入经过多路模拟开关和跟随器后进入 AD 转换器。多路模拟开关选用 AD 公司的 ADG506,跟随器选用 Intersil 公司的运算放大器 HA－5104,AD 转换器选用 AD 公司的 AD574A,12 位的转换分辨率。这几种器件都是在 SZ－7 伴星星载计算机上使用过的器件。

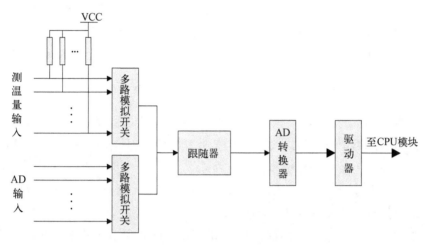

图 6.17 AD 采集原理框图

4 路 DA 输出有 3 路用于控制磁强计,1 路用于控制动量轮。对于控制动量轮的 DA 输出目前指标还不明确。用于控制磁力矩器的 3 路 DA 输出,负载是 200 Ω 左右的磁棒,要求能够提供－30～ ＋30 mA 的电流。用于控制动量轮的 DA 按照－5～＋5 V 电压输出,DA 转换器选用 AD 公司的 12 位分辨率的 AD664,设计如图 6.18 所示。

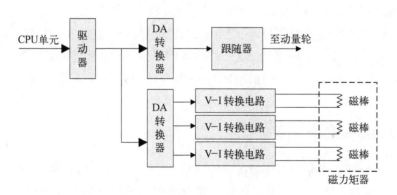

图 6.18 DA 输出原理框图

接口是跟随器输出,跟随器采用 HA－5104 设计。用于控制磁力矩器的 DA 转换器同样选择 AD664,DA 转换器输出的电压信号经过电压-电流转换电路转变为恒流电路输出,电压-电源转换电路采用放大器和功放进行设计。

# 6.4 空间大容量数据管理系统设计

## 6.4.1 空间数据系统概述

随着空间应用日益广泛,现代航天任务向复杂化和多元化发展,在航天任务的各个阶段,产生了大量工程数据,从而对航天数据管理系统提出了更高的需求。得益于FLASH技术的快速发展,星载大容量数管系统技术较早期卫星有了巨大改进。现今的航天数据管理系统支持多种数据存储和传输,容量更大,传输带宽更高,功耗更低,硬件模块化和集成化程度更高。

空间数据管理系统主要包含两大模块,即复接和存储。由于航天任务中,通常传输到数管系统的数据源不止一个,为了达到存储资源和数传物理信道的有效利用,往往需要采用复接的方式将所有数据源数据复接成一路连续数据流,存储到FLASH模块中。复接主要参考"CCSDS"(Consultative Committee for Space Data Systems,空间数据系统咨询委员会)相关标准,后续章节将进行详述。

空间数据管理系统大量采用民用NAND FLASH作为存储介质。NAND FLASH存储容量大,速度快,功耗低,无机械部件,稳定性和可靠性较高。NAND FLASH是基于块(Block)和页(Page)的物理结构,对于某片容量为128 MB的NAND FLASH来说,包含1 024个块,每块包含64页,每页2 KB,每块"擦除-编程"循环次数典型值为10万次。当一个块到达寿命末期时,就可能出现坏块。因此,空间数据管理系统设计中要实现耗损均衡和坏块管理,保证所有块"擦除-编程"循环次数维持在相同水平,以保证整片NAND FLASH的使用寿命。

空间数据管理系统可以采用单片FPGA实现,也可采用FPGA+CPU的方式。无论哪种方式,FPGA都作为主要部分,完成主要的数据源接口、复接、存储接口、数传接口等。CPU可以辅助完成数管系统遥测遥控、NAND FLASH模块管理、NAND FLASH读写控制等上层实现。基于系统应用和设计约束选择合适的方案,以满足各项设计指标。

## 6.4.2 CCSDS 概述

CCSDS是空间数据系统咨询委员会的简称,于1982年成立,它是一个国际性空间组织主要负责开发和采纳适合于航天通信和数据管理系统的各种通信协议和数据处理规范。自成立起,CCSDS就发布了一整套常规空间数据系统计数建议书(COS),后在1989年正式通过了空间数据系统高级在轨系统建议书(AOS)。至今CCSDS已经发布了近百份建议书,提出了大量的新概念系统和技术,引领着世界空间数据系统领域技术不断向前发展。

目前,CCSDS 组织包括 11 个成员、29 个观察员和 140 多位商业合作伙伴。中国国家航天局为 11 个成员之一,另外中国科学院和中国科学技术协会以观察员的身份加入 CCSDS。国际上主要的航天机构均参加了该组织,为该组织各项技术活动提供支持。

成立 30 余年来,CCSDS 推出了一系列建议和技术报告,内容涉及分组遥测、遥控、射频、调制、时码格式、遥测信道编码、轨道运行、标准化数据单元、无线电外侧、轨道数据等,反映了当前世界空间数据系统的最新技术动态。

1989 年发布的高级在轨系统建议书,是在 COS 的基础上发展起来的,能够支持宽带数据传输。它把航天器的载荷数据和工程数据统一为一个数据流,改变了传统分离为两个数据流的方法,使系统更加有效、更加开放。在数管系统开发过程中,主要参考 AOS 进行设计。

### 6.4.3　星载大容量数据管理系统总体设计

大型星载大容量数据管理系统存储容量高,传输速率快,采用大量 NAND FLASH 并行存储的方式,扩展存储带宽。这种数管系统成本高,功耗大,一般用于对存储和速率要求较高的卫星应用中。显然这样的大型星载数管系统并不适合应用在微小卫星平台中。针对微小卫星的特点,结合先进 NAND FLASH 和复接存储技术,可以实现单板级至模块级高速大容量存储。系统方案如图 6.19 所示。

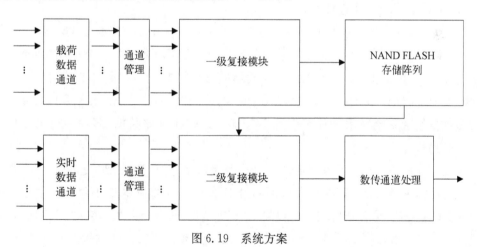

图 6.19　系统方案

工程实践中,采用 FLASH 型 FPGA 单芯片方案,完成整个数管功能。系统框图如图 6.20 所示。

系统采用双冷备份的方式,在一块 6U(单板尺寸:60 cm×60 cm)电路板上对 A、B 机实现完全冷备。支持 3 路 LVDS 数据通道、两路 CAN 总线数据通道和 2 路实时数据通道。其中,实时通道可以互为热备份,实现整星遥测数据下传。超大容量 NAND FLASH 支持,板载多片 NAND FLASH 芯片,支持容量 8~256 Gbit,支持高速数传(100 Mbit/s)。

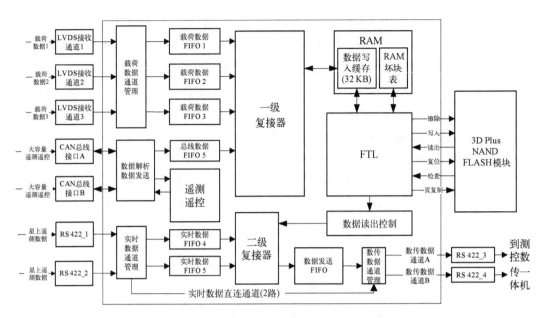

图 6.20　系统框图

### 6.4.4　星载大容量数据管理系统设计

**1. NAND FLASH 存储模块**

NOR FLASH 和 NAND FLASH 为当今最主要的 FLASH 技术。1988 年 Intel 开发了 NOR FLASH 技术,彻底改变了原先由 EPROM 和 EEPROM 一统天下的局面。1989 年东芝开发了 NAND FLASH 结构,强调降低每比特的成本和更高的读写性能。相比 NOR FLASH,NAND FLASH 成本低,容量大,速度快,主要用于大容量存储设备。星载大容量数据管理系统采用一片至多片 NAND FLASH 存储数据,多片并行可以提高写入/读出带宽。

NAND FLASH 由多个块(Block)组成,每块由多个页(Page)组成,每页包含数据区和冗余区(Spare Area)。页是写入数据的最小单元,块是擦除的最小单元。在对 NAND FLASH 写操作(页编程)时,相应位只能从"1"变为"0"而不能从"0"变为"1"。所以,写入数据之前必须要先擦除所在块。如图 6.21 所示为典型的 FLASH 结构图。

NAND FLASH 分为 SLC、MLC 和 TLC。SLC 为 Single Layer Cell(1bit/cell),速度快、低电压、寿命长,典型值为 10 万次"编程-擦除"周期;MLC 为 Multi - Level Cell(2bits/cell),速度和寿命一般,典型值为 1 万次"编程-擦除"周期;TLC 为 Trinary - Level Cell(3bits/cell),速度慢、寿命短、价格便宜,只有约 500 次"编程-擦除"周期,目前还没有厂家能够做到 1 000 次。

从上可以看出,SLC 的性能最优,技术最为成熟,但价格最高;MLC 价格适中,性能中

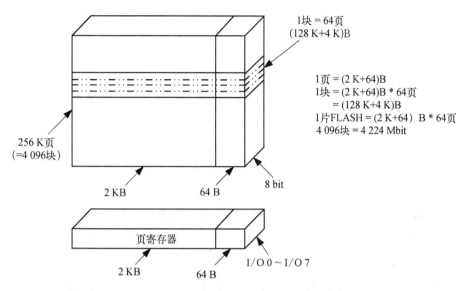

图 6.21 典型的 FLASH 结构图

等而成为消费级固态存储设备的应用主流。由于航天应用的特殊性和高可靠性要求,一般选用 SLC。虽然其寿命最长,但是仍然要考虑坏块管理和耗损控制。

1) 坏块管理

坏块管理分为自主坏块管理和手动坏块管理。自主坏块管理是指在数据编程、块擦除过程中,检测操作是否成功执行,如果出现失败,则可以标记坏块;在数据读出过程中,使用校验手段进行数据校验,对于超过出错阈值的数据块标记为坏块。手动坏块管理是指在数据编程、块擦除和读出过程中,不对坏块进行标记,当地面用户发现数据异常时,手动发送坏块检查指令,对全部存储区域进行坏块检查和坏块标记操作,重建坏块表。

自主坏块管理方法实现较为复杂,而手动坏块管理方法将会花费较多的时间,某些时候,手动坏块管理方法花费的时间是不能忍受的。这种情况下,可以灵活设置坏块检查区域,以缩短检查时间。

坏块表数据存储在 FLASH 中,在系统启动时加载到 RAM 中,方便使用。

2) FLASH 地址映射

星载大容量数据管理系统 FLASH 地址映射应当主要考虑 FLASH 逻辑地址和复接帧建立映射关系,方便进行数据回放。数据回放可以选择按照数据类型回放,也可选择按照存储时间回放,还可以选择按照存储地址回放。

按存储地址回放是最为直接的映射方式,在数传帧的固定字段添加 FLASH 逻辑地址信息,当帧出现数据缺漏和数据错误时,通过指令回放相应帧;按存储时间回放方式需要在内存中建立时间-帧号对应表;按数据类型回放方式将从指定的起始地址开始,扫描指定类型数据帧,将正确类型数据帧通过数传通道下传。

如果出现映射表过大的情况,可以适当地引入组的概念,例如,一组等于 1 024 帧,数据回放只能够按照组进行,这样将大幅减少映射表大小。

3）耗损均衡

不同于消费电子,星载大容量数据管理系统经过复接后的存储数据流只有 1 路,且数据流连续,无冷热数据区分,因此无须使用复杂的耗损均衡技术,只需要使用循环存储的方式,即可实现所有块耗损均衡。

2. 复接模块

数管系统中,包含两级数据复接。复接主要基于虚拟信道。对于复接的调度策略,CCSDS 提供了 3 种虚拟信道调度策略。

（1）全同步方式：这种模式下虚拟信道被传送的次序是固定的和重复的,每一个虚拟信道在一个规定的、固定的时隙中传送。由于不同输入数据接口的速率不相同,因此,这种策略在处理突发性数据时效率较低。

（2）非同步方式：这种方式下,一个虚拟信道只有填满了可用数据后才会被发送。当两个以上的虚拟信道均准备完毕,此时需要提供优先权。这种策略是动态的,也是高效率的,但是这种方式下,将会造成某些信道队列延时,因此,这种方式不适于等时延数据。

（3）混合方式：这种方式采用两级调度策略,在第一级,信道分为同步的和非同步的虚拟信道,在第二级,全同步和非同步分别按照(1)和(2)中的描述方式调度。

对于大容量数管系统而言,第一级复接为非同步方式复接,每一个复接通道按照速度编排固定优先级,当一个通道数据存满时,将数据读出进行复接;第二级复接为全同步复接方式,所有实时通道数据将安排在固定时隙中进行数据传送。

3. 数传信道设计

数传信道分为低速模式和高速模式。低速模式仅传输实时数据,高速模式传输实时数据和载荷数据,如图 6.22 所示。

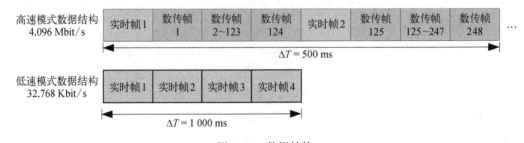

图 6.22　数据结构

帧格式采用 CCSDS 建议的帧格式,帧长 1 024 B,使用 RS(255,223)编码。下行信道帧组成如图 6.23 所示。

如表 6.1 所示为实时数据帧格式,如表 6.2 所示为载荷数据帧格式。

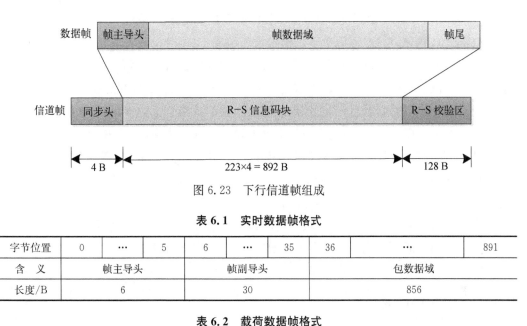

图 6.23　下行信道帧组成

**表 6.1　实时数据帧格式**

| 字节位置 | 0 | … | 5 | 6 | … | 35 | 36 | … | 891 |
|---|---|---|---|---|---|---|---|---|---|
| 含　义 | 帧主导头 | | | 帧副导头 | | | 包数据域 | | |
| 长度/B | 6 | | | 30 | | | 856 | | |

**表 6.2　载荷数据帧格式**

| 字节位置 | 0 | … | 5 | 6 | … | 891 |
|---|---|---|---|---|---|---|
| 含　义 | 帧主导头 | | | 虚拟信道 $n$ 数据 | | |
| 长度/B | 6 | | | 886 | | |

# 6.5　多模式测控模块设计

## 6.5.1　背景介绍

1957 年苏联第一颗人造地球卫星的成功发射,标志着航天科技的诞生。随着航天科技的迅速发展,人造卫星、空间站、航天飞机等航天器相继投入使用。但是,巨额的费用、漫长的研制周期成本一直制约着航天科技的发展。能够针对突发事件快速反应、在短时间内以较低成本建造并发射是现代小卫星的一个重要的发展方向。美国国防部早在2003 年就提出了航天快速反应计划,要求能够针对需求,在几周至几个月内建造并发射一颗质量为 45～390 kg、成本为 1 500 万美元以内、同时具有较强的轨道机动能力的小卫星。为达到这一目的,美国国家航空航天局提出了非往返型航天器与运载集成系统(Expendable Launch Vehicle with Integrated Spacecraft,ELVIS)的概念。ELVIS 通过将小卫星与小运载的电子系统合并,达到复用硬件设备的目的。它淡化了卫星与运载的界限,用同一套电子系统兼顾运载和卫星的任务需求,因此可以有效降低卫星发射成本,能够实现电子系统的快速测试,减少卫星的发射与入轨时间。

过去主要由于数字化器件性能的限制,传统卫星测控通信系统的终端设备一般由相对独立的测距、测速、遥控、遥测等多种模拟设备组成,这部分设备完成测控任务中绝大部分的信号处理工作。传统以模拟硬件为基础的测控通信设备,一方面复杂庞大、各终端功能单一、可扩展性差、体积功耗大、参数调整困难,不利于在低成本、快速响应卫星上应用;另一方面军用卫星的简化设计和生产周期有着重要的战略意义,一旦战争来临,谁能够及时设计、生产和发射军用卫星,建立自己的侦察系统及通信网络,谁就占据了主动权。

正因如此,基于软件无线电思想的测控数传一体化设计思路,以最简硬件为通用平台,尽可能地用可升级、可重配置的应用软件来实现各种平台数据通信功能,所以其真正价值在于用户可以在同一硬件平台上配置不同的应用软件来满足不同环境下的不同功能需求。这样不仅可以节省大量硬件投入,而且可以大大缩短产品的开发研制周期,适应不同任务需求,同时通过固化硬件平台和内部软件模块,提高可靠性。

### 6.5.2 主要技术指标

1. 系统工作频段

航天测控S波段:2 025~2 110 MHz(上行);2 200~2 290 MHz(下行)。

通用化硬件平台对航天测控S波段的覆盖率100%。

2. 工作体制

多模式通信单元适用于卫星和地面测控网之间的通信,可以支持星地之间的通信模式,如表6.3所示,具体应用的系统工作模式如表6.4所示。系统工作模式在轨具备可重构能力。

表 6.3 系统支持的通信模式

| 序号 | 通信模式 | 数据传输方向 | 备注 |
|---|---|---|---|
| 1 | DS-CDMA | 上 行 | 扩频模式 |
| 2 | PCM+BPSK+PM | | USB 模式 |
| 3 | DS-CDMA | 下 行 | 扩频模式 |
| 4 | PCM+BPSK+PM | | USB 模式 |
| 5 | PCM+DQPSK | | |

表 6.4 系统应用工作模式

| 序号 | 上行 | 下行 | 备注 |
|---|---|---|---|
| 1 | TC | DT-1 | (1)平台遥测和载荷数据同时下行;<br>(2)主工作模式;<br>(3)测距、校时以导航星为主;<br>(4)对应表6.3中,1+5或2+5 |

续表

| 序号 | 上行 | 下行 | 备注 |
|------|------|------|------|
| 2 | TC | DT－2 | (1) 下行仅有平台遥测数据时,主动降低下行数据速率,提升系统误码率性能;<br>(2) 测距、校时以导航星为主;<br>(3) 对应表 6.3 中,1+5 或 2+5 |
| 3 | TC+R | TM+R | (1) 卫星配合地面测控网完成测距时用;<br>(2) 此模式在该系列卫星中属于辅助模式;<br>(3) 对应表 6.3 中,1+3 或 2+4 |
| 4 | TC | TM | (1) 遥测应急模式,此时上下行为常规测控模式;<br>(2) 对应表 6.3 中,1+3 或 2+4 |
| 5 | TC | — | 地面盲发指令时用,对应表 6.3 中,1 或 2 |

注:TC-遥控;R-测距;DT－1-下行数据高速模式;DT－2-下行数据低速模式;TM-下行遥测模式

3. 上行主要技术指标

(1) 信息速率:2 000/4 000 bit/s。

(2) 调制方式:DS－CDMA 或 BPSK－PM。

(3) 码型:NRZ－L。

(4) 误码率:$\leqslant 1 \times 10^{-6}$。

(5) 漏指令率:$\leqslant 1 \times 10^{-6}$。

(6) 误指令率:$\leqslant 1 \times 10^{-8}$。

4. 下行主要技术指标

(1) 发射功率:500 mW/5 W。

(2) 信息速率:4.096 Kbit/s～4.096 Mbit/s。

(3) 调制方式:DQPSK/DS－CDMA/ PSK－PM。

(4) 信道编码:RS(255,223)纠错。

(5) 误码率:$\leqslant 1 \times 10^{-6}$。

(6) 带外抑制(有效带宽外抑制优于 50 dB)。

## 6.5.3  技术方案

1. 硬件框图

整个系统其硬件构成在功能上主要包括以下部件:射频收发链路、数字信号处理模块;接口管理模块;电源管理模块。具体如图 6.24 所示。

系统采用外差式接收机结构。外差式接收机虽然有可能受到空间中镜像频率的干扰,但考虑到在空间中镜像干扰信号不会有特别大的能量,当接收机的前级镜像滤波器有较好的滤波条件时,镜像频率干扰信号在通过它时,绝大部分能量被抑制,到达混频器时

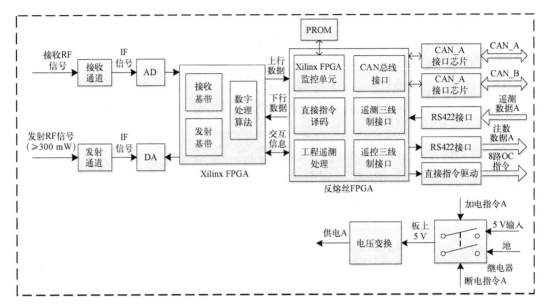

图 6.24　系统总体方案

已经不能对有用信号产生影响。射频接收模块采用一次下变频的方案。一方面使射频前端简化,利于小型化和低功耗设计;另一方面数字器件利用数字信号处理技术,可以充分发挥数字电路高精度和灵活性强的特点,有效解决模拟应答机中的噪声、漂移等问题,从而提升应答机的整体性能。

而射频发射模块采用二次上变频。如果采用一次上变频,直接将低中频信号变频到S频段上,会在载波附近形成 $2 \times IF$ 无用边带。一般来说,声表滤波器件随着中心频率提高,它的带宽做窄就更有难度,因此无用信号容易进入后级 PA,会形成一个较强的干扰信号。因此,采用二次变频方案。由数字处理模块产生低中频全数字调制信号,然后经二次上变频,形成下行发射信号。

数字基带部分所有本振采用分频式锁相环芯片,本振和 FPGA 的频率源由 TCXO 提供。数字处理模块是设备的核心,由一片 Xilinx FPGA 完成。PSK - PM 体制下,数字处理模块完成载波同步、测音测距转发、遥控信号解调、载波相干转发及测距遥测调制;QPSK 模式下,数字处理模块完成速率变换与高速数据调制。DS - CDMA 模式下,数字处理模块完成载波同步、伪码同步、遥控信号恢复、非相干测距、遥测数据扩频调制等功能。

接口管理模块的功能由一块 100 万门高可靠反熔丝监控 FPGA 实现,负责遥控指令译码、公共遥测信号收集、外部接口信号匹配,对主处理芯片单粒子效应进行实时监测,可控制主处理 FPGA 的上电复位、动态刷新、程序重载等功能,使其在单粒子闩锁和单粒子翻转发生后仍有措施恢复。

电源模块从外部引入母线电压,经过限流芯片及 EMI 滤波器,然后通过电压变换得到模拟 3.3 V(包括射频接收模块、射频发射模块和 PA 模块)、数字 3.3 V、2.5 V、1.2 V (包括 FPGA 及采样模块)等电压。

2. 数据融合协议

整个系统数据协议设计参考 AOS 信息流融合的思想,将 S 波段数据传输格式统一化设计,不严格区分载荷信息和测控信息,统称为平台信息。

按照目前数据源主要分为两类。第一类为星务管理数据和辅助数据,其特点: 数据速率较低,实时性要求高,对误码较敏感;第二类为载荷数据,其特点: 数据速率较高,对误码要求不太敏感。数据协议设计主要考虑以下因素。

(1) 数据源的源包格式、数据速率、实时性等需求差异。

(2) 星地数据交互时间短,卫星应用面向多用户,提出下行数据贯彻标准化设计理念。

(3) 通过虚拟信道动态调度管理的思想,将多路数据源复接组成数据流。

结合 CCSDS 建议的分包遥测帧格式、AOS 帧格式和 RS(255,223)信道编码,进一步提高信道增益。数据流组成如图 6.25 所示。载荷和遥测数据外部帧格式一致,通过主导头内部的虚拟信道来区分。

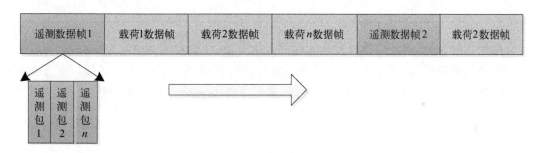

图 6.25  数据融合方案

遥测帧和载荷帧使用同一物理信道,遥测帧内部采用分包的方式,传输不同信源包。遥测帧具有最高的优先级。数据帧结构如图 6.26 所示。

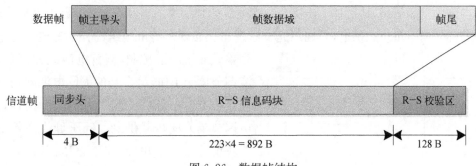

图 6.26  数据帧结构

遥测帧和载荷帧内部字段定义具体见表 6.5 和表 6.6。遥测帧包含 30 B 的帧副导头,用来传输某些重要固定波道遥测数据。

表 6.5 遥测数据帧格式

| 字节位置 | 0 | … | 5 | 6 | … | 35 | 36 | … | 891 |
|---|---|---|---|---|---|---|---|---|---|
| 含义 | 帧主导头 | | | 帧副导头 | | | 包数据域 | | |
| 长度/B | 6 | | | 30 | | | 856 | | |

表 6.6 载荷数据帧格式

| 字节位置 | 0 | … | 5 | 6 | … | 891 |
|---|---|---|---|---|---|---|
| 含义 | 帧主导头 | | | 虚拟信道 $n$ 数据 | | |
| 长度/B | 6 | | | 886 | | |

帧主导头定义如表 6.7 所示。

表 6.7 帧主导头含义

| 字节位置 | 版本号 | 航天器标志 | 虚拟信道标志 | 虚拟信道计数 | 副导头标志 | 首包主导头指针 |
|---|---|---|---|---|---|---|
| 长度/bit | 2 | 8 | 6 | 16 | 1 | 15 |

星务通过 CAN 总线收集各分系统遥测原始数据,并根据需求对原始数据进行压缩。组包策略与目前伴星一致。组包后等待入境组帧将遥测码流通过 RS422 接口送往数据管理模块。综合电子采集并集成各信息源、多媒体和多格式信息,生成完整、准确、即时和有效的综合信息。

# 6.6 低电压母线高效电源模块

针对微纳卫星体积小、可贴片面积相对受限的特点,微纳卫星一次电源模块采用 SR 两域控制的低压母线,从而进一步提高一次电源的利用率。当卫星在光照区期间时,太阳电池阵优先向卫星负载供电,并利用充电管理单元实现对蓄电池组的补充充电。充电管理单元采用限压控制,当蓄电池组充满后,分流调节单元工作,将多余的太阳电池阵功率分流。当卫星在阴影区期间时,蓄电池组通过放电调节单元向负载供电。低压母线高效电源模块由分流调节单元(SR)、充放电调节单元(BCDR)组成,负责将太阳电池阵能源转换为卫星可用的一次电源并实现对蓄电池组的充放电管理,如图 6.27 所示。

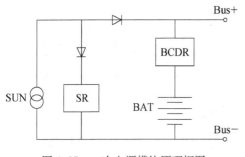

图 6.27 一次电源模块原理框图

### 6.6.1 分流调节单元

分流调节单元用于光照期太阳电池阵的功率调节,实现母线电压的稳定。分流调节器采用限频式顺序开关分流调节技术,分流调节单元原理框图如图 6.28 所示。

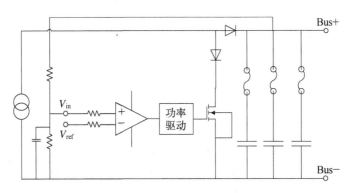

图 6.28　分流调节电路原理框图

当太阳阵输入功率大于卫星负载功率(包括蓄电池组充电功率)时,分流调节单元通过开关控制方式实现对太阳阵富余功率的分流,保持母线电压的稳定。考虑到微纳卫星的太阳阵可能为体装式设计,太阳阵采取分为 5 个分阵输入一次电源模块,分流调节单元采用一个分流调节器设计,分流能力为 7 A。

（1）当母线电压放大信号($V_{in}$)高于基准电压($V_{ref}$)时,分流调节器开关管短路,将太阳阵富余的功率分流。

（2）当母线电压放大信号($V_{in}$)低于基准电压($V_{ref}$)时,分流调节器开关管开路,太阳阵功率输出至母线提供卫星负载供电或蓄电池组补充充电。

为了稳定母线电压,减小负载瞬变时对母线影响,在一次电源模块的一次电源输出增加了电容阵滤波,滤波电容阵采用并联方式,为了保证滤波电容阵的可靠性,每个电容均串有保险丝。

### 6.6.2 充放电管理单元

充放电管理单元分为充电管理单元和放电管理单元。充电管理单元主要用于蓄电池组的充电管理,为确保蓄电池组充电安全可靠,充电控制采用限压充电。正常条件下,当太阳阵功率可满足整星负载功率,且蓄电池组充电未满时,充电管理单元恒流充电;随着蓄电池组电压逐渐升高,达到蓄电池组恒压点时,充电管理单元转恒压充电模式。当太阳阵的输出功率不满足负载需求或卫星处于阴影区时,放电调节单元工作,提供卫星负载供电。充放电调节单元工作原理如图 6.29 所示。

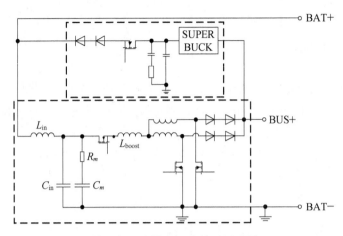

图 6.29　充放电调节单元原理图

卫星进行充电时,BUCK 降压式变换器工作,完成对蓄电池组的充电管理。当卫星放电工作时,boost 降压式变换器工作,实现一次电源模块的放电管理。

# 7.1  微小卫星导航与控制技术发展趋势

## 7.1.1  自主导航与控制技术

对航天器而言,自主导航与控制即要求航天器不依赖于地面,仅依靠自身携带的设备和计算机实现姿态测量、姿态控制、轨道测量和轨道控制。其中轨道测量也称自主导航,是实现自主控制的前提和基础。

从空间飞行的初始阶段至今,卫星自主导航与控制技术研究已有近四十年的历史。美国国家航空航天局、俄罗斯联邦航天局、欧洲航天局等先后研究了多个以应用卫星为主要背景的自主导航系统方案,研制的导航方案种类繁多,所采用的测量仪器包括扫描式地球敏感器、星敏感器、微波雷达高度计、磁强计等。随着航天技术的发展,越来越多的卫星星座雨后春笋般出现,尤其是通信星座和导航星座越来越多,各国也开始研究卫星星座的自主导航技术,特别是 GPS 系统的自主导航技术尤为重要和系统化,引入了基于相对测量的自主导航技术。通过导航系统设计,获取航天器的位置姿态信息,使航天器能够精准地执行任务。

## 7.1.2  天文导航与控制技术

天文自主导航技术一般指用观测天体来确定卫星位置的导航方法,泛指利用卫星对恒星、太阳、月球、地球、X 射线脉冲星等参照物的指向、惯性角速度、地球磁场强度、X 射线脉冲到达时间等测量信息的各种卫星自主导航方法。天文导航具有全自主、精度高、误差不随时间累积、抗干扰能力强、可提供位置和姿态信息等优点,是非常重要的自主导航手段。

20 世纪 60 年代,美国研究了利用星光折射进行自主导航的方法。在实施 Apollo 计划的过程中,利用天体掩星、星光在大气中的折射、星光穿越大气时的衰减等实现自主导航的方案进行了研究。1975 年由美国海军研究局和美国国防部先进研究项目局共同投资,麻省理工学院 Draper 实验室对利用星光折射/星光色散的自主导航方案进行了研究和论证。1979 年美国海军研究局、Draper 实验室和马里兰大学共同提出了一个测量星光色散的敏感器方案:双色折射测量仪(Two-Color Refractometer,TCR)。研制和试验表明,它可以达到很高的测量精度。此后分别就低轨道、GPS 轨道和地球同步轨道等不同情况,对利用星光折射/星光色散的自主导航方案进行了误差分析和全过程仿真研究,结果表明该系统导航精度预计可达 50~200 m。

Hicks 等提出了用星敏感器/地球敏感器的组合来测量地球-飞行器-星之间的夹角来定轨的概念,用随机的滤波与确定性的滤波组合和广义的蒙特卡罗方法进行导航性能研究。利用该自主导航系统,不仅可以确定卫星的位置,而且能在轨估计大气阻力系数,来修正摄动模型,通过摄动模型来预测将来的轨道。Shorshi 等研究了利用星敏感器和地球敏感器进行高轨道卫星的自主导航技术。星敏感器可以测得某颗星在星体坐标系的方向,地球敏感器测得星体坐标系中的地心单位矢量,利用地球的卫星视角及地球直径得到卫星到地心的距离,把这些测量量输入滤波器中,自主地确定卫星的位置和姿态。Gounley 等提出了利用星光折射进行自主导航的系统,系统对经过地球上层大气的星光折射进行测量,通过广义卡尔曼滤波器进行滤波,估计出卫星的轨道。仿真结果表明,对于近地轨道卫星,每个周期仅用 40 个测量数据,位置估计精度可达到 100 m。

20 世纪 80 年代初期,法国也进行了星光折射自主导航技术的研究,其测量系统由陀螺组件和两个捷联式 CCD 敏感器组成。陀螺随机漂移为 0.01°/h,星敏感器测量精度为 10″。研究工作以低轨道地球测量卫星 SPOT 为背景,对导航原理、测量方案、自然环境对系统观测的约束、误差分配和系统性能优化等方面进行了深入的分析和仿真试验。该系统的导航精度为 300 m,系统作为 HERMES 航天飞机轨道飞行段的备份系统,并利用 SPOT - 3 卫星做了进一步的轨道飞行试验。

1989 年美国康奈尔大学的研究人员率先提出了利用地球磁场测量确定卫星轨道的概念。随后美国 NASA Goddard 空间飞行中心、相关大学和以色列等国的科学家纷纷对地球磁场导航理论和如何提高导航精度的方法展开研究,并进行了地面模拟试验,但没有进入实用阶段。Shorshi 和 Pasiaki 分别提出通过测量卫星所在位置的磁场强度来实现卫星轨道的自主确定,定轨精度可达 2~10 km。

20 世纪 90 年代初,美国研制微宇宙自主导航系统(Microcosm Autonomous Navigation System,MANS)系统,利用星载敏感器对地球、太阳、月亮的在轨测量数据实时确定航天器的轨道,同时确定航天器的三轴姿态。它的原型是 EDO 公司巴恩斯工程部研制的双锥扫描地平仪,在其基础上增加了一对扇形扫描式日、月敏感器,由对地球的红外辐射圆盘的角半径以及地心、日、月方向矢量的测量值确定航天器的轨道和三轴姿态,导航精度可以达到 100 m~1.5 km(3σ)。

美国马里兰大学的 Sheikh 博士在广泛调研脉冲星导航技术的基础上,深入分析研究了脉冲星的基本物理特征,建立了脉冲星导航数据库,研究脉冲到达时间精确转换模型,提出基于 X 射线脉冲星的航天器自主定轨和定时的数学模型,仿真概算轨道确定精度为 100 m。2004 年初,美国国防部先进研究项目局提出了"基于 X 射线源的自主导航定位验证"(XNAV)计划。XNAV 的研究目标为:用脉冲星作为伪灯塔和 X 射线钟来确定 CEP 小于 10 m 的空间位置。2004 年 8 月,NASA 和美国海军天文台等多家单位着手拟订和启动脉冲星导航的研究计划。同时,把 X 射线脉冲星导航纳入国防部长期发展战略规划纲要。

### 7.1.3　星座自主导航技术

卫星星座中的卫星数目往往较多,单纯采用敏感器观测量进行单星自主导航的方法忽略了星座中星间相对运动的信息。充分利用星间运动的相对运动规律,采用星间相对测量进行相对自主导航研究逐渐成为研究的热点。

1. GPS 星座

GPS 系统是美国从 20 世纪 70 年代开始研制,利用导航卫星测时和测距,能够在海、陆、空、天实时三维导航与定位,是目前世界上应用最广泛的全球卫星定位系统。GPS 系统具有定位精度高、观测时间短、全球、全天候、抗干扰性强等特点,其影响力已经深入国民经济各个方面,发挥着越来越大的作用。

截至 2012 年 1 月,GPS 星座拥有 32 颗在轨运行卫星,包括 10 颗 Block IIA 卫星、12 颗 Block IIR 卫星、8 颗 Block IIR - M 和 2 颗 Block IIF 卫星。当前的 GPS 星座已不是早期设计的经典 Walker 星座构形,而是趋向于一种 6 个轨道平面的卫星均匀分布与非均匀备份的混合星座构形。这样的星座设计能够保证导航卫星信号的全球连续性覆盖,满足系统可用性指标要求,有利于实现接收机自主完好性监测,获得安全可靠的高精度导航信息。

纵观 GPS 自主导航技术的发展,可以看出,首先,GPS 卫星导航系统始终坚持以提升 URE 指标和可靠性作为目标,而其自主导航精度指标则是参考正常导航系统的 URE 指标确定;其次,完好性在自主导航中的作用逐步加强。美国提出的基于 GPS 3 的 GPS 现代化进程开始关注以下几点:① 更好地为民用和军用用户提供可靠性服务;② GPS 开始高度关注与 GPS 信号抗干扰和导航站需求。具体体现在如下细节方面:① 增加导航信号频段;② 引入星间链路实现完好性需求、近实时遥控遥测、高安全性自主导航,最终实现导航战的应用需求。

2. GLONASS 系统

为弥补俄罗斯区域布站缺陷,增强 GLONASS 系统生存能力,GLONASS M 及 K 系列卫星均在系统设计阶段重点考虑了自主导航功能。GLONASS M 系列卫星拟采用 S 波段星间测距、测速体制。S 波段星间链路为宽波束链路,其测量及通信模式采用时分结合的模式。每颗卫星同时测量的卫星数多于 6 颗,星间双向测量时间间隔小于 20 s,全星座 24 颗卫星分为 4 组,每组 6 颗星。考虑到完全基于星间测量的自主导航不能约束 EOP 预报误差引起的星座整体旋转,GLONASS 卫星采用以星间链路地面指控站辅助自主导航的模式。星间链路地面指控站作为"伪卫星"可提供自主导航需要的空间基准信息,分别利用"伪卫星"或地面放置导航接收机确定地球自转参数。自主导航数据处理采用集中或分布式处理模式,数据处理均在星上完成。

GLONASS M 系列卫星 URE 精度为 1.4 m,GLONASS K 系列卫星拟采用通信能力更强、测量精度较高的激光星间链路,其数据通信能力和星间时间同步精度有显著提高,导航卫星 URE 精度为 0.6 m。

3. Galileo 系统

除了 GPS 卫星导航系统具有利用星间链路进行自主导航的成功经验外,欧洲的 Galileo 系统在方案论证阶段也研究了利用星间测距技术改进星历的可行性。Wolf 分步针对 IGSO、GEO、LEO、MEO 星座或其组合星座研究了组合利用星地/星间链路数据定轨的方法,其研究结果表明,增加星间测距技术,对于 GEO、IGSO 卫星,其轨道径向精度能够从 30 cm 提高到 10 cm,沿迹及法向精度改进更为明显,可以从 100 cm 提高到 20 cm。对于 MEO 卫星,增加星间测距资料,其轨道径向精度从 36 cm 提高到 5 cm,沿迹精度从 317 cm 提高到 79 cm。Hammesfahr 系统地研究了多种星间测距技术的精度水平及其在导航卫星定轨中应用的可能性,并用仿真数据进行了试验。数据处理结果表明,星间测距资料对卫星轨道沿迹及法向精度改善明显。采用 5 min 间隔的星间测距数据,当测距精度在厘米级时,星间时间同步精度能够优于 0.3 ns,卫星轨道精度能够优于 0.1 m。

为支撑欧洲 GNSS 持续发展,在 ESA 支持下,Fernandez 等开展了"GNSS+"研究项目,为下一代 Galileo 系统的技术发展探索思路。该项目将目标定位于:① 增强 GNSS 系统的自主运行能力,简化地面支持设施;② 提高广播星历更新频度,提高卫星轨道及钟差确定精度;③ 减少系统正常维护成本。项目研究重点是星间测距和星间通信问题以及导航卫星星历自主生成问题,初步设想采用星间和星地双向测距链路数据,正常模式下采用地面集中处理、自主模式下采用卫星分布式处理,实现正常定轨精度优于 20 cm,自主定轨精度 14 天后优于 1 m 的需求。

## 7.1.4 深空探测自主导航与控制技术

深空探测是 21 世纪世界航天活动的热点。越来越多的国家正在逐渐开展对小行星、彗星、大行星及其卫星等深空天体的探测,深空探测是人类认识自己、了解太阳系和宇宙起源的重要途径,也是发展空间科学、提高空间技术的必经之路。深空探测器飞行距离远,时间长,环境未知性强,传统上依靠地面测控的航天器导航与控制方法在实时性和资源上受到种种限制,存在很多不足,很难满足深空探测一些特殊任务对高精度导航与控制的需要。因此,深空探测自主导航与控制技术成为保证深空探测任务成功实施的关键技术。

下面介绍几种典型的深空探测在自主导航和自主控制的典型应用。

阿波罗 8 号飞船于 1968 年首次使用深空探测自主导航技术。通过测量已知天体（如日、月、地等）与遥远恒星的夹角，结合天体星历，计算航天器位置。阿波罗 8 号飞船采用六分仪作为测量天体视线的自主天文导航敏感器，并装载采集导航数据的探测装置和进行轨道预报、信息处理的微处理器，解决飞向和离开月球的地月轨道转移导航、近月轨道导航和登月舱在月球轨道交会阶段的自主导航。后来的一系列载人阿波罗登月任务，地月转移段都利用自主天文导航作为地面导航的备份，月面着陆和上升交会段都采用了自主导航和控制技术。

1986 年 1 月，NASA 发射的 Spartan 哈雷彗星探测器能够实现部分自主 GNC 功能。姿态控制系统采用 NASA/GSFC 深空火箭的模拟数字混合姿态控制系统，它可以实现空间任意指向并保证较高的指向精度。导航系统以方位角/仰角坐标系为基准，取彗星当前位置与太阳的连线作为仰角，取太阳与老人星 Canopus 的连线和高度方向的交角作为方位角。

1994 年，美国的克莱门汀号探测器用于验证在未来任务中应用轻小型敏感器来深空网测定轨。克莱门汀号探测器率先采用微型 GNC 技术，携带敏感器主要包含紫外/可见光敏感器、星敏感器和惯性测量单元。通过使用紫外/可见光敏感器拍摄月球或地球边缘确定探测器与月球或地球的相对距离，同时利用星敏给出的航天器姿态，结合月球矢量，通过卡尔曼滤波确定探测器轨道，实现自主导航与控制。

1996 年 2 月，美国发射的近地小行星交会探测器（NEAR）是第一个专用的近地小行星探测器。为了对故障情况做出及时反应和保护探测器的安全，探测器自主计算太阳、地球、小行星和探测器的位置，保证探测器能够根据科学任务和下传数据的操作要求自动调整姿态。

1997 年 10 月，美国发射的卡西尼土星探测器（Cassini）具有一定的自主能力，能够自主控制探测器的指向、数据的存储和通信。

1998 年 7 月，日本宇宙科学研究所发射的希望号火星探测器（Planet - B）部分实现了自主导航与制导的功能：自主确定探测器的姿态和姿态指向控制，搜索和捕获当前地球的方向，检测太阳角异常。

1998 年 10 月，美国发射的"深空 1 号"探测器第一次成功地在轨验证了真正的深空探测自主导航与控制系统。在巡航段验证了基于导航相机获取小行星和背景恒星图像的自主导航方法。在接近和飞越小行星或彗星段利用了基于目标天体图像的自主导航。其自主导航与控制系统能够自主地进行拍照序列规划、图像处理和分析、轨道确定、星历修正、轨道修正和姿态机动。

1999 年 2 月，美国发射的"星尘"探测器对 Coma 彗星进行探测并取样返回。探测器的自主导航系统利用形心提取技术处理导航相机获取的图像，得到目标天体的形心，组合小天体中心图像信息和探测器姿态信息,确定了探测器的轨道,还通过与姿态控制系统的接口,自主执行姿态机动,以保持导航相机锁定彗核。

2003年5月,日本发射的"隼鸟"探测器实现了人类首次从小行星采样返回任务,现仍在返回途中。在交会和附着小行星段验证了深空自主导航和控制技术,通过处理导航相机、激光测距仪和导航路标等的测量信息确定探测器的轨道,并自主完成轨道控制。

2003年9月,欧空局发射SMART-1为未来深空任务进行自主导航试验,将在轨获取的自主导航系统观测数据返回地面处理。试验利用导航相机对确定的导航天体进行拍照,结合图像信息与探测器姿态信息,确定导航天体的视线方向,输入导航滤波器估计出探测器的轨道。

2004年3月,欧空局发射的"罗塞塔"探测器和它所携带的着陆器均采用了自主控制技术。其中自主控制软件能够在远离地球的情况下进行自主决策和控制,保证探测器的正确运行。为了确保探测器安全,在着陆彗核阶段采用自主制导、导航和控制,通过处理星载相机和雷达的测量信息确定探测器的轨道,并自主完成轨道控制。

2005年1月,美国发射的"深度撞击"探测器完成了与彗星交会、撞击的任务,验证了接近撞击彗星的自主导航与控制技术。撞击器部分继承和发展了"深空1号"的自主导航和控制系统,利用导航敏感器对目标彗星拍摄的图像和姿态信息,实现了撞击彗星前2h内的自主导航和控制。

2005年8月,NASA发射的"火星勘测号"探测器携带了一个试验型导航相机,在接近火星的过程中对火星的两颗卫星"火卫一"和"火卫二"拍照,利用这两颗卫星的图像和星历信息,实现了自主导航,获得比地面测控精度更高的火星接近段导航精度,验证了未来火星着陆任务必需的高精度导航技术。

除上述已经发射的深空探测航天器外,许多深空探测计划也提出了应用自主导航与控制技术。

欧空局/曙光载人深空探测计划提出了在深空转移和接近目标段利用自主导航技术,还专门设立了行星际任务自主导航技术研究项目,并利用SMART-1获得的数据在地面进行了自主导航试验。欧空局的撞击小行星计划(DonQuijote)拟在接近和撞击小行星阶段利用高精度相机获取的小行星图像,实现实时自主导航,进而实现接近和撞击的自主控制。

NASA的火星取样返回(Mars Sample Return,MSR)和火星遥控轨道器(Mars Telecom Orbiter,MTO)计划深空接近和交会对接的自主导航与控制技术。

美国Microcosm公司提出了在环绕火星段利用自主导航与控制技术,并进行了初步的地面仿真验证。

除此之外,利用脉冲星进行深空自主导航的研究计划也正在进行中。NASA在先进空间技术计划中资助莱特州立大学开展名为基于X射线脉冲星(X-Ray Pulsar)的行星际任务导航与授时的项目。ESA也启动了欧空局深空探测器脉冲星(ESA Deep Space

Vessel Pulsar)导航研究项目。

表 7.1 给出了采用自主导航实现自主控制的深空探测器特性。

表 7.1  反作用轮与反作用球比较

| 发射时间 | 任务/探测器 | 国家/机构 | 自主控制功能描述 | 核心敏感器 |
|---|---|---|---|---|
| 1968 年 12 月 | 阿波罗 8 号 | 美国 | 地月转移自主天文导航,着陆和上升段自主导航与控制 | 空间六分仪、测距和测速敏感器 |
| 1985 年 7 月 | 吉奥托 | 欧空局 | 自主姿态机动 | |
| 1986 年 1 月 | Spartan | 美国 | 自主保持高精度任意指向 | |
| 1994 年 1 月 | 克莱门汀 | 美国 | 自主姿态确定,GNC 系统自主调度、传感器操作与轨道递推 | 紫外/可见光成像敏感器 |
| 1996 年 2 月 | NEAR | 美国 | 自主计算太阳、地球、小行星和探测器的位置,自主调姿 | |
| 1997 年 10 月 | 卡西尼 | 美国 | 自主控制探测器指向 | |
| 1998 年 7 月 | 希望号 | 日本 | 自主姿态确定和姿态指向控制,自主捕获当前地球的方向 | |
| 1998 年 10 月 | 深空 1 号 | 美国 | 自主实现拍照序列规划、图像处理和分析、轨道确定、星历修正、轨道修正和姿态机动 | 微型成像敏感器 |
| 1999 年 2 月 | 星尘 | 美国 | 利用导航图像和探测器的姿态信息确定探测器的轨道 | 光学成像敏感器 |
| 2003 年 5 月 | 隼鸟 | 日本 | 交会和附着过程自主导航和控制 | 光学成像敏感器、测距仪、导航信标 |
| 2003 年 9 月 | SMART - 1 | 欧空局 | 在转移段和接近段进行自主导航试验 | 微型光学成像敏感器 |
| 2004 年 3 月 | 罗塞塔 | 欧空局 | 自主制导、导航和控制 | 光学成像敏感器、雷达 |
| 2005 年 1 月 | 深度撞击 | 美国 | 撞击彗星的全自主导航与控制 | 光学成像敏感器 |
| 2005 年 8 月 | 火星勘测号 | 美国 | 利用卫星星历信息自主导航 | 光学成像敏感器 |

随着科学技术的进步以及星载计算机和敏感器性能的不断提高,多数深空探测航天器已经具有部分自主导航和控制功能,而且该功能逐渐完善和强大;无论是已完成的阿波罗载人登月,还是新提出的曙光计划,自主导航和控制对于载人深空探测任务都是必不可少的;当前的深空探测自主导航和控制已成为地面测控的一种有效的补充手段。在某些特殊的飞行阶段,例如,接近、绕飞、着陆、附着、撞击和上升交会等需要精确获得航天器相对目标天体的位置、速度和姿态信息,或者受地面测控所限不能满足实时性需要的任务阶段,自主导航与控制具有超越地面测控的性能表现。在其他飞行段,自主导航与控制也能在一定程度上作为地面测控的备份手段或者可降低地面测控的负担;当前深空探测的主流自主导航技术均建立在用光导航敏感器获取的导航星或目标天体图像信息的基础上,光学导航已成为当前国外深空自主导航的核心内容。

虽然多数深空探测航天器都实现了部分自主导航与控制的功能,但是,目前的深空探测自主导航与控制技术一般都是针对深空探测具体项目和具体任务阶段的需求发展的,彼此相对独立,缺乏系统性,因此距离完全自主导航与控制的需求还有一定的距离。这一方面说明实现深空探测完全自主导航与控制有较大的技术难度,另一方面也说明深空探测航天器自主导航与控制还有许多关键技术需要深入研究。

## 7.2 姿态敏感器与执行机构

众所周知,一个完备的控制系统应该包括测量部件、执行部件和控制器,在不同的应用领域,以上三种装置各不相同。对于卫星姿态控制系统(ACS)来讲,所对应的即姿态敏感器、姿态控制执行机构和姿态控制计算机,如图7.1所示为卫星姿控系统的组成及原理框图。

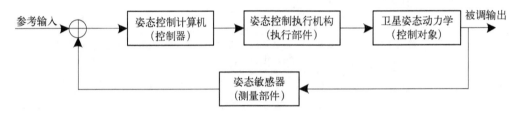

图 7.1 卫星姿控系统组成及原理框图

从当前应用来看,随着工艺、电子等行业的迅猛发展,卫星平台的微小型化逐渐占据卫星研制领域的主流,这就对姿控系统的姿态敏感器和执行机构提出了轻质量、低功耗、小尺寸的高要求。而对于高功能密度的微小卫星,姿态控制计算机往往集成到综合电子模块中,这已经在其他章节中有所介绍,本节将重点阐述 ACS 中的另外两个重要组成部分即姿态敏感器和姿态控制执行机构,并最后给出微小卫星姿态敏感器和姿态控制执行机构选型的一个实例。

### 7.2.1 姿态敏感器

目前,卫星 ACS 常用的姿态敏感器主要有两大类,分别是用于确定卫星外部参考矢量的方向姿态敏感器和惯性姿态敏感器。

方向姿态敏感器是测量空间基准场的仪表,它能测量空间基准场矢量在姿态敏感器坐标系中的分量值。所获得的信息进行适当的数据处理后,可获得外部参考矢量在卫星本体坐标系的分量,从而可以利用参考矢量法来确定卫星的姿态。所以,方向姿态敏感器是一种测量外部参考矢量的仪表,按其所敏感的基准场不同可分为光学的、无线电的、磁场的及力学的等类型。而最常用的方向敏感器是光学敏感器,有地球敏感器、太阳敏感器、星敏感器等。其他常用的方向敏感器还有地磁姿态敏感器。

惯性姿态敏感器主要指各种陀螺,按照产生陀螺效应的原理分类,陀螺仪可以分为转子陀螺仪、振动陀螺仪、粒子陀螺仪、激光陀螺仪、光纤陀螺仪等。按照支撑方式分类,可分为框架陀螺仪、液浮陀螺仪、气浮陀螺仪、静电陀螺仪和挠性陀螺仪等。目前,在卫星上常用的陀螺仪是光纤陀螺仪、液浮陀螺仪等。

1. 地球敏感器

地球敏感器用于测量地球相对于卫星的方位。它利用热的地球和周围冷空间之间的温度差,通过敏感器内的探测地球红外辐射的热敏元件探测红外地平的信息,即可确定当地地垂线在敏感器坐标系中的方向,由此确定卫星的当地地垂线矢量在卫星本体坐标系中的方向,这就是地球敏感器测量卫星姿态的基本原理。由于卫星绕地垂线的转动不能改变地球敏感器的输出,因此地球敏感器只能获得星体对轨道坐标系的滚动和俯仰姿态,而无法确定偏航姿态。按照是否含有机械扫描部件可以将地球敏感器分为动态和静态两类。

动态红外地球敏感器有圆锥扫描地球敏感器以及摆动扫描地球敏感器,动态红外地球敏感器利用运动机械部分带动一个或少量几个探测元的瞬时视场扫过地平圆,从而将地球/太空边界空间分布的辐射图像变换为时间分布的近似方波,通过电子学手段检测地球的宽度或相位计算出地平圆的位置,从而确定两轴姿态。动态红外地球敏感器由于包含驱动电路、电机等结构,其体积较大,往往应用到对地定向的大卫星上,微小卫星一般不采用这种动态红外敏感器。

静态红外地球敏感器有线阵和面阵两种,其工作方式更加类似于人眼,采用面阵焦平面探测器阵列,将多个探测元放在光学系统的焦平面上,通过探测对投影在焦平面上的地球红外图像的响应计算地球方位。静态地球敏感器与动态地球敏感器相比具有质量轻、功耗低等优点,并可通过适当的算法对大气模型的误差进行修正,从而提高姿态测量的精度和可靠性。基于静态红外地球敏感器轻质量、低功耗等优点,微小卫星选择静态红外地球敏感器测量地球矢量比较合适。

近些年,鉴于卫星小型化、轻量化的发展需求,世界各国对红外地球敏感器进行了深入的研究和开发。2000 年法国 Sodern 公司研制了一种无机械扫描结构的微小型静态地球敏感器 STSO2,其与以往的单元扫描敏感器相比结构紧凑、体积小、质量轻、造价低。它采用 4 个交叉的 32 元焦平面阵列作为探测元件,并利用硅薄膜技术实现电子机械控制器件和微机械部件的控制连接。该微小型地球敏感器质量只有 1.1 kg,功耗只有 3.5 W,定姿精度可达到 $0.07°\sim0.16°$,更好地适应了卫星的微型化、小型化的发展需求。对于对地定向的微小卫星姿控平台来讲,是个不错的选择。

此外,为了适应卫星微小型化的要求,美国也研制了代号为 13-470-RH 的微小型红外地球敏感器,共由三个探头互相冗余备份组成,每个探头尺寸只有 40 mm×56 mm,

探头质量 18 g,功耗小于 300 mW,定姿精度达到 0.2°。

2. 太阳敏感器

太阳敏感器在卫星上应用广泛,几乎所有的卫星上都配备有太阳敏感器。通过敏感太阳矢量的方位来确定太阳矢量在星体坐标中的方位,从而获取航天器相对于太阳方位信息的光学姿态敏感器。选择太阳作为参考目标是因为太阳视圆盘的角半径几乎和航天器轨道无关并且很小,因此,对大多数应用而言,可以把太阳近似看作点光源。这样就简化了敏感器设计和姿态确定算法。并且,太阳的高亮度、高信噪比使检测比较容易实现。

太阳敏感器的构成主要包括三个方面:光学头部、传感器部分和信号处理部分。光学探头包括光学系统和探测器件,它利用光电转换功能实时获取星体相对太阳的姿态角度信息。光学头部可以采用狭缝、小孔、透镜、棱镜等方式;传感器部分可以采用光电池、CMOS 器件、码盘、光栅、光电二极管、线阵 CCD、面阵 CCD、APS、SMART 等各种器件;信号处理部分可采用分离电子元器件、单片机、可编程逻辑器件等。

通常,太阳敏感器可分为以下三类。

(1) 模拟式太阳敏感器。它产生的输出信号是星体相对太阳矢量方位(太阳角)的连续函数。

(2) 太阳出现敏感器(0-1 式太阳敏感器)。它以数字信号 1 或 0 表示太阳是否位于敏感器的视场内。

(3) 数字式太阳敏感器。它能提供离散的编码输出信号,其输出值是被测太阳角的函数。该敏感器的特点是:视场大、精度高、寿命和可靠性有很强的优势,已广泛应用于各种型号的航天器上。

随着卫星对姿态控制精度要求的日益提高以及小卫星、皮卫星等微小卫星的发展,太阳敏感器逐渐向着小型化、模块化、标准化、长寿命的方向发展,并且要求其具有大视场、高精度和高可靠性,数字式太阳敏感器是能够满足这些要求的首选,因此世界各国也越来越注重数字式太阳敏感器的发展。由原来的线阵 CCD 发展成面阵 CCD,再发展到现在的 APS 面阵的数字式太阳敏感器,其精度越来越高,体积越来越小,质量越来越轻,寿命也越来越长。

俄罗斯地球物理协会研制开发的一款 CCD 太阳敏感器,其主要技术指标为:质量 0.28 kg;尺寸 7 cm×7 cm×5 cm;视场 92°×92°;测角误差均方根值 12″;功耗 0.6 W。荷兰 TNO-TPD 公司为满足小卫星以及皮卫星的需求,研制的以 APS 为探测器元件的高精度数字式太阳敏感器,视场为 128°×128°,质量小于 250 g,精度可以达到 0.02°。美国 GoodRich 公司生产的型号为 13-517 的太阳敏感器,该太阳敏感器由另一款 13-515 太阳敏感模块构成,可由多个 13-515 型号太阳敏感器组成,用来满足特殊航天飞行的要求,具有 128°×168°的视场,误差<0.3°,体积为 13 cm×6 cm×4.8 cm,功耗为 0.3 W,寿命为 15 年。

从世界各国太阳敏感器的性能参数以及其构成的情况可以看出,太阳敏感器正在向着小型化、高精度、高稳定性、低功耗、长寿命的方向发展,其探测器元件由光电池逐渐向CCD、APS 等面阵探测器发展,这将促进太阳敏感器的高度集成化和模块化,这种发展为微小卫星的集成提供了巨大的优势。

3. 星敏感器

恒星敏感器(星敏感器)是目前姿态敏感器中最精确的测量仪器,测量精度能达到角秒级,因而星敏感器广泛应用于卫星的高精度姿态确定。由于恒星相对于惯性空间的方位是已知且不变的,因此可以通过敏感恒星辐射来测定卫星相对惯性坐标系的三轴姿态。星敏感器的特点是测姿精度高、光源信号弱、恒星识别难度大。

星敏感器的发展焦点几乎都集中在了探测器上,随着探测器的不断更新带动了星敏感器的不断演化,从 20 世纪 60 年代的光电倍增管探测器到 70 年代 CCD 探测器,到 90 年代已经发展到第二代 CCD 星敏感器,其在质量、体积、功耗、价格等方面都取得了长足的进步。到目前星敏感器已经发展到了使用 APS 技术,其采用 CMOS 工艺技术,大大提高了抗辐射水平,由于处理电路均采用 CMOS 工艺,大大提高了集成度,使星敏感器的质量、体积、功耗和价格等方面得到进一步的提升,未来必将逐步取代 CCD 星敏感器。

APS 星敏感器的崛起,使星敏感器实现了质量轻、体积小、功耗低的目标,为微小卫星的应用提供了方便,世界各国也在 APS 星敏感器的研制上投入了大量精力。

4. 地磁姿态敏感器

地球磁场相对于地球是相对固定的,因此若能测出卫星所在位置的地球磁场矢量在卫星本体坐标系中的三个分量,则在卫星位置已知的前提下,就可以结合其他方向敏感器确定卫星的姿态。地磁敏感器就是这样一种能够测量地球磁场相对于卫星本体方向的姿态敏感器。

当前,在卫星上运用的能够测量地磁场矢量的地磁敏感器通常称为磁强计,磁强计按照工作原来可以分为感应式磁强计和量子式磁强计,而由于量子式磁强计往往不能测量磁场方向或质量与功耗过大而无法用作卫星的姿态敏感器,能够运用并已经成功用作卫星姿态敏感器的磁强计即感应式磁强计,而其中的磁通门式磁强计是卫星地磁敏感器的主要类型。

磁通门式磁强计由探头和线路构成,探头由两个磁芯、一个初级线圈和一个次级线圈组成。磁通门式磁强计的工作是基于磁调制原理,即利用在交变磁场的饱和激励下利用外部被测磁场对两个磁芯磁通的偏置作用达到测量外部恒定磁场的目的。

随着磁强计的应用需求以及低轨微小卫星对敏感器的小型化需求,必须寻求和应用新效应、新现象、新材料和新工艺,进一步提高磁场测量仪器的水平,更新和发展精密的磁强计,如今磁强计正向着高准确度、高稳定度、高分辨率、微小型化、数字化和智能化的方向发展。

5. 陀螺仪

典型的陀螺仪由两部分组成,即表头部分和电子线路部分,其基本工作原理大都是利用高速旋转的转子轴在惯性空间指向稳定性来工作的,最终目的是依次测量运动物体的角位移。其在卫星系统中的应用主要有以下几种。

(1) 测量卫星角速率,为卫星速率阻尼提供控制输入。

(2) 在其他姿态敏感器失去作用时,为卫星提供短时间内的姿态基准。

(3) 与其他敏感器组合通过姿态滤波方式提高姿态确定精度。

(4) 通过其他高精度姿态敏感器对陀螺进行校准,由陀螺提供高精度的姿态角速度信息。

航天领域应用陀螺经历了多年的发展,液浮陀螺、光纤陀螺等都得到了广泛的应用,尤其是光纤陀螺由于其内部无机械转动部件、高精度、长寿命逐渐占据了卫星应用的市场,目前大部分卫星上均已使用光纤陀螺来确定其姿态角速度。光纤陀螺与其他机电陀螺相比特点明显,具体如下。

(1) 无运动部件,牢固稳定,寿命长。

(2) 结构简单,体积小,质量轻。

(3) 启动时间短,灵敏度高、分辨率高。

(4) 动态范围大。

光纤陀螺利用萨格奈克(Sagnac)干涉原理,光纤绕成环型光路,并检测出随转动而产生的反向旋转的两路激光束之间的相位差,计算出旋转角速度。

光纤陀螺虽然具有很多优点,并已经在很多航天器上使用,但对于微小卫星应用来讲,由于微小卫星的狭窄空间限制,光纤陀螺应用仍然受到很大限制。近年来,基于MEMS的陀螺仪逐渐进入航天视野,其与传统陀螺相比具有如下明显优势。

(1) 体积小、质量轻,适合于安装空间和质量要求苛刻的场合。

(2) 成本低、功耗小、量程大。

(3) 可靠性高。

(4) 易于数字化、智能化。

但是,目前国内在这方面的研制还处在初级阶段,在可靠性、精度等方面还需要进一步的发展。

### 7.2.2 姿态控制执行机构

微小卫星上使用的姿态控制执行机构主要有飞轮、磁力矩器以及微型推力器,因此本节重点介绍这几种控制执行机构。

1. 飞轮

飞轮又称角动量轮或惯性轮,是卫星控制系统的重要执行机构。飞轮按照姿控系统指令,输出控制力矩或角动量变化用于校正卫星的姿态偏差或完成姿态机动,此外,飞轮也常用于提供陀螺效应,实现对卫星的被动稳定控制作用。

卫星上使用的飞轮经历了多年发展,具有各种类型的飞轮,如偏置飞轮、反作用飞轮、控制力矩陀螺、框架飞轮、球飞轮等。在已发射的以飞轮为执行机构的卫星中,偏置飞轮与反作用飞轮的使用占绝大多数,只有近地轨道的大型航天器才采用控制力矩陀螺,而结构复杂的框架飞轮与球飞轮使用甚少。

偏置飞轮与反作用飞轮在卫星上的使用比较灵活,主要由卫星姿态系统的控制策略决定。当卫星姿态控制采用偏置稳定方案时,可采用偏置飞轮作为被动稳定执行机构,如果卫星姿态控制采用零动量方式工作,则需要采用反作用飞轮组合进行工作,反作用飞轮组合使用比较灵活,可以使整星工作在零动量工作方式,也可以使卫星工作在偏置工作方式,因此,目前大多数微小卫星都采用这种反作用飞轮组作为主动控制执行机构,采用磁力矩器或推力器给反作用飞轮进行动量卸载。

反作用飞轮组合通常使用 4 只以上,其中 3 只用作主动控制,其余的作为备份使用。以 4 只为例,安装方式主要有两种,即 3 只正交安装,第 4 只斜装备份,或 4 只均斜装。这样的飞轮组合可以工作在偏置动量方式也可以工作在零动量方式,可根据控制策略灵活切换。

反作用飞轮的工作方式通常有两种,即力矩模式和转速模式,具体采用何种模式,由系统决定。随着微电子技术和数字电子技术的迅速发展,当前飞轮的驱动电路往往已经同时具备以上两种工作模式,可由用户灵活选择,这种飞轮扩大了其应用范围。

飞轮由轮体和控制线路两部分组成,一体化飞轮将二者集成到一个壳体内,整个飞轮包括壳体组件、轮体组件、轴承组件、电机、换相电路、驱动电路。

应微小卫星尺寸、质量、功耗等限制,对飞轮的选择提出了较严格的要求,世界各国也在微小型飞轮上投入了很大的力量,研制出了几个毫牛米到几百毫牛米不等的各式微小型飞轮,在体积、质量、功耗等方面也都取得了很大进展,为微小卫星的发展提供了更加广阔的选择空间。国内在微小型飞轮的研制方面与国外相比还比较落后,有待于进一步提高。

### 2. 磁力矩器

磁力矩器作为姿态控制执行机构已经成功应用到各种卫星上,其作用主要是利用磁力矩器产生的磁矩与当地地磁场相互作用产生磁控力矩,用以进行卫星初始姿态捕获、速率阻尼、章进动控制、磁卸载等。由于磁力矩器在体积、质量、功耗、可靠性等方面具有很大的优势,目前很多卫星上基本都配置磁力矩器。

磁力矩器实际上就是一个可控的电磁线圈,有空心线圈和磁棒线圈两类,磁棒磁力矩器在工作磁矩大小、体积、质量及安装方便等方面有明显优势,所以磁控系统中多采用磁棒磁力矩器。磁棒磁力矩器由一根细长圆柱磁棒和外绕的线圈组成,通过改变流过线圈的电流,产生所需要的磁矩,电流则由磁力矩器的驱动电路产生。图 7.2 给出了磁力矩器的组成原理框图。

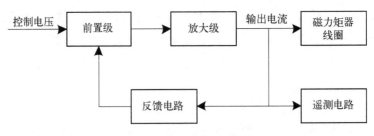

图 7.2　磁力矩器组成框图

3. 微型推力器

目前在卫星上广泛应用的推进系统分成三大类：冷气推进系统、化学推进系统和电推进系统。在微小型卫星上使用推进系统通常是用来进行轨道控制，兼顾姿态控制或动量卸载。使用推进系统进行姿态控制由于提供的控制力矩较大，可以实现三轴解耦控制，使控制逻辑简单灵活，且不受外界其他因素影响，可以在轨道任何位置工作。

虽然使用推进系统进行姿态控制具有其独特的优点，但由于推进系统设计复杂，在体积、质量、功耗等方面较姿控其他执行机构无明显优势，因此一般如果没有特殊控制需求，姿控系统通常无须配置推进器。如果必要则应该配置微型推进器，如激光推进系统，质量为几百克，功耗为几瓦。

### 7.2.3　微小卫星 ACS 系统配置实例

以某微小卫星设计为例，姿控系统的配置设计应该从系统任务出发，分析完成任务所需要配置的姿态敏感器和姿态控制执行机构，并从系统技术指标分解出所需要的姿态敏感器和执行机构指标，依次进行调研后选型。

卫星总体对姿控系统提出的技术指标如下。

（1）定姿精度：优于 0.1°（星敏定姿），5°（其他定姿）。

（2）指向精度：优于 0.2°。

（3）姿态稳定度：优于 0.05°/s。

根据技术指标要求，确定卫星姿控分系统的配套情况。由于在对地观测期间定姿精度要求优于 0.1°，指向精度要求优于 0.2°，就目前卫星姿控精度而言，属于中高精度的卫星，因此为了达到这样的要求，需要配置高精度的姿态敏感器和执行机构。目前能够达到相当精度的常用姿态敏感器主要为星敏感器、数字式太阳敏感器和部分地球敏感器。其中，太阳敏感器和地球敏感器需要互相配合或与其他高精度敏感器配合使用方能确定卫星三轴姿态，而星敏感器本身不需要其他姿态敏感器配合即可确定卫星三轴姿态，且精度往往高于数字式太阳敏感器和地球敏感器。因此采用星敏感器确定本卫星的三轴姿态是一个比较好的选择，此外，由于整星质量、功耗、尺寸等限制，不能配置过多姿态敏感器，这也是选择星敏感器确定姿态的重要原因,且所选择的星敏感器在满足定姿精度要求的前提下着重考虑质量轻、体积小、功耗低的特点。

为了实现太阳捕获,需要配置全天区覆盖的太阳敏感器,该太阳敏感器只需要低等精度即可。此外为了实现姿态确定的功能备份,采用模拟太阳敏感器与三轴磁强计组合进行双矢量定姿。

在执行机构方面,为了实现整星零动量和三轴姿态控制,需要配置反作用飞轮以及用于给反作用飞轮卸载的磁力矩器。

分析至此,可得到姿控分系统的配置为:星敏感器 2 台(1 台热备份),模拟太阳敏感器 2 台,三轴磁强计 1 台,MEMS 陀螺 1 台,反作用飞轮 4 台,磁力矩器 3 台。

1. 星敏感器技术指标确定及选型

星敏感器用于确定卫星本体三轴相对参考系的姿态角,其定姿误差来源主要有以下几个方面。

依据对地观测定姿精度优于 $0.1°$ 的要求,则要求星敏本身测量误差优于 $200''$,在满足此指标的前提下考虑轻质量、小尺寸、低功耗的约束对国内外的星敏感器,进行调研,调研结果基本能满足本卫星的星敏感器,如图 7.3 所示。

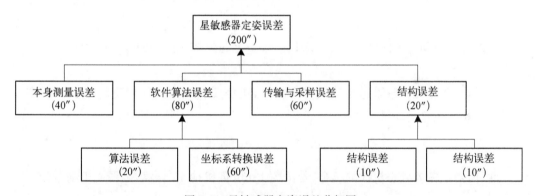

图 7.3  星敏感器定姿误差分解图

2. 太阳敏感器技术指标设计

太阳敏感器用于在卫星处于光照区时确定太阳矢量,从而作为双矢量定姿的输入,定姿指标要求为优于 $2°$,考虑太阳星历误差约 $0.03°$,轨道精度带来的定姿误差约 $0.04°$,安装误差 $0.25°$,算法误差 $0.1°$,各面太阳敏感器测量不一致性误差 $0.2°$,则对太阳敏感器的测量精度要求优于 $1.3°$。

3. 三轴磁强计技术指标设计

用磁强计测量地磁矢量作为双适量定姿的输入,其定姿的主要误差包括地磁场表的误差、安装误差、算法误差等。目前所使用的地磁场表的误差约为 200 nT,所带来的定姿误差约 $0.29°$(按照卫星所在轨道高度处磁感应强度为 40 000 nT),轨道精度带来的定姿误差约 $0.04°$,安装误差 $0.25°$,算法误差 $0.1°$,剩磁干扰 600 nT(约对应 $0.2 \text{ A} \cdot \text{m}^2$),所

带来的定姿误差约 $0.8°$，则对磁强计的定姿精度要求优于 $0.5°$，折合磁场的测量精度要求优于 $350\ \mathrm{nT}$。

#### 4. 反作用飞轮技术指标确定及选型

反作用飞轮主要用来做稳态对地姿态控制、姿态转换过程的姿态控制以及任务模式下的精确姿态控制，因此，在各个方面对反作用飞轮的技术指标提出了严格的要求。

反作用飞轮是通过吸收外界干扰力矩来控制卫星姿态，因此，为得到对飞轮角动量容量的需求，需要将外界干扰力矩的累积情况进行分析。外界环境干扰力矩一般包括常值信号和以轨道周期变化的周期信号，所以半个轨道周期内外界干扰力矩所累积的冲量最大，据此来估算飞轮角动量容量。

外力矩在半个轨道周期内累积角动量约为

$$H_{\max} = 1.53 \times 10^{-5} \times \pi/\omega_{\mathrm{orbit}} \approx 0.043(\mathrm{N \cdot m \cdot s})$$

为达到最大角动量包络，减少卸载次数，四个飞轮采用斜装方式，四斜装方式的飞轮组角动量包络的最小值为 $2h_0/\sqrt{3}$（其中 $h_0$ 为单个飞轮的可控角动量），因此，为保证飞轮组能够吸收外界干扰力矩需满足

$$2h_0/\sqrt{3} \geqslant H_{\max} \Leftrightarrow h_0 \geqslant 0.037\ \mathrm{N \cdot m \cdot s} \tag{7-1}$$

考虑可控角动量范围两侧各留 $0.01\ \mathrm{N \cdot m \cdot s}$ 的余量，则要求 $h_0 \geqslant 0.047\ \mathrm{N \cdot m \cdot s}$。

同时，为防止飞轮频繁过零造成姿态抖动，则需要将四个反作用飞轮至少偏置在 $h_0$ 处工作。从而飞轮角动量容量为

$$h_w \geqslant 2h_0 \Rightarrow h_w \geqslant 0.094\ \mathrm{N \cdot m \cdot s} \tag{7-2}$$

此外，对于需要姿态机动的场合，若按照 $1\ \mathrm{min}$ 内机动 $45°$ 计算，则需要角动量为

$$h_w \geqslant \frac{\sqrt{3}I_s \cdot \alpha_j}{t_j} \Rightarrow h_w \geqslant \frac{\sqrt{3} \times 2 \times \pi/4}{60} = 0.043\ 3(\mathrm{N \cdot m \cdot s}) \tag{7-3}$$

其中 $I_s = 2\ \mathrm{kg \cdot m^2}$ 为卫星惯量，$\alpha_j = 45°$ 为机动角度，$t_j = 60\ \mathrm{s}$ 为机动时间。

通过以上分析，对飞轮角动量的需求为 $h_w \geqslant 0.137\ 3\ \mathrm{N \cdot m \cdot s}$。

对于控制精度为 $\theta = 0.1°$，控制周期为 $T_s = 1\ \mathrm{s}$ 的控制系统，则要求飞轮角动量的最小分辨率计算如下

$$I \cdot \theta/T_s \geqslant h_{w\min} \Rightarrow h_{w\min} \leqslant 2 \times 0.1\pi/180 \approx 0.003\ 5(\mathrm{N \cdot m \cdot s}) \tag{7-4}$$

#### 5. 磁力矩器技术指标确定及选型

为保持整星处在零动量附近，则只要卸载有效，就执行卸载操作。因此，磁力矩器需要能够吸收环境干扰力矩（这里取其有效值），考虑磁测磁控的效率只有 $50\%$，则

$$M \times B \times 0.5 \geqslant T_d \Rightarrow M \geqslant \frac{T_d}{0.5B} = \frac{1.53 \times 10^{-5}}{0.5 \times 2 \times 10^{-5}} = 1.53 (\text{A} \cdot \text{m}^2) \quad (7-5)$$

此外,为了完成初始速率阻尼,保证在 100 min 内把卫星具有的初始角速度(假设三轴初始角速度为$[1 \quad 1 \quad 1]°/\text{s}$)阻尼下来,则对磁力矩器的磁矩需求计算如下

$$M_m \times 20\,000\,\text{nT} \times \frac{1}{2} \times \frac{1}{2} \geqslant 0.060\,5\,\text{N} \cdot \text{m} \cdot \text{s}/6\,000\,\text{s}$$

$$M_m \geqslant 2.02\,\text{A} \cdot \text{m}^2 \quad (7-6)$$

以上计算中假设速率阻尼的效率为 1/2(其中 50% 的时间输出磁矩)。

## 7.3　灵活指向姿态控制技术

随着航天事业的发展,航天器的结构越来越复杂,从大卫星到小卫星再到皮卫星;航天器控制的任务从单一到复杂,航天器控制性能要求越来越高,为使航天器控制满足航天事业发展的需要,21 世纪主要发展智能、自主、灵活控制、廉价,从航天器系统以及关键部件和软件设计两个方面同步进行。

卫星任务的实现一方面依赖于载荷性能,另一方面取决于卫星姿态控制的精度,所以高精度、高性能的姿态确定控制系统(ADCS)是其高效工作的前提。从国际发展的趋势来看,ADCS 作为卫星的核心部分,其研制经费约占总费用的 40%,是卫星发展中的最关键技术。卫星由于质量、功耗、体积以及费用等限制,其高性能 ADCS 的实现途径,一是要利用新技术,发展轻型化、高性能的姿态测量敏感器件与执行部件,二是要从系统设计的角度入手,进行整体优化,一物多用充分挖掘各器件的潜能,来提高卫星的功能密度,尤其是后者,研究新的姿态确定信息融合算法和控制方法,通过软件补偿来降低对硬件的需求。

从航天器控制方法来看,21 世纪前航天器控制技术基本上属于地面站干预的自动控制。控制方法主要用的是经典的 PID 控制和相平面控制。在少数领域探讨和尝试一些新的方法,如 H∞控制、鲁棒控制、自适应控制、最优控制等。但由于计算量复杂,这些新方法仅用于试验验证,尚未得到普遍应用,随着处理器能力的提升,上述控制方法也是未来高精度卫星姿态控制的发展方向。

所谓航天器智能、自主、灵活控制就是在航天器控制系统中引入人工智能与智能控制等相关技术,使航天器在不确定环境下以及内部结构和参数变化时,在无外界帮助条件下,自主实现高精度、高稳定度、更快机动、更强适应性和长寿命的正常运行。利用智能控制实现航天器自主运行,使航天器不依赖地面站和人造坐标的支持,完全依靠航天器上软

硬件设备实现航天器的自主运行,同时卫星姿态可以较快地实现任意方向上的灵活机动。

## 7.3.1 控制力矩陀螺

1. 控制力矩陀螺概述

自 20 世纪 90 年代以来,越来越多的航天任务要求用较小的卫星实现更强的功能,包括高精度对地观测和空间监测、卫星监视、分布式平台、星座、卫星交会和小型星际探测器等,而此类任务的实现都要求卫星机动性能好、稳定度和指向精度高。因此对卫星敏捷性的要求也越来越高。敏捷卫星可以克服原有卫星星下点成像或者机动能力弱的缺点,重访周期短,满足对信息的实时掌握需求。敏捷卫星是将来的发展趋势,有着广阔的应用前景。

姿态控制系统是卫星平台的一个关键分系统,直接决定了敏捷卫星快速机动任务完成的质量。对于敏捷卫星的快速机动任务而言,需要执行机构在机动过程中能够提供连续并且极大的控制力矩,同时又要求满足小卫星对物理尺寸和质量的约束。显然,目前的姿态控制系统常用的执行机构(如动量轮、反作用轮、推力器、磁力矩器等)不可能有效地提供这种快速姿态机动能力。

控制力矩陀螺(Control Momentum Gyroscope,CMG)能够有效支持这种高速率机动,如控制力矩大、响应快速、极高的力矩放大作用、较低的功耗等,其无疑成为实现敏捷卫星快速姿态机动的最理想的执行机构。但是由于控制力矩陀螺特有的奇异状态(某种构型下不能产生期望的控制力矩)的存在,使对它的框架操纵律的研究和开发过程有着严重的分析困难,所以在使用控制力矩陀螺的姿态控制系统设计过程中,奇异问题的研究和回避是需要解决的主要问题。

在解决奇异问题方面,一般采用的方案为增加冗余的控制力矩陀螺或者选用结构相对复杂但易于回避奇异的双框架控制力矩陀螺,而这些在小型卫星中是很难实现的,所以较大限制了其广泛应用。目前随着萨里大学、欧空局等机构的深入研究及使用单框架力矩陀螺作为姿态执行机构的美国数字全球公司的 WorldView-Ⅰ卫星的成功发射与运行,控制力矩陀螺在小卫星的应用成为当前研究的热点之一。

2. 控制力矩陀螺应用举例

BILSAT-1(图 7.4)于 2003 年 9 月 27 号从俄罗斯北部的普列谢茨克发射场发射,该星由英国萨里大学研制。BILSAT-1 轨道高度 686 km,卫星质量 130 kg,携带有对地遥感和卫星技术验证有效载荷。BILSAT-1 采用了零偏置三轴姿控系统,使卫星能通过旋转星体来拍摄其地面覆盖区内任何地方的图像。该系统采用了两台萨里大学的星敏感器,并辅以微机电系统陀螺。姿态执行器有四个反作用飞轮、一套推力器系统、一个磁力矩器。为实现快速旋转,BILSAT-1 试验性地采用了两个控制力矩陀螺,这是控制力矩陀螺首次在小卫星上使用。萨里大学的控制力矩陀螺指标如下:

 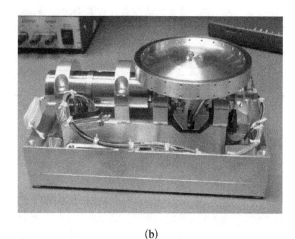

| (a) | (b) |

图 7.4　BILSAT-1卫星

(1) 控制力矩陀螺质量(连同电子学)：1 kg。

(2) 单角动量：0.35 N·m·s。

(3) 控制力矩陀螺最大输出力矩：52.5 mN·m。

(4) 卫星机动能力：10 s 内机动 30°(惯量 10 kg·m²)。

WorldView-Ⅰ 和 WorldView-Ⅱ 卫星为 Digitalglobe 的新一代商业成像卫星系统，WorldView-Ⅰ 卫星运行在太阳同步轨道上，高度 496 km，周期 94.6 min，平均重访周期为 1.7 天。WorldView 卫星(图 7.5)均采用控制力矩陀螺作为其姿态执行器，系统主要参数如表 7.2 所示。

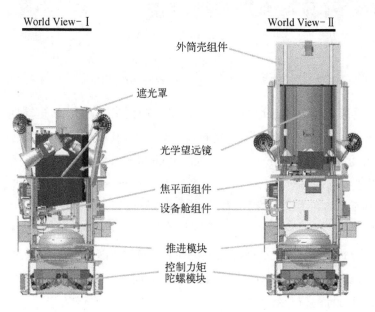

图 7.5　WorldView 系列地球成像卫星

**表 7.2 主动控制方式能力比较 WorldView 系列卫星主要参数**

| 参数 | WorldView - Ⅰ | WorldView - Ⅱ |
|---|---|---|
| 轨道 | 450 km 太阳同步轨道 | 770 km 太阳同步轨道 |
| 质量 | 2 500 kg | 2 800 kg |
| 敏感器 | 星敏感器,惯性参照器,GPS | 星敏感器,惯性参照器,GPS |
| 执行器 | 控制力矩陀螺 | 控制力矩陀螺 |
| 敏捷性 | 加速度:$2.5°/s^2$<br>速率:$4.5°/s$ | 加速度:$1.5°/s^2$<br>速率:$3.5°/s$ |

Pleiades 为法国正在开发的新一代双星光学两用(军民)系统,该系统旨在继续 1986 年服役的法国先锋 SPOT 系统,相比上一代 SPOT 系列观测卫星,它具有更好的高空间分辨能力,并且调整了传感器波段设计,提高了观测能力,有着灵活的观测模式。Pleiades 卫星及控制力矩陀螺如图 7.6 所示。

(a)　　　　　　　　　　(b)

图 7.6 Pleiades 卫星及控制力矩陀螺

Pleiades 质量为 1 000 kg,运行在 694 km 的太阳同步轨道上,轨道周期为 98.64 min。其姿态执行器为 4 个控制力矩陀螺组成的金字塔构型,其中金字塔倾角为 30°,使用的控制力矩陀螺角动量为 15 N·m·s,可提供最大 45 N·m 的控制力矩。该姿控系统可以在 7 s 内将卫星姿态调整 5°,或在 25 s 内调整 60°。Pleiades 卫星的姿态调整可以在沿卫星飞行方向和垂直飞行方向上进行,有效的侧视成像角为 ±30°。

3. 小结

根据以上分析可知,控制力矩陀螺卫星能够提供 10 倍于动量轮卫星的角加速度能力,这可以大大增强卫星的观测性能,表现在以下方面。

(1)提高对目标的覆盖效率。

(2)提高对分离的点目标的观测数目。

（3）提高成像质量。

以 WorldView 系列卫星（控制力矩陀螺控制）与 GeoEye‑1，IKONOS 卫星（动量轮控制）相比较，对于地面间隔 200 km 的两个目标观测间隔如图 7.7 所示。

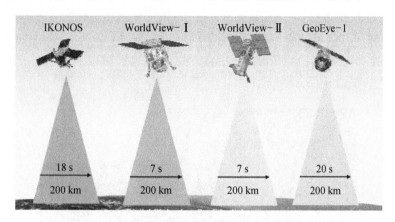

图 7.7　地面目标机动观测能力比较

4 颗卫星对点目标，区域目标等观测效能进行比较，以 GeoEye‑1 的能力为 1，其余的卫星与之比较的数值如图 7.8 所示。

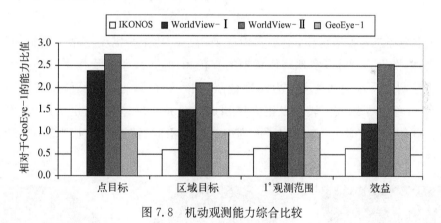

图 7.8　机动观测能力综合比较

实践表明，反作用轮适合于要求力矩和动量矩存储能力较小，且不需要进行复杂机动的应用场合；控制力矩陀螺则应用范围大得多，目前主要应用于空间站和大卫星等大型航天器的控制中，在小卫星中也逐渐得到越来越广泛的应用。由于控制力矩陀螺能够提供较大的力矩，可以实现敏捷机动，因此控制力矩陀螺是卫星灵活指向姿态控制的一个重要发展方向。

## 7.3.2　反作用球

随着航天技术的发展，微卫星、纳卫星、皮卫星等得到了快速的发展。其中一个重要的研究方向是轻小型、低成本、高精度、结构简单的姿态执行机构。常规的姿控执行机构太大，难以直接应用于微小卫星。在外层空间中，卫星对姿态指向往往有严格要求，现有技术主要采用反作用飞轮进行实现，飞轮加速使卫星绕其质心发生转动。实现三轴姿控最少需要 3 个反作用轮，基于可靠性和优化原则，反作用飞轮一般使用 4 个或更多。为研究新型姿轨控系统（AOCS），欧空局开展了 ELSA（European Levitated Spherical Actuator)计划，即用磁浮反作用球（Reaction Sphere)装置实现卫星三轴姿态控制，以达到更好的姿控效果，如图 7.9 所示。

图 7.9　反作用球卫星示意图

传统卫星姿态轮控系统中，卫星实现三轴姿态变化至少需要三个不同轴向的飞轮。但反作用球（图 7.10）可以实现绕任意轴的旋转和加速，故单一反作用球即可实现卫星三轴姿态控制。反作用球利用磁力实现全浮，欧空局在研的磁浮反作用球体由 8 级永磁转子和 20 级定子组成。转子以正方体顶点式分布于球体内部，定子以 12 面体顶点式分布在球体表面。根据 20 级定子的通电方式的不同，转子可以实现绕不同转轴的转动与加速。

 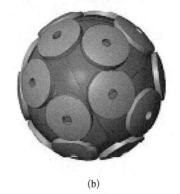 

(a)　　　　　　　　(b)　　　　　　　　(c)

图 7.10　反作用球构型

利用磁浮反作用球实现卫星姿态控制，可以有效降低卫星姿控系统质量、所占用空间和功耗，同时由于磁浮装置无机械摩擦，可以大大降低内部干扰力矩，提高控制精度。

磁浮反作用球并非传统姿控系统的改进型产品,属于全新系统,从未出现,所以在军用和民用卫星领域存在巨大商机。欧洲 Centre Suisse d'Électronique et de Microtechnique 机构基于其未来商机,已经全面开始了磁浮反作用球的研究开发工作,2014 年中期完成其新硬件的测试工作。

表 7.3 为反作用轮和反作用球的性能比较。可以看出,反作用球利用磁悬浮原理悬浮在磁场中,减小了机械摩擦,只需一个反作用球即可实现三维方向上的姿态控制,控制起来更加灵活。

表 7.3　反作用轮与反作用球的性能比较

| 反作用轮 | 反作用球 |
| --- | --- |
| 力矩只能施加在一个方向,三维控制需至少 3 个 | 力矩施加在任意方向,三维控制只需 1 个 |
| 陀螺效应,存在章动,控制复杂 | 消除了陀螺耦合效应,有利于提高控制精度 |
| 机械安装,易出故障,需备份 | 反作用球悬浮,不存在机械故障 |
| 存在轴承摩擦,导致损耗能量 | 无机械摩擦,无能量损耗 |
| 低转速会克服轴承静摩擦力矩,高转速会出现因动不平衡引起抖动 | 反作用轮悬浮,与其他部件无接触,不会出现静摩擦,高频抖动只来源于磁场,且在微重力场中振荡很小 |

目前反作用球仍然做得比较大,但已经向着小型化发展,以便应用于微小卫星。图 7.11～图 7.13 为目前轻小型反作用球的最新研究成果,并提出了采用该装置的微小卫星结构。由此可见,反作用球在将来卫星的灵活姿态控制方面有更加广泛的应用。

(a)　　　　　　　　　　　　　　(b)

图 7.11　轻小型反作用球

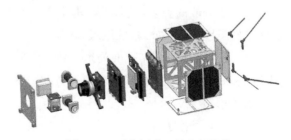

图 7.12　反作用球卫星构型　　　　　　图 7.13　反作用球卫星内部结构

### 7.3.3　基于导引的姿态控制技术

#### 1. 基于导引的姿态控制技术概述

为了提高可靠性,目前的在轨卫星都尽量避免复杂的姿态机动或跟踪。如果为了任务需求需要做复杂姿态机动,则都是在地面参与的前提下,精确地规划路径,上注大量的卫星姿态数据,使卫星精准地跟踪给定路径,完成姿态变化,大大降低了卫星姿态控制的自主性和灵活性。通过姿态导引技术,给定卫星很少的参数输入,使卫星在轨自主跟踪目标姿态,并合理规避太阳光线等,是实现复杂姿态灵活指向的一个重要发展方向。

目前国内外针对复杂姿态导引主要考虑以下两种方式。

(1) 根据地面已知的姿态数据,采用一定的采样率,提取有限个表达姿态曲线的离散数据,上传采样率及有限个离散数据,星上采用插值算法求出所需的导引姿态数据。

(2) 根据地面已知的姿态数据,在地面拟合出导引函数,上传导引函数的参数,星上根据已知的参数直接求解导引姿态数据。

前者主要研究易于星上实现的插值算法,即在保证精度的前提下,选取一种易于工程实现的低时间复杂度的插值算法。例如,逐次线性插值方法、Newton 插值法、几何插值法等。

后者研究的重点为拟合算法,即采用某种拟合算法,使拟合的函数贴近地面已知的姿态曲线,并且要求函数的计算易于星上实现,在保证精度的前提下,选取一种低时间复杂度,易于工程实现的算法,如最小二乘法多项式拟合、指数函数拟合等。

目前 Proteus 平台和 Myriade 均采用了以上两种方法进行姿态导引。两种平台基于卫星轨道进行姿态递推:卫星轨道,采用线性模型计算,对于较长时间和周期性的姿态,采用 4 阶傅里叶级数进行递推,保证卫星姿态的平滑;对于姿态机动,采用 4 次多项式曲线进行拟合,保证机动过程的连续性。

由于上注不便,目前采用地面上注全部卫星姿态的方法不适用复杂观测模式的卫星姿态导引。需要设计一个姿态导引模块专门管理期望姿态的生成。简单姿态可以通过自主计算公式获取,复杂姿态可以通过插值和拟合获取,根据指向精度要求,合理选择插值和拟合阶数。

#### 2. 灵活指向姿态导引系统组成

不同于一般的姿态控制系统,基于姿态导引的姿态导引控制系统包括地面姿态规划和星上姿态导引两部分,系统组成如图 7.14 所示。

(1) 地面姿态规划。地面姿态规划主要是利用姿态规划工具生成任务观测模式的期望姿态和规划卫星模式切换时的姿态机动,并提取观测模式和姿态机动参数,作为星上姿态导引依据。

(2) 星上姿态导引。星上姿态导引是根据地面规划生成的姿态导引参数,利用姿态导引算法复现卫星的期望姿态。

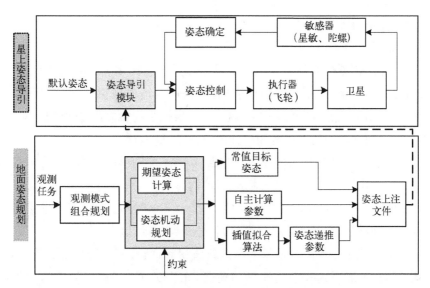

图 7.14　卫星姿态导引控制系统

3. 灵活指向姿态导引规划设计一般性方法

（1）根据卫星任务，分析卫星指向需求，包括卫星平台对天基目标、地基目标的指向，或者载荷对该类目标的指向以及扫描。

（2）为指向方式命名，并文字描述卫星的所有指向约束，含载荷视场规避日光、月光的约束。

（3）针对上面命名的指向的约束，对该指向方式进行数学描述，即推导该指向方式的公式。

（4）对指向方式的公式进行分类，根据该公式的复杂度选择自主计算导引或插值拟合导引。有些公式属于超越方程、解多元高维方程，目前星上不具备求解条件，则考虑采用插值拟合的方式。

（5）根据任务需求设计卫星每轨工作序列，工作序列之间的衔接通过姿态机动实现。

（6）对每一种指向方式利用 MATLAB 或其他工具进行仿真，分析其角度和角速度的最大变化。

（7）根据角度和角速度的变化，充分结合卫星执行机构的能力，确定每轨工作序列中姿态机动的方式，选择自由机动或导引机动方式。

（8）根据约束条件，规划出卫星机动的姿态轨迹。

（9）梳理各种指向方式的输入输出，确定姿态导引模块与姿控模块的接口。

（10）设计姿态导引律数据包格式，确定该数据包中应当包含的参数，通过这些参数可以把卫星姿控每个控制周期内的卫星姿态复现出来。

（11）分析姿态导引模块数据流，设计卫星姿态导引模块的工作流程。

（12）确定姿态导引模块的初始化，导引律数据包的读取，卫星工作模式，对跳出姿态导引模块的情况进行分析处理。

4. 姿态导引算法

目前国内外比较流行的姿态导引算法是多项式导引。多项式导引的目标是，由地面规划生成目标姿态数据，数据间隔为控制周期，采用合适的插值算法对观测姿态曲线分段，利用分段点（即上注点）计算多项式系数，星上根据这些参数及时间信息利用多项式拟合方法复现由地面规划的姿态。常用的插值算法及其特点如下。

（1）Lagrange 插值在确定插值基函数 Lk($x$) 时不能利用已计算出的 Lk − 1($x$)，因此利用 Lagrange 公式计算 Lk($x$) 时只能从头计算。

（2）Newton 插值也是 $n$ 次多项式插值，与 Lagrange 插值相比，具有承袭性和易于变动节点的特点。该插值方法能减小计算量，且便于程序设计。

（3）Hermite 插值不仅要求插值节点函数值相等，而且要求若干阶导数也相等，对于只能得到姿态角、不能得到姿态角速率的情况，无法实现。导数未知的情况下，Hermite 公式退化为 Lagrange 插值公式或 Newton 插值公式。

（4）反距离加权算法在插值节点的距离幂次低时，曲线震荡比较严重；幂次较高时，虽然精度较高，但是计算时间很长。而且反距离加权算法无法得到曲线参数，即使整理成有理多项式相除的形式，在插值节点较多时，也容易因分子分母多项式幂次太高，导致超出 MATLAB 计算范围。

（5）线性插值精度最低，但计算量最小，在插值节点比较密集和精度要求不高时，插值效果也可满足要求。

（6）三次样条插值（简称 Spline 插值）是通过一系列插值点的一条光滑曲线，数学上通过求解三弯矩方程组得出曲线参数。精度最高，但是计算量最大，需根据实际要求选用。本质上为分段三次 Hermite 插值。样条插值是分段插值，因为样条曲线的曲率处处连续，因此样条函数二阶导数连续，常用的样条函数是分段三次多项式。样条插值算法如下所示。

设函数 $f(x)$ 在 $[A, B]$ 上的 $n+1$ 个点 $A = x_0 < x_1 < \cdots < x_n < B$ 处的函数值为 $f(x_i) = y_i (i = 0 : n)$，连接每两个相邻的点 $(x_i, y_i)$ 和 $(x_{i+1}, y_{i+1})$ 做一条曲线函数 $S(x)$，使 $S(x)$ 满足如下条件。

① $S(x)$ 在 $[A, B]$ 上有连续二阶导数。

② $S(x_i) = y_i (i = 0 : n)$。

③ $S(x)$ 在每个子区间 $[x_i, x_{i+1}] (i = 0 : n-1)$ 上是三次多项式。

则称曲线函数 $S(x)$ 为 $f(x)$ 在点 $(x_i, y_i)$ 处的三次样条函数，在 $(x_i, y_i)$ 点与 $(x_{i+1}, y_{i+1})$ 点之间的多项式参数为

$$y_{i,k} = a_i (x_{i,k} - x_i)^3 + b_i (x_{i,k} - x_i)^2 + c_i (x_{i,k} - x_i) + d_i \qquad (7-7)$$

应用到卫星姿态导引律上，则 $y_i$ 表示卫星姿态角，$x_i$ 表示第 $i$ 个上注点对应的时间，$x_{i+1} - x_i = N\text{min}$ 表示上注点的数据间隔 $N$ 分，$x_i \leqslant x_{i,k} < x_{i+1}$ 表示姿态输出对应的时

间，$x_{i,k+1} - x_{i,k} = \Delta T$ 表示期望姿态输出周期，与控制周期相同。特别地，当 $x_{i,k} - x_i = 0$，$y_{i,k} = d_i$ 时，可以看出 $d_i$ 本质上是地面所规划的 $x_i$ 处的姿态角，以某次对地成像卫星偏航机动为例，获得插值点及递推姿态示意如图 7.15 所示。

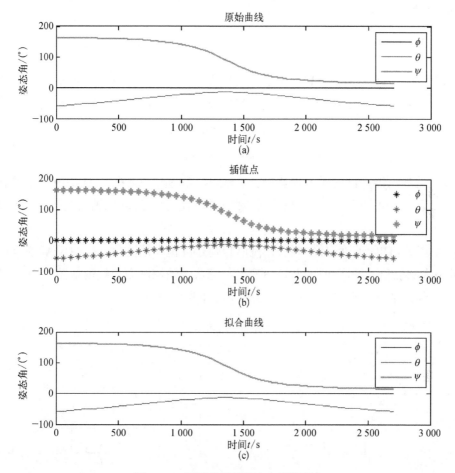

图 7.15　原始曲线插值点与递推姿态

5. 姿态机动规划

卫星在轨有多种指向，不同指向之间需要切换，切换过程卫星的轨迹、机动角度、机动时间等均有一定的约束。卫星姿态机动一般要求姿态角连续，姿态角速度在机动时刻尖峰较小，因此通常需根据执行机构的机动能力设置合理的姿态机动时间。下面介绍两种机动规划方法。

1）绕欧拉轴的快速姿态机动过程规划

利用四元数反馈也可以得到完成姿态机动最短的路径，就是绕其欧拉轴 $e = [e_x \quad e_y \quad e_z]^{\mathrm{T}}$ 旋转角度 $\theta_c$，具体如下。

由于在参考系中旋转始终保持恒定方向，由定义可得偏差四元数 $\tilde{q}_e$ 矢量部分 $q_e$ 指向始终不变且各保持等比

$$q_e = \sin(\theta_e/2)\,\boldsymbol{e}_c, \quad \frac{q_{ei}}{q_{ej}} = 常数, \quad i,j = 1,2,3, \ i \neq j \qquad (7-8)$$

式中，$\theta_e$ 为偏差欧拉角。同样，在初始角速度 $\boldsymbol{\omega}(t_0) = \boldsymbol{0}$ 情况下，星体的惯性角速度方向与欧拉轴具有相同的指向

$$\boldsymbol{\omega} = \begin{bmatrix} \omega_x & \omega_y & \omega_z \end{bmatrix}^{\mathrm{T}} = \dot{\theta}_e \boldsymbol{e}, \quad \frac{\omega_{ei}}{\omega_{ej}} = 常数, \quad i,j = 1,2,3, \ i \neq j \qquad (7-9)$$

利用反作用飞轮作为执行机构的姿态机动规划问题。为快速完成姿态机动，对于期望的欧拉角 $\theta_c$，不考虑飞轮转速饱和情况下，星体绕欧拉轴转动的角加速度应满足

$$\ddot{\theta} = \begin{cases} +a, & t \in (t_0, t_h) \\ -a, & t \in (t_h, t_f) \end{cases} \qquad (7-10)$$

式中，$a$ 为飞轮所能提供的最大加速度；$t_h$ 为欧拉角达到机动需求欧拉角一般需要的时间，$t_f = 2t_h$ 为机动完成时间。该情况对应的欧拉角速度及绕欧拉轴的控制力矩幅值曲线如图 7.16(a) 所示。

若考虑飞轮的角速度限制，则会出现欧拉角速度饱和情况，令 $\dot{\theta}_{\lim}$ 为飞轮所能提供给卫星的最大欧拉角速度，此时的欧拉角速度与绕欧拉轴控制力矩幅值如图 7.16(b) 所示。此时 $t_w$ 为加速结束时刻，$2t_h - t_w$ 为减速(反向加速)开始时刻。

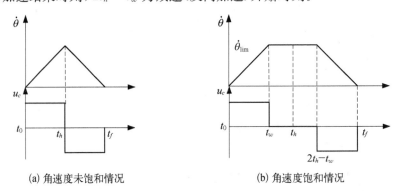

(a) 角速度未饱和情况　　　　　　　(b) 角速度饱和情况

图 7.16　反作用飞轮姿态机动规划

由于姿态机动是为了保证末端姿态与下一观测模式的起始姿态一致，避免较大误差引起尖峰，因此只考察在规定时间内，能否满足机动角度要求，不考察机动过程中的姿态，因此执行机构能力较弱时，可设置较长的机动时间。

绕欧拉轴的机动规划只能处理简单的姿态机动问题，一般只以角加速度、最大角速度作为规划约束，可在星上自主进行计算，对于复杂的机动规划问题，如具有初、末速度的机动规划，则应借助于专门的规划方法与规划工具在地面予以实现。

2) 基于伪谱法的姿态机动规划

伪谱法首先用于偏微分方程求解，在计算流体力学领域应用广泛。但是，在最近 20 年来伪谱法逐渐成为求解最优控制问题的一种重要方法。有限微分方法使用局部信息近

似函数的导数,而伪谱方法使用全局信息近似所选点的导数。该方法使用基函数的线性组合近似状态和控制函数,而一般选[-1,1]区间上的 Legendre 或 Chebyshev 多项式为基函数。对经过选择的点进行正交配点,以提高插值性能。伪谱法的主要优点是以指数速率收敛,比其他多项式速率收敛要快。另一个优点是对相对粗糙的点(如较少点)可能得到较好的精度。对于不适合全局配点的情形,提出了多范围伪谱技术,它是将问题分成若干子区间,在每个小区间上进行全局配点。

伪谱法对原有的最优控制直接进行离散,形成非线性规划问题,然后使用稀疏非线性规划求解器求解该线性规划问题。近似理论和实践证明伪谱法非常适合于光滑函数近似、积分和微分运算,而这正是与最优控制有关的。对微分运算,在离散点状态函数的导数可以很容易地通过对该点状态乘上一个常数微分矩阵得到,进而最优控制问题的微分方程通过一组代数方程来近似。目标函数中的积分通过 Gauss 积分公式(积分=离散点函数值的加权和)近似。进而与其他最优控制的直接法相同,得到依赖于状态和控制的约束。

轨迹规划算法可以实现以下姿态机动功能。

(1) 最短机动时间规划。

(2) 最短机动路径规划。

(3) 固定时间机动规划。

(4) 具有初末角速度的约束规划。

伪谱法可以将卫星的实际能力(飞轮、控制力矩陀螺的能力)作为规划约束予以考虑,能够确保所规划的姿态轨迹与卫星的能力相兼容。

基于控制力矩陀螺控制系统是一类较为复杂的实现姿态机动的系统,除了考虑控制力矩陀螺的能力外,还需考虑其奇异性,以控制力矩陀螺系统的快速机动姿态规划为例,利用伪谱法规划并经过气浮台测试的机动工况曲线如图 7.17 和图 7.18 所示。

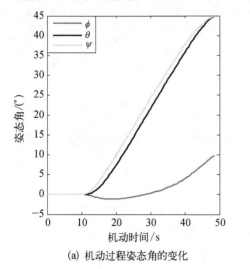

(a) 机动过程姿态角的变化

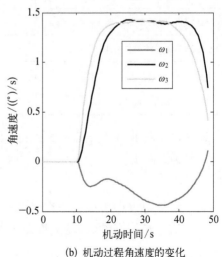

(b) 机动过程角速度的变化

图 7.17　基于控制力矩陀螺系统的机动规划(末速度不为 0)

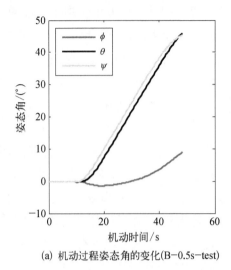

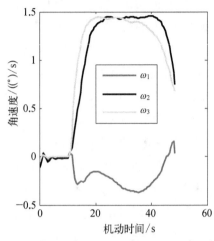

(a) 机动过程姿态角的变化(B-0.5s-test)　　(b) 机动过程角速度的变化(B-0.5s-test)

图 7.18　基于控制力矩陀螺系统的气浮台实测结果(末速度不为 0)

上述机动工况为 $[10\ 45\ 45]^{\circ}$ 的 3 轴姿态机动,并且末速度要求为 $[0.2\ 0.6\ 0.4]^{\circ}/\mathrm{s}$,属于一类非常复杂的姿态机动,气浮台及控制力矩陀螺参数如表 7.4 所示。

表 7.4　气浮台参数

| 气浮台类型 | 气浮台 B(伞型) | | |
|---|---|---|---|
| 坐标轴 | $X$ | $Y$ | $Z$ |
| 平台机动角度/(°) | $+/-25$ | $+/-25$ | 360 |
| 气浮台三轴最大角加速度/((°)/s²) | 0.5 | 0.5 | 0.5 |
| 气浮台三轴最大角速度/((°)/s) | 1.5 | 1.5 | 1.5 |
| 气浮台惯量/(kg·m²) | 101 | 105 | 142 |
| 单个控制力矩陀螺最大力矩/(N·m) | 0.6 | | |
| 转子角动量/(N·m·s) | 1.5 | | |
| 控制力矩陀螺的安装(beta 角) | 57.3,以 $Z$ 为中心轴 | | |

上述结果说明了伪谱法在考虑卫星平台实际参数的情况下,所规划的机动曲线能够被卫星很好地跟踪上。

6. 小结

基于姿态导引可以实现复杂指向灵活姿态控制,合理规划卫星各种指向相互衔接,通过地面给定卫星姿态参数,星上恢复卫星姿态曲线,既避免了星上计算的复杂度,又能在地面设置合理约束,保证卫星姿态变化过程中不会出现危险,增加了卫星的可靠性。

# 7.4 高效微推进技术

## 7.4.1 微小卫星对高效无毒的需求

卫星化学推进技术经历了冷气推进、单组元推进、双组元推进等的发展历程,并且所有技术都在外太空实现了应用。

对于已有的航天器推进系统,冷气推进系统成本低,但性能也低。冷气推进的主要特点:无污染、控制冲量小、成本低、简单、性能低。目前仅对总冲要求低的小卫星以及对安全性和排气污染要求高的航天员载人机动装置才使用。固体推进系统主要指固体火箭发动机,广泛用于运载火箭和导弹。固体火箭发动机性能低,主要用于轨道转移和返回舱的再入前制动等功能。它作为地球同步轨道卫星的近地点和远地点发动机,一般采用固体和单组元组成地球同步轨道卫星的推进系统。

液体推进系统分为单元推进剂系统和双元推进剂系统。目前,我国使用的单组元推进剂均使用无水肼($N_2H_4$)。无水肼推进剂被广泛应用于航天器的轨道保持和姿态控制,但无水肼的比冲较低,不适用于高性能推进技术的要求。肼类推进系统由于毒性较高,储存和使用需要专门的设备和人员,无法进行批量化装备应用。同时,肼类推进剂存在剧毒与烟的危害,对地面支持和保障系统的要求较高。

目前国内外航天设备推进系统的主流仍旧是以液体燃料为主的燃料推进系统,在微小卫星的发展中,使用化学燃料构建微推进系统是目前小卫星推进体系架构的重要组成部分,微小卫星的燃料供给要体积小,质量轻,但发出的热量要大,这样才能减轻微小卫星的质量,在太空中给卫星提供有效的动力能源。液体燃料放出的能量大,产生的推力也大;而且这种燃料比较容易控制,燃烧时间较长,因此,液体燃料推进系统属于微小卫星推进系统的主流设计架构。

液体燃料的推进剂,其中比较常用的有:四氧化二氮-肼类(偏二甲肼、一甲基肼、肼)、液氧-煤油、液氢-液氧等。四氧化二氮-肼类推进剂被广泛使用,特点是可存储,并且四氧化二氮和肼接触后可以自燃,可靠性高。四氧化二氮-肼类最早用于战略导弹,后来也用于航天的运载火箭、卫星推进设备中。

四氧化二氮-肼类的比冲还可以,为 230 s 左右,各国新一代的运载火箭都不再使用。四氧化二氮是强氧化剂,偏二甲肼是强还原剂,它们的分子一经接触就会发生剧烈的化学反应,放热而着火燃烧。燃料虽具有良好的比冲性能($I_{sp}$ 约 300 s)和自燃特性,但它们的毒性较高。

航天技术是现代科学技术中发展最快的尖端技术之一,是一个国家科学技术水平和国民经济实力的综合反映,是一个国家科学技术水平的重要标志,亦是综合国力的象征。航天技术高度综合了许多基础科学和新技术,如数学、近代力学、自动控制、电子计算机、真空与低温技术等,它的发展促进了一大批基础科学和现代技术的发展,如新材料、空间物理、航天医学、生命科学等。航天技术的发展、宇宙环境的应用导致了一系列的技术革新。当今,一些发达国家正在以大空间概念设计国民经济未来发展的蓝图,把航天技术产业作为未来发展的一个战略重点,认为它是发展各类高新技术产业的领头技术,它能带动一大批高新技术产业以及其他基础产业的发展,推动和促进新工艺、新材料、新能源等技术的进步,航天技术对国民经济的发展将起到"加速器"和"倍增器"的作用。航天科技工业的发展对推动解决我国面临的人口与资源、环境与灾害、通信与交通、教育与文化等重大社会问题起到了其他任何技术和产品不可替代的作用。同时,航天技术对国家的国防建设具有极其重要的意义。目前战略战术导弹、卫星导航定位、军事测绘侦察、作战指挥和通信等方面广泛应用于国防建设,并取得了显著效果。宇宙空间是现代军事竞争的制高点,航天技术与防御技术已很难分开,这在战略威慑和现代化战争中表现得尤为显著。

虽然我国航天技术取得了巨大的成就,但同时应该清醒地认识到我们的不足。目前,我国现有的长征系列运载火箭是在战略武器的基础上演变延用而来的,其推进剂(偏二甲肼/四氧化二氮)毒性大、污染严重、价格高、性能低,其不足是很明显的。美国、法国、苏联等航天大国对于推进剂的毒性和污染问题高度重视。美国从 1970 年就禁止在本土上生产偏二甲肼,法国阿里安火箭所用的偏二甲肼一直从苏联购买,而且不在本土上发射(在法属圭亚那库鲁航天发射中心发射);苏联解体之前曾下令禁止使用偏二甲肼。随着全世界对环境保护的日益重视,很可能在不久的将来全世界禁止生产使用偏二甲肼作为火箭推进剂。偏二甲肼毒性较大,损害人体的肝脏。尤其是四氧化二氮/偏二甲肼的燃烧产物,对人体损害更大,并较为严重地污染环境。60%从事使用该种推进剂发动机试验的工作人员有不同程度的肝病,普遍转氨酶高。长征运载火箭是当今世界可靠性、技术稳定性最好的运载火箭之一,但是近几年来,长征火箭发射时有失利,并造成了不同程度的人员伤亡,其推进剂毒性大和污染严重问题已引起我国各级领导的高度重视,也增加了参试人员的恐惧感。虽然发射失利未引起十分严重的后果,但参试人员"死里逃生"、"后怕"的感觉仍然十分强烈。这给组织发射带来了一定的困难。同时,由于推进剂价格偏高增加发射成本,进而使我国的运载航天器等设备的国际竞争力不足,也是一个比较突出的问题。如何提高航天器推进系统的可靠性,降低发射成本,增强竞争力,是加速我航天器设备产业化进程的关键。

微小卫星受体积、质量和功耗所限,为了实现良好的轨道机动性能,要求所采用的微推进系统必须集成度高、体积小、质量轻、总冲高和功耗低;同时,为了使研制流程简单、控制成本和保证环境安全,还要求其微推进系统必须安全无毒,对人体无害。因此,迫切需要发展适用于微小卫星动力系统的、能替代肼的新型无毒、高能量和低成本的集成度高、体积小、质量轻、功耗低和寿命长的单组元无毒化学微推进技术。

### 7.4.2 无毒化学推进技术

1. 化学推进选择

以化学燃料产生放热反应,由化学反应所得的气体膨胀并高速喷出以获得反作用力的推进系统,是目前最常用的推进系统。这类推进系统的特性是拥有相当大的推力,但缺点是其燃料效率受到限制。这是因为由推进剂化学反应所得的热气体的喷射速度与燃烧室内的温度和压力成正比,但温度和压力并不是可以无限增高。燃烧室的温度和压力承受能力往往受材料和结构等因素的限制,加上热转换时的损失,这类推进系统通常无法达到理论上的最佳喷射速度。燃烧化学燃料的推进系统主要可以分为:固体燃料推进系统、液态燃料推进系统、混合燃料推进系统。

根据对总体需求和推进分系统任务功能分析,并结合国内外微型航天器推进系统的选用经验,推力在 10 N 以下,总冲要求较小的系统大多采用单组元推进系统,因此从系统简单、可靠考虑,微纳卫星推进系统优选单组元系统。

根据单元推进剂在航天器上的应用分析,单组元推进剂种类主要有:冷气(主要以 $N_2$ 为代表)、液氨($NH_3$)、无水肼($N_2H_4$)、DT-3、硝酸羟氨混合物、过氧化氢($H_2O_2$)。表 7.5 对以上推进剂的主要性能、特点、应用情况以及在微纳卫星上使用对系统的影响等进行比对分析。

**表 7.5 常见单元推进剂优缺点比对**

| 推进剂种类 | 真空比冲/s | 主要特点 | 应用情况 | 对系统的影响分析 |
|---|---|---|---|---|
| 氮气 | 65 | 无毒;与各类材料相容性好 | 在国内外航天器上均有应用,技术成熟 | 系统设置为恒压式,需配置高压气瓶、电爆阀、减压器等组件,系统较复杂。且由于比冲低,在满足总冲和储箱(气瓶)包络尺寸要求时,气瓶初始压力应为 158 MPa,如此高压在系统上不可实现 |
| 液氨 | 112 | 无毒;推力受温度影响较大,稳定性较差 | 在国外微小卫星领域和国内的钠星、SZ-7 伴星上均有应用 | 由于比冲较低,在满足储箱包络尺寸前提下,系统总冲只能达到要求总冲的 45%,不能满足总体要求。为无毒系统,且由于其推力受温度影响明显,推力稳定性较差,系统热控策略较复杂 |
| 无水肼 | 220 | 有剧毒;冰点较高(1.3℃),对热控要求较高;技术成熟,比冲较高 | 在国内外卫星、飞船领域均有广泛应用,技术成熟 | 采用落压式肼催化分解系统,技术成熟。在满足总冲要求条件下,由于其比冲较高,储箱体积可减小到约 1.45 L,系统可相应减重约 0.2 kg。但由于热控要求,系统功率需增加 2~3 W,且为有毒系统,对安全性设计和条件保障要求较高,经济性较差 |

续表

| 推进剂种类 | 真空比冲/s | 主要特点 | 应用情况 | 对系统的影响分析 |
|---|---|---|---|---|
| DT-3 | 220 | 有剧毒；冰点低（−30℃），比冲较高 | 在国内运载器上应用广泛，技术成熟 | 系统方案同落压式无水肼系统。对系统的减重能力类似无水肼系统，且由于其对热控要求低，可简化热控设计，系统功率可节约1~2 W。但该系统仍为有毒系统，对安全性设计和条件保障要求较高，系统经济性较差 |
| 硝酸羟铵混合物 | 200 | 无毒；冰点为−18℃；技术处于研发阶段 | 在国内外航天器上未有应用，正在进行关键技术攻关 | 系统方案同落压式无水肼系统。对系统的减重能力同无水肼系统，对热控要求高、催化剂在工作前要求加热功率大。为无毒系统，但由于推进剂和催化剂关键技术尚未完全解决，地面试验验证不充分，目前直接应用于型号不可行 |
| 90%过氧化氢 | 160 | 无毒、无污染；冰点约−11℃，技术成熟，密度比冲高 | 在国外载人航天器中应用广泛，国内尚未有飞行试验，具有创新性 | 系统方案类似落压式肼催化分解系统。相对冷气系统，比冲优势较明显；系统设计能满足总冲和储箱包络尺寸要求；为无毒系统，能满足载人领域的使用要求，对系统要求清洁 |

通过对以上推进剂的主要性能、特点、应用情况以及在微纳卫星上使用对系统的影响等进行比对分析，可以得出以下结论。根据比对结果，尽管肼类推进剂、硝酸羟铵混合物（HAN基）的真空比冲较高，但肼类系统均为剧毒系统，存在污染。HAN基推进系统虽然无毒，比冲也较高，但由于目前还处于初始研发阶段，技术不成熟，攻关难度大，距离飞行应用有较大差距。SZ-7伴星采用的是液氨冷气推进系统，它具有易存储、技术成熟度高、安全性高等优点，但液氨推进系统气液转换不确定性给任务实现带来一定难度。过氧化氢催化分解系统的真空比冲较大，特别是密度比冲很高，能同时满足储箱包络尺寸、总冲的要求，且为无毒推进系统，特别适用于小卫星。

考虑任务特点及微纳卫星质量与尺寸约束，对推进系统的比冲、成熟度、可靠性、质量、体积、功耗、存储安全性等方面均有较高要求。微纳卫星选用过氧化氢单组元催化推进系统。

推进系统工作过程及原理如下。

（1）由于90% $H_2O_2$的冰点约为−11℃，星上自主对储箱、管路、阀门等组部件进行主动热控。轨控前两小时特别要对推力室进行热控，保证推力室温度约120℃，以提高催化剂活性，保证推力性能。

（2）实施轨控时，星载计算机发出指令，推进控制线路接收控制信息，驱动自锁阀打开，储箱内的高压氮气将过氧化氢从储箱胶囊中挤压出来，进入下游管路，推进剂流至推力器电磁阀入口处。

（3）推进控制线路接收控制信息，驱动电磁阀打开，推进剂在毛细作用下流入催化床，与催化剂接触，发生分解反应

$$H_2O_2 \longrightarrow H_2O + \frac{1}{2}O_2 + 热量 \tag{7-11}$$

过氧化氢发生催化分解反应，生成水、氧气，并释放大量热量，形成高温高压气体混合物，此时推进剂通过化学反应产生了高焓（气体热能与机械能总和），但速度很低。

（4）过氧化氢分解产生的低速、高焓燃气在喷管内首先汇聚在喷嘴处，增加流速，并在喷管最窄部位（喉部）达到音速，之后一直增速至超音速，转换为高速低焓（即温度低和压力低）的喷气物质，高速喷气物质由喷管排出，产生需要的冲量。

**2. 无毒 ADN 化学微推进系统**

目前，各航天大国正在开发的新型单组元无毒推进剂，主要包括离子液体单组元推进剂（ADN（二硝酰胺铵$[NH_4]^+[N(NO_2)_2]^-$）、HAN（硝酸羟铵$[NH_3OH]^+[NO_3]^-$）等）和高浓度过氧化氢（$H_2O_2$）等。高浓度过氧化氢虽然是一种推进剂和产物均安全无毒的单组元推进剂，并能在较低温度（室温）催化点火，但由于 Fe、Cr、Co 等金属杂质能使过氧化氢在环境温度下缓慢分解，导致其稳定性下降和容易爆炸，因而使其应用受到限制。硝酸羟铵（Hydroxyl Ammonium Nitrate，HAN）推进技术也是一种无毒推进技术，但其比冲等性能参数低于二硝酰胺铵（Ammonium Dinitramide，ADN）推进剂。

ADN 基推进剂主要是由氧化性组分二硝酰胺铵、燃料及水组成的液体溶液，具有毒性小、高密度、低冰点、低挥发性、高稳定性、较高比冲和低特征信号特征等特点，在储存、使用和维护过程无须特殊的防护措施。ADN 基推进剂和其他化学物质的毒性对比如表7.6 所示。

表 7.6　ADN 和一些其他化学物质的毒性比较

| 化学物质 | 老鼠口服半数致死剂量/(mg/kg) |
| --- | --- |
| 肼 | 59 |
| HNF | 128 |
| HAN | 325 |
| ADN | 832 |
| 氯化钠 | 3 750 |

ADN（二硝酰胺铵）推进剂能量高（密度比冲高）、能催化重复点火、安全无毒、容易处理，并且其微推进系统具有集成度高、体积小、质量轻和功耗低特点。1 N 的 ADN 无毒化学微推进系统已经在欧洲的 PRISMA 微小卫星上进行了飞行验证，表明 ADN 无毒化学微推进技术完全能作为替代肼的高性能微推进技术应用。因此，ADN 无毒化学微推进技术是我国空间站微小卫星动力系统方案的发展方向和最佳选择，是我国最有可能通过研究在不远将来取代肼的高性能无毒化学微推进技术。

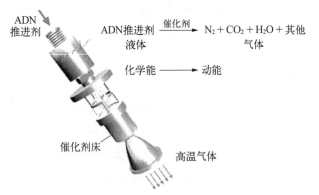

图 7.19 基于 ADN 基的发动机的推进系统

3. ADN 基推进分系统组成及推进原理

基于 ADN 基发动机的推进分系统(图 7.19)可以直接使用技术成熟的单组元推进分系统,结构简单,可靠性高,同时具有很好的继承性。

推进装置由 1 个推进剂储箱、1 个气加注阀、1 个液加注阀、1 个压力传感器、1 个自锁阀、1 个过滤器、2 个 ADN 基发动机组件、1 个推进控制线路板以及管路连接件和管路等组成。可以看出,ADN 基无毒推进系统基本继承了单组元化学推进系统的所有主要特征,可靠性大大提高。推进剂存储在专门的 ADN 储箱中,通过气体挤压流出,过滤器用于防止多余物污染自锁阀和电磁阀阀口,避免造成系统阀门泄漏或阀门和喷管堵塞。ADN 推进剂在发动机中进行催化分解、燃烧反应,产生推力。

## 7.4.3 激光微推进技术

激光推进是利用高能激光与工质相互作用产生推力,推动飞行器前进的新概念推进技术,不论是推进原理、能量转化方式,还是系统组成和应用体系,都不同于现有的化学火箭推进。激光推进中的飞行器与能源、能源与工质是完全分离的。飞行器与能源的分离,使飞行器不必携带庞大笨重的能源系统,可以极大地简化飞行器结构和控制系统,缩短发射前检测周期,有利于应急发射。能源与工质的分离,使我们可以选用安全的工质,不必像现在的化学火箭推进必须携带易燃易爆、甚至有毒的推进剂(如偏二甲肼硝酸等)。分子量小的"轻型"工质的比冲较高,这类工质既安全又环保。安全环保的工质可以提前加注,缩短发射前的准备周期,提高激光推进的机动灵活性,又可以提高系统的安全可靠性。同时,比冲大的推进系统完成同一航天任务需要携带较少的工质,减小飞行器的起飞质量,使有效载荷占起飞质量的比例大,有效载荷比高,整个系统的发射成本低。

激光推进的分类方式很多,按照所用激光光源的种类,可以分为连续激光推进和脉冲激光推进;根据是否需要消耗飞行器自身携带的工质,分为大气吸气模式和火箭模式两种,有些研究者也习惯于将火箭模式称为烧蚀模式;按照激光能量耦合机制,又可以分为固体换热式、粒子吸收式、分子共振吸收式和逆轫致吸收式等。激光能量耦合机制不同,对应的比冲有很大差别,如表 7.7 所示。

表 7.7　不同能量耦合机制对应的比冲

| 激光能量耦合机制 | 比冲/s |
|---|---|
| 固体换热式 | 875～1 060 |
| 粒子吸收式 | 1 200～1 500 |
| 分子共振吸收式 | 1 500 |
| 逆轫致吸收式 | 1 500～2 500 |

衡量激光推进性能的主要参数有冲量 $I$、平均推力 $F$、冲量耦合系数 $C_m$、比冲 $I_{sp}$ 和能量转化效率 $\eta$ 等。冲量耦合系数 $C_m$ 是单位激光能量所产生的冲量,常用单位有 N·s/J 和 N/W;比冲 $I_{sp}$ 是单位推进剂所产生的冲量,常用单位有 s 和 m/s。在激光推进应用基础研究阶段,谈到推进性能时,一般是指冲量耦合系数、比冲和激光能量转化效率。冲量耦合系数描述激光能量耦合出推力器冲量的能力,或激光功率产生推力器推力的能力;比冲描述推进剂产生冲量的能力,或推进剂流量产生推力的能力;激光能量转化效率描述激光能量转化为喷射气体动能的能力。

目前,主要的微推进技术有气体推进、液体推进、FEEP、Hall 推进、PPT、胶体推进和激光推进等。以半导体激光推进技术为例,采用半导体激光器驱动的激光微推进器具有诸多优点:质量轻、体积小,10 W 级半导体激光器的质量只有约 10 g,体积只有拇指大小;激光器使用低压直流电源工作,电源模块简单;激光微推力器以脉冲形式工作,最小冲量比特仅有 1 nN·s 量级,可实现精确推力和阻力补偿;推进比冲不低于 400 s;推进剂可以是固体,能有效减轻系统干重;采用固态含能工质,推进效率可达 100%。相比之下,就激光微推进技术本身的应用角度来说,优势十分明显。透射式激光微推进原理图和样机照片如图 7.20 所示。

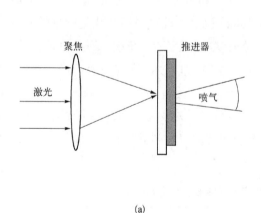 

(a)　　　　　　　　　　(b)

图 7.20　透射式激光微推进原理图和样机照片

国内方面,中国科学院的唐志平、蔡建等在相关领域的研究一直处于领先地位,该项目经过两轮的"预研"支持,从起步到追赶,机理和技术研究均达到了一定的深度,取得了专利、文章、样机等成果。其已经研制的姿控激光微推进器样机模型,它质量不足 100 g,比冲不低于 500 s,推力达到 10 μN 级。该推进器原理样机通过了由中国科学院组织的成果鉴定的现场试验鉴定,主要指标达到国际领先水平。

### 7.4.4  液化气推进技术

目前用于微小卫星的较为可行的推进系统有单元肼($N_2H_4$)和冷气推进系统。与双组元推进系统相比,$N_2H_4$ 推进系统结构较为简单,但其推力一般大于 1 N,且推进剂有剧毒,安全防护成本高,因而价格比较昂贵。它一般用于需较大速度增量微小卫星的主推进,而无法对微小卫星实现姿态控制。因此,微小卫星的姿控推进系统多采用 $N_2$、He、Xe 等冷气推进。但冷气推进有两个缺陷:一是需要高压储存,这不仅大大降低了推进系统的安全性,而且高压气瓶的质量也往往是微小卫星所难以接受的;二是即使在高压下,冷气推进剂的储存密度仍然很低,储存的气体体积难以减小。例如,在压力为 20 MPa 时,氮气的密度仅为 220 kg/m³,这使整个推进系统体积较大。

为克服冷气推进的不足,提出了采用液化气推进的技术方案。所谓液化气推进,是指推进剂气体以液态储存,工作时用加热或气化装置使之汽化,通过喷管喷射,以产生推力。与冷气推进方式相比,液化气推进用于微小卫星和质量为 1～10 kg 的纳米型卫星时的优点有:推进剂可液化储存,其液态密度远高于冷气的密度,例如,在 20℃ 时,丁烷的饱和蒸气压为 0.21 MPa,密度高达 530 kg/m³;推进剂的液化压力较低,不需要高压气瓶和管路,推进系统质量显著减小;整个系统的工作压力较低,安全性提高;推进系统不需要减压阀,系统的可靠性进一步提高。

液化气推进系统具有质量轻、体积小、成本低和可靠性高等优点,越来越多地应用于微小卫星。1974 年,英国的 Miranda(X4)技术试验卫星首次采用液化气推进技术。储存于低压容器中的液体丙烷经加热汽化,从喷管喷出,可产生 46 mN 的推力,用于姿态控制。2000 年,英国的 SNAP-1 卫星也采用液化气推进技术,推进剂为丁烷,卫星总质量为 6.5 kg,推进系统质量小于 500 g,推力为 50 mN。另外,英国的 UoSAT-1 卫星采用氧化氮为液化气推进剂。目前正在研究或已实际应用的液化气推进剂主要有丙烷、丁烷、氨、氧化二氮和二氧化碳等。几种液化气推进剂与冷气推进剂(氮气和氙气)的性能比较见表 7.8。

表 7.8  几种冷气和液化气推进剂性能的比较

| 推进剂 | 冷气 | | 液化气 | | | | |
|---|---|---|---|---|---|---|---|
| | 氮气 | 氙气 | 丁烷 | 丙烷 | 氨 | 氧化二氮 | 二氧化碳 |
| 相对分子质量 | 28 | 131 | 58 | 44 | 17 | 44 | 44 |
| 20℃储存压力/MPa | 20 | 5.8 | 0.21 | 0.84 | 0.83 | 5.1 | 5.73 |

| 推进剂 | 冷气 | | 液化气 | | | | |
|---|---|---|---|---|---|---|---|
| | 氮气 | 氙气 | 丁烷 | 丙烷 | 氨 | 氧化二氮 | 二氧化碳 |
| 密度/(kg/m³) | 220 | 1 100 | 530 | 430 | 550 | 740 | 760 |
| 理论比冲/(N·s/L) | 750 | 303 | 684 | 746 | 1 030 | 643 | 638 |
| 密度比冲/(N·s/L) | 165 | 333 | 362 | 321 | 566 | 476 | 485 |

（1）丙烷和丁烷。丙烷、丁烷已进入实际应用阶段。由表 7.8 可知，丙烷和丁烷的液化压力较低，在 20℃时，两者的液化压力均低于 1 MPa。因此，推进系统中储箱和管路的壁厚可大大减小，从而减轻了推进系统的干质量。丙烷、丁烷的比冲略低于氮气，在达到相同总冲的情况下，所需的质量稍多，但其密度比冲却约为氮气的 2 倍，所需的储存体积仅为氮气的1/2。丙烷和丁烷无色、无味、无毒，可免除推进剂加注时的严格防护，降低了发射和制造成本。但两者均为可燃气体，加注时必须注意通风和防火。

（2）氧化二氮和二氧化碳。氧化二氮和二氧化碳无毒，不能自燃，与丙烷和丁烷相比，加注更为方便与安全。氧化二氮和二氧化碳的密度比冲约为氮气的 3 倍，储箱体积可进一步减小。但在室温下液化压力较高（大于 5 MPa），所以必须在系统中增设减压阀，将压力降低后再供给推力器。这就导致了系统的复杂化，并使可靠性降低。

（3）氨。氨与其他几种液化气和冷气推进剂（氮气和氙气）相比，具有较大的比冲和密度比冲。若以氨为推进剂，所需的推进剂体积和质量都将减小，而且氨在常温下的液化压力较低，例如，在 20℃时，液化压力为 0.83 MPa，储箱和管路的壁厚可以减小，系统的质量可进一步减轻。同时氨不会自燃，推进剂的预包装更易实现，可在卫星总装厂房直接加注，从而降低发射成本。氨仅有轻微的毒性，在加注过程中较易防护。因此，氨是一种十分理想的液化气推进剂。

## 7.4.5 高效电推进技术

电力推进系统是将燃料转换为电力输出，继而驱动线性电动机，产生电场和电磁场，用以发射带电粒子（电子、离子、等离子）来获得反作用力。电力推进系统由于没有温度和压力的限制，可以以极高的速度来喷射电粒子，因此燃料的能量转换效率非常高。但是它也有着自身的缺点，作为产生作用力的电子和电离子质量太小，以至于其产生的推力很低。通常要以相当长的时间进行加速才能达到极限。并且由于其推力过低，无法让太空船在星球表面做抗重力上升。电力推进系统等价于将粒子急速器和发点设备搬上了太空，再做缓慢的加速，因为其难度较大，因此目前还未得到普遍利用。我国在电力推进系统的研制方面也进行了深入的研究，目前中国是继美国、俄罗斯、日本之后，开发出利用电子推进的微动力推进系统的国家。

新型的空间电推进(电火箭)技术,具有高比冲、小推力、长寿命等特点。这些特点正适合航天器对推进系统提出的高速飞行、长期可靠工作和克服较小阻力的要求。无论对近地空间航天器的控制,或者是深空探测及星际航行的主推进都具有重要作用。正因为这些特点,以及近十年来的成功应用,电推进技术正越来越受到人们的重视。

1. 脉冲等离子体推力器(PPT)

早期的 PPT,推进剂大多采用气态工质(氮、氩气),后来又用过液态水银和金属锌,但性能都不理想。直到找到固体氟塑料作为推进剂,便很快获得了应用。在同轴电极型和平行轨道电极型两种结构中,后者用得最多,其主要特点如下。

(1) 小功率下的高比冲能力。运行功率低到 5 W,比冲仍达 2.94 kN·s/kg;功率在 20 W 时,比冲达 7.84～11.76 kN·s/kg,其他电推力器则难以达到。

(2) 结构简单。固体氟塑料推进剂能在高真空和极低温度下长期存放,系统体积小、质量轻、安全可靠。

(3) 脉冲工作(微秒到数十微秒量级),无须预热,控制(数字和自主控制)方便灵活。脉冲功率很大,但消耗的平均功率不多,降低了对电源和结构的要求。

(4) 推力很小(微牛级),能提供单个推力脉冲也可提供等效稳态推力,能在恒定的比冲和效率下调节推力。

缺点是效率较低(功率越小效率越低),难以获得大推力。20 世纪 70 年代,美国空军为了研制同步卫星南北位置保持用的大总冲 PPT(750 J 次,元冲量为 22 mN·s),花了约 10 年时间,终因其关键部件储能电容器的寿命不能满足要求而放弃。上述特点使它成为功率有限的微小卫星的理想控制系统。它既适合于自旋稳定卫星,也适用于三轴稳定卫星的精确定点、姿态控制、轨道修正、阻力补偿和轨道提升。美国于 1968 年用平行轨道电极型 PPT 作为 LES-6 同步通信卫星的东西位置保持系统。70～80 年代,它们继续用于美国海军的 TIP-2、3 和 NOVA-1、2、3 号太阳同步导航卫星上,作为星上的阻力补偿系统。

2. 稳态等离子体推力器(SPT)

从 20 世纪 50 年代以来,苏联便对电推进技术进行了广泛的研究,包括电热、电磁和离子发动机。但研究得最成功、应用最多的是稳态等离子体推力器(Stationary Plasma Thruster, SPT),它属于霍尔推力器(Hall Thruster)的一种形式。不少学者把它列为无栅(Gridless)离子推力器类型。但从加速机理看,电极间放电生成的等离子体,因径向磁场的作用,导致电子沿圆周方向做漂移运动。电子漂移运动形成的电流,称为霍尔电流,它与径向磁场相互作用产生沿轴向的电磁加速力,使等离子体高速喷出从而获得作用推力,应归属电磁(等离子体)发动机一类。由库哈托夫原子能研究所 Morozov 教授首先研制成功的这种发动机,经过法克尔(Fakel)设计局、莫斯科航空学院等许多单位长期广泛和深入的研究,先后发展了多种型号的样机,如 SPT-50、70、100、140 等。SPT 的特点如下。

（1）结构比离子发动机简单，没有容易变形、易烧蚀的栅极；运行电压低，可靠性高。

（2）不存在空间电荷效应问题，其推力密度比离子发动机高（比 Arcjet 低），体积较小。

（3）比冲和效率虽低于离子发动机，但比 Arcjet 高，比冲在 13.72～15.68 kN·s/kg，正好处于目前近地航天器控制所需的最佳比冲范围内。

它的不足之处是：其射流比离子发动机更为发散，排气流中粒子含有的能量高，有可能对暴露于射流的表面（阳极通道）造成溅射烧蚀；另外，用氙作为推进剂才能获得高效率，但是氙气自然界很少，产量低，价格昂贵。

3. 离子推力器比冲最高

按离化方式的不同，离子推力器有接触式、直流电子轰击式、射频、微波和场发射 5 种主要形式。其中，最先获得成功应用的是以氙作为推进剂的直流电子轰击式离子推力器。离子发动机因其比冲最高（29.4 kN·s/kg 以上），一直是各国研究的重点并作为同步卫星在轨控制系统的首选，为此，曾安排了不少飞试和应用计划。例如，美国的 SERT-Ⅱ、ATS-6、In-tel-5 6；日本的 ETS-3、ETS-4；德国的 TV-SATD3；欧洲的"尤里卡"平台等。但直到 1997 年 12 月 3 日发射的 ASTRA-1G 卫星，Hughes 公司研制的 XIPS-13 离子发动机才成功地应用于该星上（装 4 台离子发动机）。这是世界上第一颗成功采用离子发动机（直流电子轰击式）作南北位置保持控制的商业同步卫星。从而完成了离子发动机从实验室走向商业应用的漫长历程（近 40 年）。随后，他们的 HS-702 卫星又采用性能更高的 XIPS-25 离子推力器作为卫星的精确入轨和南北位置保持控制系统。到 2002 年 6 月，已有 19 个在轨通信卫星采用离子推进系统担负位置保持任务。除任务期间因短路而停止工作的故障外（后来消除了），到 2001 年 12 月卫星停止工作，已累积运行 14 000 h 以上（超过设计寿命 150%；其备份发动机在地面连续试验已超过 23 000 h），完成了预定的推进任务和性能调节试验，再未出现任何故障。而且，离子推进系统运行时，星上所有设备也都工作正常，没有受到影响。

为了寻求更加有效的空间推进系统，除激光推进、太阳帆等外，在电推进方面，美国 NASA、日本的 TMIT 正在探索无（或少）推进剂电动力绳系（Tether）推进（作为一种电磁推力器，可用于轨道升降、离轨、位置保持等）的研究，它是利用电流流过星上的"绳系"与地球（或星球）磁场相互作用来产生推动力的；马歇尔空间飞行中心和华盛顿大学正在进行无推进剂的等离子帆推进的试验；虽然这些研究占的比分很小，却是一种有意义的探索。

# 8.1 微小卫星结构热控技术发展趋势

微小卫星的功能密度高、研制成本低、载荷种类多、飞行任务灵活多样、性能指标千差万别,传统的以卫星平台为核心的设计和研制模式已无法适应其技术发展。

微小卫星的研究目标是更小、更快、更省、更好。卫星的大小是由各功能模块的尺寸和各种功能模块的集成度决定的,为了缩短研制周期、降低成本、提高可靠性,卫星的结构热控设计需要采用灵活通用、标准化、模块化的设计技术,尽可能将多种功能模块集成考虑,采用一些小型可靠的展开机构来拓展功能。最终设计出快捷高效的柔性化平台以适应批量生产和一种平台多种用途的要求。

# 8.2 通用模块化结构技术

## 8.2.1 模块化概念和特点

传统的卫星结构设计方法具有以下不足。

结构设计方法是面向任务,由用户需求驱动,任务和功能比较单一;通常情况下是将各子系统如热控、通信、姿轨控、推进等有效载荷集成在一起,使结构复杂,为提高可靠性增加的冗余设计更进一步增加了航天器质量和复杂性,同时复杂系统的制造和装配又进一步增加了成本和时间。

模块化设计概念是通过把航天器各子系统分解成若干个独立的功能模块,每个模块物理独立、功能独立,采用标准的机械、电、热及数据接口对各模块进行连接,实现航天器的整体功能,从而满足各种多任务航天器设计要求。因此模块化的航天器结构应该是一种更紧凑和轻量化的结构,其设计、制造和测试更快速,而且现有设计能便于重复使用。

采用模块化方法设计的卫星平台具有适应能力,能够在改变少量或不改变卫星平台的情况下适应不同配置的有效载荷。模块化的结构设计具有以下特点。

(1)功能集成化和模块化,结构更加紧凑和开放。

(2)设计、制造和测试更快速,适应快速响应的任务需求。

(3)现有设计、部件和模块产品能便于重复使用,有利于实现批量生产。

(4)巧妙、灵活而多变的方式满足多种任务要求,具有一定的适应能力。

## 8.2.2　模块化设计方法

模块化的设计方法,是在对面向不同有效载荷的卫星平台进行功能分析的基础上,划分并设计出一系列功能模块,通过模块的选择和组合可以构成不同的卫星平台,以满足不同有效载荷需求的设计方法。这种卫星平台是一种柔性化的平台,柔性体现在对各种有效载荷和飞行任务的适应能力方面,它不是一个固定的卫星平台,而是根据有效载荷和飞行任务的不同,由单元功能模块灵活构建的平台,不仅可以简化微小卫星的设计和制造、缩短研制周期,还可以用巧妙、灵活而多变的方式实现面向多种任务要求和多种有效载荷的设计,充分体现了现代小卫星的技术特点。

该方法是基于卫星平台的设计方法,经过修改和提高,加入通用化接口、标准化平台与扩展部件等新设计理念而获得的。

## 8.2.3　模块化设计内容

具体到小卫星模块化的设计实施,可以将卫星平台按照功能分成若干个不变的(通用的标准配置)固定部分和为实现多样化的变动部分(灵活的功能扩展配置),将这两部分巧妙地组合起来,从而构成满足不同有效载荷要求的柔性化平台。

1. 平台舱内部模块化

作为一个卫星平台,必不可少的配置包括供配电能力、数据管理能力、测控数传能力、基本的姿态控制能力和热控能力,可以将这些功能有机地结合综合设计为标配平台舱。在平台舱的设计中,可以将实现这些基本功能相同的硬件合并,使其软件最大化来实现相同的功能。图 8.1 为某卫星的公用平台舱,卫星传统的子系统将包括几十个单机,采用模块化归并后数量只有原来的 1/3。

2. 平台的模块化

也可以将模块的功能扩大化,将更多的硬件集成整合到标配平台的层面,标准配置的平台作为一个高集成度模块,具备平台电子学的所有功能,可以为载荷提供某一标准的电

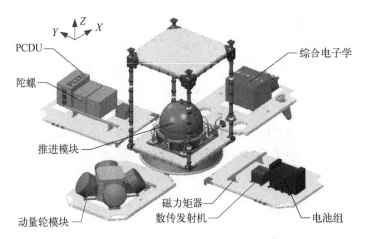

图 8.1　某卫星平台舱内部模块化

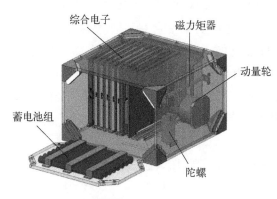

图 8.2　某卫星高度集成的平台舱模块（后附彩图）

源、数据存储和传输，并且具备姿轨控管理能力和热控制能力。图 8.2 为某 50 kg 卫星的标配平台模块，质量只有 30 kg。

**3. 平台舱的可扩展性**

固定部分为标准平台舱，根据标准平台的能力定位可以将此部分设计到 20～150 kg 不等，结构形式也可以是箱体板式、杆架四面体、杆架六面体等多种形式，根据每种结构形式确定相应的扩展方案。扩展部分为各种功能的扩展平台舱，如某卫星具有扩展推进舱、扩展高精度姿控舱、帆板的扩展设计、有效载荷的多接口设计等。

1）堆栈式扩展平台

图 8.3 为杆架六面体结构的标准平台舱、扩展推进舱，扩展推进舱具有与运载火箭连接的标准下裙接口，各舱组装可以并行操作，各舱测试可以独立进行。此种结构形式可以

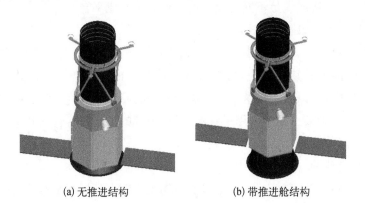

(a) 无推进结构　　　　　　　　(b) 带推进舱结构

图 8.3　扩展推进舱构型示意图

采用堆栈式,扩展更多的功能。

以此种结构为例,如果堆栈舱段增加,需要更多的能源,或者载荷有更多的能源需求,可以将两翼帆板更换扩展为 3 翼、4 翼甚至 6 翼,每一翼的设计和接口无须变化,只需要制造时改变数量即可,如图 8.4 所示。

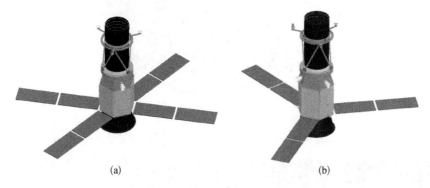

(a)          (b)

图 8.4　平台的帆板扩展示意图

对于此六边形的平台可以为载荷提供三点支撑、四点支撑、六点支撑和圆形法兰支撑的多接口载荷连接方式,每种连接可以通过标准的专用接头来实现,载荷与平台之间的电连接就是少量的几个电连接器,如图 8.5 所示。

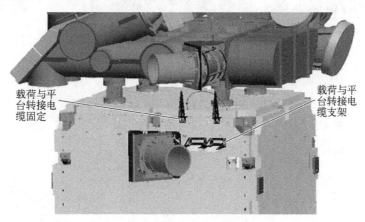

图 8.5　载荷与平台电连接示意图

2) 全开放式扩展平台

也可以将标准配置的平台设计成一种全开放式扩展构型,此构型可以为四面体或六面体,每个面都有标准的对外扩展接口,可以实现新增高精度姿控模块、高效推进模块、有效载荷、新型释放机构等的方便可靠连接,如图 8.6 所示。

近年来发展起来的 CubeSat(图 8.7)在模块化方面实现了跨越式发展,在 1 cm³ 的空间内就只需 1.3 kg 的质量资源就可以实现平台的特定功能,用 2 个以上的模块组合就可以完成普通卫星的功能,用更多单元的模块具备完成复杂卫星任务的能力,多个模块可以采取堆栈的形式组合连接。

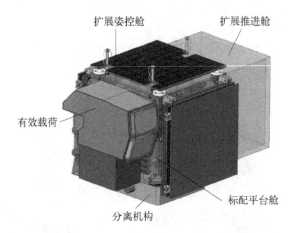

图 8.6　一种全开放式卫星平台可扩展构型

 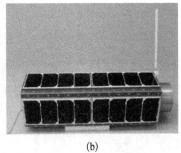 

(a)　　　　　　　　(b)　　　　　　　　(c)

图 8.7　CubeSat 的标准模块及其组合

3）各模块标准化机械连接

（1）固定式结构连接。根据不同的平台结构可以选择不同的结构连接形式，对于几十千克的微小型板式结构平台，简单的角片就可实现可舱段的连接，对于几百千克的小卫星平台可以通过具有一定承载能力的高强度接头连接。

 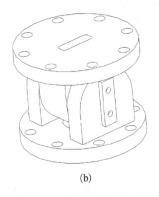 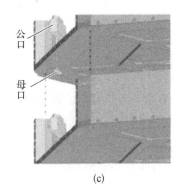

(a)　　　　　　　　(b)　　　　　　　　(c)

图 8.8　各模块间固定式结构连接

（2）在轨可展开的机构连接。平台的可扩展性需要具备在轨展开特点，连接不再是简单的机械连接，而要改为机构连接，同时要考虑展开给热、电连接及可靠性带来的问题。

如何很好地解决这些新问题,是支持在轨展开的航天器结构模块化设计后续研究的问题。

借鉴 PETSAT 可在轨展开的航天器的连接形式(图 8.9),平台扩展可以在板与板之间实现,采用可靠的连接机构铰链和锁销进行连接,连接采用一对铰链连接,展开后采用锁销(公口和母口对接)定位。优点是:能适用于多种任务需要,大规模生产降低成本和改善可靠性,可根据在轨需要的展开构形而灵活布置发射时的堆栈形状来扩展卫星的功能。

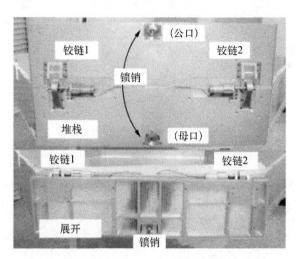

图 8.9　在轨可展开的机构连接形式

## 8.2.4　研究方向

1. 柔性化平台的关键技术研究

柔性化平台以高性能的单元功能模块为技术基础,不同的飞行器任务决定了不同的模块组合与集成,在进行集成的过程中,通常要进行如下操作:模块的沿用、模块的增加、模块的去除、模块的替代、模块用途的改变。这些集成工作的基础是合理的功能模块划分,只有划分合理才能方便集成,可以说合理的功能模块划分是柔性化平台的前提,高效的模块化集成是柔性化平台的关键。

2. 系统重构

自适应可重构设计是为了执行某些特殊任务,如登月探测,通过模块重构改变构形以便越过特殊地形和障碍物。以 Superbot 为例介绍机器人结构模块化、自适应可重构的设计思想。

Superbot 其模块是一种典型的可重复使用的模块,模块里安装有控制装置,模块间可实现旋转和翻转等动作,以构造不同的构形,如蛇形、蜘蛛构形、人字形等。此外 Superbot 也可重构成伸展臂用于舱外检测和维护,给航天员提供协助。类似于拼装玩具的机械模块均是独立的,包括电源、传感器、通信、控制和对接机构,均支持即插即用。接口和机构可以将独立的模块变换成不同的构形,灵活强大的控制体系对通信及内部、外部工作产生响应。Superbot 及其重构形式如图 8.10 所示。

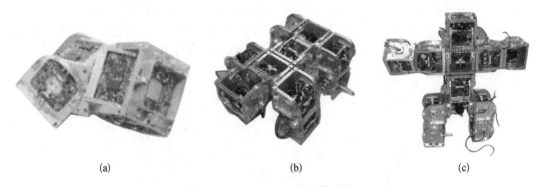

(a)　　　　　　　　　　(b)　　　　　　　　　　(c)

图 8.10　Superbot 及其重构形式

### 3. 在轨服务

在轨服务主要是指航天器可消耗子模块的替换、维修等后勤保障任务,如液体储箱的替换、电池或胶片的替换等。从广义上讲,在轨服务还包括空间系统在太空中的捕获、取回、发射、再推进和恢复、空间碎片的捕获或抑制以及营救宇航员等操作。

支持在轨服务的航天器结构模块化设计,就是在空间通过与目标航天器对接,替换其失效或降级的模块,提升目标航天器的性能,增加新的功能或提升任务执行能力。在空间这样复杂环境中,所有空间飞行器随时都有可能由于子模块失效或退化而使航天器发生故障,重新发射替代航天器只能导致成本倍增,但利用空间维护和服务技术就可有效解决这一问题。

目前,在轨服务的项目经历了 MMS、MARS、SMAD、SPHERES 和轨道快车等项目的发展,积累了一定的经验,为了提高航天器在轨的可服务性,模块化的卫星系统和载荷设计和具有与服务航天器适配的统一的对接接口是必须要进行研究和实践的内容。此外,在轨服务技术也为未来的军事化空间提供快速、高效的后勤保障,也可直接对目标实施捕获、攻击,从而大幅度提高空间作战能力。

# 8.3　多功能结构设计

## 8.3.1　多功能结构的概念和特点

传统结构主要功能是支撑和传递力,而多功能结构(Multifunctional Structures, MFS)则指结构具备两个或多个功能,即改变结构只用于承力的旧观念,赋予结构以新功能。如热传导、计算机芯片、传感器、驱动、电缆等电子器件与结构集成为一体,传感器和周围的电磁环境互相作用,检测以及评价载荷的失效与否。MFS 可有效降低体积、质量和成本,并由于减少或消除了电缆及接头从而提高航天器的鲁棒性和可靠性。MFS 具有以下不同的层次。

(1) 功能合并。将传统的结构支撑和传力用部件,集成了其他电子学、传热部件、电源和控制部件。

(2) 埋设特殊材料作为传感器、驱动器,即 Smart 结构。Smart 结构是指结构系统的几何和内在结构特性通过遥控或者通过自动内部激励朝向任务需求变化。主要特征是智能材料中埋设压电材料如压电陶瓷,利用压电材料变形和电压的关系识别、矫正结构的状态。

(3) 结构-电子元件板。电路板或计算机芯片本身作为结构件或结构件的一部分。所以 MFS 是材料、电器、控制、驱动、计算机、制造、热辐射和传导等多学科高度交叉的结果。

MFS 具有如下特点。

(1) 与传统的封装、组装和集成技术相比,大量减少电连接器(可达 70%),减轻质量(可达 50%),减少体积(可达 2 倍)。

(2) 利用 MCM 的优势,即通过使用印刷配线板,减少封装质量,增大了载荷有效分数。

(3) 柔性电路技术是适用于微型航天器的配线。

(4) 减少了总装过程中需要的手工劳动,增强了耐用性和可靠性,适用于批量生产。

## 8.3.2 功能合并

将结构的承载和传力功能与卫星内外部其他部件的合并,可以实现功能合并的多功能结构,这种功能合并非常多。例如,辅助承力的结构壁板可以布置体装太阳电池阵,结构板可以作为仪器设备的安装板,可以将成熟度较高的蓄电池单体集成到结构板,蜂窝板内可以预埋热管、磁棒等设备。

### 1. 蜂窝板预埋

目前在卫星设计工作中,复合材料应用越来越广泛,蜂窝夹芯结构是目前在卫星设计中应用比较广泛的一种结构。采用蜂窝板结构,可以减小整星结构质量,增加有效载荷,卫星上使用最多的是铝蜂窝与 Nomex 蜂窝,蜂窝结构有很多形状,如六边形、长方形、方形,但是最常用的还是正六边形。栅格结构蜂窝板散热传热散热扩展如图 8.11 所示。

蜂窝板预埋和后埋技术已经在航天器设计中大量应用,性能稳定、可靠性高、形状独特、温度要求范围宽的部件均可埋入蜂窝板中。热管是最常见的应用之一,蜂窝芯子主要承受力学载荷,而分布式的热管主要起被动传热的作用。蜂窝板的表层选用传热性能优良的铝合金或碳纤维,表层外装载内耗不等的电子学设备,通过蜂窝板内预埋的热管可以实现整板的等温,然后通过散热良好的蒙皮将多余的热量传出。

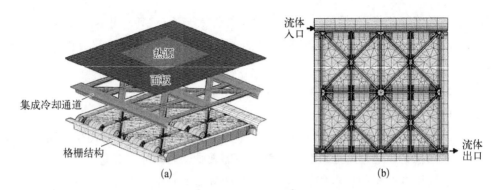

图 8.11　栅格结构蜂窝板散热传热散热扩展

**2. 结构板功能扩展**

**1）传热能力、散热通道扩展**

由于预埋热管破坏了蜂窝的完整性，蜂窝板的承载能力可能会减弱，美国空军实验室设计并制备出复合材料面板——碳泡沫夹层结构，采用导热性能优良的碳泡沫来提高夹层结构厚度方向的导热性能，代替以往预埋热管的方式，使整个夹层结构既具有承载功能，又具有良好的传热特性。

轻质点阵夹层结构设计了一种新型的集传热与承载于一体的多功能结构。由于点阵夹层结构的上下面板是由若干周期性杆件连接的，且杆件间是中空的，所以可根据热管及电缆的埋设要求，对点阵芯子中杆件的分布及几何尺寸进行优化设计。这样，制备的点阵夹层结构不仅可方便地埋置热管和电缆，同时也可保障结构的完整性，提高结构的寿命和可靠性，同时便于维修和管理，这种热控管理方式相对蜂窝芯子具有较强的优势。

**2）电源能力扩展**

在帆板面积不足、电源能力欠缺时，可以在向阳面的结构板上粘贴电池片来补充能量，微小卫星也可以直接用体装电池阵作为整星的主能源（图 8.12）。图 8.13 中某卫星的五个面均布满了电池片，卫星的侧壁板是整星的辅助承力结构，外表面作为电池阵基板布满电池片，内表面作为少数仪器安装板，一块结构板有三种用途。

图 8.12　结构板电源能力扩展

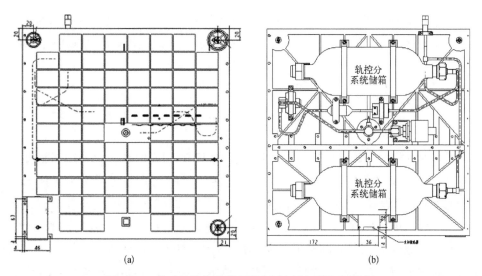

图 8.13 某卫星结构支撑板的正反面(电池阵和推进)

蓄电池一般是多节串并联后组合后使用,多节组合需要一定刚度和强度结构来支撑,组合后的蓄电池组以固定的接口安装到整星的结构板上。目前此项工作都是电池研制方完成,也可以采取单节电池直接集成到卫星的结构板上,此板未安装前是电池的集成座,安装后是卫星的辅助承力板,此板两层压合固定后厚度约 20 mm。

### 8.3.3 功能融合

传统的卫星设计以分系统为单位,整星功能的实现需要很多外露的电缆来连接,电缆网络(包括电缆、配电器和电连接器)的质量占总质量 10%~15%,其中 30% 又是电连接器和焊点的质量。在现代小卫星的设计中,采用模块化思想对卫星中的电子学进行了整合,采用统一的模板、标准的输入输出接口来集成各功能模块,减少了单机机壳和连接电缆,用一个普通的计算机的空间和质量就可实现配电、星务管理、姿轨控管理、热控管理和测控数传功能。综合电子只有几块线路板,没有专用机壳,整星的结构板为其支撑和抗辐照。图 8.14 中综合电子的尺寸只有 200 mm×300 mm×200 mm,质量只有 8 kg。

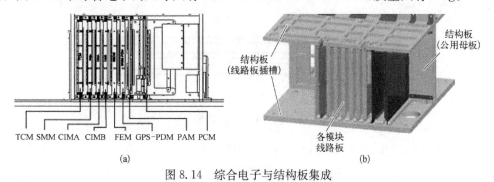

图 8.14 综合电子与结构板集成

综合电子节省了很多电缆质量,对外的电缆只有与姿轨控测量和控制部件的少数几根电缆。随着微小卫星的发展和整星集成度的增加,无电缆连接技术越来越受重视。

### 8.3.4 需要发展的新技术

**1. 多芯片模块技术**

所谓多芯片模块(MCM),是指把多块裸露的 IC 芯片安装在一块公用高密度多层互连底板上并进行高密度封装,其密度、体积、性能是目前别的电路所无法比拟的。采用 MCM 可以在很大程度上减轻航天器的电子系统质量,缩减其体积,使其性能得到大幅度提高。与等效的单芯片封装相比,体积减小 80%～90%,质量是单芯片封装的 10%,信号传输延迟时间减少 75%,输入/输出(I/O)减少 84%,组装效率提高 80%～90%。组件因封装层次的减少而大大提高可靠性,降低最终成本。其典型内部结构如图 8.15 所示。

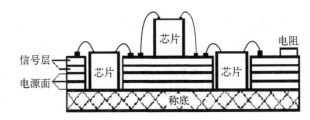

图 8.15　MCM 内部典型结构

MCM 技术诞生于 20 世纪 90 年代初期,经过多年发展,现在已经有几类比较成熟的产品,分别是 MCM - L(高密度叠层 PCB 工艺)、MCM - C(多层共烧陶瓷厚膜工艺)、MCM - D(薄膜多层布线基板工艺)、MCM - C/D(厚、薄膜混合多层基板工艺)。其中 MCM - D 性能最为优异。

**2. 高密度封装技术**

MCM 的封装主要由衬底(多层基板)、芯片和密封外壳三部分构成。图 8.16 所示为 MCM 封装的基本结构。它先在底板上印制积层电阻和电容或电容和电感,然后将这些无源元件和标准的 IC 芯片进行组装并进行电气连接,再用环氧树脂灌注成模,构成部件级的复合组件封装。

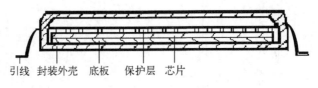

图 8.16　MCM 封装结构

早期的 MCM 封装通常采用 QFP(四边引脚扁平封装)、PGA(针栅阵列封装)、HDM(倒装高密度组件封装)。近年来,BGA(焊球阵列封装)技术迅速发展,由于其具备许多优点,MCM 开始采用 BGA 封装,这种封装称为 MCM - BGA。

### 3. 无电缆连接技术

在卫星上,其电子系统的电连接可分为三级:第一级是 MCM 内部各个 IC 芯片间的连接;第二级是不同 MCM 之间的连接;第三级是不同 MFS 板之间的连接。

第一级无电缆连接,主要通过芯片互连技术实现,包括丝焊(WB)、载带自动焊(TAB)、倒装焊(FCB)。芯片互连实质上是一种微焊接,它的目的是缩小焊点尺寸,缩短连线长度,克服多电极与大焊点,长互连与高速之间的矛盾,提高电路性能和可靠性。

第二级无电缆连接,可以把 MFS 板考虑为印制电路板,MCM 为电子器件。MCM 间采用类似于 PWB 迹线的方式进行连接。这样的电路设计法可以称为"柔性电路"。柔性电路示意图如图 8.17 所示。

第三级无电缆连接技术,可以通过设计标准接口的方法完成。由于多功能结构是层合式复合材料,因此可以将电气连接集成在机械连接之中。另外,MFS 板间连接也可采用芯片互连技术。在焊接强度允许的前提下,可以采用 WB 技术,如图 8.18 所示。

图 8.17　柔性电路图例

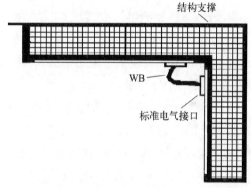

图 8.18　WB 在 MFS 板间连接中的应用

### 4. MFS 热控制技术

MFS 热控制技术主要是针对电子系统而言,由于 MFS 是以 MCM 为基础的,MCM 技术可以很好地缩小电子产品体积,提高产品性能,但是其热设计问题,却是十分严酷的。较之常规的单芯片,MCM 器件内部的集成电路数量很大,其散热量就大了很多,热应力也大了很多。器件内部、外部的热应力会影响器件的电性能、工作频率、机械强度与可靠性。因此在设计 MCM 时,需要进行热设计以防止器件失效。

多功能结构所采用的"碳蒙皮铝蜂窝夹层"结构,可以十分便利地使用在蜂窝结构镶嵌热管的技术上。利用热管可以将电子系统看作一个整体进行温度调整。根据不同仪器的适宜工作温度,将热量从高温器件导向低温器件,使整个电子系统温度达到平衡。利用热管技术,可以取消隔热罩的质量,而且热管的安装容易,散热效果好。

一般热管由管壳、吸液芯和端盖组成。热管内部被抽成负压状态,充入沸点低、易挥发的液体。管壁有吸液芯,由毛细多孔材料构成。热管一端为蒸发端,另一端为冷凝端,当热管一端受热时,毛细管中的液体迅速蒸发,蒸气在微小的压力差下流向另一端,并且释放出热量,重新凝结成液体,液体再沿多孔材料靠毛细力的作用流回蒸发段,如此循环不止,热量由热管一端传至另外一端。

# 8.4　展开式柔性帆板技术

太阳电池阵的总体构型、电池片材料及性能、基板类型和展开机构,影响和决定着空间太阳电池阵的整体性能。柔性帆板的发展也是随着以上几方面发展而发展的。

## 8.4.1　太阳电池阵的总体构型

空间太阳电池阵总体构型经过了由球形体装式构型、柱形体装式构型、带桨展开式构型、单板展开式构型、多板展开式构型的发展历程,目前正向着柔性多模块多维展开的方向发展。

20 世纪 50 年代末期发射的航天器,其功率需求不大,一般采用太阳电池片布置在航天器表面的体装式构型的太阳电池阵。体装式构型的太阳电池阵受航天器表面积的限制,发电功率十分有限。

20 世纪 60～70 年代,随着航天器功率需求的增大,航天器开始配备发射时收拢、入轨后展开的带桨展开式太阳电池阵。带桨展开式太阳电池阵可以提供更大的电池片面积,也可以通过增加桨叶的数量来提高电源总功率。但是带桨展开式太阳电池阵没有太阳电池阵驱动组件,无法实现对日定向,所以太阳电池阵的面积利用率并不高。

20 世纪 70 年代,为了充分利用太阳电池阵的面积,人们发展了对日定向技术。借助于对日定向技术,太阳电池阵单位面积的阳光吸收量得到了大幅度的提高。同时,人们发展了具有对日定向功能、结构简单的单板展开式构型和多板展开式构型的太阳电池阵,如图 8.19 所示。多板展开式构型综合了带桨式(桨叶数目多)和单板展开式(对日定向)两种构型的优点,同时可实现模块化设计和构型的灵活配置。目前,大功率航天器的主流太阳电池阵总体构型为可对日定向的多板展开式构型。在多板展开式构型中,应用较多的是一维一次展开构型和二维多次展开构型。若在太阳电池阵面积相同的情况下,二维多次展开构型相对于一维一次展开构型可减小轴向尺寸及由此带来的挠度。

随着太阳能-电力推进和更高比功率(150～200 W/kg)的航天飞行任务的发展,传统刚性多板展开的太阳电池阵(比功率约 45 W/kg)难以完成,仅依靠增加基板的数量来提高太阳电池阵的发电功率受到整流罩尺寸、在轨大挠性、质量的限制。为了满足航天器对超大功率低成本的轻质太阳电池阵的需求,太阳电池阵总体构型正向着柔性多模块多维展开方向发展,超柔性太阳电池阵列可以提供 100 W/kg 的比能量。三种柔性太阳电池阵构型如图 8.20 所示。

(a)                                               (b)

图 8.19　太阳电池阵主流构型(一维一次展开和二维多次展开)

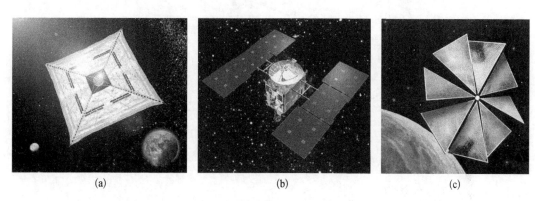

(a)                          (b)                          (c)

图 8.20　三种柔性太阳电池阵构型

## 8.4.2　空间太阳电池阵基板

空间太阳电池阵基板是太阳电池片的安装基础。根据结构组成和刚度大小的不同,空间太阳电池阵基板分为刚性基板、半刚性基板和柔性基板 3 种类型。

1. 刚性基板结构

多数单板、多板展开式空间太阳电池阵采用刚性基板,面密度为 $1.0 \sim 1.3 \text{ kg/m}^2$,基板占整个电池阵总质量的 $45\% \sim 60\%$。多板展开式空间太阳电池阵刚性基板之间通过扭簧铰链连接,太阳电池阵整体通过扭簧铰链及连接支架(也有无连接支架的情况)同航天器本体相连。"铝蜂窝芯+碳纤维复合材料面板+聚酰亚胺膜"是刚性基板的典型结构。面板材料有铝合金、Kapton 和碳纤维复合材料等,而具有碳纤维复合材料面板的刚性基板质量最轻。基板表面所粘贴的聚酰亚胺膜,用以满足太阳电池与基板间的绝缘要求。刚性基板具有结构简单、刚度较大等优点,其主要缺点是质量和收拢后的体积大。

### 2. 柔性基板结构

柔性太阳电池阵用张紧的柔性毯基板结构作为太阳电池片的安装基础,电池片粘贴在柔性毯结构上。柔性毯的张紧由盘压杆展开机构、铰接杆或套筒式展开机构等来实现。柔性毯衬底一般由复合材料组成,柔性太阳电池阵所使用的电池片可以是普通电池片也可以是柔性薄膜电池片。

柔性基板结构能显著减小电池阵整体质量,柔性基板结构面密度通常小于 $0.8\ \text{kg/m}^2$。采用柔性基板的太阳电池阵比采用刚性基板太阳电池阵拥有更高的质量比功率。图 8.21 比对了刚性太阳电池阵和柔性太阳电池阵的比功率变化情况。

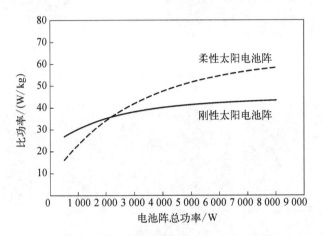

图 8.21　柔性基板和刚性基板比功率的比较

### 3. 半刚性基板结构

半刚性基板结构是介于刚性基板和柔性基板之间的一种结构,其面密度为 $0.8\sim1.0\ \text{kg/m}^2$,基板占整个太阳电池阵总质量的 $30\%\sim45\%$。它用碳纤维复合材料制作刚性框架,刚性框架之间采用网格状的环氧玻璃纤维材料或碳纤维、Kapton 纤维增强的聚酰亚胺薄膜材料。与刚性基板相比,半刚性基板具有质量轻、散热性好、可双面粘贴电池片实现双面发电等优点,它的缺点是结构复杂,容易变形。

## 8.4.3　几种典型的柔性太阳电池

柔性太阳电池是薄膜太阳电池的一种,是指以柔性材料(如不锈钢、塑料等)为基底的薄膜太阳电池。一般来讲,所有薄膜太阳电池都可以做成柔性太阳电池,其最大的特点是质量轻、可折叠和不易破裂,具有极好的柔软性,可以任意卷曲、裁剪、粘贴,用很小的弯曲半径做数百次卷曲,电池性能也不会发生变化。从材料上分,柔性太阳电池主要有硅基薄膜太阳电池、铜铟镓硒薄膜太阳电池、铜锌锡硫薄膜太阳电池、砷化镓薄膜电池、染料敏化薄膜太阳电池和有机薄膜太阳电池等几种类型。聚酰亚胺由于其良好的物理化学性能,成为衬底的理想材料。

1. 硅基薄膜太阳电池

硅基薄膜太阳电池包括非晶硅薄膜太阳电池、多晶硅薄膜太阳电池和微晶硅薄膜太阳电池。

（1）非晶硅（a-Si）薄膜太阳电池。非晶硅半导体材料（a-Si）最基本的特征是组成原子的排列为长程无序、短程有序，原子之间键合形成一种共价无规网状结构。柔性衬底一般为塑料或不锈钢。柔性电池的厚度是晶体硅电池的 $1/300$，可进一步降低原材料成本。三节叠层电池结构的转换效率约 $17\%$，非晶硅薄膜太阳电池工艺相对简单，制造成本低，便于大规模生产。

（2）多晶硅薄膜太阳电池。多晶硅薄膜太阳能电池是将多晶硅薄膜生长在低成本的衬底材料上，没有非晶硅薄膜电池的光致衰退效应，保证了晶体硅太阳能电池的高性能和稳定性，而其材料的用量也大幅下降。

（3）微晶硅薄膜太阳电池。微晶硅是位于非晶硅和单晶硅之间的一种硅排列方式，它有单晶硅的有序结构也有非晶硅的无序结构，转换效率约 $10\%$。

2. 铜铟镓硒（CIGS）薄膜太阳电池

铜铟镓硒薄膜太阳电池是以多晶 $Cu(In,Ga)Se_2$ 半导体薄膜为吸收层的太阳电池，基于黄铜矿结构晶体，其带隙可调节，目前实验室转换效率可达 $28\%$。以其转换效率高、长期稳定性好、抗辐射能力强等优点成为光伏界的研究热点，但易造成环境污染。

3. 铜锌锡硫（CZTS）薄膜太阳电池

CIGS 太阳电池虽然具有优异的性能，但是存在使用金属 In 和 Ga 的稀缺问题。CZTS（$Cu_2ZnSnS_4$）薄膜是替代 CIGS 光伏电池吸收层的最佳选择之一，原材料 Cu、Zn、Sn 和 S 在地壳中储量丰富。CZTS 是一种直接带隙半导体材料，光学吸收系数超过 $104/cm$，光学带隙在 $1.45\ eV$ 左右，非常接近光伏电池的理想带隙 $1.4\ eV$，从理论上讲可达到单结电池的最高转换效率。CZTS 太阳电池目前尚处在实验室研究阶段。

4. 砷化镓（GaAs）薄膜太阳电池

GaAs 属于 Ⅲ-Ⅴ族化合物半导体，其能隙为 $1.4\ eV$，是理想的太阳电池吸收层材料。GaAs 太阳电池因其光电转换效率高、抗辐照性强、温度性好等诸多优点，在空间应用中正日益取代晶体硅太阳电池。通过剥离技术，即可以将 GaAs 太阳电池薄膜化，得到高效率、低质量的空间用 GaAs 薄膜太阳电池，目前国内砷化镓薄膜太阳电池的转换效率已经达到 $29\%$。GaAs 薄膜太阳电池可以极大地减小电源系统的质量和体积，同时又保证了超高的光电转换效率，因而在航天卫星、宇宙飞船和空间站等方面有着广阔发展前景。

5. 染料敏化薄膜太阳电池和有机薄膜太阳电池

燃料敏化薄膜电池应用了纳米技术，是新一代的薄膜电池。光阳极采用纳米多孔 $TiO_2$ 半导体薄膜，燃料敏化剂也是依钌为络合中心离子的配合物，反电极主要利用铂电极或具有单分子层的铂电极。

有机太阳电池以有机体作为半导体光电材料,这些材料在可见光范围内有较好的吸收,同时又有较高的空穴传输性能。

此两者都是第三代太阳能电池,处于研究阶段,目前两者转换效率均较低,只有5%。

### 8.4.4 几种典型的柔性太阳电池阵展开机构

对于柔性太阳电池阵,可选用的展开机构依据使用频度依次为铰链扭簧机构、盘压杆展开机构、铰接杆展开机构、弹性薄壳管展开机构和充气展开机构。

#### 1. 盘压杆展开机构

盘压杆展开机构有拉索展开和螺母展开两种形式,拉索展开利用柔索来控制伸展运动,展开时靠展开机构储存的应变能不断释放而逐渐展开。拉索展开过程不稳定,结构整体刚度小,展开过程中顶端有旋转,在空间只能实现一次展开。螺母展开利用驱动螺母进行展开和收拢,展开过程和展开后都具有较高的刚度和强度,展开过程中机构顶端无转动,可以实现多次展开收拢。优点是:收拢率(收拢状态下的轴向长度与展开状态下的轴向长度之比,以百分数表示)小、展开长度较大、展开刚度和强度比较高、运动部件较少,可靠性高。

螺母盘压展开机构主要由桅杆、收藏系统和驱动系统等组成。其中,桅杆是一种可伸展、可盘绕连续梁桁架体系,主要由连续柔性纵梁、三角框架、张紧索和接头滚柱等组成。收藏系统是桁架伸缩的执行系统和储藏装置,包括驱动螺母、导轨、收藏筒和底盘等。驱动系统是展开机构的实施系统,由驱动电机、减速器、传动装置等组成。展开机构整体如图8.22所示。

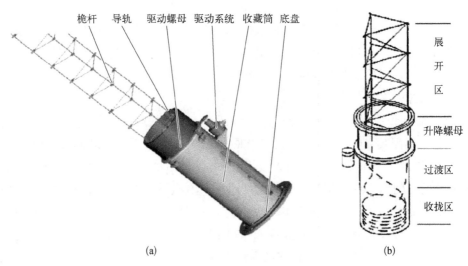

(a)                                             (b)

图8.22 螺母盘压展开机构构型

展开机构中,收藏筒固定在舱体上,导轨固定在收藏筒上,驱动螺母、底盘绕收藏筒轴线旋转。三根横杆与接头固结,形成等边三角形框架;纵杆通长连接底盘和展开机构顶端,并与每一节三角框架接头上的轴芯固定。相邻两层横杆三角框架间,通过节间钢丝交叉相连。纵杆底部与底盘圆柱副连接,旋转轴线沿底盘中心与纵杆底部连线。

每一节纵杆与接头上的轴芯固定,轴芯可绕接头沿三角框架角平分线转动。接头上的滚柱可绕轴芯旋转,同时滚柱嵌入直导槽以及螺纹槽内。驱动螺母运动时,嵌入螺纹的滚柱受到螺母的作用而运动;同时由于滚柱受到直导轨的约束沿着导轨上下运动。展开机构收拢时,螺母旋转带动滚柱进入收藏筒内,使三根纵杆产生弯曲变形,同时底盘反向旋转,纵杆在底盘铰链约束作用下,三根杆向同一个方向倾斜,此时杆件的轴向力在底盘平面上有分力,底盘联动控制或随动反向旋转,在螺母底盘的共同作用下,桁架受到压缩和扭转的作用从而被盘绕起来直至完全收拢。当展开时,螺母向相反方向旋转,纵杆上的滚柱离开筒体,并带动收藏筒内的展开机构向上运动,同时转盘向相反方向旋转,这样就把盘绕压缩的杆释放成展开过渡状态,直到伸直状态,进入导槽,经螺母由储藏筒伸展出去,直至完全展开。螺母盘压展开机构内部连接图如图8.23所示。

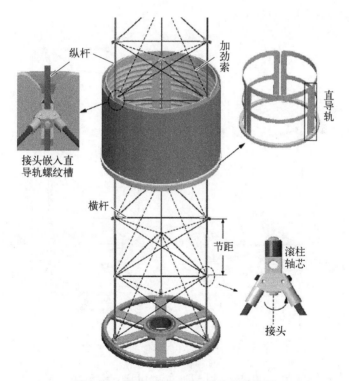

图8.23　螺母盘压展开机构内部连接图

2. 铰接杆展开机构

铰接杆展开机构是一种展开为格柱状桁架的线性展开装置,与盘压杆展开机构相比,其铰接杆的纵梁较短,并非贯穿整个桁架,且纵梁和横向支架均为刚性。通过在节点安置扭簧等弹性部件来提供展开驱动力。铰接桁架结构的优点是具有更高的结构刚度、结构效率和精确度。

这种结构在太空中有着广泛的应用,而且可以通过不同的单元构型得到。这种桁架结构的另一个特色为展开过程中桁架梁的直径是一个定常数。桁架铰接结构通常由纵向杆件、横向杆件和铰等组成。支撑索连接在纵杆上,其中有些索在展开过程是处于松弛状态。储存在纵杆中的弹性能可以作为展开的动力。

这类结构有两种折叠方法,第一种横向杆件中间对折;第二种横向杆件与由纵向杆件组成的刚性平面铰接,在外力作用下,通过刚性平面的旋转来实现折叠送。

1) 方形可折叠构架 FASTM(Folding Articulated Square Truss Mast)

FASTM 是由 AEC - Able 工程公司研制的。图 8.24 展示了可折叠铰接方形构架式伸展臂(FASTM)结构单元构成:垂直于方形平面的竖杆上有可以向外转动的铰,侧平面的对角线有两组拉索支撑,拉索的预应力是由侧面的四个弓形杆提供的,折叠时,弓形杆弯折储能,一半以上的拉索处于松弛状态,储存在弓形杆中的应变能促使桁架单元的展开。因此,每个展开的单元都具有足够的刚度,同可卷曲伸展臂一样,收缩回的桁架和展开驱动过渡段均包含在收藏筒中。

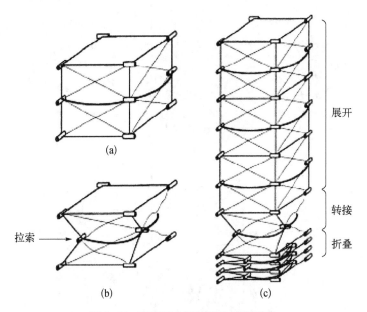

图 8.24　FASTM 伸展臂的展开原理

2) 可展构架式伸展臂 ADAM(Able Deployable Articulated Mast)

由于实际应用需要长度长且刚度大的伸展臂,所以 AEC - Able 工程公司研制出一种可展构架式伸展臂。相比于 FASTM 伸展臂,ADAM 没有用弓形杆,只是在每个单元的侧表面用了一对交叉形的拉索支撑。球铰安装在竖杆的上下端,在展开的过程中,上表面的方形刚性平面旋转了近 90°。展开到位后,通过对角拉索上特别的锁定装置进行锁定,这样就使构件的每个单元的刚度大大增加。同可卷曲伸展臂一样,采用储藏筒-旋转螺母

技术来进行展开。AEC – Able 的方形
ADAM 伸展臂如图 8.25 所示。

ADAM 已于 2000 年 2 月成功应用于
NASA 的 SRTM(Shuttle Radar Topography
Mission)项目,该项目中 ADAM 的直径为
1.12 m,包含 87 段,长度为 60 m,整个伸展
臂受拉后高 2.42 m。后端驱动筒长2.92 m,
其尖端支撑了一个 360 kg 的天线和 200 kg
的钢索、同轴电缆、光纤等。索杆式伸展臂
具有高收纳率、高刚性、高精度等特点,代
表了目前伸展臂研究和应用的方向。

图 8.25　AEC – Able 的方形 ADAM 伸展臂

3. 弹性薄壳管展开机构

薄壳以一定角度层层缠绕,层与层之间相互接触,且存在正压力,收拢时储存在筒内,
展开时存储于筒内的应变能释放,由于相邻两层薄壳间的摩擦、预应力使应变能缓慢释
放,从而保证展开机构的顺利展开。弹性薄壳管展开机构有展开式薄壳机构和伸缩式薄
壳机构。

1) 展开式薄壳管展开机构(图 8.26)

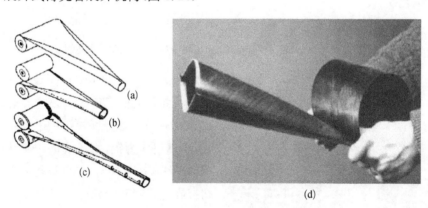

图 8.26　展开式薄壳管展开机构

展开式薄壳有可贮藏管式展开机构(Storable Tubular Extendable Member,STEM)
和可折叠管式展开机构(Collapsible Tubular Mast,CTM)两种。

STEM 早在 19 世纪 60 年代于加拿大研制而成。它是利用了薄的钢尺能够自卷曲的
性质进行收拢和展开的。Bi – STEM 是由单个 STEM 发展而来的,采用两个一样的钢
片,一个钢片被重叠放在另外一个的内部。其优点是所用的两个钢片要比单个 STEM 的
钢片窄,有更好的力学性能,弯曲刚度和抗扭刚度较高。

CTM 是将两个 STEM 的边缘黏结在一起,形成两面凸起的形状,在展开位置没有应
力。CTM 的截面制造尺寸能从 22 mm 和 33 mm 到 133 mm 和 194 mm,德国宇航研究院

(DLR)研制过一个由 CFRP 材料制成的 14 m 长的 CTM 支撑太阳帆。

2) 伸缩式薄壳管展开机构

伸缩式薄壳管展开机构也称为套筒式伸展机构(ERM),从 20 世纪 80 年代开始进行该类产品的研发工作,应用于杆状天线伸展机构、重力梯度杆等。德国的 Domier 系统中应用展开长度大于 20 m 的该类套筒式展开机构作为天线的展开机构。此类伸展臂由同轴单元形成,其长度受到壁厚和重叠长度的限制。研究表明,对于空间应用,使用铝材可造出 5~25 m长的可伸展圆筒。展开圆筒支撑结构长度主要受壁厚和重叠长度的限制,为了保证足够刚度,相连单元必须有充足的重叠长度。图 8.27 为诺斯洛普•格鲁门(Northrop Grumman)公司研制的伸展臂,它由 15 段套筒组成,套筒材料为碳纤维,每段套筒长度约为 1 m,完全展开长度为 14.3 m,收缩长度为 1.12 m,套筒平均直径为 0.165 m,自身质量为 12.8 kg。

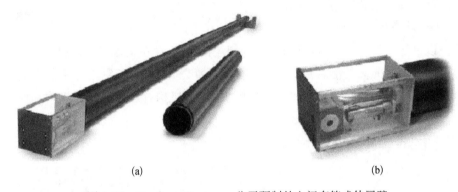

(a)　　　　　　　　　　　　　　　　　　(b)

图 8.27　Northrop Grumman 公司研制的空间套筒式伸展臂

(a)　　　　　(b)

图 8.28　ISIS 系统中的套筒式伸展臂

图 8.28 为 Northrop Grumman 公司为 ISIS 系统研制的套筒式伸展臂,适用于较大负载的应用。此伸展臂共由 12 段套筒组成,套筒材料为铝,每段套筒长度为 0.57 m,套筒平均直径为 0.51 m,自身质量为 41.5 kg,可以在完全展开的悬臂状态下带动 136 kg 的负载,完全展开时间为 3 min 13 s。

4. 充气展开机构

充气展开机构通过向展开机构中注入气体使机构展开获得设计的构型。加工时将薄壳加工为卷筒式,中心处有一顶杆,直径大于薄壳无应力时的直径。空间充气展开技术的研究起步于 20 世纪 50 年代,以 NASA 和 L'Garde 为代表的美国有关机构先后在 Echo 1、Explorer Ⅸ 等 5 颗卫星应用了空间膨胀薄膜展开结构技术。L'Garde 公司与 JPL 将该技术应用于展开式结构、合成孔径雷达、展开式天线和太阳电池阵等方面。其中 2008 年发射的 ARISE 天文观测卫星中充气展开天线的口径达 25 m,如图 8.29 所示。

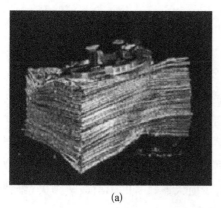 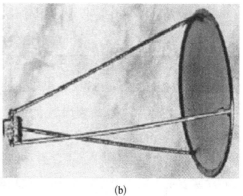

      (a)            (b)

图 8.29   充气展开天线实验(IAE)

# 8.5 自主热控技术

  热控设计是卫星设计的一个重要部分,它必须满足卫星总体对热设计的技术要求,为星上仪器设备提供良好的温度环境,保障卫星各仪器设备正常运行。卫星热控制是通过控制卫星内部和外部的热交换过程,采取各种不同的热控措施,使星上仪器设备的温度在整个飞行期间均能维持在要求的范围之内。

  当前小卫星的热控策略是沿用大卫星整星大热阻隔热热管网络为散热通道、局部开设散热面集中散热的热控布局设计思想。热控手段上也都采用成熟的、经过飞行考验的热控涂层、多层隔热材料、热管、导热填料、加热片等传统热控制技术。但小卫星质量轻、体积小将给卫星热控带来以下两个突出问题。

  第一个是低的热惯性:小卫星由于对其质量有严格要求,对星上的部、组件设备都力求轻量化,使整星热容较低,当卫星进出地球轨道的阴影时,卫星的温度波动将会增大,加上仪器设备自身热功耗的变化,从而使星内仪器设备的温度波动增加,乃至超出其正常工作温度范围。

  第二个是高的热流密度:各功能模块的高度集成,各个器件可以做得很小,但热流密度却非常高,热流密度可高达 $1 \sim 10 \ \text{W/cm}^2$,使热耗/表面积比增大,导致在局部地方出现高温,这就要求热控必须解决高热流密度尤其是局部高热流密度的散热问题。

  随着卫星向小型化、集成化方向继续发展,对于散热面积有限、电源不足的微小卫星来说是一个严峻的考验,传统的热控技术已经不能满足未来小卫星的热控需求,卫星热控方面亟需一些新的热控技术。

### 8.5.1 智能热控涂层

热控涂层是空间飞行器热控系统所采用的一种重要材料,其原理是通过调节物体表面涂层的太阳吸收率和发射率来控制物体温度。传统热控涂层的太阳光谱红外发射特性固定,无法跟随环境温度变化而变化,航天器需要庞大而复杂的温度控制系统才能满足热控要求。智能热控涂层是近年来提出的一种发射率可随温度变化而变化,进而提高热控涂层的热辐射能力,达到对所用表面温度进行自主控制的功能材料。智能热控材料可以根据温度高低自动改变自身的发射率,当航天器环境温度高于仪器工作温度时,涂层表现为高发射率特性,可增加仪器以及卫星整体废热的排除;而当航天器环境温度低于仪器工作温度时涂层表现为低发射率特性,可有效减少航天器自身的辐射散热损失,维持仪器的正常工作温度从而提高卫星温控系统自主管理能力。

智能热控涂层具有比被动热控涂层质量轻、可靠性高等优点,而且能减少许多额外辅助系统。应用该项技术能够减少加热功率超过 90%,质量减轻超过 75%,其技术适用于所有的航天器,特别是非常适合对功率和质量要求非常苛刻的微型/纳米卫星。美、日等国自 20 世纪 90 年代起开始研究智能热控涂层,目前已经进入空间搭载试验阶段。

实现智能热控的方法有:基于电致变色的发射率变化涂层、基于热致相变的发射率变化涂层以及基于微机械技术制造的热控百叶窗等智能热控部件。智能热控涂层比百叶窗具有质量轻、无移动部件等优点。可变发射率的智能型热控涂层对控制卫星设备温度,尤其是遥感卫星设备的温度具有重要作用。

1. 电致变色智能热控涂层

电致变色是指在外加电场的作用下,材料的价态与化学组分发生可逆变化,利用材料的发射特性随电压发生可逆改变的现象,可以在恰当的时机选用合适的电压来改变目标的光学特性实现热控的智能化。金属氧化物(氧化钨、氧化镍等)和导电高分子(CPs)聚苯胺、聚噻吩及其衍生物等制作的电致变色热控器件,由于其有较好的发射率调控能力,已成为智能热控涂层领域研究的热点。金属氧化物和有机导电高分子电致变色热控涂层通常都是采用两个对电极设计。氧化物电致变色涂层可以采用 $WO_3$ - $NiO$、$WO_3$ - $V_2O_5$ 等多种形式的对电极设计,其间加入离子导电层。导电高分子电致变色涂层则可以采用导电高分子本身、导电分子/金属复合电极及无机氧化物等对电极设计方式,并在其间装有吸附电解液的红外透明多孔薄膜。当外接电压时就可以实现电致变色产生不同的红外发射率。电致变色热控涂层如图 8.30 所示。

2. 相变智能热控涂层

掺杂锶和钙的锰酸镧($La_{1-x}Ca_xMnO_3$ 和 $La_{1-x}Sr_xMnO_3$)类相变材料发射率可随温度变化而变化。这类材料是用 $Sr^{2+}$ 或 $Ca^{2+}$ 等低价阳离子替换绝缘体 $LaMnO_3$ 中的高价

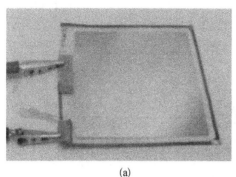 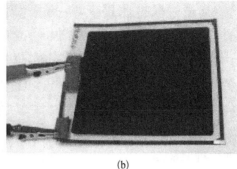

(a)                                         (b)

图 8.30   电致变色热控涂层

$La^{3+}$离子,得到$(La_{1-x}M_x)(Mn_{3+1-x}Mn_{4+x})O_3$。国际上正开展基于$La_{1-x}Ca_xMnO_3$和$La_{1-x}Sr_xMnO_3$类材料的热控器件的研究。目前日本这项技术最成熟,这种混合化合价的亚锰酸盐,当掺杂量$x$在特定范围内时,材料存在从金属态到绝缘态的转变。相变温度以上为绝缘态,具有较高发射率,相变温度以下为金属态,具有较低发射率,通过控制掺杂范围可以将相变温度控制在室温附近,更有利于实现航天器室温附近的温度控制。

相比于美日等国我国在智能热控涂层研究上刚起步,需加强热控涂层研制单位与基础材料研究院所的协作,重点开展导电高分子电致变色与热致相变智能热控涂层的研究,开展相关工艺及应用技术研究,还应与总体设计部门协调共同进行空间模拟试验。

### 8.5.2   高导热材料

为了有效地将高功率密度的电子器件产生的热量传输出去,往往需要采用高导热材料,但在卫星、飞船的空间应用中这种材料必须满足密度低、膨胀系数小、导热率高、放气率小的要求。现在的卫星热控措施中,通常是采用厚铝板来将高密度的热量扩散出去,但增加的金属块质量是与卫星的轻量化要求相矛盾的,且传统金属的导热能力也是有限的。

研制一种高性能的导热材料作为扩热、散热器件也是解决高热流密度的重要手段。碳纤维及其复合材料以其优异的低密度、高导热性、低膨胀系数、高强度耐高温等性能,在卫星本体、太阳能阵、反馈天线及精密的光学仪器及飞机结构中得到了大量的应用,成为近年来研制高导热材料的热点之一。

目前国外的高模量碳纤维的导热率可达到 640 W/(m·K),有的碳纤维导热率甚至达到 1 180 W/(m·K),热导率是铜的 3 倍而密度只有铜的 1/4。基于石墨纤维 K1100 的导热率可以达到 1 100 W/(m·K),比普通的铝材高 10 倍。

国内的中国科学院山西煤炭化学研究所在高导热的碳基复合材料的研究方面取得了一些成绩,研制出一种低密度、高强度、高导热率的柔性石墨薄膜,导热率可达 630 W/(m·K)。

还有一种高导热材料是由美国国立橡树岭实验所开发的碳泡沫材料,其导热系数已经超过金属铝而密度只有铝的1/5,并且具有良好的电磁屏蔽性能和很小的热膨胀系数。碳泡沫作为一种高性能的功能材料在航空航天工业中已经越来越受到国外同行的重视,它可以作为热沉。由于其骨架导热系数很高(大于 1 700 W/(m·K)),碳多孔材料能将热量迅速传递出去,加上都是开孔,孔隙率和比表面积非常大,因此能使热源的最大热流密度大大提高。此外,也可以作为辐射器和高效换热器,大大提高单位面积的散热能力。

### 8.5.3　新型热管

热管是一种利用工质的相变和循环流动而工作的器械,由于液体蒸发和凝结时的热阻很小,因此利用热管可以实现在小温差下传递大热量。如今热管已经广泛地应用于航天器上,主要体现在实现等温化和设备废热利用方面。随着卫星的小型化、功能的集成化,传统的热管已经不足以满足未来的热控需要,下面介绍几种新型热管。

(1)微型热管。随着微处理器芯片的快速发展及相应能耗的增加,微型热管由于质量轻、柔性好,且有一定的热传输能力,因此非常适合这种高热流密度的情况。我国应加强微尺度内相变流动的理论研究和微尺度下的制造工艺的发展,并进行实用阶段的大量性能测试。

(2)脉动热管。脉动热管是利用毛细管中自然形成的液塞和气塞原理,可以实现高热流密度传热,在相同的当量体积时传输的热流可以比传统热管大一个数量级,而且具有一定的柔性,且受重力影响较小,甚至可以在反重力条件下工作,使卫星在地面做热试验时不再受热管位置的影响。这种高性能的传热元件具有广阔的应用前景,目前脉动热管技术有待深入开展理论和试验研究。

(3)平板热管。平板热管的厚度一般为1~6 mm,可以实现将小面积上的点热源变换到较大的冷却面积上的面热源,具有高热流传输特性,也适用于电子器件的冷却,但需要解决精确罐装技术和制造工艺等问题。

(4)可变热导热管。普通热管一般无法接受来自控制系统的电信号控制,一定程度上限制了热管这一高效的传热强化措施与现代控制技术的有效结合。

电液驱动热管(Electrohydrodynamical Heat Pipe,EHP 热管)是一种新型的可变热导热管,它的传热量能够通过改变其电极间电场强度的方法加以调整,可与各种 PID 控制器简便结合,广泛应用于各种电子设备的冷却系统,在卫星及其他航天器的热控领域也有着十分广泛的潜在应用空间。

### 8.5.4　主动控温手段

空间高分辨率对地观察卫星、空间高分辨率望远镜是我国目前正在展开研究的新一代航天器,它们携带的有效载荷都是大口径光学系统。为满足高分辨率对地观察的要求,设备的工作温度必须高精度、高稳定,这对热控设计提出了极为苛刻的要求。目前,我国积累了小口径光学观察系统的飞行数据,控温和测温手段单一,测控精度不高,测温和控温分离又降低了测控效率并带来数据分析上的不统一。为此必须开展高精度热控制技术研究,突破传统的设计思想,发展新的设计概念和方法,解决高精度控温测温技术,使望远镜或 CCD 相机具有恒定的温度水平和很小的温度梯度,这样才能有效提高空间光学观察的分辨率。

美欧和苏联的空间发展计划起步早,热控技术相当成熟,最为典型的美国哈勃望远镜相机主镜的控温采用了在每个镜片上设计尽量多的主动控温回路,仅以一个球面反射镜背部就有 36 个精密控温回路,回路位置设置合理,回路间相互关联且调整能力较强。

我国航天热控设计经过近 30 多年的发展,先后研制开发了电子开关型、智能型控温仪、控温执行单元等系列控温产品,控温精度最高达到 0.5℃,温度梯度也只能达到 3℃,与国外同类产品比较差距较大。

## 8.5.5 研究方向

### 1. 丰富测温手段

我国目前航天器上使用的测温传感器大多为热敏电阻,单一的测温手段阻碍了控温技术的提高。因此研究 Pt100、Pt1000 等铂金电阻传感器或测温集成电路 AD590 等测温元件在航天器上的可行性是必要的。

### 2. 测控一体化

我国航天器上的控温仪测温效果的监视是通过遥测分系统实现的,由于两个分系统测温传感器不同源,给控温效果分析带来了误差,严重时会给系统调整带来误判。另外测控不能一体化后,系统需另外敷设电缆,增加了系统的复杂性,体积质量功耗是很大的浪费。为此需要改进控温仪,使其具有测控一体的功能。

### 3. 改进控温方式

目前已经分析验证的智能型控温仪,采用了开关比例的控温模式,虽然控温波动很小,但存在静态误差。因此,在新研制的控温仪上需要开辟新的控温方式,引入 PID 方式满足控温效果既要波动小又要静差小的高要求。

为提高设备的可靠性,目前控温仪上的各类配置均主备配置,一旦主份故障,将控制装置连同控制资源如热敏电阻和加热器仪器切入备份,造成资源的极大浪费。因此,有必要研究交叉备份冗余技术,进一步提高系统配置的科学性、合理性和可靠性。

### 4. 新技术应用

1)自控温加热器

目前,我国航天器上的主动热控一般是采用电加热主动热控技术。这种技术虽然比较成熟,但由于中间环节比较复杂,需要加热器、温度传感器、控温仪和控制线路等,且在控温回路数目和功耗上往往受限制比较大。卫星中的大部分单机的温控范围还是比较宽的，因此设备的控温和加热没有必要都通过数据管理系统。

自控温加热器是一种比较理想的自动控温加热的技术，且只需要与电源相连的加热器，没有控制线路和温度传感器，减少了中间环节的复杂性和不可靠性。

其工作原理是当设备温度超过设定值时，加热器电阻急剧增大，使其通过的电流接近于零，而当设备温度低于设定值时，加热器电阻值迅速减小，使通过的电流达到最大，从而控制设备的温度。另外，这种自控温加热器可以按照需要随意地切割，不用再重新设计和加工。

目前已经有一些自控温电加热器的工业产品，但如果要应用于航天器上，还需要进行一系列的匹配和改进工作。

2）热开关

热开关是一个具有主动热控功能的热控组件。它利用温度敏感元件感应被控设备的温度，然后通过执行部件切断或接通被控设备的传热途径，以控制被控设备在不同热工况下的温度。热开关具有可靠性高、控温效果明显等特点，在早期的载人航天、阿波罗登月飞船、火星着陆器中得到了广泛应用。由于热开关技术不消耗能源或消耗很少的能源、质量轻、可靠性高，因此它特别适用于能源较为短缺的微小卫星上。

美国已研制出一种质量只有120g的微型热开关，并作为关键技术在纳卫星微小卫星和火星漫游者探测器上得到了成功的应用。这种热开关在一定条件下通过开关控制，其热导率能达到30倍的变化。

对于具有多种工作模式和瞬态热流变化较大的微小卫星，热开关无疑是一种理想的热控部件。利用热开关可以对卫星的局部热控进行优化，尤其是对于一些采用传统热控难以解决的、有较高温度要求和复杂边界条件的仪器设备非常有效，对于能源比较短缺的航天器特别适用。如何提高热开关在开启和关闭时的热导比和降低热开关的质量是热开关研制的重点。

3）微小型毛细抽吸两相回路技术

毛细抽吸两相回路（Capillary Pumped Loop, CPL）是一种以毛细泵驱动的高效传热装置，主要依赖蒸发器中的一个细薄多孔层产生的毛细抽吸力作为系统驱动力，利用工质汽化时在汽液界面产生的毛细力来驱动两相流体循环，依靠流体的潜热来吸收和排散热量，具有传热能力大、传输距离远、可靠性高、等温性好、无运动部件等优点。与传统的单相换热系统相比，这种传热装置由于利用相变传热而具有较高的热传输效率，因此系统的尺寸和质量也要小得多。另外，这类毛细驱动系统不需要外加压力部件就可以获得工质循环所需的压力差，因此越来越受到国内外航天热控同行的关注。

对于微小卫星来说如何在高热流密度、小尺寸条件下实现有效冷却和如何将热控装置与星内的微型器件组装在一起是应用中必须解决的难题，而其中最具潜力、最有效、也最有发展前途的微小卫星热控技术就是小型 CPL 和基于 MEMS 的微型 CPL。目前，基于 MEMS 的微型 CPL 技术尚处于初级阶段,还有许多技术问题需要去研究解决,如烧结毛细芯的研制、加工工艺、工质灌装技术、微型 CPL 的启动、运行和控制技术等。

4）微型制冷技术

电子器件的尺寸不断减小、芯片集成密度不断提高、热流密度不断增加,为了解决高热流密度的散热问题,开展微型制冷技术的研究是较为有效的办法,即如何通过 MEMS 技术把冷却装置与电子器件高度地集成在一起。

国外已经有一些微型制冷技术方面的研究,如德国的流体微喷技术、梅隆大学液滴冲击冷却系统、NASA 的喷雾冷却技术和电磁水力泵技术。

近来出现了一种新型热电制冷器——热离子制冷器,其工作原理是与发热部件相连的阴极电子吸收热量,发射并越过两极之间的势垒层到达与冷端相连的阳极,放出热量后通过外电路重新回到阴极,完成了一个能量传递过程,冷却了发热器件。与传统的热电制冷器不同的是,电子在热离子制冷器阴、阳两极间是通过发射而不是扩散来传输能量的,因而热离子制冷器的冷却效率更高。

热离子制冷器结构简单、无运动部件、体积小、质量轻、冷却效率高,也是未来非常具有潜力和广阔应用前景的空间热控技术。目前,热离子制冷器的研究还处于初级阶段,系统结构优化设计、材料加工工艺、试验测试方法等许多关键技术还有待进一步研究。

5）智能型辐射器

智能型可反复展开式辐射器是一种基于形状记忆合金（Shape Memory Alloy）的具有环境适应能力的 100 W 轻量级辐射器。它可以根据舱内温度的变化或外部空间热载荷的差异,对辐射器散热面板的特性参数进行相应调节,而无须额外能源的驱动。

# 9.1 数字化设计仿真技术

## 9.1.1 数字化设计仿真的概念与特点

由于卫星系统结构复杂,分系统较多,每一个分系统在设计过程中涉及的学科和技术领域都很广,研制过程中应用的原材料、元器件种类繁多,特别是卫星系统从地面研制与试验到升空飞行过程中经历的环境变化很大,如果某个子系统或元器件由于设计不当、质量不好或不适应环境变化而发生故障,就会造成整个系统的失败,甚至导致灾难。因此,在卫星系统研制过程中,通常研制多个工程模型,在发射前利用这些模型先在地面开展各种试验,对系统进行充分测试与验证,以保证卫星系统研制的成功率。然而,这也导致航天系统的开发成本极其昂贵,研制周期很长。

随着卫星技术越来越深入地渗透到科学研究、军事活动、国民经济和社会生活等各个领域,当前对卫星系统的应用需求也发生了很大的转变。NASA 主管 Goldin 提出今后的卫星系统应朝"更快、更好、更便宜"的方向发展,人们的观念已经从过去为达目标不计成本、不惜代价转变为对卫星系统的性能、成本、风险和进度的综合权衡。顺应这一趋势,目前西方国家正在进行一场卫星系统设计与开发技术的变革。其中一个显著特点是将数字仿真技术应用于卫星系统开发过程,从而节省系统的开发成本,缩短系统研制周期。

研究基于仿真的卫星系统开发与验证技术具有以下重要意义。

1. 提高卫星系统的开发效率,缩短卫星系统研制周期

在传统的卫星系统开发中,为了保证卫星系统的研制成功,保证卫星系统的可靠性和安全性,降低卫星系统发射和运行的风险,其研制过程需要进行大量的测试和验证,导致卫星系统的开发效率较低,研制周期过长。近年来,卫星技术更新换代的速度不断加快,卫星系统在军事和民间领域的应用范围不断拓展,使得对卫星系统的需求越来越庞大,这种快速增加的需求迫使卫星系统设计与开发人员必须在尽可能短的时间内成功研制各种卫星系统,或在同等的周期内研制更多的卫星系统,以满足对

卫星系统日益增加的需求。

2. 降低卫星系统的开发成本，提高经济效益

在传统的卫星系统开发中，通常需要研制大量的样机模型以进行各种性能和可靠性测试，这导致了开发成本的上升。在过去，由于政治和军事的迫切需要，卫星系统设计与开发领域的主导思想是为确保卫星系统的研制成功而不计成本、不计风险和不惜一切，导致卫星系统的设计与开发人员将注意力绝大部分集中在系统的安全性、可靠性、成功率等方面，而忽略了对开发成本的控制和经济效益的重视。然而，近年来，国际形势的变化，政治和军事需求的转向，卫星系统开发与验证的主导思想逐渐转变为对卫星系统的性能、成本、风险和效率的综合权衡。因而，低成本和高效益的卫星系统开发与验证方法越来越受到重视，基于仿真的卫星系统开发与验证技术正好顺应这一趋势。

3. 降低卫星系统的开发风险，提高研制的成功率

在传统的卫星系统开发与验证过程中，为降低风险，使用工程样机进行大量的测试和验证。然而，卫星系统结构极其复杂，与其相关的航天活动更是风险重重，传统的测试和验证过程无法避免所有的风险，导致卫星系统研制失败、发射失败、甚至运行后失效的事件时有发生。而近年来飞速发展的信息技术，尤其是系统仿真技术，给卫星系统的开发与验证带来新的思路，即将仿真技术应用到卫星系统的开发与验证从而最小化卫星系统研制过程、发射过程和运行中的各种风险。

基于仿真的卫星系统研制技术最先由欧洲 EADS Astrium 公司提出。该公司于 2001 年开始，逐步完成了模块化的系统仿真基础设施的建设，并建立了相应的工程化处理流程，可以支持卫星系统设计验证、星载软件校核、航天器开发等卫星系统研制与验证的各个方面。利用这一环境进行开发与验证的项目包括德国与美国联合制造的 GRACE 卫星、ESA CryoSat 卫星、德国的 TerraSAR 雷达卫星，以及近年发射的 GOCE、Aeolus、LISA 探险者等。目前这一技术已被欧空局广泛采用，并应用于 Galileo 计划等大型项目之中。另外，美国空军学院也将这一技术应用于其试验卫星 FalconSat 的研发过程中，取得了很好的应用效果。

EADS Astrium 公司采用基于仿真的设计与验证技术后，其交付时间有了较大幅度的缩短，平均在 24 个月左右，充分显示出了基于仿真的开发与验证技术在缩短卫星研制周期方面的效果。

## 9.1.2  数字化设计仿真系统设计

数字化设计仿真是基于仿真的卫星系统研制与验证，建立卫星系统研制与验证仿真系统原型，通过建立精细、可重构与灵活扩展的仿真模型以取代工程样机在开发与验证过程中的作用，加快卫星系统的研制过程，降低研制成本，实现以有限的投入，设计和开发出更多、更高性能的卫星系统，从而加速卫星系统的研制部署和更新换代进程。

数字化设计仿真系统设计的主要内容可总结如下。

1. 卫星系统研制与验证仿真系统结构设计

分析卫星系统研制与验证过程中的关键环节,分析关键环节对仿真系统的具体需求,在此基础上完成卫星系统研制与验证仿真系统结构设计,明确软件的组成、各部分的功能及技术指标、相互之间的关系与接口等。

2. 卫星系统仿真基础模型与算法库设计

建立卫星系统仿真基础模型与算法库,为进行卫星系统研制开发过程中的仿真分析与验证提供数字模型与算法支撑。卫星系统仿真基础模型与算法库包括以下几种。

(1)卫星部件模型库:包括控制系统部件模型、热控系统部件模型、结构系统部件模型、数传系统部件模型、遥测遥控系统部件模型、星载计算机模型以及各种探测与通信载荷模型等。

(2)空间环境模型库:包括恒星运动模型、地球引力场模型、地磁模型、空间粒子辐射模型、太阳辐压模型、地球辐射模型、地球大气模型、太阳运动模型、月亮运动模型等。

(3)卫星轨道动力学模型库:主要包括不同类型卫星轨道动力学模型,如太阳同步轨道动力学模型、地球同步轨道动力学模型、交汇对接动力学模型、轨控干扰力矩模型等。

(4)卫星姿态运动学、动力学模型库:包括姿态运动学模型、刚体动力学模型、多体动力学模型、液体晃动动力学模型、带挠性体的卫星动力学模型、返回式救生动力学模型等。

(5)仿真算法库:包括数字积分算法、矩阵运算算法、数理统计算法、线性、非线性控制算法、最优控制算法、滤波算法等。

3. 实时仿真器设计

实时仿真器是开发与验证仿真平台的核心,它是执行仿真的主控与调度程序,包含对卫星/任务环境的仿真以及对单元/子系统的仿真。

实时仿真器可以用于空间和地面设备的不同研发阶段,其设计理念是:仿真器可以分解为不同的小部件,每一个小部件服务于特定的仿真目标,这样可以提高其扩展性和仿真模块的重用性,从而更好地服务于卫星研发的全过程。

4. 核心地面电性支持设备设计

核心地面电性支持设备是一个负责对测试单元以及测试环境本身进行命令与控制的控制系统。对星载计算机仿真器的命令操作通过地面电性支持设备控制台来实现。同时,通过核心地面电性支持设备发布命令或者模拟遥感勘测信号以观察飞行器单元和星载软件对给定触发的反应,从而对星载软件进行评估。

5. 星载计算机仿真器设计

星载计算机仿真器用于对星载计算机及其操作系统以及应用软件进行仿真验证与确认,这些验证与确认一般都是分离成独立的单元进行。在对星载计算机建模时,采用对计算机资源需求一致的最通用的方式,从而可以使其与其他单元分开使用。

6. 通用模块前端设计

通用模块前端常作为真实星载计算机与实时仿真器的交互接口，以测试研制完成的星载计算机的功能与性能。通过通用模块前端把真实星载计算机接入仿真环境，可以替代星载计算机仿真器从而实现对卫星系统的真实设备进行测试与验证。

7. 航天器单元检测支持设备设计

航天器单元检测支持设备用于系统层的自动信息转换。当真实的航天器硬件单元准备就绪时，就可以通过专用检测支持设备与仿真验证平台连接进行测试。这些专用检测支持设备与核心电性支撑设备一样，是系统总装集成测试层的基本要素。

以姿控地面仿真系统为例进行数字化设计仿真说明，姿控地面系统仿真属于半物理仿真系统，可以分为三个功能模块：姿态动力学仿真机、星上单机接口模拟机、姿控上位机。

姿控仿真机接收轨道数据计算太阳矢量、磁矢量，同时接收来自执行机构的控制量，并将控制量转换为姿态动力学模型计算可用的控制力矩，卫星姿态动力学模型利用以上数据计算卫星当前时刻的姿态，并将该姿态和环境矢量作为敏感器模型的输入得到敏感器数据，敏感器数据以光纤反射内存的方式发往单机接口模拟机。

单机接口仿真机中进行单机硬件接口与软件协议的模拟，模型星上单机的真实状态。单机仿真机接收姿态动力学仿真机的姿态数据与星务计算机发来的指令，驱动单机模型完成各种动作，并将反映卫星姿态状态的单机数据按照各自的接口状态与协议发往星务计算机、姿态动力学仿真机以及终端显示设备。

星务计算机用于运行姿控算法，通过采集得到的单机数据或遥控指令实时运算得到卫星姿态控制所需的控制量，发送至执行机构，驱动完成卫星的姿态调整。

各仿真机形成闭环系统，能够完成整个系统的仿真验证工作。图 9.1 给出了卫星姿控半物理仿真系统的原理图。

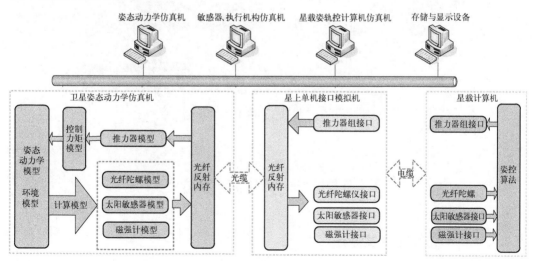

图 9.1  半物理仿真系统组成示意图

### 9.1.3 数字化设计仿真的未来发展趋势

数字化设计仿真未来将向卫星系统整体集成开发与仿真验证方向发展,集成基础仿真模型与算法库,实时仿真器、核心地面电性支持设备、星载计算机仿真器、通用模块前端以及航天器单元检测支持设备等组成部分,形成卫星多学科辅助设计系统的集成软件。该软件将提供各种设计规范、分析工具、数据库,而且能自动完成多方案分析比较,给出最优设计。设计人员只要输入一组新的原始数据,即能生成一个新的最优设计,从而大大提高卫星的设计效率。

在这种设计模式下,卫星总体与用户、各分系统之间通过计算机网络及共享的数据库实现自动信息交流,克服人工信息交换过程中由于数据、模型不统一带来的种种设计差错,在"统一设计环境、统一流程标准、统一数据空间"协同设计开发下,形成三维虚拟单机,并由总体设计师集成总装为虚拟卫星(或称数字卫星)。经协同仿真验证,完善设计并形成卫星总体、各分系统、关键单机的设计方案和工程设计数字文档,实现卫星研制的无纸化过程管理。数字化设计仿真的未来发展设想如图9.2所示。

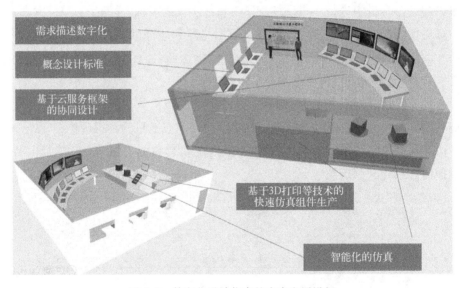

图 9.2　数字化设计仿真的未来发展设想

## 9.2　自动化综合测试

### 9.2.1　自动化综合测试概述

欧美发达国家航天技术发展迅速,测试手段先进,在自动化综合测试方面已形成成熟产品,代表有美国 Intergral Systems 公司的 EPOCH2000 系统和 ESA 的 SCOS2000 系统,其主要功能包括:整个测试环境的数据库驱动的功能、地面遥测处理和显示、卫星和地面测试设备的遥控指令、包括环境测试在内的地面测试设备的监视和控制、整个测试环境的自动化、数据的归档和回放、趋势分析和报告生成、报警和事件处理、用户注册、角色和权限管理等。

与此相比,我国在卫星综合测试方面有一定的差距,原有综合测试系统主要针对特定型号定制,每个型号的每个分系统和型号都投入了大量的测试设备和测试软件,不同型号卫星测试设备及软件相对独立,不能满足通用性需求;同时,测试过程一般为手动的过程,即测试用例设计、测试执行、测试数据分析等均通过人工完成,没有发挥计算机高效的测试执行、测试数据分析等方面的潜能。

微小卫星正样星完成总装后,需分别进行电测、EMC 试验、力学试验、软件固化后的回归测试、热真空试验、磁试验、老炼试验等环节的电性能综合测试,将自动化综合测试的思想和相关系统应用到微小卫星的研制上,可减少测试的人力和物力成本,在有限的时间内增加测试覆盖率,提高整个测试工作的效率和质量。

## 9.2.2　自动化综合测试系统设计

微小卫星综合测试是在整星总装完成之后进行的系统性测试,其通过遥测遥控通道实施卫星的数据交互,并通过数传通道实施载荷数据的下行,在传统的非自动化测试系统中,综合测试系统组成如图 9.3 所示,包括遥测遥控前端、姿控前端、轨控前端、载荷前端和数据库。测试开展时,需要多个岗位人员同时进行,通过遥测通道上行指令,各前端人员检测相应状态;在测试完成后分析数据库中的数据并确定测试结果的正确性。

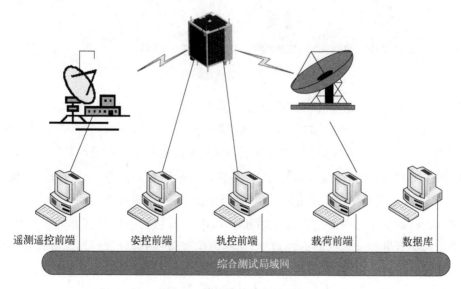

| 遥测遥控前端 | 姿控前端 | 轨控前端 | 载荷前端 | 数据库 |

综合测试局域网

图 9.3　传统的综合测试系统

　　在上述模式系,综合测试的效率较低,且测试的结果往往需要分析数据库中的数据得到,测试不具有实时性,对于微小卫星而言,难以满足其快速、低成本的需求。

　　通过对原综合测试系统的分析,并引入自动化测试的思想,增强系统的自动化和数据实时分析能力,微小卫星自动化综合测试系统组成如图 9.4 所示,主要包括:自动化测试主控台、实时数据库、数据分析仪、遥测遥控前端、分系统测试设备。其中分系统测试设备可根据分系统进行裁剪,一般包括姿控测试设备、轨控测试设备和载荷测试设备等。

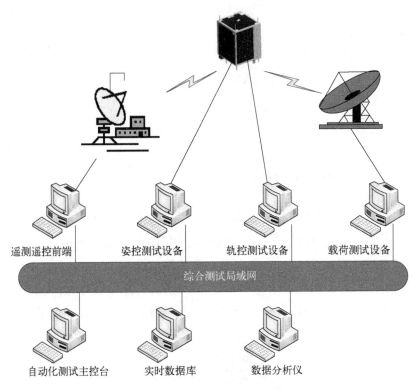

图 9.4　自动化综合测试系统

　　自动化测试主控台是综合测试系统的主控中心,同时也是实时数据库、各分系统测试设备的协调者,实现了对整个卫星自动化测试系统的控制和监视。通过统一通信,实现控制台软件与其他各个分系统通信联系,包括控制台发送给各个分系统的控制指令,各个分系统的状态参数、指令执行情况、设备参数等发送给控制台的信息。通过在统一的、网络化的测试环境,完成卫星测试系统的工作,提高工作质量,缩短工作周期。

　　测试实时数据库是测试数据的存储和应用中心,其包括测试数据管理和测试状态管理功能。它将卫星综合测试的遥控数据、遥测数据和载荷数据进行接收、处理和存储,并面向其他用户提供全方位、多手段的数据综合应用服务,可提供对历史数据的综合查询,并通过曲线、图表的方式给出一段时间内状态的变化情况,使用户全面了解卫星测试情况。同时,实时数据库记录当前测试的情况,使测试人员能够充分了解测试过程中系统的运行情况,可作为测试可信度和后续改进的参考。

数据分析仪用于卫星参数和状态的自动检测,分析仪能够实时地对测试数据进行分析,结合遥控注入数据和预期状态判断当前卫星参数的正确性,在出现异常时自动报警,并根据设定的条件,通知主控台采取相应的措施。

遥测遥控前端发送遥控数据和接收遥测数据,接收主控台发送的指令,生成和发送对应的遥控指令;同时接收遥测前端设备解调下来的卫星遥测数据,并将其转发至实时数据库。

分系统测试设备由多个相对独立的专用测试设备组成,如姿控测试设备、轨控测试设备和载荷测试设备等,其一般为模拟外部环境信号,如姿控测试设备模拟磁强计的采样信号。同时作为响应卫星的控制指令,如轨控测试设备在推进开机过程中,需实时地反馈至轨道模型,并根据轨控量修正输出的当前轨道数据等。

需要说明的是,根据不同的微小卫星型号,分系统测试设备可能略有差异,如无轨控功能的微小卫星则无轨控测试设备,但由于各分系统测试设备在设计过程中保持相对的独立性,针对不同的型号,仅对其进行裁剪而无须更改其他测试设备。

## 9.2.3 自动化综合测试系统模块设计

下面分别给出自动化综合测试系统中各组件的设计,包括自动化测试主控台设计、实时数据库设计、数据分析仪设计和分系统专用测试设备设计。

### 1. 自动化测试主控台设计

在微小卫星综合测试系统运行过程中,主控台实现了对整个测试系统的集中控制和监视,根据其功能需求,主控台软件总体构建如图9.5所示。其包括安全管理、测试控制部件、测试用例处理部件和故障处理部件,并进一步划分为不同的功能单元。

安全管理模块采用身份验证单元和操作记录单元实施对测试许可的保护,因为自动化综测系统中主控台可直接控制系统的运行,直接关系到整星的安全,所以其操作需要专人进行,排除隐患。

测试控制部件为各分系统的协调者和控制者,分为分系统运行控制单元和分系统参数设置单元,如在姿控闭环测试中,需要通过同步信号控制姿控分系统的启动、信号分离等,同时需要根据测试用例设置动力学的初值等。与各分系统的同步和控制通过设计各种协议进行,包括测试启动、测试结束等,同时相关的指令也需要转发至分系统,如控制指令需要转发至数据分析仪。

测试用例处理部件主要对当前的测试用例进行管理和处理,同时针对当前的测试用例进行解析,并根据用例生成对应的遥控指令和通过遥控通道发送至微小卫星。

故障处理部件用于故障检测和故障发生后的处理对策,其除检测自身状态外,还需要

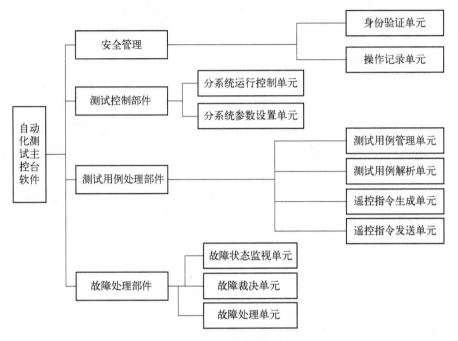

图 9.5　自动化测试主控台软件组成

实时检测来自数据分析仪的故障报警情况,在一定情况下,可能会终止当前测试,并按测试结束流程设置卫星状态。

2. 实时数据库设计

微小卫星自动化整星综合测试系统中,摒弃了人工数据现场记录,而事后统计分析处理的弊端,开发实时数据库,数据库数据处理流程如图 9.6 所示。利用计算机数据库管理的能力,在完成数据接收和处理后,通过缓存,并进行数据存储。数据库能够实时地采集、入库和存储卫星的状态和测试数据。

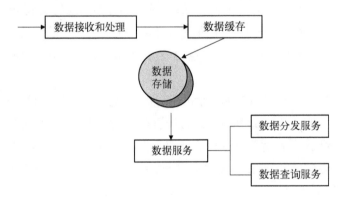

图 9.6　实时数据库数据处理流程

同时数据库作为输出,还进行数据分发和提供查询服务,数据分发主要将数据实时发送至数据分析仪以及其他外接终端,数据查询主要为测试后续的服务,如对某状态量一段时间的变化情况进行统计,一般通过图表或曲线的方式。

其主要功能部件如下。

(1) 数据接收和处理,支持对卫星遥测数据、各分系统数据、指令信息等各类测试数据的实时采集入库和处理。

(2) 数据缓存,一般采用双缓存方案,即接收缓存和写入缓存,避免数据丢失和读写冲突。

(3) 数据存储,提供实时采集数据的内存组织管理与存储,方便测试人员对卫星测试数据的实时监测,实现了卫星测试历史数据的长期存储,具备数据的归档功能。

(4) 数据服务,数据分发至数据分析仪,同时提供测试数据综合查询等服务,提供趋势分析、对比分析以及关联分析、条件分析等数据分析手段。

### 3. 数据分析仪设计

在微小卫星综合测试过程中,数据分析仪根据卫星的初始状态和遥控指令确定卫星的预期状态,同时根据当前遥测数据的分析得到当前测试的正确性。数据分析仪主要通过两种方式实现数据的分析——数据比对和数据融合分析,其中数据比对为将当前结果与预期结果进行比较,分析其是否一致(对于量化的量,如姿态角等,分析其误差是否在允许范围);数据融合分析主要通过当前的遥测数据,进行融合分析,如当前为星敏定姿,则其定姿误差(与动力学输出对比)应小于一定范围,否则出错。

数据分析仪软件构架如图 9.7 所示,主要分为接口数据处理部件、数据比对分析部件、数据融合分析部件、分析结果处理部件和故障处理部件,并进一步划分为下一处理单元。

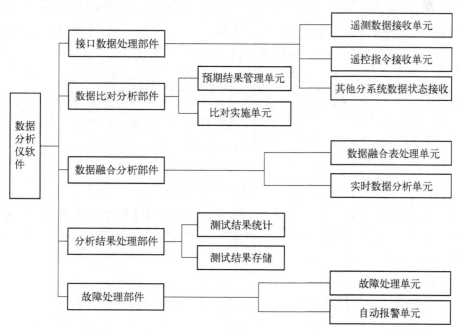

图 9.7　数据分析仪软件构架

数据分析仪主要部件功能如下。

(1) 接口数据处理部件完成接口数据处理,包括遥测数据、遥控指令和其他分系统的数据和状态。

(2) 数据比对分析部件完成数据的比对并给出结果,主要包括预期结果的管理,预期结果与测试用例相关,将测试结果与其比较,并进一步分析测试结果的正确性。

(3) 数据融合分析部件完成当前数据的融合分析,其基于定义的规则和约束,分析当前的遥测数据,通过对规则和约束的满足性来确定当前卫星状态的正确性。

(4) 分析结果管理部件对上述的分析结果进行管理,并生成相应的报表,可以自动生成测试报告。

(5) 故障处理部件实时检测故障情况,并根据故障情况进行处理和报警,对于严重的故障还要发送至主控台,由主控台采取相应措施。

**4. 分系统专用测试设备设计**

对于微小卫星而言,分系统专用测试设备一般包括姿控测试设备、轨控测试设备和载荷测试设备。

**1) 姿控测试设备**

姿控测试设备也称作姿控模拟器,其主要是模拟微小卫星在轨控制的响应情况,并根据此响应影响卫星姿态角和角速率,进而反推当前的敏感器信息,将此信息作为微小卫星姿控敏感器的输入。

姿控测试设备结构如图 9.8 所示,主要包括输入输出接口模块、卫星动力学模型和单机模型,接口模块除进行数据解帧、组帧外,还需要根据卫星的需要将数值量进行电压或电流的转换(如磁强计信号为电压量,而太敏信号一般为电流信号),同时单机模块可根据型号进行裁剪,若某型号无星敏感器,则此处无星敏感器模型。

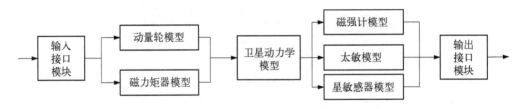

图 9.8　姿控测试设备结构图

姿控测试设备一般采用工控机＋xPC 的方式,动力学模型和单机模型一般采用 Simulink 搭建,并通过 xPC 下载至工控机实时运行的方式,既保证了与星上实时系统的同步性,也满足了对其实时性的需求。

**2) 轨控测试设备**

轨控测试设备与姿控测试设备相类似,其主要是响应推进开机时对当前轨道的影响,设备组成如图 9.9 所示,包括输入输出接口处理模块、推力器模型、轨道模型和 GPS 接收机模型。

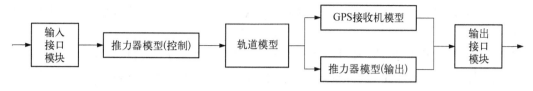

图 9.9 轨控测试设备结构图

一般情况下,轨控测试设备可与姿控控制设备使用一台工控机实现,若对其有特殊需求,也可单独,实现方式与姿控测试设备相似。

3) 载荷测试设备

一般来说,每个微小卫星的载荷不同,也就导致载荷测试设备有差异,但其基本架构相似。

载荷测试设备主要功能为载荷信号模拟和载荷数据管理,其中前者根据载荷需要,生成标准、可量化的载荷数据,以实现校准或检验载荷正确性的目的;载荷数据管理主要进行载荷生成数据的管理,由于载荷数据由测试设备生成,从而其能方便地进行载荷数据正确性判断。

### 9.2.4 自动化综合测试系统应用效果

自动化综合测试系统在微小卫星的综合测试过程中发挥着重要的作用,消除了以往测试中主要依靠专人操作、测试结果事后分析的弊端,同时,采用主控台实现测试用例的自动执行、实时数据库的存储和数据分析仪快速的数据分析,能够在无人值守的情况下快速地实时综合测试,且自主地获取测试结果。

同时,自动化综合测试系统采用一种通用化的设计方法,在设计过程中充分考虑微小卫星的特点,能够方便地进行功能裁剪和增加,从而可以适应不同类型的微小卫星综合测试需求。

另外,自动化综合测试系统充分发挥了计算的处理能力,可以支持批量小卫星的需求,可以同时并行进行多颗微小卫星的测试,进而大大推进微小卫星研制进度。

## 9.3 微小卫星集成

### 9.3.1 集成要求

卫星的总装任务就是根据总体的要求,将各个分系统使用的仪器设备可靠地固定到所要求的位置,通过电缆和导管将它们连接起来形成质量特性、精度和气密性都能满足总体要求的整星,保证它们在地面阶段、发射阶段、飞行阶段和返回阶段各种环境的作用下能够正常工作。

卫星总装包括总装设计和总装实施两部分工作。总装设计是总体方案的一个组成部分,是总体设计中机械部分的详细设计。总装设计方案的优劣将直接影响着航天器的总体方案、研制周期、研制成本以及产品的质量。

总装实施时根据总装设计要求,由工艺人员完成工艺装备研制和工艺设计,将验收合格的所有部件、组件和仪器设备按照总装设计和工艺要求,由总装工艺技术人员和操作工人组装成为卫星的过程。

总装是卫星研制的重要阶段,根据俄罗斯航天部门的统计,总装的工作量占卫星总加工量的 35%,其周期之长占装配工作周期的 30%。

### 9.3.2  微小卫星集成设计

总装设计包括:各分系统的仪器设备安装、电缆安装、管路安装的设计,各种安装支架的设计;舱段对接设计、释放机构的设计;制定总装技术流程;提出密封检漏要求;提出质量特性计算和测量要求;提出精度测量要求;进行必要的地面支持设备的设计等。

1. 总装设计的步骤

1) 明确总装设计的输入条件

在进行卫星总装设计时,需要系统总体提供以下条件作为总装设计的依据。

(1) 结构构型图。系统总体提供舱段位置、结构外形和尺寸、与运载火箭和整流罩的接口关系等必要的构型要求。

(2) 仪器设备配套表。每个分系统仪器和设备名称、代号、质量、尺寸、功耗和数量。

(3) IDS 表。IDS 表包括了装星单机所有的接口数据单,从总装设计出发,设计需要的单机外形尺寸、质量特性、功耗、接插件型号、位置和数量、安装要求等。

(4) 整星仪器设备布局图。总体根据各分系统的技术要求和总体的综合技术要求,确定仪器设备在卫星上的安装位置形成的布局图。

(5) 电缆连接图。图上表示仪器设备的电缆连接关系、仪器设备名称代号、插头位置和代号、电缆代号。

(6) 质量特性要求。总体以文件形式向总装明确对卫星质量特性控制要求,如质量、质心、惯量等要求。

(7) 连接和分离要求。总体向结构和总装提出卫星与运载的连接与接口关系,分离要求和对接要求。

2) CAD 模装

CAD 模装利用计算机技术,借助于三维软件进行卫星构型设计、仪器设备布局、安装与总装及电缆和管路的敷设设计,进行总体参数如质量特性、安装空间、视场分析等进行计算,为热分析、力分析提供模型,最后确定总体布局,并绘制总装图纸、结构加工图纸等工程图纸。

对于微小卫星,由于其体积小、内部空间小、密度大等特点,CAD 模装能够准确地模拟卫星和仪器设备的三维尺寸,通过三维软件的干涉分析、安装空间的分析、电缆的敷设设计等能够有效地模拟总装实施,从而避免出现仪器设备安装干涉、操作空间不够、电缆管路无法固定等总装问题。CAD 模装的目的如下。

(1) 检验总体布局的可实施性。

(2) 检验总体布局的合理性和可实施性。

(3) 确定仪器设备的安装方案和工艺可实施性。

(4) 确定停放、起吊、翻转、包装和运输方案,与地面支持设备的安装接口。

(5) 确定与运载对接框的机械接口、分离插头和插座的位置、行程开关的位置和安装方式。

(6) 确定整星的结构基准、安装基准和测量基准,精度设计方案和检测方案。

(7) 确定质量特性测试方案,确定质量特性测试辅助设备的安装方式、动平衡配重面的位置和配重块的安装方式。

(8) 确定电缆、管路的安装固定方案,电缆的长度。

(9) 对分系统仪器设备的外形、尺寸、公差、机电热和光学接口提出反馈要求。

2. 安装设计要求

总体设计时,需要根据总体布局确定安装方案,必要时根据具体情况进行调整,调整后的布局可以成为安装布局,再反馈给总体,设计时要考虑以下几方面的因素。

(1) 分系统对仪器设备的要求和仪器自身的要求。如光学设备的视场要求,姿控系统的仪器安装位置、相互距离和方向要求,天线的安装位置要求,太阳翼的安装位置方位要求等。

(2) 力学环境条件要求。安装在卫星上的仪器设备在主动段各种载荷的作用下,能够牢固地与卫星结构连接在一起,保证仪器设备能够正常工作;对振动量级过大而仪器设备不能承受的还需采取隔振措施,此外在轨飞行期间,对微振动敏感的高精度卫星,要求对高精度的单机或扰振源也采取必要的隔振措施。

(3) 电磁兼容性要求。仪器、天线和电缆等之间不能产生相互电磁干扰,尽量避免电缆走向交叉,保证绝缘与接地要求。

(4) 热环境要求。根据仪器设备在轨工作时的热耗和星内外的温度条件,合理布局仪器设备。

(5) 基准要求。合理选择整星的基准,一般卫星都有主基准和辅助基准,光学基准和机械基准,要有保证安装精度的措施,并能够方便测量,同时要合理转换光学基准和机械基准以及主辅基准之间的关系。

(6) 安装精度要求。尽量缩短有精度要求仪器的安装尺寸链,对于有精度要求的仪器,应当将它们相对集中安装,使其尺寸链尽量短;尽量减少次级结构,应尽可能使仪器设备直接安装在主承力结构上。

(7) 质量特性要求。通过对星上仪器设备的布局进行合理的调节和优化,达到减少配重和满足惯量特性的目的。

(8) 易操作要求。仪器设备之间或它们与相邻结构之间应留有足够的间隙,安装后,应留有操作空间,便于电连接器的插拔、观测和检查;尽量使每台仪器设备都能独立安装和拆卸。

在进行安装设计时,首先需要对总体布局进行复核,根据上述安装要求和各类仪器设备的特殊要求对总体布局进行必要的调整,形成安装布局。在进行布局调整时,对有特殊要求的仪器设备不能任意调整,如星敏感器、太阳敏感器、地球敏感器、有视场和指向要求的光学仪器、推力器、太阳翼等仪器设备,它们的位置是唯一确定的。

总装与安装设计完成的标志是最终完成了以下文件的输出:卫星总成图、仪器设备安装图、低频电缆安装图、高频电缆安装图、地面保护设备安装图、总装技术要求、质量特性测试要求、精度测试要求、紧固件清单和安装要求、装星明细表等。

### 3. 仪器设备安装设计

姿控分系统的仪器设备如陀螺、地球敏感器、星敏感器、动量轮、磁力矩器、磁强计等,其安装结构或支架必须有足够的强度、刚度和精度,必要时采取相应的精度调整措施;各种载荷相机设备,应尽可能安装在卫星的主承力结构上,保证其安装刚度、强度和安装定位精度,必要时采用相应的精度保证措施;为了保证推进分系统的发动机或推力组件的推力,安装时应使其推力作用线尽可能接近设计的作用线,避免附加力矩干扰;用于微小卫星的小型释放分离机构,采用弹簧分离产生推力,安装时要采取措施保证可以按要求的方向提供推力,避免由于方向的误差影响分离的姿态。

### 4. 电缆安装设计

电缆包括低频电缆和高频电缆,总装设计最终完成低频电缆安装图和高频电缆安装图作为实施电缆安装的依据。

为保证电缆安装设计的质量,设计时应遵循电缆走向满足电磁兼容性要求;电缆走向最短,长度合理;低频电缆和高频电缆原则上独立走向,分别固定;电缆必须固定可靠,能经受飞行各阶段力学环境的考验等原则。

#### 1) 确定方案

根据供配电系统提供的电缆连接方框图、仪器设备安装布局图、CAD模装图,制订电缆的安装方案和走向。

近年来,电缆的安装走向均采用三维软件,在CAD模装图中,采用线缆模块绘制电缆的走向以及电缆的固定捆扎位置。卫星上电缆有上百根甚至更多,因此电缆安装设计的工作量比较大,采用专业的三维软件可以大大节约电缆设计的时间。在方案阶段,有些卫星会设计结构星进行环境试验,电缆的走向和长度可以进一步在结构星上进行模拟走向和固定位置并现场确认。确定的电缆长度再增加 $10\% \sim 20\%$ 的余量作为电缆生产的长度。经过初样阶段实际卫星上的电缆的走向和实际需要的长度再进一步对电缆长度进行增减确认作为正样发射星电缆的长度。

2）图样设计

电缆安装设计除了提供电缆长度还要绘制电缆安装图,标注仪器设备的代号和位置,接插件位置、代号和数量,电缆代号、位置和走向。同时,还要表示出典型安装形式如固定方式、绑扎方式、紧固件配套、防松措施以及过渡插座的安装方式等。

在进行电缆安装设计时,同时还要绘制安装支架图样。电缆支架主要包括两类:一类是电缆卡子、电缆捆扎支架,用来捆扎多根电缆;另一类是支架式插座支架,插座支架上留有插座的安装固定孔。

高频电缆的设计与低频电缆相似,只是需要注意高频电缆必须单独敷设,不能和低频电缆混合在一起。其半刚性电缆敷设时允许整形和试装,高频电缆的敷设尤其需要注意其转弯半径的特殊要求以及其固定方式,固定方式选择不当导致其应力过大受损,会导致其性能下降。

5. 安装支架设计

在卫星的舱内和舱外安装有各分系统的仪器设备,有的安装在支架上。支架必须保证足够的强度、刚度和精度;支架与结构的连接关系、支架与仪器设备的连接关系必须匹配。常用的安装支架有以下几种形式。

1）金属支架

梁式金属支架应用广泛、结构简单、使用灵活、安装方便、承载能力可大可小,可以使用铝合金或镁合金铸造,也可以使用锻造的铝合金、镁合金加工形成。常用的有斜装动量轮支架、星敏感器支架等。

2）仪器安装板

星内仪器设备比较集中,可以安装在一个平面上,可以使用仪器安装板,常用的安装板主要有两种,一种是铝蜂窝板,蜂窝板的刚度和质量比较大,主要用来作为卫星主结构件使用,同时也可以作为仪器设备安装板,在连接仪器设备的位置上预埋胶接带有钢丝螺套的铝合金或镁合金预埋件;另一种是镁合金安装板,镁合金板的比刚度大,造型比较容易,可以根据使用需要设计成比较复杂的形状。在仪器设备的连接处也使用钢丝螺套,但是它可以在仪器板完成加工后再安装。

3）复合材料支架

星上仪器设备质量较大,要求连接刚度比较好的仪器设备,可以采用比刚度高的碳纤维复合材料支架作为连接结构件。在连接仪器设备的位置上胶接带有钢丝螺套的铝合金或镁合金预埋件。

6. 连接与防松设计

总装与安装工作中,连接占有相当大的比例,常用的有焊接、黏接和螺纹连接。焊接主要用于导管接头连接,黏接用于非金属材料间或金属材料之间的连接,大量的连接是螺纹连接。

1）螺纹连接

为了保证卫星总装螺接安装可靠，要求所选用的螺纹紧固件性能可靠、承载能力强，安装和使用方法得当。

普通螺纹连接所用的螺栓螺钉有三种不同的使用工况：受拉、受剪和同时受拉压和剪切。预紧能提高螺栓连接的可靠性、防松能力和螺栓的疲劳强度，增强连接的紧密性和刚性。预紧力控制不当也会导致连接失效。

卫星安装设计中，螺栓受拉的情况比较多，设计时需要在设计文件中给出预紧力。螺纹连接的拧紧力矩一般按经验公式确定

$$T = K \cdot d \cdot F \tag{9-1}$$

式中，$T$ 为力矩；$K$ 为拧紧力矩系数，$K$ 值与连接面的表面状态以及有无润滑有关；$d$ 为螺栓的公称直径；$F$ 为预紧力，不同材料，不同直径的螺钉的预紧力不同。

卫星总装过程中常用的螺钉为不锈钢或钛合金螺钉，连接面一般没有润滑措施，一般采用表 9.1 所示的拧紧力矩。

表 9.1 螺钉拧紧力矩表

| 螺栓（钉）规格 | 拧紧力矩/(N·m)(抗拉型) | | |
| --- | --- | --- | --- |
| | 普 通 钢 | 钛 合 金 | 不 锈 钢 |
| 3 | 1±0.1 | 1.4±0.15 | 1.2±0.2 |
| 4 | 1.9±0.2 | 2.4±0.15 | 2.45±0.2 |
| 5 | 3.9±0.4 | 4.4±0.2 | 5.8±0.2 |
| 6 | 6.7±0.7 | 7.25±0.25 | 9.5±0.3 |
| 8 | 16.4±1.6 | 20±0.5 | 17.5±0.5 |
| 10 | 35±3.5 | 30.8±3.1 | 35±3.5 |
| 12 | 60±6 | 57±5.7 | 60±6 |
| 14 | 100±10 | 94.7±9.5 | 100±10 |
| 16 | 150±15 | 144±14 | 150±15 |
| 18 | 216±21.6 | 209±21 | 216±21.6 |
| 20 | 300±30 | 293±29 | 300±30 |
| 25 | 500±50 | 500±50 | 500±50 |

2）螺纹连接的防松

螺纹连接的缺点是在变载、振动和冲击的条件下以及在温度变化很大时可能会产生松动，因而会产生预紧力减小或丧失。松动的机理比较复杂，可能是多种因素引起的，但是松动的根本表现是螺纹副向松动方向相对转动。

防松的方法很多，根据实际需要确定相应的防松手段。防松措施就是防止螺纹副向松动的方向相对转动，可以靠增加摩擦力、直接锁住和破坏螺纹副运动关系以及胶结来

防松。

（1）摩擦防松。在螺纹副之间产生一不随外力变化的正压力，以便产生一个可以阻止螺纹副相对转动的摩擦力。这个正压力可以通过轴向和横向或同时两向压紧螺纹副来实现，如双螺母、弹簧垫、金属或尼龙自锁螺母等。采用细牙螺纹，因为其螺纹升角较小而容易形成摩擦防松，同时再采用防松措施，可以达到很好的防松效果。

（2）直接锁住。用止动件直接限制螺纹副的相对转动，破坏螺纹副的运动关系。在螺纹拧紧后用冲点、焊接等方法，用开口销、定力矩垫片、双止动垫片、方向钢丝拉紧等使螺纹副失去运动副特性而成为不可拆卸的连接。这种防松措施在卫星中用得比较少，卫星上的连接大都是要求可拆卸的。

（3）胶结。在螺纹摩擦面上或垫圈与连接面上涂 MS 防松胶。这种防松措施，可拆卸，在卫星连接防松中广泛使用。

7. 地面支持机械设备的设计

卫星在总装、电测和运输期间需要使用各种不同的地面机械支撑设备，具体如下。

（1）停放支架。用于卫星在总装、电测和检测期间的停放。对它的要求是可靠、使用方便、可移动。

（2）吊具。用于卫星的起吊和翻转。对它的要求是操作方便、可靠，为此在使用前或使用一段时间后，必须定期进行 X 光检查。

（3）二维转台。为了方便卫星安装，特别是太阳电池阵的安装，以及光学载荷的测试，常常需要将卫星翻转 90°，二维转台的功能可以使卫星在垂直状态和水平状态之间的任意位置上停留，同时还应有水平面内的平移功能实现卫星与桁架之间的定位。

（4）包装箱。航天器在运输时，需要装在包装箱内，包装箱应具有减振功能及压力、温度、湿度控制、振动测试、卫星捡漏等功能。

8. 对接分离设计

卫星发射有单星发射、多星发射、搭载发射等发射方式，与运载的机、电、热对接状态要求明确。与运载适配器对接应保证象限标志的一致。按相关技术要求或接口控制文件连接机械接口、电接口、火工装置等。对部分搭载发射的卫星，需要自行设计释放分离机构，同样要明确与卫星的机、电、热接口状态。

9. 总装检测要求

在总装设计过程中，需要根据总体提出的精度要求、密封性能要求和质量特性要求，进行精度、漏率和质量特性指标分配；提出精度检测技术要求、密封件检漏技术要求、质量特性测试技术要求和总装技术要求，作为总装工艺实施的依据。

### 9.3.3　微小卫星集成实施

总装设计图纸和总装文件是编制总装工艺的输入条件，工艺设计人员根据这些条件编制总装实施工艺。

卫星的总装工作十分复杂，主要是手工作业，机械化和自动化程度较低，卫星的总装过程涉及钳工装配和安装、电装、火工品安装、热装、精度测量、密封性能检测、质量特性测试、力学环境试验、热真空环境试验，因此总装过程一般与电测和试验穿插进行，无法截然分开，这就增加了总装的复杂性。

**1. 总装工艺设计和编制**

根据卫星总装的特点、研制阶段和研制单位自身的工艺条件，确定总装工艺和管理形式。总装工艺是总装实施的依据，编制时必须仔细消化总装设计文件，将设计文件中的要求通过总装工艺文件传达到每位安装操作执行者，具体到每一步操作，编制总装工艺流程卡，准确地表示每一步操作所需要的产品和物品以及使用的工具，每操作一步都需要做好记录、检验工作。

总装工艺要编制的实施文件有：总装工艺、发射场总装工艺、管路焊接与安装工艺、检漏工艺、安装精度测量工艺、质量特性测试工艺。

总装前必须进行三方面的准备工作：一是技术文件的准备，主要是总装与安装设计图纸和相关的总装工艺技术文件；二是总装产品的验收与齐套；三是地面工艺设备的齐套。

**2. 安装**

总装的实施包括下列工作：产品的验收与齐套，结构件的验收与齐套，热控措施的安装和实施，电缆的安装，仪器设备的安装、整星精度的测试、单机精度的保证、测试和质量特性的测试。参加振动试验和噪声试验，进行卫星的停放、起吊、翻转、运输等操作。

（1）热控措施的实施。热控分系统的安装设计主要由热控分系统完成，其中仪器设备的热控涂层、安装在产品内部的热敏电阻等已随产品交付。预埋热管的安装设计则由总装设计完成。其余的热控措施在总装过程中实施如热控多层的包敷、外贴热管的安装、加热片的粘贴、温度传感器的安装等。

（2）仪器设备的安装。在总装过程中，仪器设备的安装工作量很大，安装前必须仔细检查仪器设备的状态，核对紧固件的品种规格和数量，清洗安装面和紧固件，紧固件的操作必须按对偶位置依次操作，按要求力矩拧紧，有安装精度要求的仪器设备，必须在安装过程中边测边调整，仪器设备的电连接器、光学相机、敏感器等部件应装上保护罩，随时注意清除仪器设备周围的多余物。

（3）电缆的敷设。电缆敷设大都在仪器设备安装到位后进行，对于密集型的小卫星，部分电缆敷设需在仪器设备安装过程中进行，否则仪器设备安装完后，没有电缆敷设的空间，无法进行电缆的固定。电缆敷设的走向应符合图纸的设计要求，一般沿着结构的表面进行，安装时必须根据要求控制电缆与仪器设备的距离、固定间距、转弯半径等进行捆扎。电缆穿过孔洞、经过结构件或仪器设备边角、靠近高温源以及电缆捆扎的地方应注意保护，缠绕保护层以免振动时磨损。另外，高频电缆应尽量单独敷设，不能和低频电缆混合在一起,安装时同样要根据要求控制电缆与仪器设备的距离、固定间距和转弯半径。接插件连接时,应仔细核对插头和插座的代号,检查插针和插孔是否清洁、有无损坏,接插时必须到位,插接后要进行防松处理。

(4) 展开组件和活动部件的安装。安装前检查安装部件的清洁度,表面是否有损伤、紧固件的防松程度、火工品装置的点火器外观等。安装时要保证活动部件运动时不受阻挡,还需要对产品的电性能、火工品阻值进行检测、必要时展开组件应在发射前进行完全展开试验。

3. 精度检测

为保证卫星上的地球敏感器、太阳和星敏感器等姿态敏感器和推力组件,天线、各种载荷相机等设备在飞行期间能够正常工作,在地面安装时应将它们调整到必需的几何精度。

几何精度包括两个方面:壳体结构精度和有精度要求的仪器设备的安装精度。总装期间要进行多次精度测量,在振动试验前后,必须进行精度测量,振前振后数据进行比较,如果变化超差,必须重新进行调整。由于出厂运输过程中可能会影响精度,所以发射场在总装时,必须进行全面的精度复测和调整,直到所有精度指标都达到。

# 9.4　小卫星环模试验

## 9.4.1　概述

卫星产品不同于其他任何产品,它除了科技含量高、设备精度复杂、造价昂贵外,更关键的是卫星发射入轨后,一旦出现故障无法维修。因此,如何保证卫星在轨工作的可靠性,特别是如何保证长寿命航天器在轨工作的可靠性就显得十分重要。

在各个研制阶段充分做好卫星的各种环境试验是保证卫星可靠性必不可少的有效手段。通过充分的环境试验不断去除设计、工艺和元器件等方面的质量缺陷就能保证产品的低风险和高可靠性。

1. 环境试验的目的

环境试验的主要目的和作用有以下几方面。

(1) 验证产品的设计和所采用的制造工艺是否正确和合乎使用要求,能够确保产品在预定的工作环境下正常工作并有要求的使用寿命,这实际上是解决固有可靠性的问题。

(2) 检验产品的元器件、原材料和制造(加工、装配、焊接和调试等)方面的质量缺陷,排除早期失效,提高工作寿命期间的使用可靠性,验证产品质量和性能在使用环境中是否满足要求。

## 2. 环境试验的分类

环境试验贯穿产品的整个研制过程,目的是保证所研制产品满足要求和可靠性。对不同类型的产品,经受的环境不一样,环境试验的应用也各有不同。而且,由于不同阶段的试验要达到的目的不一样,试验往往冠以不同的名称,且试验项目、条件要求也都不一样。卫星在不同的研制阶段冠以不同的试验名称,如在初样研制阶段冠以鉴定试验,在正样阶段冠以验收试验,且试验量级也不同。星上仪器设备由于在卫星上的位置不同,其环境试验的量级也有所不同,不同种类的仪器设备其环境试验的项目种类也有所不同。

GJB 1027A—2005《运载器、上面级和航天器试验要求》将产品研制过程中的试验分为研制试验、鉴定试验、验收试验、准鉴定试验和模拟飞行试验。又如,美军标 MIL - HDBK - 340A《运载器、上面级和航天器试验要求》产品研制过程中的试验分为研制试验、鉴定试验和验收试验。欧空局标准 ECSS - E - 10 - 03A《航天器环境试验》将产品研制过程中的试验分为研制试验、鉴定试验、验收试验和模拟飞行试验。

这些标准都是按照卫星产品在不同的研制阶段要达到的目的来划分环境试验,并以试验矩阵表的形式给出产品在该阶段的必做试验和选做试验,这样划分有助于给型号制定合理的试验流程、裁剪试验内容,为制定各级产品环境试验大纲提供依据。

### 1) 研制试验

在方案阶段和初样阶段用工程试验模型完成的试验,目的是在研制阶段初期验证产品的设计方案是否满足设计要求,以便在开始鉴定试验之前采取必要的修改措施,不断地提高产品的固有可靠性。研制试验是以在飞行器、分系统和组件级进行。

研制试验是在产品进入初样阶段前,对关键技术进行攻关所做的试验。它对设计方案和工艺方案进行评价,获取设计和工艺资料,修正数学模型等。对新型号来说,研制试验是必不可少的。研制试验的主要目的:验证新技术和新设计产品的正确性,并评价经验证过的技术和产品用于新型号的可行性;缩短初样和正样阶段研制周期;验证产品经受环境的余量,降低航天器研制和在轨使用风险;使航天器鉴定和验收的试验程序得到充分的验证,获取试验的经验和数据。

### 2) 鉴定试验

证明正样产品的性能满足设计要求并有规定的设计余量的试验。鉴定试验应该用能代表正样产品状态的试验产品进行,如果在初样研制阶段完成鉴定试验,则应保证鉴定试验产品的技术状态和试验文件符合正样产品的鉴定要求。鉴定试验可以在飞行器、分系统和组件进行。

鉴定试验是在产品初样研制阶段,为检查设计方案和工艺方案是否满足预订的强度要求和性能要求而进行的环境试验。该试验要验证被试产品不仅能经受最高的预示环境,而且要有一定的余量。它是飞行产品验收试验之前要完成的试验。对新型号来说,鉴定试验是必不可少的。对于采用原有平台或继承性很多的型号或分系统仪器设备,而使用环境又不超过以往的环境,鉴定试验是可以省略不做的。如果一件产品是继承的,但设计有较大变化或使用环境超过以往的环境,还是需要重新做鉴定试验的。

3)验收试验

校验交付的正样产品满足飞行要求,并通过环境应力筛选手段检测出产品质量缺陷的试验。验收试验要求对所有交付的飞行产品在飞行器、分系统和组件级进行。

验收试验的目的是要暴露正样产品的元器件、原材料和制造工艺中的潜在缺陷所造成的故障,以排除早期故障,保证产品的使用可靠性。验收试验是在正样阶段正样产品上进行的试验,通过验收试验证明每一件交付飞行的产品是可以接受的,因此,有时又称为交付试验。

4)准鉴定试验

在正样研制阶段对飞行产品按照鉴定与验收的组合条件进行的试验,这种组合条件应符合替代鉴定试验的策略。准鉴定试验可以在飞行器、分系统和组件进行。

准鉴定试验策略是在没有鉴定试验件情况下使飞行件既要经过鉴定又要用于飞行的策略,准鉴定试验量级一般应低于鉴定级而高于验收级,试验时间与验收试验相同。使用该策略的风险是不知道产品具有的鉴定余量,未能正式证明飞行件具有的剩余寿命,一般在下列情况下使用:对于飞行器产品,通常是该型号的首发产品使用准鉴定试验策略,如果该型号的后续产品技术状态没有变化,则只需要进行验收试验,如果有变化,也宜考虑使用准鉴定试验策略;对于组件级产品,用在某一个型号虽然经过了鉴定级试验,但用在另一个型号上时,需要对产品进行适应性设计修改,则根据更改的程度宜考虑使用准鉴定试验策略。

5)出厂前、发射前合格认证试验

正样飞行器在出厂前和发射前进行的飞行器级的综合试验,发射系统、在轨系统的模拟飞行试验。目的是验证发射系统和在轨系统已处于待发射的准备状态。

在总装厂和发射场都应进行系统综合试验,在总装厂按照飞行器验收功能试验测量飞行器的性能参数作为出厂运输至发射场前的基准数据。当飞行器运到发射场时,还应进行系统综合试验,检验飞行器在经过装卸和运输后性能参数是否发生变化。系统综合试验之后还需要进行模拟飞行试验,检验飞行器与发射场地面设施之间的机械接口的正确性,验证飞行器硬件、地面设备、计算机软件与整个发射系统及在轨系统之间的兼容性。

3. 再试验

再试验是由于产品在试验过程中出现异常、产品更改设计或返修、飞行环境的增加、制造过程变化等因素需要重复以前进行的试验。不同型号的产品宜根据产品的具体情况来处理再试验的问题。从原则上讲,有以下几种再试验情况。

1)鉴定或验收过程中的再试验

如果产品在鉴定、验收试验过程中出现试验异常,当出现异常的产品对于继续试验下去所获得的试验数据的有效性没有影响时,则试验可以继续下去而不必采取改正措施,如果初步分析认定继续试验已经没有意义时应中断试验。在不改变试验设备和产品的技术状态下,进行初步故障分析确认试验异常发生的原因,进一步应考虑是否对产品进行设计更改或修复后再试验。如果试验异常是由试验设备配置、试验设备或试验软件引起的,只要试验异常没有对产品产生过应力条件,故障排除后可继续发生异常时的试验。如果试验异常对产品产生了过应力试验条件,则应分析过试验应力对产品的影响,然后决定是否需要对产品修复或重新投产后再试验。

2) 鉴定后的再试验

(1) 更改设计后的再鉴定。当需要对产品进行设计更改时,需要分析这种更改对以前鉴定试验的影响程度以及新的设计是否可能引入新的失效机理,然后对再鉴定的程度作出折中考虑,这种折中需要对试验费用和可接受的风险进行权衡。如果产品的设计更改影响以前进行的其他鉴定试验项目的有效性,则需要对该项目再鉴定试验,否则是需要对发生更改的部分再鉴定试验。

(2) 制造过程改变后的再鉴定。产品制造过程的改变包括加工程序、方法的变化以及生产厂家的改变,这些变动要求用再鉴定试验来重新验证所制造的产品中不会被引入不可预计的变化。制造过程的变化对再鉴定程度的影响需要考虑出那批重新设计的性质、重要性、设计冗余度,同样需要在试验费用和可接受的风险之间进行折中。

(3) 环境变化后的再鉴定。当组件在飞行器上的安装位置有了变化或用于另一个型号的飞行器上时,如果规定的鉴定环境比以前鉴定环境更严酷,使鉴定余量减少到不足原来鉴定余量的一半,或虽然环境不比以前严酷,但产品的性能比以前要求高,宜考虑再鉴定试验。当继承以前通过了鉴定试验产品的同时需要对产品进行适应性修改时,可能需要进行准鉴定级的再鉴定试验。

3) 验收后的再试验

如果产品在验收试验后需要修复,宜对修复工作量的大小和严重程度做出分析和评估,重大的修复工作可能使以前的验收试验无效,需要全部重复或部分重复以前的试验,少量的修复则不一定影响以前的试验有效性。正样飞行器产品出现多次再验收时,应考虑再试验次数对产品疲劳的影响。

如果飞行的硬件产品在验收试验后直到运往发射场之前需要长期储存(6 个月或更长),除定期检查产品的状态外,在使用之前还需要根据产品的具体情况重复全部的或部分的验收试验。

如果在发射前合格认证试验过程中发生试验异常,试验操作者应将异常现象记录下来并对异常现象进行分析,确定该异常对以后试验的影响后,决定是否继续还是中断试验。如果继续试验,则应指出试验在试验程序的哪一步骤开始。如果中断试验,待异常得到了合理解释并采取改正措施后,可能需要再试验。

## 9.4.2 小卫星产品的特点

与其他卫星相比,小卫星有以下特点。

（1）卫星从出厂后经运输、发射上天、入轨及在轨运行等过程直至返回地面，要经受各种各样环境的影响和作用，这些环境的复杂性与多样性是任何产品都不能比的。例如，在地面运输中，卫星经受振动、冲击和地面气候环境的作用；在发射过程，有加速度、声和振动、冲击等力学环境的作用，还有大气压力和温度的急剧变化影响；在轨运行过程中，卫星处于真空和深冷环境，还受到宇宙射线、太阳辐射、电磁辐射、高能粒子等作用，此外还有等离子体、地磁场、微重力、原子氧、微流星与空间碎片等各种空间环境的影响。不同的环境对卫星的影响和造成的损害也不一样。

（2）卫星的研制成本高、研制周期长、生产数量少，而且发射上天以后出了问题极难补救，这就要求卫星有极高的可靠性。要实现这一目标，必须使所研制的卫星能有充分承受各种预期的发射环境和空间轨道环境的能力，并尽量在发射前采取各种措施，在地面把卫星存在的潜在缺陷减至最少。为此，除了精心设计和制造，在研制过程中进行大量的再现卫星环境或这些环境效应的环境模拟试验是验证卫星设计和制造工艺的有效而经济的重要手段。卫星产品，从组件、分系统到整个卫星，能否通过预定的环境试验项目，成为产品是否合格和能否交付使用或验收的重要依据。

（3）卫星的体积不大，但是构造复杂，包含了多个分系统，并采用了大量先进精密的光电仪器设备，对环境的敏感性高；另外，由于体积和质量的限制，构造紧凑而且各部分之间的影响和干扰较大，结构设计的安全余量较小，这些给设计、制造和试验都带来了额外的困难，在制订和实施环境试验计划时必须十分谨慎。

（4）由于卫星是单件、小批量生产，用于批量生产的武器装备的统计试验方法是不适用的，必须要有一套适合卫星研制特点的做法来计划与实施环境试验。同样，对卫星可靠性的评估与批量生产的产品也有很大的差别。

鉴于上述几方面的原因，在卫星研制中，环境与环境试验对保证产品的可靠性有着特殊重要的意义。

### 9.4.3　小卫星环境试验项目

1. 力学环境试验

1）结构静载试验

航天器发射过程中承受的力学载荷环境是稳态、低频瞬态和高频声振组合的复合环境，用载荷系数的公式表示如下

$$N_i = S_i \pm \sqrt{(L_i)^2 + (R_i)^2} \tag{9-2}$$

式中，$N_i$ 为第 $i$ 轴组合载荷系数；$S_i$ 为第 $i$ 轴稳态加速度载荷系数；$L_i$ 为第 $i$ 轴低频动载荷系数；$R_i$ 为第 $i$ 轴高频随机振动载荷。

根据上面公式确定航天器发射过程中承受的最大使用载荷时，必须考虑发生各个载

荷事件的不同时刻,否则将得出过保守的载荷组合值。航天器主结构设计时往往将稳态加速度载荷与低频动载荷组成的准稳态载荷看成作用在航天器质心上的一个等效载荷。不考虑载荷系数 $R_i$ 影响,只有准稳态载荷影响整体模态,在强度设计中需要考虑。

卫星结构设计强度检验试验通常用静载荷试验来完成,载荷条件包括了纵向和横向所有关键的载荷条件。在规定的载荷条件下测量结构元件的载荷、应力分布及挠度。由于结构的非线性在模态观测试验中往往不能充分表现出来,刚度数据具有特别意义。用结构元件的载荷及应力分布数据来验证载荷转换矩阵,用挠度数据验证挠度转换矩阵。这些矩阵可以和动力学模型相结合用于计算载荷,如轴向力、弯矩、剪力、扭矩,以及各种应力和挠度,它们被转换为卫星的设计载荷和间隙余量。除非试验件与飞行件很相似,一般而言,试验不能代替结构分系统鉴定静力试验。结构静载的目的是验证结构件在施加准稳态设计载荷时强度和刚度满足设计要求,不发生有害的变形和疲劳。

2) 正弦振动试验

正弦振动试验是用来模拟卫星经受的低频瞬态环境。正弦激励主要来自运载火箭发动机不稳定燃烧而产生的推力脉动变化,旋转设备的不平衡转动,液体运载火箭所特有的飞行器结构与液体推进剂、储箱及供应系统在燃烧室压力和推力脉动变化下相互作用而产生的纵向自激振动,其频率范围大致为 5～100 Hz。

现在正弦振动试验采用扫频振动的方法。扫频振动的原理是基于试验频率能覆盖试验件的各阶模态,并在试件的所有共振带宽内有相同的试验事件,选择适当的扫频速度可以激起试件的谐振响应,是一种用动载荷考核产品结构设计的试验方法,而且识别产品的谐振频率迅速、有效,在产品验收试验程序中还是简单适用的故障诊断方式。

卫星的正弦振动试验通常是在电振动台上进行,试验条件一般是设定在振动夹具与卫星对接面作为卫星的输入激励。由于振动夹具的刚度、事件不平衡、倾覆力矩等问题存在,使对接面上各处的振动幅度、相位不同甚至出现波形失真。为了克服这一问题,就采用平均输入控制技术,将多个点的加速度按照某种方式进行平均后输入给试件,以避免单点控制可能造成的某些频率下的过试验或欠试验。

3) 随机振动试验

卫星所经受的随机激励主要是一种声致振动,主要来自两方面:一方面是起飞排气噪声;另一方面是运载火箭跨声速飞行及高速飞行时引起的气动噪声。起飞排气噪声是运载火箭发动机排气涡流产生的噪声,它将对卫星产生随机激励振动,其频率范围为 20～2 000 Hz。气动噪声产生的随机振动激励比排气噪声产生的随机振动激励恶劣,频率可高达 10 kHz。此外,地面运输环境也是一种频率较低的随机振动激励,其频率范围为 0.5～100 Hz。

随机振动试验用于部件级和系统级鉴定和验收试验。系统级试验是否做随机振动需要根据卫星对声环境敏感程度决定。通常,尺寸和质量较大的卫星要用声试验代替随机振动,小型的卫星则需要做随机振动试验。在有关标准中以质量划分,划分的界限也不统一,美国军标规定 180 kg,美国 NASA 标准规定 450 kg,欧洲航天局标准只规定小型的密集型航天器当用声试验不能进行适当的环境模拟时,应该用随机振动代替声试验。我国国军标规定一般小于 450 kg,结构紧凑质量密集型的飞行器,由于通过对接面的振动比声更能有效地激励,可以用随机振动试验代替声试验。

4）噪声试验

卫星经受的声振环境主要来自以下几方面：运载火箭起飞时,火箭发动机的高速排气流与其周围的空气混合形成紊流,它所引起的压力脉动以声速传至卫星整流罩的外表面,激励卫星结构振动,这种声学噪声属于宽带随机噪声；运载火箭在大气中做跨声速和最大动压情况下飞行时,火箭头部外表面的非定常流场是复杂的,其中附件紊流边界层内扰动、分离流剪切层内扰动和激波振荡产生的脉动压力场噪声称为气动噪声。

卫星的振动主要是由声引起的。卫星结构及星上设备的破坏或失效与所处部位的局部振动环境有关。从统计对立,振动和由它引起的破坏之间存在对应关系,所以,模拟卫星环境的基本原理是重视卫星结构的振动响应。

声引起的振动最好用声试验方法来模拟。根据试验原理,只要能使卫星内部振动场的分布与实际飞行条件下的相同；或者放宽到再需考核的频率域内,有试验室噪声激励引起的结构振动与飞行条件下近似,就可以认为正确地重现卫星发射时的振动响应,达到了声环境的模拟要求。作为工程试验问题,声试验不需要模拟真实的声场特性,而是寻求产生相似振动响应的等效声场。

5）冲击试验

卫星所经受的冲击环境主要是由星上各种火工装置在工作时产生的。在卫星飞行过程中,这些火工装置用来完成各种任务。这种冲击作用时间短,一般在 20 ms 之内,它是高频极为丰富的、高加速度、低速度和小位移的冲击。这类冲击对卫星的结构造成的损害较轻微,但是会引起晶振、陶瓷、环氧树脂、玻璃外壳等脆性材料的裂碎；焊点及导线接点断裂；密封损害；多余物导电微粒的迁移；继电器和开关的颤抖和转换；引起微小轻质结构的变形。

对于冲击环境可以用时域和频域两方面来描述：时域描述了冲击波形本身,而频域是描述结构系统对冲击载荷的响应特性。冲击试验发展了两种不同的模拟方法：一种是产生真实的冲击波形；另一种是冲击响应谱模拟。产生真实波形最现实的方法是在冲击试验夹具上安装所需类型的火工品作为爆炸源,它能产生极高的加速度值和频率。用这种方法做系统级试验效果较好,用实际的飞行结构使边界条件和结构传递都得到很好的模拟。但对部件级试验,由于安全性、试验数据离散性以及试验夹具设计难度较大,该方法在部件试验中不能得到广泛应用。

所以部件级冲击试验几乎都采用冲击响应谱的方法,用不同的试验设备产生的冲击谱去包络外场冲击谱。由于不同的冲击波形可能有相同的谱,因此,严格来说只模拟谱还不够,还要做到波形相似。系统级冲击试验多用真实的火工品模拟冲击环境,一般认为卫星与运载火箭连接部位的火工品爆炸解锁试验对于首飞卫星是必须要做的,它不仅检验航天器对爆炸冲击环境的适应能力,同时也是真实的边界条件下检验卫星与火箭的机械和电气接口在动态解锁分离条件下是否正确。

6) 加速度试验

加速度试验室用来模拟卫星在发射和返回时经受的准稳态加速度环境。准稳态加速度环境又称为最大预示加速度环境,它不仅考虑运载的稳态加速度环境还要考虑瞬态环境,当产品安装支架的固有频率在瞬态环境下出现耦合放大时,试验条件要包括可能的动态放大。

加速度试验多数是在离心机上完成,在离心机试验室,产品经受的加速度方向总是背向离心机旋转轴,产品在离心机上的安装方向由产品在航天器上实际的受力来确定,试验加速度取决于离心机的旋转速度和安装臂长。加速度试验也可以采用振动台定频试验的方法来完成,采用低频的某一频率的正弦振动来模拟。

2. 热环境试验

1) 真空热平衡试验

真空热平衡试验是用来验证卫星热分析模型和热控分系统设计正确性,同时要考核热控分系统硬件和软件是否满足设计要求。一般来说,热平衡试验在初样阶段是热控分系统级试验,在正样阶段是卫星系统级试验。一个型号只有一颗卫星或一个型号系列中的第一颗卫星在初样或正样阶段完成热平衡试验,如果热设计有较大修改,一般也要重新做热平衡试验。

初样热平衡试验的目的是获取整星温度分布数据、验证热设计的正确性以及修正热分析数学模型。正样热平衡试验的目的主要是考核热控分系统维持卫星组件、分系统和整星在规定工作范围内的能力,评价根据初样热平衡试验结果所做的热设计修改的正确性,进一步完善热分析数学模型。

热平衡试验是在真空室内进行的,真空室内试验压力不能高于 $1.3 \times 10^{-2}$ Pa。在真空室内壁,装备有接近液氮温度、涂黑的低温壁套,称为热沉。热沉能有效地模拟卫星在轨道运行时空间冷背景环境。外热流的模拟主要有两种方法:吸收热流法和入射热流法。吸收热流法模拟被航天器表面吸收的空间外热流,包括太阳辐射、地球辐射和地球反照。入射热流法是模拟入射到卫星表面上的空间外热流,通常使用真空室内配置的太阳模拟器。

热平衡试验除了要取得有效的温度数据外,另外一个任务是考核热控分系统的硬件的性能,包括主、备份加热器、恒温控制器、控温仪、热管、百叶窗、多层隔热组件等。

2) 真空热循环试验

真空热循环试验又称热真空试验,其目的是验证产品在真空和温度循环条件下性能是否满足要求。鉴定热真空试验是证明卫星在规定的压力与鉴定级温度条件下是否满足设计要求。验收热真空试验的目的是,在规定的压力与验收级温度条件下暴露材料、工艺和制造方面的缺陷。

热真空试验一般是在组件级和系统级上进行,但有时分系统也做热真空试验。热真空试验是产品研制过程中一项很重要的环境试验,有关试验标准中组件级和卫星系统级热真空试验都是必做的试验项目。热真空试验能够充分揭露产品的设计和工艺质量方面的各种问题。

鉴定级热真空试验的温度条件规定:最高温度比最高预示温度高 10℃,最低温度比最低预示温度低 10℃,温度循环至少 6 次,如果选做了常压温度循环试验,则允许将温度循环减为至少 2 次。验收级热真空试验的温度条件规定为:最高和最低温度分别为最高和最低的预示温度,温度循环至少 4 次,如果选做了常压温度循环试验,则允许将温度循环减为至少 1 次。无论是鉴定热真空试验还是验收热真空试验,都要模拟卫星在轨道上运行时的升、降温速度进行升温和降温,在每次循环的高温端和低温端分别保持 8 h。

3) 常压热循环试验

常压热循环试验与真空热循环试验不同,热循环试验是在正常大气压力环境下进行的。热循环试验的目的与热真空试验的目的基本一致,热循环试验大量被用于电子产品的热环境试验中,具有如下特点。

暴露产品潜在的缺陷非常有效。在产品制造、装配过程中通过热循环试验,作为质量控制手段,不断剔除各级产品的潜在缺陷。从元器件、线路板直到整机产品甚至整个卫星产品,热循环试验都是非常有效的。

热循环试验可以减少验收试验所要求的热真空试验的循环次数。从热真空试验发现的故障分析表明,早期出现的故障多数与真空有关,而后期出现的故障与热循环关系比较大。如果一项试验计划热真空和热循环都进行,在总循环次数不变的前提下,可以减少热真空试验的循环次数,这样可以大大节约试验成本。

热循环试验主要是一种环境应力筛选试验。热循环试验主要是针对组件的试验,尤其是电子和电气产品必须要做的试验。而航天器系统级试验往往受到试验设备的限制很少使用。

热循环试验具有较宽的温度范围和较高的温度变化率。热循环试验产生的热应力主要由极端温度和迅速的温度速率造成。极端温度条件下材料膨胀和收缩产生的热应力促使产品的缺陷发展成了故障,如导线断裂、焊接断裂、配合松动、性能漂移等。温度变化速率要求尽可能快,它与实际环境无关,一般要求 3~5℃/min,甚至更快,大大高于热真空试验的温度变化率。

3. 空间环境试验

1) 真空放电试验

真空放电试验包括低真空放电试验、微放电和静电放电三项试验。

(1) 低真空放电试验。低真空放电试验目的是检验航天器产品中用空气为介质的元器件在低真空环境中是否发生电晕、飞弧和介质击穿现象。它一般是在初样阶段作为考验产品抗电强度的鉴定试验项目。低真空放电试验压力范围包括在热真空试验的压力范围内,可以在热着空试验压力降低过程中观察真空放电现象,因此它可结合热真空试验一起做,也可单独做。低真空放电问题主要是设计方案和工艺方案要解决的问题,鉴定件如果不出现低真空放电,以后的正样产品也不会发生低真空放电。真空放电问题应在组件级产品上解决,到卫星系统级热真空试验时一般不应再出现低真空放电。

(2)微放电试验。微放电试验的目的是检验大功率射频组件经受电子二次倍增效应的设计能力。它应是产品初样阶段组件级鉴定试验项目。

(3)静电放电试验。试验的目的是检验电子设备承受脉冲干扰的能力。静止轨道的卫星需要做此项试验,因为这里处于地球磁层亚爆环境,有可能使卫星表面充电数千伏,并形成电位差时,其表面之间会发生飞弧,对卫星内部产生脉冲干扰。工程上一般采将系统级试验转化为组件抗瞬态放电能力的试验即电磁干扰试验。

2)真空冷焊试验

真空冷焊试验目的是检验部件活动的接触表面在超高真空环境中是否出现摩擦系数增加甚至粘连在一起的现象,验证防冷焊措施是否有效。试验设备采用无油真空系统,试验压力不高于 $1.3 \times 10^{-7}$ Pa。卫星上活动组件如轴承、电机滑环、电刷、继电器、微动开关、机构等需要做真空冷焊试验。

3)辐照试验

辐照试验包括粒子辐照、单粒子效应、紫外辐照等试验。

(1)粒子辐照试验。试验目的是检验微功耗电子元器件承受带电粒子辐照总剂量的能力,验证抗核加固技术措施的有效性。粒子辐照试验是产品初样阶段鉴定试验项目,正样阶段产品验收试验不再包括该试验内容。

(2)空间重离子能改变模拟和数字逻辑电路存储单元的状态,产生的这种单粒子效应一般需要在元器件上做试验,一个新的元器件选用可能需要在方案阶段或更早的时间来完成这一试验研究。

(3)紫外辐照试验目的是考验卫星外表面上的有机材料、高分子材料、光学玻璃、黏结剂承受太用紫外辐照的能力。选择与太阳紫外辐射相匹配的紫外光源作为试验光源,光谱波段 10~400 nm,试验压力不高于 $1.3 \times 10^{-2}$ Pa,辐照总剂量由卫星轨道、姿态、工作寿命决定。

4. 电磁兼容性试验

电磁兼容性试验也是一项环境试验。试验的目的是检验产品正常工作时抗干扰的能力并具有一定的安全余量以及自身的辐射发射和传导发射的电磁能量是否会对其他产品造成干扰而影响工作。EMC 试验是产品初样阶段鉴定试验项目,也可能在正样阶段完成 EMC 试验,如果正样产品技术状态没有变化,正样阶段就不再做 EMC 试验。试验在组件级和系统级都要做。试验项目包括辐射发射(RE)、传导发射(CE)、辐射灵敏度(RS)、传导灵敏度(CS)。

通过 EMC 试验验证产品具有规定的抗电磁干扰余量。应在所有工作模式下对关键的信号电路和电源电路确定其安全余量。按照标准规定，敏感度阈值与关键测点或信号线上存在的干扰值之比至少有 6 dB 的余量。对任务的成败有关键作用的 I 类设备，如火工品管理器，要加试验余量到 12 dB。

5. 磁测试试验

以地磁场向太空延伸为主形成的弱磁场环境，与卫星的剩磁矩相互作用产生干扰力矩可以改变卫星运动状态。为使卫星在轨飞行正常，必须研究太空中的弱磁场环境，并在地面可控制的磁试验设备中检测和分析卫星的磁特性。

卫星系统级磁试验内容主要有：测定卫星的永磁矩、感应磁矩和杂散磁矩；测定磁力线圈产生的偶极矩及由涡流引起的消旋力矩；测定磁敏感元件磁场；对卫星进行充磁与退磁试验；对卫星进行磁补偿试验。一般地，中、低轨道和控制精度要求高的卫星要考虑磁环境试验。组件级和系统级都要求做磁试验，组件级试验数据将提供系统总装时的磁补偿用，而系统级的试验可以最终确定卫星的磁特性。

## 9.4.4 环境试验流程的制定

卫星各阶段环境试验的目的不同，内容也不同。小卫星的特点是成本低、周期短，传统大卫星的模样阶段和初样阶段逐渐合并，也就是没有真正意义上的鉴定产品。

模样阶段的试验也是依据卫星的继承性而定，如果创新较多继承性不好，模样就应该包括力热星和电性星，力热星验证卫星的结构力星性能、机构转动特性和卫星的热控性能，试验内容和顺序一般为检漏试验→正弦振动试验→随机振动试验→热平衡试验→机构热真空试验。电性星就是由星内测试完好的电性件和完成力热性能的力热星装配而成（也可以根据需要进行简化），电性星需要经过热循环试验和工艺级筛选的随机振动试验检验，模样阶段验证试验后就可以转入正样阶段。

正样阶段就需要完成完整的环境试验，试验内容和顺序一般为压力试验→EMC 试验→真空热试验→质量特性测试→机构性能试验→正弦振动试验→噪声或随机振动试验→机构性能试验→压力试验→磁试验→老炼试验。

# 参考文献

曹喜滨,董晓光,张锦绣,等.2012.编队飞行自主控制的自适应方法[J].宇航学报,33(7):903-909.

陈宏宇,朱振才,付碧红,等.2010.对空间目标成像的伴随小卫星系统设计[J].宇航学报,(02):329-334.

陈宏宇,朱振才,周依林,等.2009.神舟七号微小卫星伴随飞行技术试验[J].空间科学学报,29(3):319-325.

陈士祥.2015."东方红一号"卫星结构研制、总装、测试关键技术的突破[J].航天器环境工程,(2):127-129.

陈宜元.2006.卫星无线电测控技术[M].北京:中国宇航出版社.

崔志.2005.战术卫星-试验计划[J].国际太空,(07):9-11.

丁义刚.2007.空间辐射环境单粒子效应研究[J].航天器环境工程,24(5):283-290.

范志涵,张召才.2013.国外小卫星最新发展研究[J].国际太空,(8):20-29.

房光强.2006.空间充气结构材料的热循环与真空紫外辐照效应研究[D].哈尔滨:哈尔滨工业大学.

弗朗西斯·F.陈.1980.等离子物理学导论[M].林光海译.北京:人民教育出版社.

高黎.2007.对地观测分布式卫星系统任务协作问题研究[D].长沙:国防科学技术大学.

高珑,王之元,杨学军.2006.通过基于COTS器件的软件容错技术提高空间高可靠计算机的性能[C]//第14届全国信息存储技术学术会议.

高铁生.2000.研制中的新一代晶体管[J].世界产品与技术,(6):31-32.

郭崇滨,陈宏宇,韩兴博,等.2016.遥感观测卫星多系统交互验证的可视化仿真[J].计算机仿真,33(4):144-149.

郭浩,邱涤珊,伍国华,等.2012.基于改进蚁群算法的敏捷成像卫星任务调度方法[J].系统工程理论与实践,32(11):2533-2539.

何炬.2005.国外天文导航技术发展综述[J].舰船科学技术,27(5):91-96.

洪延姬,李修乾,窦志国.2009.激光推进研究进展[J].航空学报,30(11):2003-2014.

黄木诚,马有礼.2002.航天器空间环境试验技术[M].北京:国防工业出版社.

蒋光林,袁立秋.1995.小型航天器推进系统[J].系统工程,5:1-8.

蒋虎,胡海鹰.2014.太阳辐射流量实测值对低地球轨道卫星轨道预报的影响[J].科技创新导报,(17):239-240.

蒋虎,胡海鹰,龚文斌.2014.导航卫星受地球外辐射带影响仿真分析[J].全球定位系统,39(4)：1-3.

蒋虎,胡海鹰,龚文斌.2015.近极轨道区域空间辐射环境仿真[J].科技创新与应用,(11)：61-62.

焦维新,田天.2007.空间环境的研究的现状和发展[J].航天器环境工程,24(6)：337-340.

李丹明.2008.空间环境效应评价与防护技术研究现状与发展设想[J].航天器环境工程,23(5)：224-228.

李宏伟,韩建伟,蔡明辉,等.2013.微小空间碎片撞击诱发放电效应研究[J].物理学报,62(22)：229601-1-229601-8.

李铁骊.2015.2015年卫星产业状况报告[J].卫星应用,(7)：66-73.

李勇,魏春岭.2002.卫星自主导航技术发展综述[J].航天控制,(2)：70-74.

林来兴,张小琳.2012.星群、星座与编队飞行的概念辨析[J].航天器工程,21(5)：97-101.

林来兴.2006.小卫星技术发展和应用前景[J].航天器工程,15(3)：14-18.

林来兴.2008.现代小卫星的发展及轨道垃圾问题[J].航天器环境工程,28(4)：307-312.

林来兴.2010.现代小卫星的微推进系统[J].航天器工程,19(6)：13-20.

刘立祥,赵军锁,张文君.2006.星载高性能计算的技术现状与技术分析[C]//第十六届全国抗恶劣环境计算机学术年会.

马伟.2011.卫星热辐射特性及其空间辐照环境效应研究[D].南京：南京理工大学.

马兴瑞,张永维,白照广.1999.实践五号及其飞行成果.中国航天,(11)：3-8.

潘增富.2007.微小卫星热控关键技术研究[J].航天器工程,16(2)：16-21.

彭成荣.2010.航天器总体设计[M].北京：中国科学技术出版社.

邵永哲,杨健,李小将,等.2009.航天器近地空间环境效应综述[J].航天器环境工程,26(5)：419-423.

师立勤.2011.低轨道航空器辐射环境和表面充电效应研究[D].合肥：中国科学技术大学.

施少范.2000.国外对地观测卫星高精度姿态控制系统研究[J].上海航天报,6：49-53.

史英海.2008.UML在航天器姿态与轨道控制应用软件需求建模中的应用[J].空间控制技术与应用,34(3)：42-45.

宋斌,马广富,李传江,等.2007.基于飞轮的偏置动量卫星周期干扰补偿方法[J].控制工程,2(14)：143-146.

苏瑞丰,张科科,宋海伟.2013.甚小型卫星发展综述[J].航天器工程,22(6)：104-111.

孙杰,孙兆伟,赵阳.2007.微型航天器模块化设计及其关键技术研究[J].哈尔滨工业大学学报,39(12)：1908-1911.

唐京伟.2012.人造卫星——最早的无人航天器[J].中国档案,(11)：82-83.

屠善澄.2006.卫星姿态动力学与控制[M].北京：中国宇航出版社.

王存恩,肖武平.2012.日本先进对地观测卫星平台概述[J].国际太空,(7)：22-27.

王大轶,黄翔宇.2009.深空探测自主导航与控制技术综述[J].空间控制技术与应用,35(3)：6-12.

王大轶,黄翔宇,魏春岭.2012.基于光学成像测量的深空探测自主控制原理与技术[M].北京：中国宇航出版社.

王沛,谭跃进.2008.卫星对地观测任务规划问题简明综述[J].计算机应用研究,25(10)：2893-2896.

王平.2004.小卫星软件遥测方案及模块化设计方法[J].量子电子学报,21(6)：392-395.

王平,孙宁,李华旺,等.2006."创新一号"小卫星星载计算机控制系统设计[J].计算机工程,32(18)：

255 - 257.

王曙光,张伟. 2007. 偏置动量卫星耦合通道外干扰力矩补偿方案[J]. 上海航天报,(3):20-25.

王希季,李大耀. 1997. 卫星设计学[M]. 上海:上海科学技术出版社.

卫兴. 2001. 纳卫星与皮卫星的发展近况[J]. 国际太空,(9):4-6.

魏青,薛国宇. 2003. 微小卫星液化气推进技术[J]. 上海航天,5:46-49.

吴汉基,蒋远大,张志远. 2003. 电推进技术的应用与发展趋势[J]. 推进技术,24(5):386-392.

吴林开. 2002. 航天器基本特点与设计要求概述(三)[J]. 航天标准化,3:43-47.

夏克文. 2008. 卫星通信[M]. 西安:西安电子科技大学出版社.

徐福祥. 2003. 卫星工程概论[M]. 北京:中国宇航出版社.

杨大明. 2000. 空间飞行器姿态控制系统[M]. 哈尔滨:哈尔滨工业大学出版社.

余勇,张锐,陈宏宇,等. 2010. 神舟七号飞船伴随卫星轨道控制及在轨飞行结果[J]. 载人航天,(04):14-28.

原育凯,陈宏宇,吴会英. 2011. 在轨航天器地气光环境分析[J]. 北京航空航天大学学报,37(2):136-139.

曾声奎. 2011. 可靠性设计与分析[M]. 北京:国防工业出版社.

詹亚锋,马正新,曹志刚. 2000. 现代微小卫星技术及发展趋势[J]. 电子学报,28(7):102-106.

张科科,李宗耀,胡海鹰,等. 2015. 基于天基光学探测图像初析南大西洋异常区影响[J]. 中国空间科学技术,5(10):33-39.

张锐,谢祥华,张静. 2009. 基于主动磁控制的微小卫星姿态控制[J]. 宇航学报,(01):193-197.

张锐,朱振才,张静,等. 2006. 基于磁强计的微小卫星姿态确定[J]. 宇航学报,27(4):578-580.

张晓敏,马培蓓,纪军,等. 2015. 具有时间约束的多无人机协同航迹控制研究[J]. 电光与控制,22(9):42-45.

张召才. 2014. 国外芯片卫星发展研究[J]. 国际太空,(5):25-29.

周军. 2001. 航天器控制原理[M]. 西安:西北工业大学出版社.

周军,黄河,刘莹莹. 2011. 立方星的技术发展与应用展望[C]// 2011 年小卫星技术交流会.

周卓俊. 2011. 空间碎片环境建模及其电磁散射特性研究[D]. 西安:西安电子科技大学.

朱毅麟. 1996. 面向 21 世纪的美国宇航局新盛世计划[J]. 中国航天,(8):17-18.

朱振才,杨根庆,余金培,等. 2004. 微小卫星组网与编队技术的发展[J]. 上海航天,(06):46-49.

Benoist T, Rottembourg B. Upper bounds of the maximal revenue of an Earth observation satellite [J]. Quarterly Journal of Operations Research, 2(3):235-249.

Bensana E, Lemaitre M, Verfaillie G. 1999. Earth observation satellite management [J]. Constraints, (3):293-299.

Blanchard B S, Fabrycky W J. 1998. System Engineering and Analysis [M]. USA:Prentice-Hall.

Chau S N, Tai A T, Smith J. 2001. A design-diversity based fault-tolerant COTS avionics bus network [C]//Proceeding of 2001 Pacific Rim International Symposium on Dependable Computing(PRDC), December 2001, Seoul, Kdrea:IEEE CS.

Gabrel V, Murat C. 2003. Mathematical programming for Earth observation satellite mission planning [J]. Operations Research in Space and Air, 103-120

Gerke R D, Shapiro A A. 2003. Use of commercial off-the-shelf (COTS) for space applications [C]// Proceeding of Aerospace Conference.

Globus A, Crawford J, Lohn J, et al. 2002. Earth observing fleets using evolutionary algorithms: problem description and approach [J]. Proceedings of the 3rd International NASA Workshop on Planning and Schedulingfor Space, 1-6.

Lemaitre M, Verfaillie G, Jouhaud F, et al. 2002. Selecting and scheduling observations of agile satellites [J]. Aerospace Science and Technology, 6(5): 367-381.

Nikora A, Schneidewind N. 1999. Issues and methods for assessing COTS reliability, maintainability, and availability [C]//Proceeding of COTS Workshop/International Conference on S/W Engineering, May 1999, Los Angeles, CA, USA: NASA JPL.

Pemberton J C, Greenwald L G. 2002. On the need for dynamic scheduling of imaging satellites [J]. International Archives of Photogrammetry Remote Sensing and Spatial Information Sciences, 1-7.

Sandor M, Agarwal S, Peters D. 2002. COTS actives initiative for space applications [C]//Proe. of Space Parts Working Group, April 2002, Torrence, CA, USA: NASA JPL.

Sokol J. 2005. COTS at JPL [C]//Proceeding of JEDEC/G12 Meeting, DSA Group Meeting, January 2005, San Antonio, Texas Pasadena, CA: NASA JPL.

Song D, Frank A, Stappen V, et al. 2004. An exact algorithm optimizing coverage-resolution for automated satellite frame selection [J]. IEEE International Conference on Robotics and Automation, 1-8.

Vasquez M, Habet D. 2003. Saturated and consistent neighborhood for selecting and scheduling photographs of agile earth observing satellites [C]//5th Metaheurisics International Conference.

Vasquez M, Hao J K. 2001. A "Logic-Constrained" Knapsack formulation and a tabu algorithm for the daily photograph scheduling of an Earth observation satellite [J]. Computational Optimization and Applications, (2): 137-157.

Verfaillie G, Lemaitre M. 2001. Selecting and scheduling observations for agile satellites: some lessons from the constraint reasoning community point of view [J]. Lecture Note of Computer Science, 670-684.

Wolfe W, Sorensen S. 2000. Three scheduling algorithms applied to the earth observing domain [J]. Management Science, 148-168.

(a) 发射收拢状态　　　　　　　　　　(b) 发射后帆板展开状态

彩图 1.18　WN5000 卫星平台构型

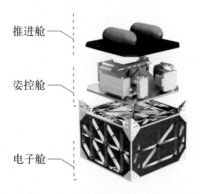

推进舱

姿控舱

电子舱

彩图 1.19　WN5000 模块化分舱快速配置设计

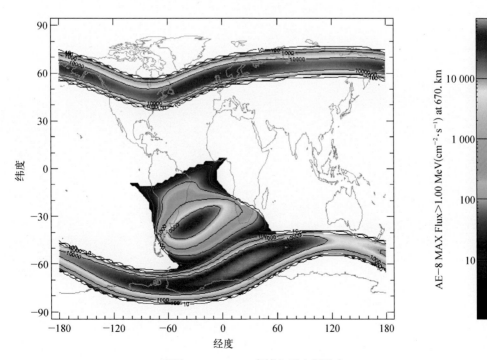

彩图 3.3　>1MeV 束缚电子空间分布

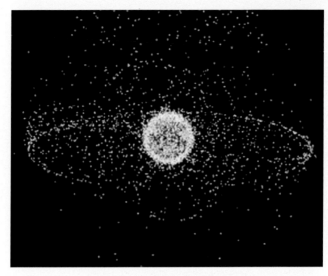

彩图 3.5　空间物体的空间分布

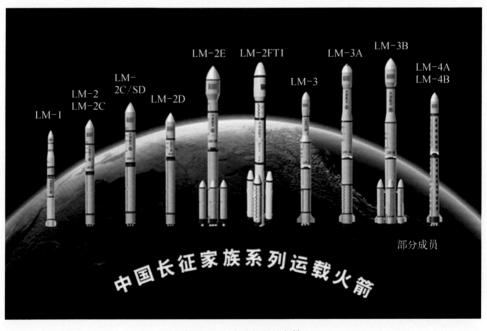

彩图 3.6　长征系列火箭

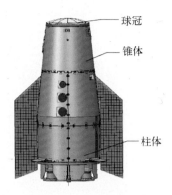

彩图 5.13　稀薄大气科学试验卫星气动外形

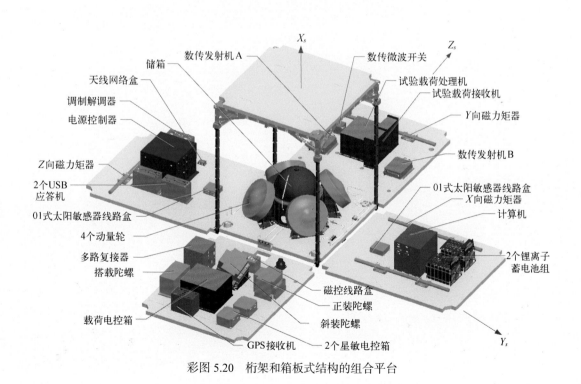

彩图 5.20　桁架和箱板式结构的组合平台

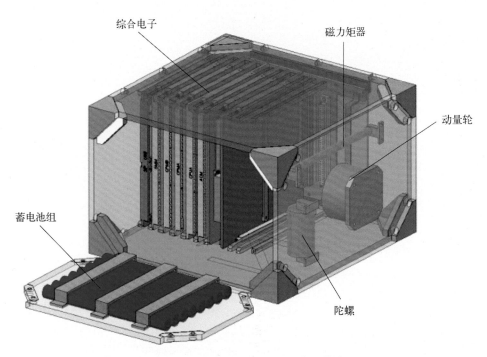

综合电子　　　　　　　磁力矩器

动量轮

蓄电池组

陀螺

彩图 8.2　某卫星高度集成的平台舱模块